钻井 HSE 培训教材

中国大庆井控培训中心 编

石油工业出版社

内 容 提 要

本书主要包括钻井 HSE 基本知识、安全总则、个人防护用品、危险沟通和危险材料处理、职业保健、特殊工作程序、防火安全措施、材料装卸、健康及现场急救、钻井与平台环境、应急反应、钻井现场环境保护、挖掘工作安全、深坑及池塘安全等内容。

本书适合从事钻井和井控的技术人员、工人和管理人员阅读。

图书在版编目（CIP）数据

钻井 HSE 培训教材/中国大庆井控培训中心编 .
北京：石油工业出版社，2013.11
ISBN 978-7-5021-9835-0

Ⅰ. 钻…

Ⅱ. 中…

Ⅲ. 油气钻井–技术培训–教材

Ⅳ. TE2

中国版本图书馆 CIP 数据核字（2013）第 252228 号

出版发行：石油工业出版社
　　　　　（北京安定门外安华里 2 区 1 号　　100011）
　　　网　　址：www. petropub. com. cn
　　　编辑部：（010）64523562
　　　发行部：（010）64523620
经　　销：全国新华书店
印　　刷：保定彩虹印刷有限公司

2013 年 11 月第 1 版　2013 年 11 月第 1 次印刷
787×1092 毫米　开本：1/16　印张：24.5
字数：550 千字

定价：88.00 元
（如出现印装质量问题，我社发行部负责调换）

《钻井 HSE 培训教材》编委会

主　　任：郑启太

副主任：王方清　赵明文

成　　员：杨明利　梁凤彬　徐绍林　刘书学　侯树明

主　　审：王方清　杨明利

审　　核：吴宪文　赵志刚　林久刚　刘书学　翟　阳

　　　　　胡清富　卢东升　李伟忠　王月香

编　写　组

主　　编：赵明文　杨明利

副主编：刘书学　侯树明

编　　者：姜玉英　管淑杰　刘思洋　沙　金　曲艳舫

　　　　　曹初蕾　王　钊　赵天平　赵秀杰　李海昕

　　　　　王月香　邓志敏　邓新蕾　吕　英　刘英志

　　　　　董思源　刘　爽　李　艳　梁双庆　佟蔓蔓

前　言

　　石油钻井是石油天然气勘探开发中的核心工程之一，是一个高风险的作业过程，其生产过程中的各项作业活动均存在着众多安全隐患与环境污染风险。这就要求从事钻井作业的员工不仅要懂理论、精技术、更需要掌握全面的 HSE 知识与安全技能。随着近年来国内钻井队伍走向国际钻井市场的步伐逐渐加快，钻井作业人员掌握必备的 HSE 知识与技能，也成为进入国际石油钻井市场的准入证与条件。基于此，为一进步提高钻井作业人员的健康、安全与环境保护工作的技术素质，使钻井现场的 HSE 工作符合国际通行管理，增强施工队伍在国际上的竞争能力，我们严格依据 IADC（国际钻井承包商协会）Rig Pass 培训大纲组织编写了《钻井 HSE 培训教材》。

　　本教材内容紧密贴近钻井作业现场实际，是从事国际钻井作业及相关服务人员参加培训的主要教材。本教材旨在提高从事钻井作业员工的 HSE 意识，使其系统学习 HSE 基本知识、熟悉与掌握钻井作业安全工作流程，识别和规避各种岗位风险，以确保员工人身安全、钻井设备设施安全和施工持续安全运行。

　　在编写过程中，得到了大庆钻探工程公司相关部门、大庆钻探工程公司钻井一公司安全质量环保科等单位的大力支持和指导，在此表示衷心感谢！

　　由于编写组水平有限，疏漏、错误之处敬请提出宝贵意见。

中国大庆井控培训中心编写组

2013 年 9 月

目　　录

绪　论

石油天然气钻井作业是一项高投入、高风险和高技术水平的特殊作业，存在着各种各样的风险，是一项易发生事故的"隐蔽性"工程。由于钻井施工工艺和钻井场所的"特殊性"，在钻井作业的不同阶段和不同环节中，均存在对人员身体健康、人员与设施安全和生态环境等不同程度、不同形式的影响和危害。如井喷、井喷失控着火、有毒有害气体的溢出、机械对人员的伤害等。

在钻井施工作业中建立 HSE（Health Safety Environment）管理体系，推行 HSE 管理标准，控制整个施工过程，有利于防范和削减钻井作业中的各种风险，充分体现"以人为本、预防为主、防治结合、持续改进"的原则。

石油天然气钻井作业引入 HSE 管理体系后，解决了承担高风险这一突出的矛盾，给企业带来了勃勃生机。

（1）HSE 管理体系产生的背景和过程。

随着生产的发展，职业安全健康问题不断突出，人们期待有一个系统的、结构化的管理模式。据国际劳工组织统计（ILO），全球每年发生的各类伤亡事故大约 2.5 亿起，死于工伤事故和职业病的人数约为 110 万人，这个数字要比局部战争死亡 50.2 万人、暴力死亡 56.3 万人都要多。因此，国际劳工组织呼吁，经济竞争加剧和全球化发展不能以牺牲劳动者的职业安全健康利益为代价，现在到了维护劳动者人权、对生命质量提出更高要求的时候了。现代安全科学理论认为，伤亡事故的发生是由于人的不安全行为和物的不安全状态所致，找出了人的可靠性、技术的可靠性以及组织管理等因素，在这种背景下产生了HSE 管理体系标准，它具有系统化管理和现代企业安全健康管理的显著特征，是以系统安全的思想为基础，从企业的整体出发，把管理的重点放在预防上，实行全员、全过程、全方位控制，使企业达到最佳安全状态。

HSE 系统标准是由 SPE（美国石油工程师协会）通过三次会议讨论，在 ISO（国际标准化组织）所属 CD 技术委员会协助下，1996 年 6 月按 ISO 模式起草的 ISO/CD 14690—1996 石油工业 HSE 管理体系（草案），它与 ISO 9000 质量管理体系兼容。之后，国际上石油工业界以极大热情广泛推广 ISO/CD 14690 石油工业 HSE 管理体系，效果其佳，市场竞争占优势。

（2）HSE 的内涵。

HSE 是健康、安全、环境的缩写。人的健康、安全、环境综合成一个体系，三者相互依存，缺一不可，构成一个系统工程，这是思想认识上的重大突破。所谓系统工程是突破认识理论上的束缚，揭示了自然、社会思维模式的统一性，突破人、生物、机器的界限，观察视界高、深、远的立体思维。即是按系统论思维解决 HSE 标本定位，促进持续发展。同样，在钻井施工作业中，人、材料、设备构成一个系统。

HSE 管理的深刻内涵是"以人为本"，现代企业关注人，保护人，更重要的是开发生产力中最具活力的"人"，开发人的潜能——智力、精力、体力、创造力。西方各大石油公司以 HSE 作为发展的动力而获取效益，在 HSE 目标落实方面极力攀高，其目的是赢得人心，赢得市场，在竞争激烈的市场环境中求得生存与发展。HSE 体系目标的实现，是人类根本利益最具体、最终的需求。

（3）HSE 管理基本概念。

HSE 管理有关标准明确定义了相关概念。

①HSE 管理：即健康、安全与环境管理（Health，Safety and Environmental Management），是指用来建立、实施和保持健康、安全与环境方针的全面管理职能（包括规划）。

②健康、安全与环境管理体系（Health，Safety and Environmental Management System）：是指实施健康、安全与环境管理的公司的组织结构、职责、惯例（作法）、程序、过程和资源。

③健康、安全、环境方针（Health，Safety and Environmental Policy）：是公司关于其为控制健康、安全与环境影响的意图和行动原则的公开声明。根据方针可制定其战略目标和具体目标。

④职业安全健康（Occupational Safety and Health）：是指影响工作场所内员工、外来人员和其他人员安全与健康的条件和因素。

⑤安全（Safety）：免除了不可接受的损害风险的状态。

⑥环境（Environment）：组织运行活动的外部存在，包括空气、水、土地、自然资源、植物、动物、人以及它们之间的相互关系。注：从这一意义上，外部存在从组织内延伸到全球系统。

⑦事故（Accident）：造成死亡、疾病、伤害、损坏或其他损失的意外情况（已经引起或可能引起伤害、疾病或对财产、环境或第三方造成损害的一件或一系列事件）。

⑧危害（Hazard）：可能引起的损害，包括引起疾病和外伤，造成财产、工厂、产品或环境破坏，招致生产损失或增加负担。

⑨危险源（Hazards）：可能导致伤害或疾病、财产损失、工作环境破坏或这些情况组合的根源或状态。

⑩危险源辨识（Hazard Identification）：识别危险源的存在并确定其特性的过程。

⑪风险（Risk）：发生特定危害事件的可能性以及事件结果的严重性。

⑫环境影响（Environmental Impact）：全部或部分地由组织的活动、产品或服务给环境造成的任何有害或有益的变化。

（4）钻井作业实施 HSE 管理的意义。

实施 HSE 管理，充分体现"以人为本"管理理念，是社会进步的标志，也是社会发展的必然趋势。在钻井行业推行 HSE 管理，有利于钻井企业的发展。实施 HSE 管理的意义在于：

①有效保护人类的生存和发展。

钻井作业在石油、天然气勘探开发活动中，风险较大，对环境的影响较广，为了保护人类生存和发展的需要，中国政府提出了将环境保护、保障人民健康作为基本国策和重要政策，国家连续颁布了《环境保护法》等一系列法律、法规和 GB/T 24000 系列环境管理体系标准，中国石油天然气总公司于 1997 年 6 月发布了 SY/T 6276《石油天然气工业健康、安全与环境管理体系》标准，根据 API 标准内容于 1996 年底发布了 SY/T 6228《油气钻井及修井作业职业安全的推荐作法》，于 1997 年底发布了 SY/T 6283《石油天然气钻井健康、安全与环境管理指南》等标准。有效地在钻井作业全过程中，控制对健康、安全与环境的影响，满足了安全生产、人员健康和环境保护的需要。

②减少各种事故的发生，降低钻井作业 HSE 风险。

减少钻井作业中各种事故的发生，特别是杜绝重特大恶性事故的发生，降低钻井作业风险，是实施 HSE 管理的根本宗旨。通过在钻井作业中贯彻执行石油天然气钻井健康、安全与环境管理体系，增强员工对安全事故和环境污染事故预防意识，尽最大努力避免事故的发生。另一方面，当发生事故时，通过有组织、有序的控制和处理，将影响和损失降到最低限度。

③降低钻井作业成本，节约能源和资源。

钻井行业是高投入的行业，一旦发生重大事故，如发生井喷失控着火，会造成人员伤亡、钻机设备毁坏、环境污染，其损失和影响是无法估量的。HSE 管理体系摒弃了传统的事故管理和处理方式，采取积极的预防措施，将健康、安全与环境管理体系纳入钻井企业总的管理体系之中，对钻井生产运行实行全面整体控制。这样可以大量节约用于排污处理和安全事故处理的资金与技术设备，从而节约能源，降低钻井作业成本，提高效益。

④提高钻井行业的健康、安全与环境管理水平。

推行健康、安全与环境管理体系，可以帮助钻井队（平台）规范管理体系，加强健康、安全与环境管理培训，提高重视程度。通过引进新的监测、监督、规划、评价等管理技术，加强审核和评审，健全管理机制，提高管理质量和管理水平。

⑤增强钻井企业的市场竞争能力，促进钻井企业的发展。

当今市场竞争日趋激烈，实施 HSE 管理已成大的趋势，也是社会发展和市场竞争的必然选择。国际石油、天然气勘探开发以及各工程建设市场对进入市场的各国石油企业提出了 HSE 管理方面的要求，未制定和执行 HSE 管理标准的企业将限制在市场之外。因此，实施 HSE 管理，促进石油天然气钻井企业的健康、安全与环境管理水平，能够使钻井企业顺利进入国际市场。

第一章 安全总则

第一节 原 则

一、员工能够进行安全操作是上岗的前提

分析总结造成事故的原因，可以说任何事故的发生都是人的不安全行为和物的不安全状态的直接后果，其中人是关键因素。大量的事故案例中，由于违章操作、违章指挥、违反劳动纪律等人为因素造成的占首位。这说明提高员工安全素质是防止和减少伤亡事故、搞好安全生产的关键。

石油工业是一项高风险、高投入、高技术含量的复杂工业体系，钻井作业是其中发生安全事故率最高的环节。为保证钻井作业安全，从事钻井作业的员工必须掌握必要的安全操作知识并能够进行安全操作。美国石油协会 API RP54 标准为我们提供了操作准则：即员工在上岗之前必须掌握这些标准方可上岗操作，否则，造成事故的可能性极大，带来的危害也可能是巨大的。《中华人民共和国安全生产法》第二十一条也明确规定："生产经营单位应当对从业人员进行安全生产教育和培训，保证从业人员具备必要的安全生产知识，熟悉有关的安全生产规章制度和安全操作规程，掌握本岗位的安全操作技能。"

《中华人民共和国安全生产法》第五十条对从业人员应当接受安全生产教育和培训义务也做出了规定。目的是使员工掌握上岗所需要的安全生产知识，提高安全生产技能，而且还应当掌握安全生产事故发生的客观规律，增强事故预防和应急处理能力。禁止未经安全生产培训的员工上岗作业，是"防患于未然"的重要措施，也是对员工和企业负责的重要体现。

要消除和减少钻井过程中潜在的风险对人员身体健康、人员与设备设施安全和生态环境所造成的不同程度与形式的影响和危害，除了改进生产工艺与设备设施外，关键的还是要通过各种形式的教育和培训，使作业人员达到上岗必要的基本条件：

（1）使员工充分了解事故的人为性，认识安全工作的重要性和 HSE 管理的重要意义，切实树立"安全第一，预防为主"的思想。

安全意识就是对事故的理解和对危险的警惕。员工的安全意识至关重要，在事故预防中是最有效的因素。作为员工，在上岗前应该在思想中对安全工作的重要性有正确的认识，并充分理解和认识钻井施工作业建立 HSE 管理体系、执行统一的行业标准的重要意义。在此基础上，才能够全面正确地了解安全工作的基本原则、HSE 管理的方针目标，掌

握岗位职责，掌握操作技能，实现安全操作，杜绝事故的发生。

（2）使员工掌握安全作业所必需的知识和技能，能够按标准要求进行操作。

不安全的操作是造成事故的直接原因。员工要能够正确识别危害、危险源和事故隐患，按照操作要求和标准进行操作，及时报告和纠正不安全的状态及行为，有效地保护自己和他人的健康与安全，实现安全生产、保护环境的目标。员工在上岗前必须对其进行培训。在安全技能培训中，只有掌握了钻井基本安全知识才能够上岗操作。

在上岗程序中，正式的安全培训应是其中的一部分。在工作条件发生了变化或者风险比较大的情况下，有关人员还应当进行进一步的强化安全培训。而且在必要时，必须进行周期性的重复培训，或者根据新情况的需要进行有针对性的培训。真正使作业者具备全面掌握安全工作流程，识别和规避各种岗位风险的能力，确保员工人身安全、钻井设备安全和生产持续安全运行。

二、工作场所的伤害是可以避免的

事实说明，任何事故都是有征兆的。事故的发生看似偶然，其实是各种因素积累到一定程度的必然结果。任何事故的发生都是经过萌芽、发展到发生这样一个过程。如果每次事故的隐患或苗头都能受到重视，那么每一次事故都可以避免。实践也证明，只要安全工作做得扎实、管理到位，作业者的安全意识、技能和防范能力到位，安全事故是可以有效预防和避免的。

为确保安全生产，必须坚持"预防为主"的安全原则，制订并执行具体的、有效的预防措施，真正把生产过程中的危险因素与风险消灭在萌芽之中。

一般来讲，防止各类事故的基本措施包括：

（1）认真学习和遵守各项规章制度，不违章作业，对他人违章作业进行劝阻和制止。

（2）精心操作，严格执行标准。

（3）正确分析判断和处理事故苗头，一旦发生事故要果断正确处理，并及时报告上级。

（4）认真进行巡回检查，发现异常情况及时处理和报告。

（5）加强设备维护，提高设备的可靠性。

（6）保持作业场地清洁。

（7）上岗必须按规定使用保护用品，妥善保管使用各种防护用品和消防器材。

（8）有权拒绝执行违章作业指令。

（9）积极参加安全活动。

我们还要求所有雇员必须在头脑清醒和体力充沛的状况下方可投入工作；做好上岗前的准备，以便按规定时间开始工作；雇员应迅速安全和有效地完成分配的任何工作；应慎重而有效地利用公司的时间、工具和设备；应礼貌而诚实地对待同伴；遵守公司的一切行为准则。必要时，可公布或颁发工作章程的补充规定和渎职行为示例。根据正当理由，公司还可采取包括解雇在内的纪律惩处措施。

三、通过示例进行引导

每一起事故发生的背后往往有深刻的思想根源和管理漏洞。为避免事故的再次发生，需要对事故进行分析，总结出带有规律性的经验教训。这些经验教训都是用鲜血和高昂的代价所换来的，对提高员工的安全意识和反事故的能力大有帮助，能够起到"惩前毖后、治病救人"的作用。

事故案例是生动具体、实实在在的活教材，具有形象性、直观性的特点。作业员工和安全管理人员应深刻认识到事故给大家带来的警醒、教育和引导意义，将安全事故案例教育作为安全管理工作中一项重要的安全意识教育手段加以实施。

通过事故通报、肇事人员的现身说教，典型事故案例剖析会等多种方式方法，选择一个或几个具有较强吸引力、感染力、影响力和普遍教育意义的典型事故案例，向作业员工、安全管理人员进行安全教育。引导员工应如何正确地操作、如何能不受伤害以及不伤害他人，使员工从中受到思想上和技术上的双重提高。

需要注意的是：事故案例教育不是简单的案例介绍，也不是脱离实际，空泛无物的概念说教，而是内容丰富、思想深刻、生动具体的教育活动。教育的内容应切合实际，针对性强，容易引起员工思想上的共鸣，真正使安全教育达到"举一反三，总结一案，教育一片"的目的。

作为员工，不能因为不是肇事者或当事人，或觉得安全业绩与技能比别人强而忽视事故案例所带来的警示与引导作用。前车之鉴，后事之师，只有使被动地接受变成主动的探寻，使生硬的事故记载转为安全理念和能力，才能真正提高对安全的认识及预防和处理事故的能力。

当然，有些安全经验与技能还应通过正确的示范或训练进行引导。比如进入工作区后，不能佩带会被钩住、挂住造成工伤的首饰或其他装饰品；在钻井平台上工作行动时防止绊倒（踩稳并保持平衡）；上下钻台时不可双手搬运物品，必须有一只手是空的，可以扶栏杆；钻台作业时，按规定戴安全帽，处理井下事故时，人员要站在安全位置；避免人抬肩扛钻头、接头等重物时，因用力不当或配合不好，重物压伤或砸伤人；修理设备时必须停机，防止挤伤、打伤手或身体其他部位；如何正确安全地使用工具；正确使用防护设备等，所有这些都必须在上岗之前由熟练员工或师傅对员工进行引导，使其掌握了操作技能后方可进行操作。

平台经理也有责任定期组织雇员开展井控演习、消防安全演习、硫化氢防护演习、现场急救练习等训练活动，监督雇员练习和掌握安全操作技能，使雇员掌握完成其职责的安全操作方法。

四、不管在岗或不在岗，安全都是重要的

企业员工发生伤亡事故，大体可分为两类：一类是作业场所伤亡，即因工作和生产而发生伤害；另一类是非作业场所伤亡，即与生产或工作无关。员工在岗位工作时应按规定

标准操作，保证安全，这固然重要，但在工余时间，在营区休息或者在往返途中也应把安全放在一切活动的首位。如在休息和娱乐中，由于思想麻痹、忽视安全而造成的营区火灾、触电事故、交通事故、中毒等事故是屡见不鲜的。这就要求我们每个井队成员都要时刻想到安全。人可以休息，但安全要每天24h"值班"。

五、每个人的安全表现与雇主在钻井工业中的生存能力有直接关系

任何企业的生产作业都是通过每一个员工的劳动来完成的，而事故发生主要原因也是员工违反操作规程等人为因素造成的。根据事故统计，人为因素导致的事故占80%，要确保生产安全必须控制人的不安全行为，而要控制人的不安全行为必须提高人员的安全素质。因此，对每一个员工的安全管理是杜绝事故的有效途径之一。

钻井施工作业作为高投入、高风险行业，员工的表现尤为重要。在众多钻井事故案例中，人为因素造成的占绝大多数，有很多属恶性事故，甚至是灾难性的，造成的损失是巨大的，直接危胁着企业的生存和发展，比如一次重大事故可能使企业被挤出市场以外，一次重大井喷着火事故带来的损失，即可能直接威胁着企业的生存。

员工的表现行为，对企业的生存发展有着直接关系，同时企业的生存发展对员工来说也有着直接的利益关系，要求员工必须有良好的表现行为。

（1）员工在工作中必须保持良好的精神状态。首先要具备敬业精神和责任感，劳动中保持良好心态；其次不能因婚姻、家庭因素影响工作，另外，员工上岗前要保证良好的休息，以充沛的精力工作。

（2）员工要有良好的身体素质。平时要注重身体锻炼，不允许员工带病进行工作，也不允许员工超负荷工作。

（3）员工必须有良好的技术素质。了解本岗位操作过程中的不安全因素，在工作中遵守技术规定及操作规程。

六、工作现场的伤害代价高昂

在工作现场发生工伤事故，不仅员工遭到人身伤亡，给员工本人和家属带来痛苦和创伤，而且在经济上也会带来不良的后果，给社会带来沉重负担。

（1）人员伤亡的代价高。生产中人员受到伤害轻者造成痛苦，重者造成终身残疾，丧失劳动能力，甚至危及生命，给家庭及生活带来严重的后果。

（2）生产受影响。如人员受到伤害可能导致生产被迫中断，影响生产的正常进行。任何生产单位发生事故，其结果必然会影响生产，重则造成生产能力和产量大幅下降，甚至停产。

（3）财产遭受损失。钻井队发生事故时，一方面人员受到伤亡，另一方面钻井设备也可能受到不同程度的损坏，所钻的井也可能遭到破坏。要处理不良后果，需要一定的经费支持。

（4）员工发生工伤事故给社会造成沉重负担。员工伤亡不仅不能为社会创造财富，而

且要休息、治疗，或者是死亡事故处理，这样会给社会医疗、保险、福利带来额外负担。

七、安全行为的益处以及安全和态度是相互影响的

（一）有安全，生产才有保障

安全与任何商务或经济活动并不矛盾。安全包含着经济效益，安全对生产有着促进作用。有效的安全方法要求公司有一个能指明责任的安全方针，并在生产计划及活动安排中把安全摆在头等位置。

安全是保险或保障的另一种形式，它并不需要什么花费，而仅仅需要的是在我们的日常生产和生活中的勤勉及预见能力。安全应始终在我们心中处在第一或最重要的位置。要逐渐把它变成我们生产和生活的自觉行动。一项完整的安全措施仅仅需要我们在工作和娱乐中不干粗心、莽撞的事情。遵守公认和正确的安全条例或标准，养成安全习惯，所得到的报答将是没有痛苦、不受伤害、没有不必要的花费和烦恼。

一个有效的安全计划，也可以对我们的工业在增加产量及降低成本方面作出较大的贡献。安全对于生产效率方面的贡献可以分成3个主要方面。

（1）安全可以降低事故的直接成本，如降低赔偿和医疗费用。

（2）安全可以降低大量的事故间接成本，任何事故，即使是很小的伤口，都会耽误生产。在一起较严重的事故中，不仅受伤的员工损失了时间，而且同他一起工作的员工也损失了时间。

（3）一项工程的完成，安全的贡献是最大的。显而易见，成功的事故预防对于生产的质量和数量都是一项积极的贡献。安全不仅节约了费用，防止了某些事故，而且也增加了生产效益。

绝大多数事故是由于设计、设备、组织安排、放置、培训、管理、操作步骤或动作上的一些错误所引起的，这些也是工作效率低的基本原因。因此，在抓安全工作的同时也是在提高工作效率。有安全，生产才有保障。

（二）安全态度相互影响

钻井施工是一个生产班组配合作业的过程，属多工种、多岗位配合工作，往往一个人的工作态度和行为会直接影响到他人的工作或安全，特别是重要岗位工作人员的良好工作态度和行为，会影响一个集体形成良好的安全工作氛围。如果一个人的工作态度、行为不良，可能造成他人无法正常工作，还有可能感染别人，甚至造成事故。

（1）生产班组中一个人的行为会受其他人影响。如果一个生产班组的所有人都遵守操作规程，不违章作业，形成良好的工作氛围，会对其中任何一个人的行为起约束作用，其自然就会纠正不良的工作行为。

（2）一个人的行为反过来也会对其他人产生影响。特别是重要岗位人员，以严肃的工作态度按章操作，及时纠正员工的不良行为，久而久之，自然会形成良好的工作习惯。如果一个重要岗位人员经常违章操作，往往被其他人看作为解决问题、减轻劳动强度及节省时间的有效方法，因此，也盲目照着学，违章作业，这样的后果不堪设想。

每个人的安全态度都至关重要，都不能对执行安全规章制度有逆反心理，不能有"违章不一定出事，出事不一定伤人，伤人不一定是我"的思想，如果一个司钻、一个队长以这种工作态度进行工作将影响全班乃至全队的工作，一个员工以这样的态度工作也会影响到其他人员。工作中每个员工都要贯彻"安全第一，预防为主"的方针，牢固树立安全第一的思想，不断提高防范意识，以积极的态度工作，用这种态度去感染其他人，形成良好的工作氛围，确保安全生产和员工不受伤害，减少损失。

第二节　酒精与药品政策

酒精与药品是指任何在化学上改变人体机能从而导致心理和行为变化的物品。包含但不限于酒类物质、有毒物质和药物。滥用酒精和药品是指以不正当或者有害方式使用这些物品。

自20世纪70年代早期开始，井场上酒精和药品问题越来越被大家所关注，以致成为安全的一个非常重要方面。因此，各个国家及很多作业公司都制定了相应制度对员工进行约束和教育，对他们携带的物品进行定期的合理搜查，并且在工作现场对药品的影响进行室内学习。很多这样做的公司在享受士气和生产力增高的同时，的确也实现了事故发生率的急剧减少。

一、政府规定、企业要求

滥用酒精和药品或其他有关物质，不管是多大的用量，都会降低工作效率，并对其他员工安全、工作效率及生产力以至公司整体构成严重不良影响。据统计分析表明，高达四分之一的暴力犯罪分子都有严重的吸食毒品或者酗酒的习惯。每个作业公司都希望所有雇员能够意识到这种威胁，并减少这其中的风险。为了做到这一点，无论作业所在国政府还是作业公司均采取必要的管理约束措施。

（一）政府规定

（1）《中华人民共和国道路交通安全法》（2011）第九十一条规定："饮酒后驾驶机动车的，处暂扣六个月机动车驾驶证，并处一千元以上二千元以下罚款。因饮酒后驾驶机动车被处罚，再次饮酒后驾驶机动车的，处十日以下拘留，并处一千元以上二千元以下罚款，吊销机动车驾驶证。

醉酒驾驶机动车的，由公安机关交通管理部门约束至酒醒，吊销机动车驾驶证，依法追究刑事责任；五年内不得重新取得机动车驾驶证。

饮酒后或者醉酒驾驶机动车发生重大交通事故，构成犯罪的，依法追究刑事责任，并由公安机关交通管理部门吊销机动车驾驶证，终生不得重新取得机动车驾驶证。"

（2）中华人民共和国《麻醉药品和精神药品管理条例》（国务院令第442号）对依赖性药物的生产、制造、运输、销售和使用都实行严格的管理，以确保这类药物在临床和科研的应用，避免被大量滥用而成为毒品。

（3）伊斯兰国家对于饮酒、制造和进口酒精饮料都有严格的禁令限制，违反者将遭到几周或者几月的监禁甚至鞭打。同时，伊斯兰国家还严禁服用一切麻醉品和毒品。因为麻醉品和毒品比酒危害性更大。

（4）在美国，酒后驾车经查实，即上铐逮捕，还要列入个人档案记录。血液中的酒精含量超过0.1%，则以醉酒驾车论处。如系首次醉酒驾车，除了罚款之外，还可判处坐牢6个月。屡次犯错的，甚至会被送去参观停尸房，希望他们从此警醒。对造成生命伤害的酒后驾驶员可以二级谋杀罪起诉。有的州将醉酒驾车视为"蓄意谋杀"定罪。

（二）企业要求

不论是否在工作时间内，企业都不允许任何干扰企业安全和顺利进行施工作业的滥用酒精或药物的现象出现。

（1）全球商业行为准则（我需要做什么或不能做什么?）。

①不要在工作时间或在企业内持有非法药物或任何法律规定无权拥有的药物；

②不要在酒精、非法药物或以非法方式使用的合法药物的影响下工作；

③不论是否在工作时间内或是否在企业内，不要参与贩卖或分销非法药物，或以非法方式贩卖或分销合法药物；

④不要在工作时间外使用酒精或药物，从而对你的工作能力产生不利影响；

⑤如果你正在使用将对你的工作能力产生不利影响的药物，即使你在合法地使用该药物（也就是说，有些药物的使用即使是合法的，也会影响你驾驶或操作重型机械的能力），务必告知你的经理或相应的医务人员。

（2）中国石油天然气集团公司（CNPC）《反违章六条禁令》第四条明确规定"严禁脱岗、睡岗和酒后上岗"，员工违反上述《禁令》，给予行政处分（警告、记过、记大过、降级、撤职等处分）；造成事故的，解除劳动合同。

（3）大西洋富田公司（ARCO）违禁药物禁令：公布同意并采用大西洋富田公司毒品和酒精管理方针，公司还采用关于使用和拥有违禁药、迷幻药、致命武器和炸药的管理方针。

大西洋富田公司《毒品和酒精的管理方针》："在公司范围内或在履行公司公务时严禁使用、拥有迷幻药或其他违禁药物，或受药物影响。在公司范围内或在履行公司公务时严禁带有致命武器或弹药。进入公司范围，就意味着同意并承认公司有搜查迷幻药、违禁药、致命武器和爆炸物的权力。违反这个管理方针或对搜查要求不予合作，是ARCO雇员的，可能会导致停职，是合作雇员的则会被解雇。

二、规定/发布告通知

明确的管理制度对于提醒员工注意到公司关于药物和违禁品的政策是非常必要的。关于限制员工滥用药物和饮酒的规定与细则可以通过张贴布告的形式让所有进入到工作现场的人知道本企业"药物和酒精政策"的存在。这些条款应该在井场入口、营房入口及餐厅或宿舍内以布告栏明显地公示出来。也可以通过小型班组会议等形式向员工进行宣传，以便使公司的规定让所有员工都了解。

（一）承包商（乙方）

作为承包商必须制定相应制度来限制员工滥用药物和饮酒，保证其员工在公司从事活动时或工作现场不会使用违禁物品。另外，从事安全、环境敏感工作的承包商，必须建立一套综合的至少与公司规定对等的滥用物品规定和细则。

这些规定与细则包含但不限于以下内容：

（1）公司认为酒和药品取决于可治疗条件。鼓励酗酒或吸毒的雇员寻求医疗性的建议和进行及时的治疗。虽然公司会考虑更换他们的工作，但是，公司会帮助他们在获得治疗方面做出努力。一般来说，公司会给在治疗中的员工以优惠待遇。

（2）严禁酗酒或吸毒受害的员工上岗。

（3）严禁在公司从事经营活动时或在施工现场非法使用法定药物，或使用、占有、批发或销售非法物品。

（4）在员工受雇前，公司将检查其有无滥用酒精或毒品的习惯。

（5）公司可能会在其内部突击搜查毒品、酒类物质或其他物品。也可能会要求雇员参加酒精和毒品测试（原因是要求员工对公司忠诚）。当雇员处于以下任一岗位时公司将对其进行突击的、定期的或抽样测试：

①处于对安全、环境敏感的岗位上；

②处于需要专注的管理岗位上；

③处于法律要求进行测试的岗位上；

④处于单人工作或无监督的岗位上。

（6）如果测试结果显阳性，而且是第一次，在大多数情况下，如果员工遵循了适当的复健程序（例：教育、劝告、治疗、突击测试等），员工会被允许继续在原岗位上工作。

（7）在下列情况下，员工会被解雇：

①不执行此项政策；

②不遵循适当的复健程序；

③在从事经营活动时或在公司使用、占有、批发或销售非法毒品或物品；

④在公司从事经营活动时或在公司使用或占有酒类物质（除非事先经过批准）和处于安全环境敏感岗位上使用或占有酒类物质；

⑤在第一次测试阳性而继续工作后或曾经鉴定出滥用酒精或毒品后出现第二次测试阳性。

（二）石油勘探与生产经营者（甲方）

作为经营者应了解作业所在国关于"滥用药物和饮酒"的法律法规要求，以及作业公司员工"滥用药物和饮酒"对生产安全与企业形象的影响，并根据评估结果制定相应的"滥用药物和饮酒"约束、限制与监督政策。这些政策应被承包商所认可，并监督其贯彻实施。同时，经营商应不定期检查现场作业人员是否有违反"滥用药物和饮酒"政策的现象与行为。

三、监督职责、培训与合理检查

（1）有效的监督是避免酒精和药品滥用的前提。鉴于员工滥用酒精、药品或其他有关物质对安全生产的危害性，作业公司应该行使必要的监督职责。具体应是：

①制定与明确公司对滥用酒精和药品的管理原则与制度，即严禁雇员在钻井作业场所及营地滥用药物或使用、藏有、分发或出售非法未经处方的受管制药物，违者将被解雇。禁止在营地和作业现场持有或饮用含酒精的饮品。员工因使用药物或酒精而不能胜任工作即属违章，需要严肃处理。

②安排相应管理人员，如HSE监督等具体落实监管责任。

③所有作业现场都应建立必要的管理制度，以保证相关人员掌握员工和承包商雇员使用药品的信息。

④在努力制止药物、酒精和所有权在井场的滥用的同时，还必须坚定地保证有关各方的权益受到相应的保护。这包括个人权益、公司及其所有者的权利和责任。

（2）在驻井前，需要对雇员进行"滥用酒精和药品"危害性与公司规定等必要知识的培训，使雇员掌握：

①公司的酒精与药品政策，以及劳动纪律等规定。

②使用处方药品的所有员工和承包商雇员必须在执行日常工作前告知自己的直接上级。使用规定剂量的非处方药品，只要不影响其安全作业的能力，不视为违反本政策。

③药品与酒精的类别及特性。

④滥用酒精与药品的危害性与其他负面后果。

⑤禁毒有关法律法规。

通过必要的酒精与药品等知识培训，以提高作业现场的管理能力与雇员的行为约束能力。

（3）进行合理的日常检查。

为了防止酒精及药品非控制使用，雇员所在单位可以授权专人未经宣布而在其工作范围内进行合理检查，以搜查酒精及药物，亦可在理由充分时要求雇员接受身体检查或酒精及药物测试。

四、雇员须知：影响及后果

大量的安全事故告诉我们，从事钻井施工作业的员工应该知道以下原则：使用酒精、药物或某些处方药品会明显改变人的行为，甚至较低的剂量也可能严重削弱一个人正常工作所需要的判断力和协调能力，任何受到此类物质影响的人员都不允许操作设备或履行任何职责。

（一）饮酒的影响及后果

酒的主要成分是酒精。一般白酒的酒精含量为45%～65%，果酒的酒精含量为16%～48%，啤酒的酒精含量较少，占2%～5%。据医学分析，饮酒之后，酒精被胃壁和肠壁迅速吸收，溶解于血液中，通过血液循环流遍全身，渗透到各组织内部。由于酒精首先影响心理的器官——大脑。所以，当血液中酒精浓度达到一定程度时，中枢神经系统活动逐渐迟钝，致使大脑判断发生障碍，手脚迟钝不灵活，甚至丧失操作能力。因此，饮酒极易导致伤害事故的发生。血液中酒精含量对人的影响见表1-1。

表1-1　血液中酒精含量对人的影响

序号	血液中酒精含量 mg/mL	身体状态	行为表现
1	0.5～2	微醉	脸红、话多、反应迟钝、做事不顾后果，但尚未忘记自己
2	2～3	轻醉	言语不清，哭笑失常
3	3～4	深醉	腿脚发软，动作失调，陷入麻痹状态
4	4～5	泥醉	陷入昏睡状态，四肢无力，甚至造成大小便失禁，呼吸困难，最终导致死亡

同时，还应注意，饮酒会损害我们的健康。大量饮酒会给肝脏造成损害，并可导致人体免疫机能的下降。

（二）滥用药品的影响及后果

药品滥用是全世界面临的严重问题。药品滥用涉及所有的社会阶层和所有年龄组的人群，造成刑事犯罪，引起艾滋病的传播，危害个人、家庭和社会。世界各国对药品滥用都采取了相应的措施，对麻醉药品和精神药物实行严格管理，加强禁毒斗争，以充分发挥药物的治疗作用，避免药品滥用。被滥用的药品包括：

鸦片类：罂粟中提取的阿片、吗啡、海洛因及人工合成的杜冷丁、可待因、二氢埃托啡等。

古柯类：从古柯中提取可卡因、克赖克等。

大麻类：大麻饼、大麻烟及由大麻提取的大麻脂、大麻晶、四氢大麻酚、六氢大麻酚等。

中枢兴奋剂：如苯丙胺、甲基苯丙胺（即冰毒）等。

致幻剂：如麦角酰二乙胺（LSD）、麦司卡林、裸盖菇素等。

镇静催眠药和抗焦虑药：如巴比妥类、苯二氮卓类等。

挥发性有机溶剂：汽车、打火机燃料，黏合剂、发胶等所含的溶剂。如汽油、苯、二甲苯，三氯乙烯、氯仿、甲醇、乙醚、丙酮、己烷、石脑油等。

（1）影响：滥用药品容易导致药物依赖性。药物依赖性与毒品依赖性是一些中枢神经系统药物产生的一种特殊神经精神毒性。使用者会出现愉悦欣快的精神效应，或现实并不存在的飘飘欲仙的感觉。这种精神效应会给人们留下极其强烈而牢固的记忆，用药者要反复出现感受欣快效应的用药欲望和强迫性用药行为，使用药者处于一种追求感受欣快效应的特殊精神状态。

（2）后果：由于追求反复用药，人体代谢发生适应性变化，只有外源性药物的连续供给，机体才能保持正常生理功能，一旦断药，代谢发生剧烈变化，生理功能发生严重紊乱，出现一系列难以忍受的戒断症状。为了感受欣快效应，避免戒断症状折磨，用药者会非医疗目的地大量使用这种类型药物，这就是"药品滥用"，在我国俗称"吸毒"，其结果是给用药者精神和身体健康造成极大损害，并带来严重的公共卫生问题和社会问题。所以，有依赖性的药物具有毒品的属性，如果这种药物不是用于治疗疾病，而是为了追求其精神效应，而大量滥用就是"吸毒"。为此，我们有责任充分认识吸毒的危害，珍惜生命，远离毒品，保持健康的身体，营造洁净的环境。

五、检查与没收

公司在任何时间内都有权授权给专人对个人财物、上锁的抽屉、行李、汽车以及雇员的身体进行搜查或检查。其目的在于判断是否有人非法拥有违法物品，这些搜查随时都可能进行，不需预先通知。公司在任何时间内也有权对自己的员工，其他承包商和公司的员工进行尿检，其目的在于判断是否有人使用违法药物与饮酒。公司不但有权力而且有义务开展这些化验和检查，保证一个健康安全的工作环境，包括公司的财产、设施以及装备，无论是陆上的还是海上的。

任何公司的职员，拒绝搜查、尿检、血液化验或拥有这些违法违禁物品，不需要任何解释，都不允许接近企业的任何财产、设施或装备。在适当的情况下，通过公司搜查发现的违禁品将交由有关部门监管，也可能移交有关法律执行机构。

六、测试

如何检验员工是否饮酒后上岗或滥用药品，我们只凭外表观察是不能完全和有效确定的。为了得到充分的证据与结果，唯一的方法就是采取尿检或验血测试。

（一）尿检

如果对个人使用药物的行为缺少监视，尿检是辨别药物使用者的另一种最好的方法。据统计，初次化验发现药物的准确性为95%～99%，验证化验可达到100%。当初次化验结果呈阳性时，必须使用不同的方法对同样的尿样进行二次化验进行验证。如果打算对结果呈阳性（即该员工的尿液中含有某种药物）的员工采取相对不利的措施，从法律的角度考虑，"验证化验"是必需的。

（二）验血

通过验血可以判断员工是否曾在工作现场饮酒或酒后上岗。这是唯一值得信赖的酒精摄入量的检测方法。但是，没有员工的书面同意，任何情况下都不可以对其采样。

因此，企业的酒精与药品政策应包括血液化验的要求和对拒绝血液化验的后果的解释。这些政策必须传达给那些需要签写"同意搜查和化验表"的员工。同时，公司在相关制度中必须向员工解释化验结果将做何用。而且，像尿检一样，企业必须向大家说明有关血样管理的情况。其内容应包括血样的管理、贮存和鉴定控制的证明性文件。

血样的采集必须由持证医生或护士进行，并在符合相关标准的地方进行。

（1）血液中酒精呈阳性的：酒精含量大于或者等于20mg/100mL，小于80mg/100mL，最近该员工摄入了一定量的酒精，而且酒精至今仍有作用；酒精含量大于或者等于80mg/100mL的，对大多数人来讲，此酒精浓度说明该员工醉酒了（引自GB 19522-2010标准）。

（2）THC（大麻）呈阳性的：血样也应该进行THC化验。阳性的化验结果说明在采样前的4h内，该员工摄入了一定量的大麻。很多公司利用此结果来确认尿检呈阳性的员工是否在工作现场使用过此药物。

员工的测试结果如属阳性或拒绝接受药物或酒精测试，则根据企业规定遭受纪律处分，情况严重者会被解雇。

七、处方药的报告

在一定情况下，对处方药品的拥有是允许的。但此药必须是出于善意、根据有关法律为相应的病人开处并分发的。为了确保安全有效的工作环境，在特定的情况下，也可以限制处方药品的使用。为确保处方药品使用得当，而非通过此种途径将违禁品潜带至工作现场，公司要求员工将此类药品的情况向监督或经理汇报，如药品的名称，使用原因以及可能的副作用。公司应要求员工保存好药剂师或药房开具的处方，上面需留有员工的姓名、处方号、日期以及药品名称（一般按标签上的写）。

在某些情况下，雇主也可以让员工将这些药品储存在医疗室、监督处或经理处。

八、禁止携带吸毒用品

鉴于吸毒对人体造成健康损害并带来严重的社会、经济甚至政治问题，世界各国对吸毒行为具有共识，均严厉打击吸毒、贩毒行为。联合国将每年6月26日定为"国际禁毒日"，以引起世界各国对毒品问题的重视，号召全球人民共同来抵御毒品的危害。

因此，无论在钻井作业现场，还是在营地，我们都要严格遵守所在国家和政府关于禁毒的各项法令与规定，禁止在上述场所携带、使用与毒品有关的物品，如违禁药品、吸毒用的口吸、鼻吸、肌内注射器和静脉注射器等用具。

第三节　枪支与武器及其他禁止物品

在钻井施工作业现场，为防止暴力事件及不安全的事件发生，各作业公司对枪支、弹药、棍棒、违禁药品、酒精、打火机/火柴、爆炸物等物品均进行必要的管制。

一、枪支、弹药、棍棒、违禁药品、酒精、打火机/火柴、爆炸物

（一）枪支、弹药与爆炸物

这类武器均能快速地将人置于死地或伤害。

（1）枪支是指以火药或者压缩气体等为动力，利用管状器具发射金属弹丸或者其他物质，足以致人伤亡或者丧失知觉的各种器械。包括公务用枪、民用枪支以及各种非制式枪支。非法枪支流入社会对社会治安秩序、公共安全造成严重影响，造成群众的安全感下

降，暴力事件增加，枪支过多对国家保护野生动物也极为不利。

（2）弹药一般指有壳体，装有火药、炸药或其他装填物，能对目标起毁伤作用或完成其他任务的军械物品。它包括枪弹、炮弹、手榴弹、枪榴弹、航空炸弹、火箭弹、导弹、鱼雷、深水炸弹、水雷、地雷、爆破器等。用于非军事目的的礼炮弹、警用弹以及采掘、狩猎、射击运动用的弹，也属于弹药的范畴。弹药是武器系统中的核心部分，是借助武器（或其他运载工具）发射或投放至目标区域，完成既定战斗任务的最终手段。

（3）爆炸物泛指能够引起爆炸现象的物质。例如炸药、雷管、黑火药等。粉尘、可燃气体、燃油、锯末等在特定条件下引起爆炸的物质，广义上也属于爆炸物。我国对爆炸物实施严格管制。并规定，严禁携带爆炸物出入公共场所。

在中国，法律规定严格管制枪支、弹药及爆炸物等武器。主要法律依据包括：《中华人民共和国枪支管理法》、《中华人民共和国刑法》、《中华人民共和国人民警察法》、《中华人民共和国治安管理处罚法》等。这些管理法令要求：

（1）严禁任何单位、组织和个人非法制造、买卖、运输、储存炸药、雷管、导火索、导爆索、震源弹、黑火药、烟火剂、烟花爆竹以及手榴弹、地雷、炮弹等各类爆炸物品，军用枪、射击运动枪、猎枪、麻醉注射枪、气枪、火药枪、催泪枪、仿真枪等各类枪支和弹药。

（2）严禁任何单位、组织和个人非法持有、私藏或者使用爆炸物品和枪支、弹药。

（3）严禁邮寄爆炸物品和枪支、弹药，严禁在托运的行李包裹和邮寄的邮件中夹带爆炸物品、枪支、弹药，严禁非法携带爆炸物品、枪支、弹药进入公共场所或者乘坐公共交通工具。

（4）严禁任何生产、销售、储存、使用爆炸物品和枪支、弹药的单位违法违规生产、销售、购买、运输、储存、使用爆炸物品、枪支、弹药。

国外枪支武器政策不尽相同，钻井作业国分布世界各地，就几个主要产油国而言，大致的政策是：政府基本都有明确规定，但对于出国作业人员除遵守本国有关政策外，必须遵守所在作业国的规定。如阿曼、委内瑞拉、苏丹等国持有枪支是当地居民基本的自卫或打猎方式，向政府申请即可购枪。伊拉克、哥伦比亚等国基本战火不断，已形成全民性持有枪支。因此，在国外作业的人员必须保护自己，尽可能不持枪。有的国家市场上就出售枪支，但必须遵守当地规定。在不允许的情况下，不得随意购置枪支武器。

中国石油天然气集团公司及世界各大石油公司均要求在钻井作业场所、营地一般情况下禁止携带致命武器或弹药、爆炸物。

（二）棍棒

被当作武器而使用的木质棍、棒或杖叫做棍棒，是最基本易得武器之一。因棍棒易于获取、便于携带和挥动、打击力强等特点，是伤害案件中较常见的致伤物。棍棒的基本形态是有一个长条形的体和两个端，常见以棒体打击为多，受伤部位以头部多见，躯干、四肢次之。棍棒打击人体造成的损伤称棍棒伤，属于钝器创伤。表现为擦伤、挫伤、挫裂创、骨折、内部器官破裂或肢体断离等形态，其中以擦伤、挫伤和挫裂创最多见。挫伤常与擦伤并存，挫裂创一般都伴有擦伤和挫伤。

在作业现场，常能见到棒球棍、斧头柄、镐把、铁锹把和锄头柄等类棍棒。其中：牢固而沉重的特点使得镐头柄成为一件强大的武器。棒球棍像镐头柄一样，通常作为临时性武器来使用。在棒球运动并不普及的国家里，人们提到棒球棍第一反应就是一种武器。在波兰，棒球棍需要执照才能合法拥有。而相对棒球棍较小、较轻的曲棍球棍则常作单手武器使用。

由于棍棒既属于生产工具，又具有一定的伤害性。因此，在作业现场，作为管理者要对此类物品严加管理，确保该类物品不被酒后、生气中或精神有异常的人使用。

（三）违禁药品

违禁药物一般指与医疗、预防和保健目的无关的，用药者采用自身给药的方式，导致精神依赖性和生理依赖性，造成精神紊乱或精神亢奋和出现一系列异常行为，并且反复大量使用有依赖性特性的药物。一般包括运动场上的违禁药物和毒品两种。这里重点指的是毒品。

毒品一般是指使人形成瘾癖的药物，这里的药物一词是个广义的概念，主要指吸毒者滥用的鸦片、海洛因、冰毒等，还包括具有依赖性的天然植物、烟、酒和溶剂等，与医疗用药物是不同的概念。常见毒品如下：

（1）鸦片。又叫阿片，俗称大烟，是罂粟果实中流出的乳液经干燥凝结而成。吸食者初吸时会感到头晕目眩、恶心或头痛，多次吸食就会上瘾。

（2）吗啡（Morphine）。是从鸦片中分离出来的一种生物碱，在鸦片中含量10%左右，为无色或白色结晶粉末状，比鸦片容易成瘾。长期使用会引起精神失常、谵妄和幻想，过量使用会导致呼吸衰竭而死亡。

（3）海洛因（Heroin）。化学名称二醋吗啡，俗称"白粉"，它是由吗啡和醋酸酐反应而制成的，镇痛作用是吗啡的4~8倍，医学上曾广泛用于麻醉镇痛，但成瘾快，极难戒断。长期使用会破坏人的免疫功能，并导致心、肝、肾等主要脏器的损害。注射吸食还能传播艾滋病等疾病。历史上它曾被用做精神药品戒断吗啡，但由于其副作用过大，最终被定为毒品。海洛因被称为世界毒品之王，是我国目前监控、查禁的最重要的毒品之一。

（4）大麻。一年生草本植物。大麻类毒品主要包括大麻烟、大麻脂和大麻油，主要活性成分是四氢大麻酚。大麻对中枢神经系统有抑制、麻醉作用，吸食后产生欣快感，有时会出现幻觉和妄想，长期吸食会引起精神障碍、思维迟钝，并破坏人体的免疫系统。

（5）杜冷丁。即盐酸哌替啶，是一种临床应用的合成镇痛药，为白色结晶性粉末，味微苦，无臭，其作用和机理与吗啡相似，但镇静、麻醉作用较小，仅相当于吗啡的1/10~1/8。长期使用会产生依赖性，被列为严格管制的麻醉药品。

（6）古柯。生长在美洲大陆、亚洲东南部及非洲等地的热带灌木，尤为南美洲的传统种植物。古柯叶是提取古柯类毒品的重要物质，从古柯叶中可分离出一种最主要的生物碱——可卡因。

（7）可卡因。是强效的中枢神经兴奋剂和局部麻醉剂。能阻断人体神经传导，产生局部麻醉作用，并可通过加强人体内化学物质的活性刺激大脑皮层，兴奋中枢神经，表现出情绪高涨、好动、健谈，有时还有攻击倾向，具有很强的成瘾性。

（8）冰毒。即甲基苯丙胺，外观为纯白结晶体，故被称为"冰"（Ice）。对人体中枢神经系统具有极强的刺激作用，且毒性强烈。冰毒的精神依赖性很强，吸食后会产生强烈的生理兴奋，大量消耗人的体力和降低免疫功能，严重损害心脏、大脑组织甚至导致死亡。还会造成精神障碍，表现出妄想、好斗、错觉，从而引发暴力行为。

（9）摇头丸。冰毒的衍生物，以MDMA等苯丙胺类兴奋剂为主要成分，具有兴奋和致幻双重作用，滥用后可出现长时间随音乐剧烈摆动头部的现象，故称为"摇头丸"。外观多呈片剂，五颜六色。服用后会使中枢神经强烈兴奋，出现摇头和妄动，在幻觉作用下常常引发集体淫乱、自残或攻击行为，并可诱发精神分裂症及急性心脑疾病，精神依赖性强。

（10）K粉。即"氯胺酮"，静脉全麻药。白色结晶粉末，无臭，易溶于水，通常在娱乐场所滥用。服用后遇快节奏音乐便会强烈扭动，会导致神经中毒反应、精神分裂症状，出现幻听、幻觉、幻视等，对记忆和思维能力造成严重的损害。

（11）咖啡因。是化学合成或从茶叶、咖啡果中提炼出来的一种生物碱。大剂量长期使用会对人体造成损害，引起惊厥、心律失常，并可加重或诱发消化性肠道溃疡，甚至导致吸食者下一代智能低下、肢体畸形，同时具有成瘾性，停用会出现戒断症状。

（12）三唑仑。又名海乐神、酣乐欣，淡蓝色片，是一种强烈的麻醉药品，口服后可以迅速使人昏迷晕倒，故俗称"迷药"、"蒙汗药"、"迷魂药"。

由于毒品的危害性，世界各国均禁止携带与使用毒品。因此，携带和使用非法毒品将违反作业公司及作业所在国的相关规定，会遭到严重法律处罚。

（四）酒精

由于性别和作业条件等原因，饮酒对于大多数钻井作业者来说是一个普遍与常见的行为。

无论是白酒还是葡萄酒，其主要成分是酒精，化学名叫乙醇。乙醇进入人体，能产生多方面的破坏作用。

当血液中的乙醇浓度达到0.05%时，酒精的作用开始显露，出现兴奋和欣快感；当血中乙醇浓度达到0.1%时，人就会失去自制能力。如达到0.2%时，人已到了酩酊大醉的地步；达到0.4%时，人就可失去知觉，昏迷不醒，甚至有生命危险。

酒精使人的神经系统从兴奋到高度的抑制，严重地破坏神经系统的正常功能。因此，作为一条禁令，大多数企业都严格禁止酒后上岗。

（五）打火机/火柴

在钻井现场，任何人都不要玩火柴、点着的香烟与打火机，因为这些都可能成为酿成火灾的火源。

为避免人为火灾事故及井喷等特殊情况下的爆炸事故发生，作为防火安全措施之一，钻井现场明确规定："进入钻井井场严禁携带火柴、打火机等引火物"。而且，我们在井场入口能够经常看到安全警语和严禁烟火及禁止携带火种的宣传警示牌。作为管理要求，钻井作业人员不能携带打火机及火柴等引火物进入井场。而临时作业人员，如外来施工方，应根据 HSE 监督的指令，在进入井场前将所携带打火机及火柴等引火物暂时寄存在井场入口的 HSE 监督房处，由 HSE 监督统一保管。

二、被盗物品、走私物品与移动电话

（一）被盗物品

即指非法偷盗所得的物品。该物品属于偷窃犯罪的赃物。如果明知是犯罪所得的赃物却为了贪图便宜而购买，将会违反国家相关法律法规及公司相关治安管理规定。

如《中华人民共和国刑法》第三百一十二条规定："明知是犯罪所得的赃物而予以窝藏、转移、收购或者代为销售的，处三年以下有期徒刑、拘役或者管制，并处或者单处罚金。"

其他各国对销赃及使用赃物的行为均认定为违法。因此，作为公司雇员应该使用正规渠道购买的商品，决不能贪图便宜购买、收购来路不明的物品，甚至明知是被盗物品。

（二）走私物品

即指那些违反《海关法》及有关法律、行政法规，逃避海关监管，偷逃应纳税款，逃避国家有关进出境的禁止性规定或者未经海关许可并且未缴应纳税款、交验有关许可证件，走私入境的物品。

由于走私物品属于违反法律流通的商品，因此，根据《中华人民共和国刑法》第一百五十五条规定："直接向走私人非法收购国家禁止进口物品的，或者直接向走私人非法收购走私进口的其他货物、物品，数额较大的；在内海、领海运输、收购、贩卖国家禁止进出口物品的，或者运输、收购、贩卖国家限制进出口货物、物品，数额较大，没有合法证明的以走私罪论处。"而且，走私物品无消费保障，对使用者的安全会造成一定影响。同时，作为公司雇员应该通过正规渠道购买商品，决不能购买、收购走私物品，否则将受到法律制裁。

（三）移动电话

移动电话，通常称为手机，早期又有大哥大的俗称，是可以在较广范围内使用的便携式电话终端。现在无论走到哪儿，使用手机的人几乎都随处可见。不过有几个地方，千万注意不可以用手机通话，见到别人用也要立即制止，不然随时都可能会导致不幸。当然，禁止使用手机的场所包括钻井井场。

（1）飞机，打电话可致空难。

手机在使用或备用状态，都会有无线信号发出，尤其在开机、打出电话或搜寻网络时信号最强。有专家指出，这类信号有机会影响到飞机上灵敏的电脑及导航系统，从而危及到机上乘客的安全。

正确做法：上飞机前要关掉手机。虽然现在中国未有法律规定这样做，但一般航机服务员都会劝阻乘客最好不要用手机。

（2）医院，干扰仪器可害死人。

手机所发出的电波，会干扰到医院的设备，会影响到心脏起搏器、助听器等一类精密的仪器，影响病人的安全。如果撞上正有病人做紧急手术，仪器受到干扰，情况便非常危险！好多人去到医院都会一时心急打手机通知家人，但这样做可能会影响到医院仪器的操作。

正确做法：进医院范围前即立即关机。不管进入病房或医院的任何地方，都应该把手机电源关掉，以免造成干扰。

（3）一个电话加油站可变炸弹。

在一般加油站或者有潜在爆炸性气体的地区（包括燃油区、船甲板下、燃油或其他物品转运和储存设施），都不允许开汽车引擎和火机，这是因为怕小小的火花引起爆炸，其实同样的道理，手机产生的小量火花，也可以引发爆炸。

正确做法：在进入加油站范围或易燃设施旁时，必须先关掉手机。

（4）误触煞车可车毁人亡。

虽然香港政府已经立法在车内讲电话一定要用免提，以减少司机分神导致交通意外的可能性。原来车内打手机，总有可能启动或中止车内的电子系统，例如加速、燃油分配、制动、防锁等电子系统，如果汽车在行驶中，这些电子仪器受干扰会十分危险！在欧美等地，曾发生怀疑驾驶员在行车中接通手机，电波意外触动汽车防盗系统，导致车辆突然上锁，车翻人亡的意外。

正确做法：当然在车上最好不打手机，就算要用免提，也最好是把手机天线，连接到汽车的外置天线，这样可以降低干扰机会。

（5）钻井现场手机可能引发爆炸与火灾。

这与在加油站禁止使用手机一样，钻井现场属于易燃易爆高危场所，尤其是在井场弥漫柴油雾或可燃气体时，手机产生的小量火花，也可以引发爆炸。

正确做法：当你准备进入井场前，请自觉将手机关掉或寄存在 HSE 监督房处。

另外，尽管依然没有足够证据支撑"手机辐射可能导致脑癌"的结论，但手机辐射我们还是应该多多加以回避，而且，手机电池爆炸的案例再次提醒我们要尽量少用手机。

第四节 个人举止（行为）

个人行为举止对安全有着直接的关系，钻井现场很多事故的发生与员工的不安全行为有关。员工进入工作现场必须严肃认真，严格遵守规章制度及规范个人的行为举止。

一、不许恶作剧或开工作玩笑

（1）在危险场所工作时不要互相开玩笑及打闹，这些场所包括旋转的齿轮、轴承及皮带、高空作业、电器设备等处。由于玩笑及打闹，身体与危险设备接触的可能性大大提高，极易发生人身及设备事故（图1-1）。

图 1-1　在工作场所恶作剧

（2）重要岗位人员工作期间，如司钻操作刹把、用猫头上卸扣以及需注意力集中的岗位工作，严禁开玩笑，因这些人员的失误有可能导致施工质量受到影响、人员伤亡、设备损坏，甚至造成灾难性的事故。

二、遵守禁烟规定

在引起火灾事故的原因中，吸烟是其中一项重要因素。为避免工作现场发生火灾事故，各种作业场所都有相应的禁烟规定。在进入禁烟区域工作时不要吸烟，如要吸烟应到规定的场所，并在扔烟头前，确认烟头已经熄灭。

三、工友间相互尊重

不论作业国的种族政策和习惯如何，在施工作业中，工友间的关系是同伴关系，应相互尊重。在健康安全方面，有着互相提醒的责任和义务。任何国家、任何民族，人的生命都是宝贵的。如果就民族、宗教信仰的不同受到侵扰，可能会造成人的情绪波动，注意力不集中等问题，容易造成事故。因此，为了保证施工作业安全，员工在作业时要注意以下几点：

（1）不许就民族、种族、宗教及两性问题侵扰与玩笑，对不同民族及宗教信仰不能歧视，应尊重不同民族、不同信仰工友的习惯，如穆斯林严忌饮酒，严禁吃猪肉；同时，也严禁用猪的形象作为装饰图案，在进食时，严禁用左手取食。

（2）工友之间不许有亵渎性语言（行为）。

（3）在工作和休息时不许大声喧哗。禁止在厂区、场所内打架斗殴或进行粗鄙的喧闹嬉戏。除非紧急情况，否则在工作区内禁止奔跑。

（4）上下班穿着合体。所有人员，包括承包商和来访者，在指定的地点，包括现场作业区，都必须戴上经认可的安全帽，穿统一的工作服，工服要整洁、干净、衣扣齐全扣好。

（5）注意个人卫生，脏的工作服不只是丑，还能引起事故和健康危险。粘满污垢或油污的工作服经常造成皮疹和其他种类的皮炎。

四、工作场所暴力

根据不完全统计，大概有六分之一的暴力犯罪事件发生在工作场所。包括一些耸人听闻的抢夺、谋杀事件（谋杀是引起工作场所死亡的第二大原因，其中关于女性的谋杀案占首位），其他侵犯行为和冲突没有那么激烈，但是却要频繁得多（比起谋杀）。在日常工作中最常见的暴力就是侵犯行为、人身攻击和性骚扰。

（一）识别

工作场所暴力指的是雇员在工作场合对工作中接触到的他人，或者公司或第三方财产进行暴力威胁或采取暴力行动。各作业公司均不允许工作场所暴力。

骚扰、暴力及恐吓或其他相类似的行为是不可以接受的行为而且违反公司政策。任何违反政策的雇员将会受纪律处分，甚至解聘。在必要的情况下，公司会因此提出指控或寻求法律机关的合作。不能容忍任何对同事人身的伤害、暴力或恐吓。暴力行为包括但不限于以下行为：

（1）口头恐吓（类似说"小心一点"之类的语句）；

（2）恐吓行为；

（3）恐吓对其他人造成损害；

（4）在公司范围内，公司车辆内或在公司赞助的活动中携带枪支、非法刀具、炸药或其他武器；

（5）参与危险打闹行为；

（6）伤害他人身体；

（7）斗殴或挑衅他人斗殴；

（8）跟踪他人。

工作场所容易发生暴力的情况为：员工被严惩、员工遭免职、不满的离职员工回到工作场所、员工涉嫌吸毒被送检验、员工吸毒或喝酒而降低"威胁门槛"（一个人觉得身体或心理上有危险的临界点，暴力最常发生在此点）、员工与其他员工或上司的严重个人冲突、员工的人际关系长期不佳、员工有精神病或因个人问题或工作环境导致严重心理问题、与压力有关的挑衅事件（即发生言语咒骂和可能发生身体冲突等所显示的攻击行为）。

当我们看到工作场所暴力统计报告会很惊讶。例如，其中几乎有四分之三的事故都会被报道出来。员工并不是没有能力避免这些犯罪行为，还可以在保护自己的同时保护其他同事。

要关注暴力的警示标志，并学会如何避免这些危险情况的发生。为此，员工应该具备如下能力：了解工作场所暴力的分类；及早关注警告标志并意识到潜在的暴力行为；学会如何使用技巧避免辱骂、侮辱、威胁甚至更过分的行为；了解性骚扰的形式以及包括哪些类型；认识到攻击演变的其他形式，包括人身恐吓；当遇到手持武器的攻击者，知道该做什么，不该做什么；学会如何培养一个积极的工作氛围，这样可以很好地预防暴力事件的发生；

尽可能将工作中的人身侵犯最小化。告诉员工要礼貌地邀请同事吃饭，并敢于拒绝带有侵略性的行为，这很重要。

全球商业行为准则（我需要做什么或不能做什么?）：

（1）不要采取任何形式的工作场所暴力行动（包括威胁）。

（2）不要携带武器到工作场所。

（3）如果你怀疑可能会发生工作场所暴力事件，务必立即报告。

（二）报告责任

（1）如果你是一位经理并且有人向你报告可能会发生工作场所暴力事件，务必采取下列措施：首先（在相应的公司安全人员的帮助下）保护受到威胁的人或财产，然后一定要对该指控进行调查，并且，如果指控属实的话，确保该行为得到处理。

（2）如果你是雇员，当你本人受到工作场所暴力威胁或伤害时，以及发现工作场所暴力现象时，要把情况立即上报你的上级管理者，同时要及时报警。

五、可能禁止的项目（被盗物品，违禁品（走私），手机，高咖啡因饮品）

作为雇员，我们应该清楚地向公司或监督了解钻井作业现场与营地可能禁止的项目，如被盗物品，违禁品（走私），手机，高咖啡因饮品等。其中高咖啡因饮品包括一些提神能量饮料，他们含有高咖啡因。食品专家认为，摄入过多咖啡因对人体有危害，容易造成头痛和失眠。一项新的研究表明，这些高咖啡因功能饮品虽然可以提神，却不能使人在驾车时保持机敏。据英国汽车高级驾驶协会（IAM）发布了一项关于某种饮料的通告，此前，他们发现尽管有大量的咖啡因和糖的作用，司机驾车时仍会失误。这项研究是由美国国家安全委员会进行的，其结论如下：喝含咖啡因浓度高的饮料 1h 后，驾车者变得反应迟钝，症状与酒中毒相似。

第五节 现场基本安全

一、工作现场危险的类型

工作现场的危险主要包括以下 4 类。

（一）电类（电击）伤害

电击伤害俗称触电，是人体在操作、作用电器设备时接触电流或接近高压电被击中所引起的伤害。电击伤害事故大体分为以下 5 种形式：

（1）电流伤害事故：即由于人体触及带电体所造成的人身伤亡事故；

（2）电磁伤害事故：即机械设备、电器产生的辐射伤害；

（3）雷击事故；

（4）静电事故：生产过程中产生的静电放电所引起的事故，如塑料和化纤制品，摩擦就易产生静电，严重时可引起爆炸和火灾；

（5）电器设备事故：由于电器设备的绝缘失效或机械故障产生打火、漏电、短路而引起触电、火灾或爆炸事故。

电击伤害在工业生产中是较为常见的事故，严重时能危及人的生命。因此当触电事故发生后，现场的急救是十分关键的，只要能够正确、及时地进行救护，许多触电者都是可以获救的，对心脏、脉搏已停止跳动的触电者及时抢救也能减少死亡。

（二）机械类（两机器夹伤，被击中）伤害

机械性伤害主要指机械设备运动（静止）部件、工具、加工件直接与人体接触引起的夹击、碰撞、剪切、卷入、绞、碾、割、刺等形式的伤害。各类转动机械的外露传动部分（如齿轮、轴、履带等）和往复运动部分都有可能对人体造成机械伤害。

机械伤害是钻井作业过程中最常见的伤害之一。易造成机械伤害的机械、设备包括：运转的钻井液泵、传动链条、液压大钳、提升设备、钻具等，以及其他转动及传动设备。

机械装置在正常工作状态、非正常工作状态乃至非工作状态都可能发生危险。

（1）机械在完成预定功能的正常工作状态下，存在着不可避免的但却是执行预定功能所必须具备的运动要素，有可能产生危害后果。例如，零部件的相对运动，锋利刀具的运转，机械运转的噪声、振动等，使机械在正常工作状态下存在碰撞、切割、环境恶化等对人员安全不利的危险因素。

（2）机械装置的非正常工作状态是指在机械运转过程中，由于各种原因引起的意外状态，包括故障状态和检修保养状态。设备的故障，不仅可能造成局部或整机的停转，还可能对人员构成危险，如电气开关故障，会产生机械不能停机的危险；砂轮片破损，会导致砂轮飞出造成物体打击；速度或压力控制系统出现故障，会导致速度或压力失控的危险等。机械的检修保养一般都是在停机状态下进行，但其作业的特殊性往往迫使检修人员采用一些非常规的做法，例如，攀高、进入狭小或几乎密闭的空间，将安全装置短路，进入正常操作不允许进入的危险区等，使维护或修理过程容易出现正常操作不存在的危险。

（3）机械装置的非工作状态是机械停止运转时的静止状态，在正常情况下，非工作状态的机械基本是安全的，但不排除发生事故的可能性，如由于环境照度不够而导致人员发生碰撞事故；室外机械在风力作用下的滑移或倾翻；结构垮塌等。

（三）重力类（跌落物品）伤害

重力类伤害是指在高处作业中发生坠落造成的伤害事故，包括人体坠落和落物伤人。作业者在离开地面2m以上的高处作业，若没有个人防护措施，常发生从缺乏保护的架子上、平台上、梯子上坠落的事故，或从深坑、深槽边坠落下去的情况。坠落伤害的程度，随坠落距离的大小而异，轻则伤残、骨折，重则死亡。一旦坠落，极易发生伤亡事故。

钻井作业中被高处落物击中伤害危险无处不在，经常发生在钻台作业、吊装货物时，雇员可能被高处坠落的物品碰伤、砸伤等伤害。

（四）压力类（空气、钻井液、气体）伤害

钻井作业中常接触带有一定压力的物质，如高压管汇中泵送的钻井液，空气压缩机制备的压缩空气，以及氧气瓶、乙炔瓶中的气体等。这些现场作业中的压缩空气、高压钻井液、其他压缩气体如果意外泄露，包括锅炉爆炸、压力容器爆炸、压力管线憋开，高速喷出的空气、钻井液或气体如果击中人体的话，将造成极大的人身伤害，并且，当储存与输送他们的容器或管线爆裂时，崩飞的零部件也将会对人员造成打击伤害。

钻井中常见的压力危险源有：高压管汇、泵、泵安全阀及回收管线、井控设备、气控管线、空气压缩机及附件、氧气瓶、乙炔瓶、液化气瓶、氮气瓶等。

二、行为安全

纵观发生的各类安全事故，无不都与员工的不安全行为（可能对自己或他人以及设备造成危险的行为）有关。通过改变员工的行为，可以达到预防事故的目的。

（一）概述

事故分析表明，大概90%的事故与人的不安全行为有关，人的不安全行为是导致事故发生的关键因素。在剩余的10%事故中，又有90%的事故与那些没有直接涉及到事故中的人的行为这个因素有关。因此，增加安全行为的数量对于消除事故来说是非常重要的。行为安全（Behavior-Based Safety，简称BBS）管理方法将有助于实现这个目的。

行为安全分析法是由施纳（B. F. Skinner）首先提出并给予发展，现在的试验行为分析和应用行为分析均是以行为安全分析为基础发展起来的。

行为安全管理是建立在行为分析理论基础上的，以安全行为为基准的观察行动方法，是心理学、行为科学、安全管理科学等相互融合形成的一种管理方法，能够纠正人的不安全行为，培养安全习惯和安全意识，促进安全氛围的形成，进而提高组织的安全水平的较为有效的安全管理方法。

行为安全管理主要采用ABC（行为前因—行为—行为后果）的行为模型，通过改变人的行为而达到安全的目标，进而实现企业事故预防，减少由于人的行为引起的事故发生。行为安全管理理论包括4个主要步骤：

（1）识别关键行为；

（2）收集行为数据；

（3）提供双向沟通；

（4）消除安全行为障碍。

BBS是20世纪90年代在美国等现代工业化国家兴起的一种企业行为安全管理方法，已经被越来越多的企业认可并采纳。BBS方法在企业安全管理的应用实践中表明有良好效果，2000年美国的一项研究（Austin，2000）中对7个国家的9个企业的32个行为工作研究结果表明有31个降低工伤率达54%以上。

BBS方法多以ABC行为模型为开发原则，但在实际运用过程中，各企业必须结合具

体的实际情况设计和实施。BBS 在工作界的成功实践有：发源于英国煤矿业的 ASA（Advanced Safety Auditing）——高级安全审核、杜邦开发的 STOP（Safety Training Observation Program）——安全训练观察计划与 BP 钻井平台开发的针对一线员工的 TOFS（Time Out For Safety）——为了安全暂停。

中国石油天然气集团公司与杜邦开展合作，为直线领导设计一种对安全行为和不安全行为进行观察、沟通和干预的安全管理系统，推行安全观察与沟通，颁布了《行为安全观察与沟通管理规范》（Q/SY 1235—2009），因此，我们接触较多的是杜邦的 STOP——安全训练观察法，它包括决定、停止、观察、行动和报告等 5 个环节。

行为安全管理研究的重点是"不安全的行为"（或者说"冒险行为"）。但是员工的冒险行为反映出的问题并不仅仅是员工自身的行为错误。对不安全行为的研究发现，许多伤害事故是由于员工的不安全行为所导致，而不安全的行为则是由于安全管理系统存在缺陷所引发。

因此，针对员工不安全的行为，不是责备和找错，而应该识别那些关键的不安全行为、监测和统计分析、制定控制措施并采取整改行动，最终降低不安全行为发生的频率。对于公司而言，影响员工不安全行为的因素可能来自很多方面，比如：管理系统、员工身体健康、设施、工艺流程、产品等，是管理系统存在问题的征兆。不安全行为的类型和频率也是安全管理现状的尺度，是事故频率的预警信号。

（二）作用及职责

所有公司都希望让整个作业员工的操作达到 100% 的安全行为水平。这样才能最大可能地消除事故。BBS 是一种提高作业员工安全行为水平的有力工具。BBS 起到监督执行安全的作用，并使公司更加容易真正了解到公司员工对他们规定的工作实践、程序、条件和行为理解到什么程度。

行为安全管理 BBS 不是万能的，更不是杜绝事故的唯一办法，而是与任何一个好的事故预防措施中的要素共同努力的过程。这些要素包括：

（1）消除危害：从工作场所上消除危害物，直到确保安全了才开工。

（2）采用替代物来减少或消除事故：通过代替一种材料或者一项任务来减少该危害。

（3）工程控制：安装防护梯、通风系统、防坠装置等。

（4）管理控制：程序方法、实践指南、培训、现场风险评估、工作计划等。

（5）个人防护装置：有效使用个人防护用品。

要想使 BBS 在一个组织内完全有效，该组织需要承诺并完全做到上述列出的所有事故控制措施。从这个角度看，企业员工们应该将 BBS 视作是对已有的良好的安全计划的补充，而不是取而代之。如果企业员工把 BBS 看作是企业用来推卸事故责任的一种方法，BBS 是不会有效的。

所有的事故在发生之前都存在于某种行为中，例如：一个工人从梯子摔下来，是因为他爬的太高，或者梯子放置不稳。这两种情况都是个体行为。BBS 旨在改变人的思维模式、习惯以及行为，以使这些"不安全"的行为不再发生。这样，这位员工就不会再从梯子上摔下来了。因此，可以说 BBS 是一个主动的进程，它有助于提高员工安全行为水平，以避免发生事故。

三、干预/停止工作

为了保证安全，有些时候需要采取强制干预的手段控制人的意愿和行为，使个人的活动、行为等受到安全生产管理要求的约束，目的是通过停止作业，让发现的不安全行为和状态立即停止，达到安全要求后方可继续作业，从而实现有效的安全生产管理。

（一）管理方提出停止工作

作为管理者，有义务确保作业现场的健康、安全与环保。必要时要做到：

（1）为施工作业提供合适的安全措施与物资保障；

（2）制定合理的施工作业与应急方案；

（3）应该为现场施工作业安排监督或负责人进行监管。

当有下列情况之一时，应立即提出停止工作指令。

（1）施工中存在安全隐患时，立即下达停工指令，并采取有效的预防控制与整改措施，监督其立即整改；

（2）作业中有危及员工生命安全的紧急情况时，立即停止作业，按应急预案要求，下达立即从危险区域内撤出作业人员的命令；

（3）发现违反设计、工艺方案及安全操作规程的行为时，应立即制止作业；

（4）施工中有违章指挥情况时，强令工人冒险作业要求必须立即制止；

（5）施工中有未经培训或培训考试不合格的人员作业时；

（6）特种作业无有效操作证人员上岗操作；

（7）脱岗、睡岗和酒后上岗；

（8）个人防护用品不全时；

（9）遇到恶劣天气影响室外作业时。

（二）雇员职责

作为雇员，你有保障安全和拥有健康的责任和权力。有权拒绝、制止、杜绝违章指挥、违章操作和一切不能保障健康和安全的作业。同时也要求雇员担负不违章操作的责任。

（1）只做自己胜任的工作，不冒险作业。

我们不是对每件工作都了解，但应该对自己将要完成的工作要求要熟悉。如必须做好风险辨识，了解该项工作的危险性、强度与所需技能，还要知道完成此项工作需要哪些个人保护用品，并会穿戴他们。最重要的是我们要知道如何不伤害自己与他人。

（2）自觉严格遵守规章制度、服从管理的职责。

规章制度和操作规程是雇员保证安全生产的具体规范和依据，雇员必须遵章守规、服从管理。事实表明，违反规章制度和操作规程，是导致事故发生的主要原因。不服从管理，违反安全规章制度和操作规程造成事故，情节严重的，要承担相应的法律责任。

（3）正确佩戴和使用劳动防护用品的职责。

正确佩戴和使用劳动防护用品是雇员必须履行的职责，这是保障雇员人身安全和企业安全生产的需要。由于一些雇员不按规定佩戴或者不能正确佩戴和使用劳动防护用品，由此引发人身伤害的案例时有发生，造成不必要的伤亡。

（4）接受安全培训，掌握安全生产技能的职责。

雇员的安全意识和安全技能的高低，不但关系到自身的安全，更关系到生产经营活动的安全可靠性。雇员有义务接受安全生产教育和培训，熟知岗位风险，掌握控制方法，防止事故发生。

（5）发现事故隐患或者其他不安全因素及时报告的职责。

雇员直接进行岗位操作，是事故隐患和不安全因素的第一当事人。在作业现场发现事故隐患和不安全因素后要及时报告，以便于及时采取措施进行紧急处理，避免事故的发生和降低事故的损失。

（三）停止工作的例子

任何人在任何时间发现安全隐患和违章行为，都有权予以制止。钻井施工作业现场安全隐患和违章行为可分成5个大项，包括个人防护用品、工具设备、巡检、作业许可、环境工业卫生等。每大项进一步细化成若干小项。

（1）个人防护用品中包含安全帽、手套、手电、防毒面具、安全带等方面的安全隐患和违章行为，如不穿戴个人保护用品或个人防护用品不合格等；

（2）工具、设备中包含工具不适合、工具有损坏或防护不齐全、电压不合格、使用非防暴电器等方面的安全隐患和违章行为；

（3）巡检中包含不按时巡检、检查有遗漏、上下楼梯不扶护栏等；

（4）作业许可中包含有限空间等各类作业不开作业票、作业内容与票据不符、作业时无人监护等；

（5）环境工业卫生中包含污染空气、钻井液或燃油、机油泄漏污染土壤、水体，以及噪声太大等。

四、工作安全分析/工作危险分析（JSA）

工作安全分析（JSA）又称工作危害分析（JHA），是目前欧美企业在安全管理中使用最普遍的一种作业安全分析与控制的管理工具，是为了识别和控制操作危害的预防性工作流程。JSA或JHA主要用来进行设备设施安全隐患、作业场所安全隐患、员工不安全行为隐患等的有效识别。

工作安全分析是一个风险评估的工具，它是通过有组织的过程来对工作场所的工作中所存在的危害进行识别、评估，并按照优先顺序来采取行动，降低风险，从而将风险降低到可接受的程度。工作安全分析应用于下列作业活动：新的作业；非常规性（临时）的作业；工艺、环境、设备设施、人员等发生变更；评估现有的作业等。

（一）危险辨识的作用及职责

安全管理是预防管理，安全管理的核心内容就是风险管理，那么一切工作都应围绕危险源来进行。可以说，危险源辨识是安全管理重要内容之一，是践行"预防为主"实现安全生产管理的重要手段。首先，要明确危险源的定义和分类。其次，要对危险进行评价、控制、管理。安全目标的确立和危险辨识评价的结果相关，对于重大危险源还要建立相应的应急救援预案。从安全管理的角度讲是为了将生产过程中存在的隐患进行充分的识别，并对这些隐患采取相应的措施，以达到消除和减少事故的目的。从安全评价的角度讲，是安全评价所必须要做的一项工作内容。其作用是：

（1）消除重大隐患和风险；

（2）满足法律法规和规章制度的要求；

（3）将整个组织纳入进来，实现全员参与；

（4）关注实际的工作活动（控制动态的风险）；

（5）改善对危害的认识和/或识别新的危害的能力；

（6）确保"控制措施"的正确性并落实到位；

（7）持续的改善作业现场的安全工作条件，提高管理水平；

（8）减少事故的发生。

（二）危险源辨识应注意的几个方面

（1）施工工艺存在的职业危害：通过分析施工工艺构成，了解产生有害因素的作业源点及其散发有害因素的性质、特征等情况。施工工艺的特点不同，所产生的职业危害也有很大差别。例如：铁路工程中的硫黄锚固工艺，公路路面工程中的沥青摊铺工艺，土石方或隧道施工中的爆破工艺等。

（2）作业方存在的危害：在接触同类有害环境（物质）因素条件下，作业方式对职业危害的风险度有很大影响，我们应尽量考虑机械化或半机械化施工，并给作业人员配备专用劳动保护用品，以减少对人员的危害。

（3）作业环境中存在的职业危害因素：在同一种作业方式下，由于采用的物质、环境条件的不同，对人体的危害差别颇大。一方面要识别危害因素的类型，包括化学因素、物理因素、生物因素。另一方面要识别各危害因素的存在形态、分布特性、扩散特点、成分、浓度或强度等。此外，还应分析危害因素产生及变化的原因，以便制定防护对策。

（4）作业人员接触有害因素的频率或时间：在生产方式类似、环境因素（物质）相同的条件下，职业危害因素的程度主要取决于工人接触的时间。

（5）劳动组织：有些危害是由于劳动组织不合理引起的，如作业时间过长。通过劳动组织还可了解职业危害对人体健康的影响情况，如接触尘毒的人群数量、性别特征、年龄结构、行为特征等。

（6）职业卫生防护设施：识别防护设施配置情况，是否配置有劳动卫生防护设备、实施通风、除尘、净化、噪声治理等，多工位作业场有效防护设备的覆盖面；防护设施运行情况，如设备是否能正常运行，运行参数如何；防护效果，如集尘、毒风罩是否完好有效，闸板是否灵活可靠无泄漏，净化效果、噪声消除、隔离是否有效等。

（三）工作安全分析元素（工作步骤，危害辨识，减轻危害）

工作安全分析是从作业活动清单中选定一项作业活动，将作业活动分解为若干相连的工作步骤，识别每个工作步骤的潜在危害因素，然后通过风险评价，判定风险等级，制定控制措施的过程。其基本元素有：工作步骤、危害辨识、减轻危害。

1. 工作步骤的划分

工作步骤应按实际作业步骤划分，佩戴防护用品、办理作业票等不必作为工作步骤分析。可以将佩戴防护用品和办理作业票等活动列入控制措施。划分的工作步骤不能过粗，但过细也不胜繁琐，能让别人明白这项作业是如何进行的，对操作人员能起到指导作用为宜。电器使用说明书中对电器使用方法的说明可供借鉴。

工作步骤简单地用几个字描述清楚即可，只需说明做什么，而不必描述如何做。工作步骤的划分应建立在对工作观察的基础上，并应与操作者一起讨论研究，运用自己对这一项工作的知识进行分析。如果作业流程长，工作步骤多，可以按流程将作业活动分为几大块，每一块为一个大步骤，可以再将大步骤分为几个小步骤。

2. 危害辨识

识别危害时应充分考虑人员、设备、材料、环境、方法5个方面和正常、异常、紧急3个状态。对于每一步骤都要问可能发生什么事，必须回顾可能存在的危险。给自己提出问题，比如是否有转动机械造成伤害？是否存在触电的危险？工作人员会跌倒、撞击吗？是否存在高空作业造成高空坠落的危险？现场环境有粉尘、噪音的伤害吗？作业时是否存在有毒液体、气体泄漏对健康、环境造成伤害等。危害导致的事件发生后可能出现的结果及其严重性也应识别。然后识别现有安全控制措施，进行风险评估。如果这些控制措施不足以控制此项风险，应提出建议的控制措施。统观对这项作业所作的识别，规定标准的安全工作步骤。最终据此制定标准的安全操作程序。

识别各步骤潜在危害时，可以按下述问题提示清单提问。

（1）身体某一部位是否可能卡在物体之间？

（2）工具、机器或装备是否存在危害因素？

（3）从业人员是否可能接触有害物质？

（4）从业人员是否可能滑倒、绊倒或摔落？

（5）从业人员是否可能因推、举、拉、用力过度而扭伤？

（6）从业人员是否可能暴露于极热或极冷的环境中？

（7）是否存在过度的噪音或震动？

（8）是否存在物体坠落的危害因素？

（9）是否存在照明问题？

（10）天气状况是否可能对安全造成影响？

（11）存在产生有害辐射的可能吗？

（12）是否可能接触灼热物质、有毒物质或腐蚀物质？

（13）空气中是否存在粉尘、烟、雾、蒸汽？

以上仅为举例，在实际工作中问题远不止这些。

还可以从能量和物质的角度做出提示。其中从能量的角度可以考虑机械能、电能、化学能、热能和辐射能等。机械能可造成物体打击、车辆伤害、机械伤害、起重伤害、高处坠落、坍塌、放炮、火药爆炸、瓦斯爆炸、锅炉爆炸、压力容器爆炸。热能可造成灼烫、火灾。电能可造成触电。化学能可导致中毒、火灾、爆炸、腐蚀。从物质的角度可以考虑压缩或液化气体、腐蚀性物质、可燃性物质、氧化性物质、毒性物质、放射性物质、病原体载体、粉尘和爆炸性物质等。

工作危害分析的主要目的是防止从事此项作业的人员受伤害，当然也不能使他人受到伤害，不能使设备和其他系统受到影响或受到损害。分析时不能仅分析作业人员工作不规范的危害，还要分析作业环境存在的潜在危害，即客观存在的危害更为重要。工作不规范产生的危害和工作本身面临的危害都应识别出来。我们在作业时常常强调"三不伤害"，即不伤害自己，不伤害他人，不被别人伤害。在识别危害时，应考虑造成这三种伤害的危害。

3. 控制措施的制定（减轻危害的措施）

针对每一个危险源及风险制定出控制措施。控制措施可能是目前已经执行的，也可能是未执行的措施，原则是消除危险或将风险降到最低。对识别的危害制订控制与预防措施，一般从以下几个方面考虑：

（1）消除：消除风险；

（2）取代：减少源头的风险或移除源头；

（3）工程控制：采取公共的防护措施；

（4）管理控制：培训 + 程序 + 指导；

（5）PPE：给作业人员配备个人劳动保护用品（PPE）。

我们应优先考虑排除风险、减小风险，其次考虑控制风险，最后才考虑使用个人防护。在采取控制措施时，应注意控制措施的可操作性。

五、钻井作业 HSE 风险识别和评估

钻井是高风险的行业，在整个钻井作业活动中，都可能有潜在的对健康、安全与环境危害的影响因素。识别钻井作业中潜在的 HSE 风险与危害的影响因素，是有效控制和削减钻井过程中对健康、安全与环境带来危害及影响的重要基础。

（一）钻井及相关作业的主要风险

钻井作业过程中，存在相关承包方的技术服务作业，产生的 HSE 风险会影响整个全局。因此，在进行风险识别时，不但要识别出共同风险，也要识别出相关作业风险。

1. 共同作业风险

（1）井喷及井喷失控可能造成地层碳氢化合物、H_2S 等的溢出；

（2）火灾及爆炸：地层碳氢化合物的溢出，特别是轻质油、硫化氢等可燃（剧毒）气体溢出，汽油及柴油、润滑油、机油等泄漏造成火灾爆炸危险事故；

（3）营房火灾；

（4）电气火灾；

（5）现场易燃纤维或其他物品着火；

（6）高空作业人员坠落；

（7）高空物品坠落（如大钩、游动滑车、天车、井架及井架附件、二层台附件）；

（8）起吊重物坠落；

（9）人员施工操作（如操作大钳）过程中造成物体打击危险；

（10）机械伤害；

（11）触电伤害；

（12）食物中毒；

（13）化学品中毒；

（14）H_2S 中毒；

（15）噪声伤害；

（16）交通事故；

（17）恶劣天气或大自然灾害造成的危险，如山洪、地震、雷击等；

（18）环境污染：包括修路、井场对植被的破坏、作业及生活污水及有害气体对大气的污染；

（19）海上钻井的风险：如海浪、台风等恶劣天气的危害，平台倾斜，倒塌，撞船，迷航；

（20）社会环境带来的风险：如不法分子侵袭、战争、骚乱等。

2. 相关作业风险

（1）测井作业风险：放射性伤害、射孔弹误发伤人危险、测井仪器落井危险；

（2）录井作业风险：使用的天然气样标瓶泄漏、野蛮装卸可能造成火灾爆炸、使用三氯甲烷等有毒物料可能造成中毒危险、使用强酸性物质可能造成人员皮肤腐蚀或烧伤危险等；

（3）定向井作业风险：测斜绞车伤人、定向井工具落井危险；

（4）固井作业风险：高压管汇泄漏可能造成人员伤亡、严重窜槽、未封住高压油气水层发生井喷危险；

（5）试油作业风险：管线爆裂、接头泄漏、井口采油树刺漏、压爆等；

（6）相关作业产生的废水、废渣、废气对环境的污染。

（二）钻井作业中的危害和影响

钻井作业除有常规的共同 HSE 危害外，还因其作业场所和工艺的特殊性具有特定的风险。通常应在工程项目调查的基础上，根据钻井作业的地理环境、自然气候、钻井设备和使用的原材料以及钻井工艺特点等因素，尽可能找出钻井作业不同阶段各环节所有潜在的隐患，发生 HSE 风险的可能性，确定其危害程度和影响后果。以便对钻井作业中 HSE 风险进行评价，制定出有效的风险削减措施。

与钻井作业有关的危害大致可归纳为两种类型：

（1）表现为重大或灾难性损失，造成人员伤亡、多个设施损坏和严重的环境破坏、财产损失或国内外声誉受挫；

（2）表现为现场工作秩序严重混乱，特别是增加作业时间如工程事故以及任何可能导致财产或环境损害的事件。

钻井作业危害和影响的确定应根据钻井工艺的特点，从钻井过程的各个阶段和不同工艺环节识别对健康、安全与环境的危害和影响，包括：

（1）钻井井场施工前的准备工作（如修建井场、钻井设备运输及安装）对健康、安全与环境已经或可能产生的危害和影响；

（2）钻井正常进行时因工艺所带来的或潜在的对健康、安全与环境的各种危害和影响；

（3）钻井操作（如起下钻等操作）对健康、安全与环境的危害和影响；

（4）钻井过程中各种事故状态对健康、安全与环境的危害和影响；

（5）下套管固井作业对健康、安全与环境的危害和影响；

（6）测井作业对健康、安全与环境的危害和影响；

（7）完井、试油作业对健康、安全与环境的危害和影响；

（8）钻井施工结束后对周围健康、安全与环境的影响和可能存在的潜在危害因素。

表1-2列出了钻井作业中主要的特定危害和影响。

表1-2　钻井作业中主要的特定危害和影响

项目	主要危害	主要影响
修建井场	破坏植被	生态环境
修建海上钻井平台	造成海洋环境局部破坏	珊瑚礁和海洋生物
钻进	钻井设备产生噪声	人和动物的正常生活
起钻	井喷（潜在）	威胁人身及财产安全
下钻	井漏（潜在）	污染地下水源
井口操作	落物及意外事故	危害人身安全
井喷失控	着火（潜在）	威胁人和设备安全、污染环境
H_2S溢出	毒性、着火、爆炸	威胁人和设备安全、污染环境
钻井液处理剂及原材料	腐蚀刺激皮肤、粉尘、毒性	危害人体健康
钻井液及作业污水	破坏环境	影响井场周围农作物、植物生长，污染地下水
固井作业	水泥失重诱发井喷	威胁人身及财产安全
测井作业	放射源泄漏（潜在）	危害人体健康、污染环境
试油作业	原油、烃类气体溢出、火灾爆炸	污染环境、威胁人身及财产安全
排出的钻屑及废浆	破坏环境	生态环境
设备维护、保养	产生废弃物、油污	污染环境
营地	产生生活垃圾	污染环境
井场周围干燥植物着火	火灾	危害人身及财产安全，影响栖息动物

以下是 IADC（国际钻井承包商协会）在北海地区识别出的主要危害及其他国际区域的特殊的健康和环境问题：

（1）浅层气（溢出）；

（2）储层中的烃类（从储藏处喷出）；

（3）钻井液体系中的烃类气体（着火或爆炸）；

（4）测井过程中的烃类（着火或爆炸）；

（5）化学处理剂形成的烃类、有毒物和腐蚀性物质（环境影响）；

（6）H_2S；

（7）纤维物质（着火）；

（8）易爆物（爆炸）；

（9）高空重物（坠落）；

（10）拉紧的物体（脱扣或结构损坏）；

（11）直升机运输（失事）；

（12）海上运输（牵引事故，碰撞或失稳）；

（13）陆路运输（撞车）；

（14）恶劣天气（风、浪、闪电）；

（15）污水和钻井液；

（16）疾病（井队和当地居民的传染）。

（三）钻井作业 HSE 风险评估

风险评估或风险评价，是对系统存在的风险进行定性和定量分析，依据现存的经验、评价标准和准则，对危害进行分析，得出系统发生危险的可能性及其严重程度的评价。通过评价寻求最低事故率、最少的损失和最优的安全投资效益。

对所有钻井装置、设备（设施）、工艺、工作场地及生产作业实施风险评估，针对已确定的危害和影响进行评价，以判定其危险程度，为采取相应措施提供依据。

1. 确定判别准则

判别准则是判断钻井活动中各种要素危害和影响的依据，各准则主要来自以下几个方面：

（1）国家、地方或有关部门制定的法律、法规；

（2）钻井公司与承包方、反承包方等其他部门的合同约定；

（3）钻井公司及其主管公司的健康、安全与环境方针和战略目标；

（4）国际或国内有关钻井行业的各种标准。

判别准则应根据具体情况加以确定。对于同一活动，不同地区、不同部门其判别的准则也不尽相同。

在采用钻井新工艺或运行新设备期间，应确定相关活动的判别准则并评价是否符合标准。判别准则尽可能量化，要把钻井作业中对人、财产、环境和公司声誉的影响程度作为判断的准则。见表1-3、表1-4、表1-5、表1-6所示。

表1-3 对人的影响

程度	潜在影响	定 义
0	没有伤害	对健康没有伤害
1	轻微伤害	对个人继续受雇和完成目前劳动没有损害
2	小伤害	对完成目前工作有影响，如某些行动不便或需要一周以内的休息才能恢复
3	重大伤害	导致对个人某些工作能力的永久丧失或需要经过长期恢复才能工作
4	单独伤害	个人永久丧失全部工作能力，包括与事件紧密联系的多种灾难的可能（最多3个），如爆炸
5	多种灾害	包括4种与事件密切联系的灾害，或不同地点、不同活动下发生的多种灾害（4个以上）

表1-4 对财产的损害

程度	潜在影响	定 义
0	无损坏	对设备没有损害
1	轻微损坏	对使用没有妨碍，只需要少量的修理费用（低于1万元人民币）
2	小损坏	给操作带来轻度不便，需要停工修理（估计修理费用低于30万元人民币）
3	局部损坏	装置倾倒，修理可以重新开始工作（估计修理费用低于100万元人民币）
4	严重损坏	装置部分丧失，停工（停工至少2周或估计修理费用低于500万元人民币）
5	特大损坏	装置全部丧失，广泛损失（估计修理费用超过1000万元人民币）

表1-5 对环境的影响

程度	潜在影响	定 义
0	无影响	没有财务影响，没有环境风险
1	轻微影响	可以忽略的财务影响，当地环境破坏在井场的范围内
2	小影响	破坏大到足以影响环境，单项指标超过基本的或预定的标准
3	局部影响	已知的有毒物质有限地排放，多项指标超过基本的或预设的标准，并漏出了井场范围
4	严重影响	严重的环境破坏，承包商或业主被责令把污染的环境恢复到污染前的水平
5	巨大影响	对环境（商业、娱乐和自然生态）的持续严重破坏或扩散到很大区域，对承包商或业主造成严重经济损失，持续破坏预先规定的环境界限

表1-6 对声誉的影响

程度	潜在影响	定 义
0	无影响	没有公众反应
1	轻度影响	公众对事件有反应，但是没有公众表示关注
2	有限影响	一些当地公众表示关注，受到一些指责；一些媒体有报道和政治上的重视

续表

程度 潜在影响		定　义
3	很大影响	引起整个区域公众的关注；大量的指责，当地媒体大量的反面报道；当地或地区或国家政策的可能限制措施以及许可证使用影响；引发群众集会
4	国内影响	引起国内公众的反应；持续不断的指责，国家级媒体的大量负面报道；地区或国家政策的可能限制措施以及许可证使用影响；引发群众集会
5	国际影响	引起国际影响和国际关注；国际媒体大量反面报道，国际或国内政策上的关注；可能对进入新的地区得到许可证或税务上有不利，受到群众的压力；对承包商或业主在其他国家的经营产生不利影响

2. 风险评价方法

风险是发生几率和后果严重程度的函数，即风险水平是用事故可能发生的几率和可能导致危害的严重程度两个因素表示的：

$$风险 = 发生几率 \times 后果严重程度$$

进行风险评估时，无论采用何种评价技术，都需要考虑其发生的几率和潜在的事故后果严重程度。风险表述通常用定性和定量两种方法，如高、中、低和预期年损失或预期死亡率等。

（1）定性风险评价。

常用的定性风险评价方法有：

①风险矩阵；

②检查表；

③安全工作分析；

④错误模式及影响分析；

⑤类比分析、预危险分析和危险度评价等。

（2）定量风险评价。

常用的定量风险评价方法有：

①危害和可操作性研究（HAZOPS）；

②事故树或故障树分析（ETT）；

③环境影响评价（EIA）；

④定量风险评价（QRA）等。

风险矩阵是一种以几率（暴露、频率及类似项）与后果的叠加来表示的风险图表，可直观地看出风险的高低及后果的严重程度，在定性风险评价和风险划分准则的图示中有着广泛的用途，在钻井作业风险的评价中常采用此种方法。

3. 评价钻井作业 HSE 的危害和影响

在钻井作业 HSE 风险识别的基础上，确定了钻井活动中健康、安全与环境危害的影响因素后，对整个钻井活动作业区及影响范围的环境质量的现状及其将来的影响程度进行综合环境评估，对钻井作业人员的健康、安全及钻井设备财产的安全的危害程度进行综合评估，并根据综合评估的结果提出相应的预防和减轻措施。

表 1-7 显示了利用风险矩阵模型进行定性风险评价的实例，在矩阵中，后果对应风险率作图画出折线，与导致这一风险类型相对应。表 1-8 显示了钻井作业中严重事故危险顶级事件和结果。

表 1-7　风险评估分类表

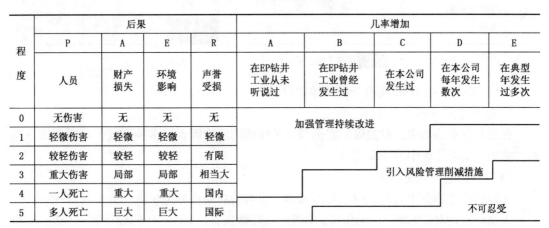

程度	后果				几率增加				
	P	A	E	R	A	B	C	D	E
	人员	财产损失	环境影响	声誉受损	在EP钻井工业从未听说过	在EP钻井工业曾经发生过	在本公司发生过	在本公司每年发生数次	在典型年发生过多次
0	无伤害	无	无	无	加强管理持续改进				
1	轻微伤害	轻微	轻微	轻微					
2	较轻伤害	较轻	较轻	有限			引入风险管理削减措施		
3	重大伤害	局部	局部	相当大					
4	一人死亡	重大	重大	国内				不可忍受	
5	多人死亡	巨大	巨大	国际					

表 1-8　风险评估表

序号	严重事故危险顶级事件和结果	风险分类表			
		P	A	E	R
1	地层烃类化合物：井喷导致碳氢化合物泄漏或火灾爆炸	‼	‼	‼	‼
2	气体碳氢化合物（试油设备）：试油期间火灾或爆炸	█	█	█	‼
3	塑料纤维材料：营地火灾				
4	干燥植被：苇田火灾		█		
5	常规爆炸物：在钻台或坡道上存储期间意外引爆	█	█	█	█
6	高空重物设备：从吊车或井架上坠落	‼	█		

续表

序号	严重事故危险顶级事件和结果	风险分类表			
		P	A	E	R
7	张力状态下的物体（结构）： 结构毁坏（钻井钢丝、井架、刹车失灵）	■			
8	陆路运输： 倒班车道路交通事故	!!			
9	危险物运输： 泄漏	■		!!	!!

　　!! 不可承受　　　!! 可接受的最低程度　　　□ 低风险

（四）钻井作业 HSE 风险分类及控制目标

1. 钻井作业 HSE 风险分类

在钻井作业活动中，对健康、安全与环境影响的风险因素有多种形式，可采用以下几种方式划分钻井作业中的风险类型。

（1）根据危害程度划分。

①根据钻井作业中对人、财、环境和声誉影响的后果可分为 6 级（表1-7）。如：

人员伤亡情况：0 级——无伤害，1 级——轻微伤害，2 级——较轻伤害，3 级——重大伤害，4 级——1 人死亡，5 级——多人死亡。

财产损失和环境影响：0 级——无，1 级——轻微，2 级——较轻，3 级——局部，4级——重大，5 级——巨大。

声誉受损：0 级——无，1 级——轻微，2 级——有限，3 级——相当大，4 级——国内，5 级——国际。

②根据钻井活动中严重事故危险顶级事件和后果可分为"不可接受"、"可接受的最低程度"和"低风险"3 级（表1-8）。

（2）根据钻井施工阶段划分。

①钻井前期工作产生的风险，即开钻前的准备活动中，如平整井场造成对井场周围植被的破坏，钻井设备运输以及安装过程中的安全事故等；

②钻井过程中产生的风险，即开始钻进至完钻整个钻井作业中产生的 HSE 风险，如钻井作业中产生的各种井下事故、钻井液及作业污水对环境的污染风险等；

③钻井施工结束后产生的风险，如完井后未进行处理的废浆、钻屑及废弃材料对环境的污染。

（3）根据钻井工艺环节来划分。

①钻进作业中的风险；

②固井作业中的风险；

③测井作业中的风险；

④试油、完井作业中的风险等。

（4）根据钻井作业中的危害对象来划分。

①设备风险，如设备故障导致的危害；

②人员伤亡风险，如因各种事故或操作不当造成对人员的伤亡；

③人员健康危害风险，如钻井作业流体对人员皮肤的危害，钻机噪声对人员听力的损害，有毒气体对人员健康的危害；

④钻井作业中"三废"对环境的危害风险，如柴油机排出的废气以及钻井作业中排出的废水和废渣，对井场周围环境的污染。

综合运用上述分类方法，绘制出钻井作业 HSE 风险分级与分类图，有利于风险控制目标和风险削减措施的制定。

2. 钻井作业 HSE 风险控制目标

钻井队（平台）在制定 HSE 风险控制目标时，应根据上级（总公司、局、公司）的 HSE 管理方针及控制目标，结合钻井活动所在的具体区域和钻井工艺要求，建立合理的、切合实际的、具体的 HSE 风险控制目标，使 HSE 风险管理工作贯穿于整个钻井施工过程中，以安全的、环境上可接受的要求进行钻井作业，使各种风险降至最低程度。

在制定管理目标时，应遵循"合理性、客观性、可验证性和可实现性"的原则。钻井作业 HSE 管理目标包括总体目标和具体目标两部分，前者为大的原则性目标，后者为具体甚至是可量化的目标。

（1）总体目标。

①经常对员工进行健康、安全与环境保护方面的宣传、教育与培训，不断提高员工的健康、安全与环境保护的意识和水平；

②将健康、安全与环境保护管理工作贯穿于钻井施工的全过程，使各种风险降低至最低程度；

③创造安全和健康的工作环境，确保每位员工的健康与安全，提高工作质量；

④杜绝或尽可能减少环境污染，保护生态环境，把钻井作业中对环境的影响降低到最小程度；

⑤向无事故、无伤害、无污染、树立一流企业形象的目标迈进。

（2）具体目标。

根据总体目标，结合本井实际，制定出具体的、可达到或应该达到的健康、安全与环境管理目标。如：

①杜绝重大人身伤亡事故；

②杜绝井喷及井喷失控事故；

③杜绝重大环境污染事故；

④杜绝火灾、爆炸事故；

⑤其他事故率；

⑥污水排放量；

⑦污染治理率；

⑧污水达标排放率；

⑨员工体检合格率；

⑩员工 HSE 培训合格率等。

六、钻井作业 HSE 风险削减措施

钻井作业 HSE 风险削减措施就是根据钻井工艺的特点及所在地理环境和条件，利用先进的科学技术，采用一些有效的预防措施将风险降低至实际合理的最低水平或将无法承受的风险危害转化成中等以及可承受的水平。

有效地防止危害风险发生的措施包括管理措施、硬件措施和系统措施。

（一）管理措施

钻井活动中的风险管理措施，是达到风险控制目标、保证风险削减措施的落实以及顺利实施钻井活动的重要保证：

（1）建立完善的钻井 HSE 风险防范保障体系和运行机制，保证有关风险削减措施的实施；

（2）组织落实风险防范和削减措施必备的人、财、设备等必备条件和手段，并制定有关保护设备、工具的配制和采购计划；

（3）识别钻井活动中各个阶段和不同工艺施工作业中可能产生的 HSE 风险，制定防止和削减措施；

（4）制定钻井作业中各种险情和危害发生的应急反应计划以减少影响；

（5）钻井安全生产管理措施应形成文件形式，以规定、制度和条例形式下发，指导钻井安全生产；

（6）制定危害影响的恢复措施。在钻井作业中，某些危害是不可避免的，如修建井场对井场及周围植被的破坏，若该井钻完未见油气或无开采价值，就应制定恢复措施；

（7）对提出的风险防范、削减和恢复措施也可能产生的危害进行再识别和评估，以确定这些措施在风险控制目标中的作用；

（8）监控措施。对钻井作业中的 HSE 风险控制和削减措施的实施实行全程监控，制定 HSE 监测与检查制度，定期对钻井队进行 HSE 方面的监测检查，如定期对钻井作业中排放的污水进行监测，对未达到排放标准的必须进行整改。

（二）硬件措施

在削减风险危害的措施中，硬件措施必不可少。削减钻井作业 HSE 风险的硬件措施包括配备控制和消除危害的设备、仪器、工具、防护装置以及安全劳保用品等硬件的配置和保证钻井设备、设施的完整性及有效使用措施。没有专门用于控制有害操作和保证设施完整性的硬件措施，削减风险也许就是一句空话。

（三）系统措施

削减钻井作业 HSE 风险的系统措施，主要包括钻井施工中各种工程事故及安全隐患的预防和环境保护等措施。通过实施这些措施，消除和减少事故隐患，防止事故升级，从而降低系统风险。

七、工作前安全会议

据统计报告分析，定期组织召开安全会的钻井队比不定期组织召开安全会的钻井队所出的事故要少，遇到的钻井故障要少，整个工作做得也较好。这说明工作前安全会议可以帮助人们用安全的方法去考虑、计划和完成他们的工作。

每个钻井队都应定期地举行安全会议。然而当做某项工作会有特殊危险时，为了安全、有效地做好这项工作，当班司钻应尽早把其班组人员都召集到一起开个安全会，以使每个人都知道所要采取的步骤。

其实，无论我们实施何种作业，从接到任务开始我们就应该对我们所接触的所有环境分不同阶段地进行风险评估并将评估出的风险点和控制措施通过安全会的形式传递给所有施工成员。它是危险评估过程的最后一道检查程序，同时也是危险识别、控制措施、角色和职责以及控制措施没有完全发挥作用时的恢复方法等执行的开始。在钻井现场，一般来讲，为了减少和预防安全事故的发生，在工作之前要召开安全会议，安全会议主要包括以下几种。

（一）开钻验收会

（1）由钻井监督召集钻井地质监督、平台经理、工程师、机械师、录井队、钻井液工程师等参加，由验收组分工组织对钻井设备安装质量、电气设备安装质量、冬防保温情况、钻机安装质量、录井设备安装质量等进行验收。同时验收一、二开的准备工作，如钻头、钻具、钻井工具、仪表、打捞工具、接头、稳定器、随钻震击器、套管及附件、水泥、钻井液配制及处理剂、套管头、井控设备、钻井工程设计、地质设计、专业承包合同书、各种记录表、报表、安全生产制度、消防设施等。

（2）检查完后，回钻井监督房召开会议，各路汇报检查验收的问题并做好记录，验收组长提出整改意见，钻井监督、平台经理根据整改工作量，确定开钻时间。

（二）生产碰头会

（1）参加人：平台经理、钻井工程师、录井队长、钻井液工程师、地质监督、试油监督，由钻井监督主持会议，副监督记录。

（2）参加会议的各单位介绍前一天布置任务完成情况、存在问题及整改意见。

（3）分析井下情况，讨论制定措施。

（4）分析生产、技术管理中存在的问题及整改措施。

（三）班前班后会

每个班组在上、下班前要组织召开一个简短的安全会，以保证下班的班组不留事故隐患，接班的班组知道生产状况和存在什么问题。

（1）参加人：平台经理、钻井工程师、钻井液工程师、大班司钻、大班司机、钻井班组所有人员，由平台经理主持会议，钻井工程师记录。

（2）交班班组介绍当班生产完成情况，生产中存在的问题及整改情况。

（3）接班班组安排当班生产任务及生产中的安全注意事项。

（四）有危险的工作开始前必须召开安全会

会议内容主要包括：

（1）工作内容；

（2）工作步骤；

（3）作业中可能出现的不安全因素；

（4）提出改进或预防措施；

（5）应急措施；

（6）评价（总结）。

（五）班组会议

开班组安全会时不妨以下面的题目之一为内容：

（1）讨论公司的安全规则、规章、方法及安全奖励方案。

（2）请队长参加你们的安全会并讨论井场不安全的事情和现象。

（3）帮助井队新成员正确使用诸如手工具、井口工具、钻具和设备等。

（4）由于许多事故都是因为不安全操作引起的，讨论可着重在我们井队某一成员观察到的不安全操作的行为上。当然要注意这种讨论不能以批判的方式进行，而要以友好和合作的态度进行。目的是为了设法防止事故，而不是为了惩罚或整治人。

（5）谈论井队工作，以此来增强人们对钻井工作的兴趣。

（6）有时钻机上存在着不安全部件或事故隐患，虽然察觉到了，但由于某些原因而没有及时整改（有些部件没有及时装上，需要的零部件没有及时送到或由于某种特殊原因等），那么就要使井队当班人员和不当班人员都知道这不安全的部件或事故隐患以及如何防止所存在问题的进一步发展。

（7）往往根据井场上辅助工作的好坏就可以准确地评价一个钻井队的状况。因此，辅助工作常常是安全会的一项主题。辅助工作与防火密切相关，防火和防止人员烧伤也应是安全会的议题之一。

（8）讨论班组之间、各岗位之间如何进行合作才能有利于防止事故的发生。

（9）开安全会时可重温起下钻等重要工序的正确方法。如果在起下钻作业期间换班，一定要使新换上来的这个班组知道已经做了些什么。

（10）讨论穿戴安全的重要性。在什么特殊情况下需要穿戴什么特殊的劳动保护用品，穿着不符合安全要求或标准将会有哪些危险。

（11）分组讨论急救方法及如何紧急处理井场常见的工伤。在此类安全会上，认真地检查一下你的急救包，并已装满你所需要的各项急救用品。

八、熟悉设备及场地

人的不安全行为、物的不安全状态和环境的不安全条件是构成事故的"三要素"。因此，钻井现场安全管理的关键就是约束作业现场可能出现的人的不安全行为、物的不安全状态、环境的不安全因素，及时发现和排除事故隐患，避免事故的发生。

在现场，钻井作业人员应熟悉所操作使用的设备与工作的场所。操作前，应检查设备及工作场地，排除故障和隐患，确保安全防护装置灵敏、可靠。操作人员必须熟悉其设备性能、工艺要求和设备操作规程。并且，进入现场的所有人员应该了解井场布置及逃生路线，确保在发生危险时能够有序撤离。

（一）机械、物质或环境的不安全因素

（1）防护、保险、信号等装置缺乏或有缺陷。

①无防护：无防护罩，无安全保险装置，无报警装置，无安全标志，无护栏或护栏损坏，（电气）未接地，绝缘不良，无消声系统，噪声大，危房内作业，未安装防止"跑车"的挡车器或挡车栏；

②防护不当：防护罩未在适当位置，防护装置调整不当，防爆装置不当，电气装置带电部分裸露。

（2）设备、设施、工具、附件有缺陷、设计不当、结构不符合安全要求，通道门遮挡视线，制动装置有缺陷，安全间距不够，工件有锋利毛刺、毛边，设施上有锋利倒棱。

（3）强度不够：机械强度不够，绝缘强度不够，起吊重物的绳索不符合安全要求。

（4）设备在非正常状态下运行：带"病"运转、超负荷运转。

（5）维修、调整不当：设备失修、地面不平、保养不当、设备失灵。

（6）个人防护用品用具——防护服、手套、护目镜及面罩、呼吸器官护具、听力护具、安全带、安全帽、安全鞋等缺少或缺陷。

①无个人防护用品、用具；

②所用防护用品、用具不符合安全要求。

（7）生产（施工）场地环境不良。

①照明光线不良、亮度不足、作业场地烟雾粉尘弥漫视物不清、光线过强；

②通风不良、无通风、通风系统效率低；

③作业场所狭窄、作业场地杂乱、工具、物品、材料堆放不安全。

（8）交通线路的配置不安全，操作工序设计或配置不安全，地面滑，地面有油或其他液体，冰雪覆盖，地面有其他易滑物。

（二）场地及设备布置

作业场地及设备布置如图1-2、图1-3、图1-4所示：

（三）井场危险区域的分类

为了避免事故的发生，保证安全生产，根据API标准对井场进行危险区域划分。通常Ⅰ级区域指的是在空气中有或可能有可燃气体或蒸汽，其数量足以形成爆炸性或可燃性混

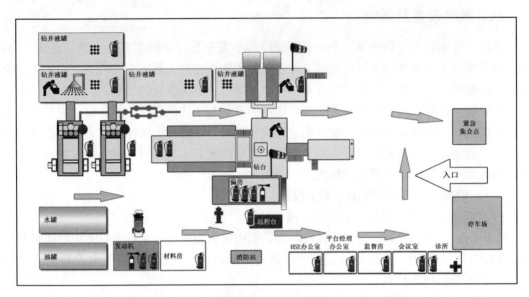

图1-2　井场布置、消防器材及井场逃生路线图（30D 钻机）

消防泵　二氧化碳灭火器　8kg干粉灭火器　50kg干粉灭火器　淋浴　急救站　洗眼台　风向标

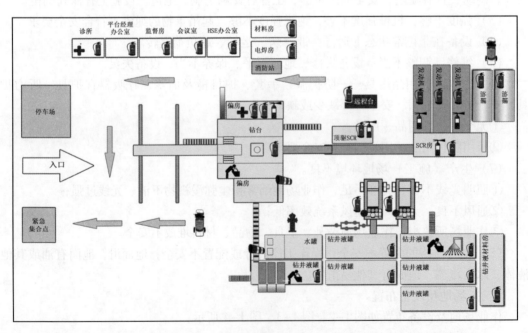

图1-3　井场布置、消防器材及井场逃生路线图（50D 钻机）

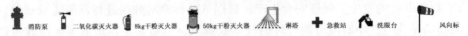

消防泵　二氧化碳灭火器　8kg干粉灭火器　50kg干粉灭火器　淋浴　急救站　洗眼台　风向标

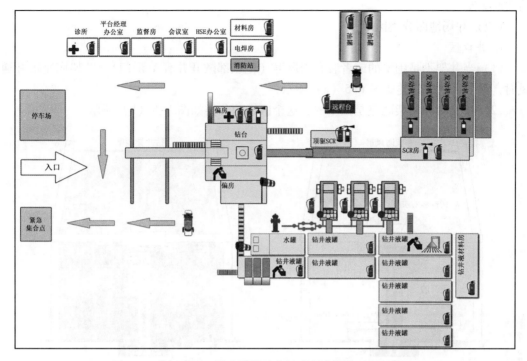

图1-4　井场布置、消防器材及井场逃生路线图（70D钻机）

消防泵　　二氧化碳灭火器　　8kg干粉灭火器　　50kg干粉灭火器　　淋浴　　急救站　　洗眼台　　风向标

合物的区域。I级区域包括以下两种。

1. I级一类区

（1）在这些区域内，正常作业条件下连续地、断续地或周期性地出现达到爆炸或引燃浓度的可燃气体或蒸汽的区域；

（2）由于从事修理、保养作业，或由于渗漏可能经常出现达到爆炸或引燃浓度以上的气体或蒸汽的区域；

（3）发生事故或设备和工艺流程操作失误，可能排出爆炸或引燃浓度的可燃气体或蒸汽，因而也可能使电气设备同时毁坏的区域。

2. I级二类区

（1）挥发性可燃液体或可燃气体在该区域进行输送、处理或使用，而其爆炸性可燃液体和蒸汽或气体一般被限制在密闭容器或密闭系统内，只有在容器或系统发生破裂或发生事故或在设备操作不正常时，这类液体或气体才能溢出的区域；

（2）一般靠机械正压通风防止可燃气体或蒸汽达到这类爆炸或引燃浓度，但由于通风设备失灵或运转不正常可能发生爆炸或起火的区域；

（3）靠近I级一类区，具有爆炸性或引燃浓度的气体或蒸汽偶尔可能流入的区域，而以清洁空气进行充分的正压通风或当通风失灵时具有有效的保护装置来防止上述气体流入的情况除外。

（四）井场地面分类区域

1. 井口区

（1）当井架不是围壁的或者装有挡风屏（但顶部敞开并有 V 形门）、井架底座敞开通风时，这个区域的分类如图1-5（a）所示；

（2）若钻台和井架底座是围壁的，这个区域的分类如图1-5（b）所示。

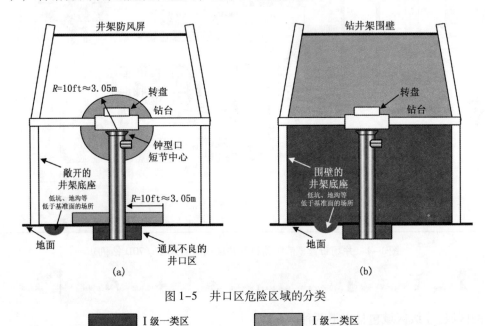

图1-5　井口区危险区域的分类

█ Ⅰ级一类区　　　　　█ Ⅰ级二类区

2. 钻井液罐

（1）在自然通风的室外钻井液罐周围的区域，其分类如图1-6（a）所示；

（2）封闭室内的钻井液罐周围，即整个封闭室均划为一类区，如图1-6（b）所示。

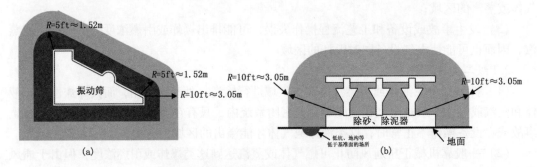

图1-6　钻井液罐或钻井液池危险区域的分类

█ Ⅰ级一类区　　　　　█ Ⅰ级二类区

3. 钻井液池

当钻井液罐之间或振动筛和钻井液罐之间，采用敞开的钻井液或钻井液槽时，或者采用自然通风并敞开的通用室外钻井液槽时，其分类如图1-6（a）所示。

4. 钻井液泵

钻井液泵周围的区域属于非分类区，除非它所在的区域由于其他设备的存在而被分类。

5. 钻井液振动筛

（1）自然通风的钻井液振动筛周围的区域按图1-7（a）、图1-7（b）所示分类；

（2）当振动筛位于封闭室内时，整个封闭室划为一类区。

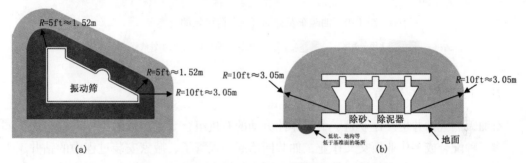

图1-7　钻井液振动筛和除砂除泥器危险区域的分类

■ I级一类区　　■ I级二类区

6. 除砂除泥器

（1）当除砂除泥器安装在露开或通风良好的室内时，按图1-7（b）所示分类；

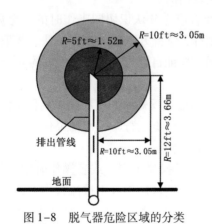

图1-8　脱气器危险区域的分类

■ I级一类区　■ I级二类区

（2）如果除砂除泥器位于通风不良的封闭室内，则整个封闭室划为I类区。

7. 脱气器

闭式脱气器周围的区域除排气口外是不分类的，脱气器的排气口分类如图1-8所示。

8. 敞开的油池

装有挥发性易燃液体的敞开油池周围的区域与钻井液罐的分类相同，参见图1-6。

9. 分流器管线泄流口

分流器管线的泄流口周围的区域，其分类与图1-8所示的分类相同。

10. 油罐车及充油现场的划分

（1）通风油罐车装卸现场分类如图1-9（a）所示。

中国大庆井控培训中心

（2）油桶充油现场的分类如图1-9（b）所示。

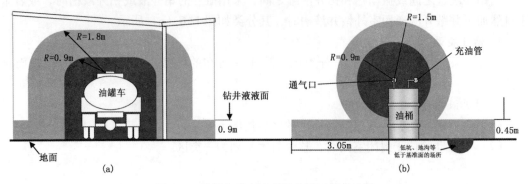

图1-9　油罐车及充油现场危险区域的分类

■ I级一类区　　■ I级二类区　　处理物质：可燃性液体

九、同时作业/沟通

石油天然气钻井生产作业是一个群体性劳动的有机组合。大多数的工作需要多岗位同时、多工种配合或多作业面交叉作业，如共同抬起一根管子、搬家安装过程中的钻井工人与吊车司机的配合、起下钻或甩钻具时的二层台与钻台、场地之间的相互配合等等。这些作业中，相互配合与协调非常重要。但实际上由于作业习惯不同，协作和工作经验不同，再加上沟通不利，以及受情绪和其他因素影响，极易产生不协调的现象和行为，各干各的，使之较其他单项作业的不安全因素明显增多。一些案例事实也证明，多单位、多工种、多设备、多人员联合作业的事故发生的概率是较高的。

因此，为了有效避免与减少事故的发生，作业者应充分认识协同工作时的安全风险，在作业时，须认真遵守安全生产规章制度和操作规程，掌握好正确的操作方法，采取得力预防措施，加强协同作业时的安全预防与信息沟通，保证自身与一同作业人员的安全。

（一）落实"三不伤害"原则

（1）不伤害自己：在生产过程中，不发生由于自己违反规章制度和操作规程而使自己受成伤害。例如：在车间里行车时，按照规定应该在人行道上行车，而如果你为了贪图方便，冒险跨越正在运转的设备，因而摔了一跤，造成重伤。

（2）不伤害他人：在生产过程中，不发生由于自己操作不当，或者操作时留下隐患，而造成对他人的伤害。例如：在下放井架过程中，由于钻台操作人不按流程作业，致使井架意外倒下，发生井场安全井架支撑架人员伤亡事故。

（3）不被他人伤害：在生产过程中，还要尽力做到不被他人伤害。因为在生产过程中，情况复杂，工作千变万化，协同人员情况也各不相同，即使大家都十分注意安全了，也难免会有些人违反规章制度而贪图方便，冒险蛮干。例如，当你在修理设备时，"禁止启动或正在维修"的提示牌要挂在动力开关处，并做好防护措施。又如：有的吊车司机，为了贪多求快，把规定两车装运的货物硬是装在一辆车上，由于货物装得太高，极易导致物品滑落伤人，遇见这种情况，除了自己要多加小心，及时避让免遭伤害外，还应立即劝阻，避免事故的发生。

（二）两人以上共同作业时注意事项

钻井现场的工作大多数是两个人或两人以上组成小组共同进行的。当两人以上共同作业时，搞好协作是非常重要的。由于协作不好，互相配合不当或者没有相互联系，动作不一，致使开错开关，或者抬重物时失去平衡，造成事故。因此，在两个或多人操作时，要特别注意相互联系。

为了防止这类事故的发生，一般应注意下面几点：

（1）要明确一人负责统一协调指挥并关注安全；

（2）做好生产前的准备工作，对工具、设备进行检查，确认完好；

（3）相互联系，取得一致；

（4）确认无误，协调作业。

多人操作，特别是起重吊装，明确专人统一指挥是十分重要的。对各种指挥动作或者各种信号的要求，我们都要牢牢记住，并在操作中严格遵守。

（三）立体交叉作业安全

在生产过程中，经常会发生上、下同时进行的立体交叉作业。为了避免事故，上、下交叉作业时，中间必须采取隔离防护措施，在上部作业的人员要注意收拾好现场的工具、物料，切莫从上部失落砸伤正在下部工作的人员。在作业中，上、下部一定要协调好，尽可能避免垂直交叉作业。

在同一作业区域内进行焊接（动火）作业时，必须事先通知对方作好防护，并配备合格的消防灭火器材，消除现场易燃易爆物品。无法清除易燃物品时，应与焊接（动火）作业保持适当的安全距离，并采取隔离和防护措施。上方动火作业（焊接、切割）应注意下方有无人员、易燃、可燃物质，并做好防护措施，遮挡落下焊渣，防止引发火灾。焊接（动火）作业结束后，作业人员必须及时、彻底清理焊接（动火）现场，不留安全隐患，防止焊接火花死灰复燃，酿成火灾。

（四）多施工方联合作业

施工各方在同一区域内施工，应互相理解，互相配合，建立联系机制，及时解决可能发生的安全问题，并尽可能为对方创造安全的施工条件、作业环境。

在联合作业中必须做到要统一指挥，统一协调。在一些临时、突击性的联合工作中，这一点尤为重要，如果是多个单位临时在一起作业，也要指定一个临时负责人统一指挥，并且要让联合作业双方都要了解本次作业的安全风险与应急预案，这里面应该包括相互间联络信号的规定。只有这样才能防止各行其是，互不协调而产生的安全管理漏洞威胁安全。

十、安全标志及标牌

《安全生产法》规定，生产经营单位应当在有较大危险因素的生产经营场所和有关设施、设备上，设置明显的安全警示标志。在现场常能看到安全标志与其他警示标识等安全警示标志物。

尽管安全标志和安全警示装置都是一种消极被动的防御性安全警告装置，并不能直接消除、控制危险。但是，它们具有引起人们对不安全因素的注意，提高人们的行为自主能力，提醒人们避开危险的功能。因此，它们对于预防事故，实现安全生产具有重要的作用，是一种不可替代的安全装置。应根据作业环境存在有害、危险因素情况以及作业环境的特点，布设相应的安全标志。

（一）安全标志

安全标志是向工作人员警示工作场所或周围环境的危险状况，指导人们采取合理行为的标志。安全标志能够提醒工作人员预防危险，从而避免事故发生；当危险发生时，能够指示人们尽快逃离，或者指示人们采取正确、有效、得力的措施，对危害加以遏制。安全标志不仅类型要与所警示的内容相吻合，而且设置位置要正确合理，否则就难以真正充分发挥其警示作用。

在钻井现场，安全标志牌是现场安全设施的重要组成部分。根据国家标准 SY 5974《钻井井场、设备、作业安全技术规程》的规定，在井场、钻台、油罐区、机房、泵房、危险品仓库、净化系统、远程控制系统、电气设备等处应有明显的安全标志牌，并应悬挂牢固。在井场入口、井架上、钻台、循环系统等处设置风向标。

安全标志由安全标志的主体和补充标志组成，由安全色、几何图形和图形符号构成的，用以表达特定安全信息。

1. 安全标志的分类

安全标志分为禁止标志、警告标志、指令标志和提示标志 4 类。标志的标识方法和项目，需要按作业所在国或甲方的有关规定执行。根据 GB 2894—2008《安全标志及其使用导则》的规定，安全标志的几何图形、含义和颜色规定如下。

（1）禁止标志：禁止标志是禁止人们不安全行为的图形标志。禁止标志的几何图形是带斜杠的圆环，斜杠一定要压住图形符号，而不能让符号压住斜杠，否则就会使含义不明确。禁止标志的背景为白色，圆环和斜杠为红色，符号为黑色。井场常见的禁止标志如图1-10 所示。

图1-10 钻井现场禁止标志实例

（2）警告标志：警告标志是提醒人们对周围环境引起注意，以避免可能发生危险的图形标志。警告标志的几何图形是三角形。三角形容易引人注目，即使光线不佳时也比圆形清楚。警告背景为黄色三角形，边框为黑色，符号为黑色，如图1-11所示。

图1-11 钻井现场警告标志实例

（3）指令标志：指令标志是强制人们必须作出某种动作或采取防范措施的图形标志。指令标志的几何图形是圆环。指令背景为蓝色，符号为白色，文字为白色，如图1-12所示。

图1-12 钻井现场指令标志实例

（4）提示标志：提示标志是向人们提供某种信息的图形标志。提示标志的几何图形是长方形。提示背景为绿色、白色或红色，符号及文字分别为黑色或白色，如图1-13所示。

图1-13 钻井现场提示标志实例

　　文字辅助标志则是为了对某种标志加以强调而增设的，是用来表明安全标志含义的文字说明，它必须与安全标志同时使用。文字辅助标志的基本形式是矩形边框。文字辅助标志有横写和竖写两种形式，如图1-14所示。

　　横写时，文字辅助标志写在标志的下方，可以和标志连在一起，也可以分开。禁止标志、指令标志为白色字；警告标志为黑色字。禁止标志、指令标志衬底色为标志的颜色，警告标志衬底色为白色。如在国外进行钻井施工，文字应翻译成英文及当地语言。

　　竖写时，文字辅助标志写在标志杆的上部。禁止标志、警告标志、指令标志、提示标志均为白色衬底，黑色字。标志杆下部色带的颜色应和标志的颜色相一致。

(a)文字横写的文字辅助标志

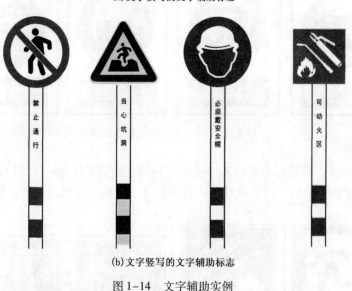

(b)文字竖写的文字辅助标志

图1-14　文字辅助实例

2. 安全标志的使用导则

（1）标志牌的设置高度（GB 2894—2008）。

标志牌设置的高度，应尽量与人眼的视线高度相一致。悬挂式和柱式的环境信息标志牌的下缘距地面的高度不宜小于2m；局部信息标志的设置高度应视具体情况确定。

（2）安全标志牌的使用要求。

① 标志牌应设在与安全有关的醒目地方，并使大家看见后，有足够的时间来注意它所表示的内容。

② 标志牌不应设在门、窗、架等可移动的物体上，以免标志牌随母体物体相应移动，影响认读。标志牌前不得放置妨碍认读的障碍物。

③ 标志牌的平面与视线夹角应接近90°，观察者位于最大观察距离时，最小夹角不低于75°，如图1–15所示。

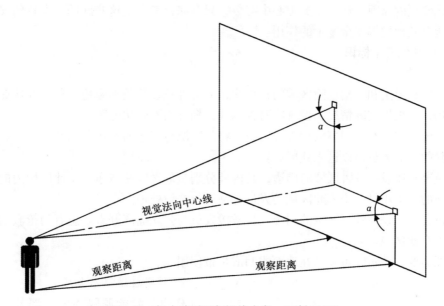

图1–15　标志牌平面与视线夹角 α 不低于75°

④ 标志牌应设置在明亮的环境中。当安全标志被置于墙壁或其他现存的结构上时，背景色应与标志上的主色形成对比色。

⑤ 多个标志牌在一起设置时，应按警告、禁止、指令、提示类型的顺序，先左后右、先上后下地排列。

⑥ 标志牌的固定方式分附着式、悬挂式和柱式3种。悬挂式和附着式的固定应稳固不倾斜，柱式的标志牌和支架应牢固地连接在一起。

⑦ 对于那些所显示的信息已经无用的安全标志，应立即由设置处卸下，这对于警示特殊的临时性危险的标志尤其重要，否则会导致观察者对其他有用标志的忽视与干扰。

⑧ 危险和警告标志应设置在危险源前方足够远处，以保证观察者在首次看到标志及注意到此危险时有充足的时间，这一距离随不同情况而变化。例如，警告不要接触开关或其他电气设备的标志，应设置在它们近旁，而大厂区或运输道路上的标志，应设置于危险区域前方足够远的位置，以保证在到达危险区之前就可观察到此种警告，从而有

所准备。

⑨ 已安装好的标志不应被任意移动，除非位置的变化有益于标志的警示作用。

（3）安全标志的维护与管理。

为了有效地发挥标志的作用，安全标志牌至少每半年检查一次，如发现有破损、变形、褪色等不符合要求时应及时修整或更换。钻井队安全管理监督等人员应做好监督检查工作，发现问题，及时纠正。

另外，要经常性地向作业人员宣传安全标志使用的规程，特别是那些须要遵守预防措施的人员，当建议设立一个新标志或变更现存标志的位置时，应提前通告员工，并且解释其设置或变更的原因，从而使员工心中有数，只有综合考虑了这些问题，设置的安全标志才有可能有效地发挥安全警示的作用。

（二）其他警示标识

1. 警示线

警示线是界定和分割危险区域的标识线，分为红色、黄色和绿色3种。在职业病危害事故现场，应根据实际情况，设置临时警示线，划分出不同功能区。

红色警示线设在紧邻事故危害源周边。将危害源与其他的区域分隔开来，限佩戴相应防护用具的专业人员可以进入此区域。

黄色警示线设在危害区域的周边，其内外分别是危害区和洁净区，此区域内的人员要佩戴适当的防护用具，出入此区域的人员必须进行洗消处理。

绿色警示线设在救援区域的周边，将救援人员与公众隔离开来。患者的抢救治疗、指挥机构设在此区内。

按照需要，警示线可喷涂在地面或制成色带使用。

2. 锁定挂牌（告知卡）

作为危险能源隔离的一部分，有时我们需要将特定的挂牌装置连接到能量隔离装置，表明该能量隔离装置和正在被控制的设备必须在挂牌装置解除后才能够进行操作。该挂牌必须易于实施人员识别。

挂牌必须起到警示设备或机器意外启动会造成危险的作用，必须包括这样的图例或文字：禁止启动、禁止打开、禁止关闭、禁止合闸、禁止操作等。如图1-16所示。

图1-16 锁定挂牌样式（示例）

3. 位置信息提示牌

一般现场包括有井场布置图、消防器材分布图、危险区域分布图及井场逃生路线图等提示牌。这些信息提示牌常布置在井场入口与值班房内，用以提示特定安全设施、区域及行动路线等信息。位置信息提示牌应规范、整洁，各处逃生标识齐全、醒目，并且内容与现场实际情况相符，如图1-17所示。

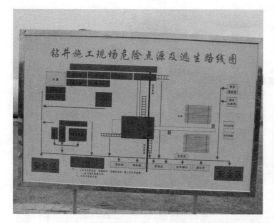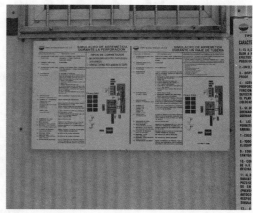

图1-17 井场入口信息提示牌

4. 风向标

风向标是测定风来向的设施。在钻井现场，我们常使用风向标来判断上风方向，以便在出现有毒、有害气体泄漏时，人员可以向上风方撤离。

根据SY/T 5087《含硫化氢油气井安全钻井推荐作法》的规定，应将风向标设置在井场及周围的点上，一个风向标应挂在被正在工地上的人员以及任何临时安全区的人员都能容易地看得见的地方。安装风向标的可能的位置是：绷绳、工作现场周围的立柱、临时安全区、道路入口处、井架上、气防器材室等。风向标应挂在有光照的地方。

风向标的样式很多，在钻井现场常使用风向袋（风锥）。风向袋是一个圆锥形纺织管，旨在表明风向和风速。风向袋所表示的风向是与风向袋成相反的方向（请注意，风向是被指定为传统的罗盘指向从风起源，所以风向袋指向正北表明南风）。要表示风速则是风向袋与其标杆的角度；在低风速的风向袋与其标杆的角度则较小；在强风的飞行水平（角度较大）。

特别要注意的是：安装风向标要采取相应防雷措施。如在高处，底座与避雷针、避雷带连接牢靠即可。

（三）在井场、营地和搬迁途中应设立醒目的健康、安全与环境警示标志，向员工提示注意事项

根据SY 5964《钻井井场、设备、作业安全技术规程》标准要求，在井场、钻台、油罐区、机房、泵房、危险品仓库、净化系统、远程控制系统、电气设备等处应有明显的安全标志牌，并应悬挂牢固。在井场入口、井架上、钻台、循环系统等处设置风向标。井场安全通道应畅通，如图1-18所示。

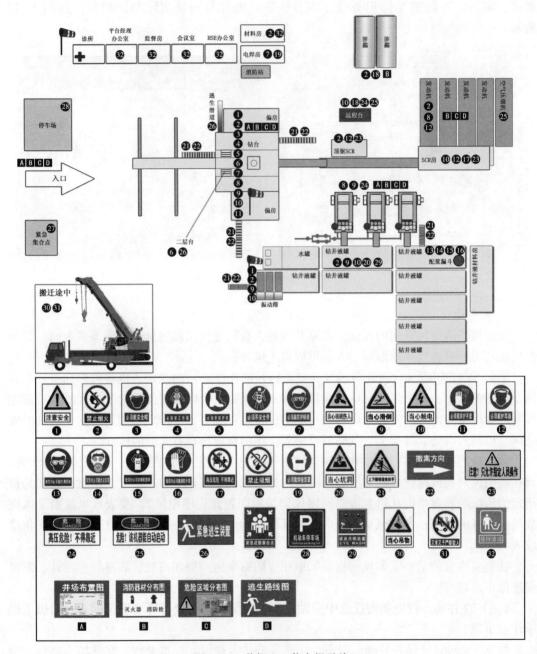

图1-18　井场入口信息提示牌

十一、当作业者与承包商标准不一致时

做好安全工作，既要靠甲方优秀的管理，又离不开乙方对管理制度认认真真的遵守。安全是一项全面、系统的工作，不能光靠甲方单方的工作，要重视任何一支乙方的作业队

伍。只有甲方、乙方甚至丙方、丁方全都做好安全工作，才是真正的安全。所以，作业者与承包商要共同做好安全工作。

但由于作业者与承包商具有不同的专业背景与管理行为理念，在某一方面，可能会存在安全标准上的稍有不同，当遇到此情况时，作为施工者的钻井承包商，我们该执行哪个标准？这里选择的基本原则是绝对不能违背的，也就是"安全标准与要求一般都是强制性的。当两个标准不一致时，执行更为严格的一个"。在实际工作中，当我们发现作业者与承包商的安全标准及要求出现不一致时，我们应该：

（1）了解安全标准及要求不一致的内容，并分析标准上的差异；

（2）评价标准差异的原因及对安全工作的适宜性；

（3）双方相互沟通，按照"确保安全的原则"达成共识。

第六节　手动及电动工具安全

尽管我们处在机械化程度相当高的时代，但是钻井行业中手工具及手工操作还是必不可少的。我们常常会看到，有人拿扳手当锤子用；拿螺丝刀当撬杠用。也有人在一个小扳手的手柄上套上一个很长的加力管。犯这些错误的原因可能是因为粗心或持有一种"无所谓"的态度。也许一时不会有什么事故发生，但谁能说得准什么时候会造成伤害呢？每年，约有百分之十的工作意外都是和使用手工具有关，我们必须关注手工具的潜在危害及安全使用措施。正确地选择及安全地使用有关工具是十分重要的。

一般手工具或动力手工具可导致的危害包括：

（1）被锋利部分割伤；

（2）被尖锐部分刺伤；

（3）在锤击时击伤手部；

（4）被工具夹伤；

（5）使用电动手工具时触电；

（6）碰触电动手工具转动部分所伤；

（7）操作时产生的噪音、尘埃、碎片飞射等；

（8）使用动力手工具时引致火灾或爆炸。

为安全使用手工具，手工具使用者都应就 3 个方面进行学习或培训：手工具的检查、手工具的正确选择和手工具的正确使用。

一、使用前检查

保证工具的安全可靠，是保证工作安全顺利的先决条件。使用前要知道使用损坏的手工具会造成伤害。检查一下你所负责管理或使用的那些工具，为的是使你自己和你的同伴免遭危险。卷边的凿子或锤子头、裂开的锤子手柄、松动的锤子头等往往就会成为人身伤害事故的根源。我们要确保所有工具包括手工具及动力手工具经常保持在良好操作状态，严禁使用腐蚀、变形、松动、有故障、破损以及防护措施失效等不合格工具。

如果你准备要使用电动工具，请注意以下几点：

（1）为了保证安全，必须采用安全保护措施，加装漏电保护器、安全隔离变压器；条件未具备时，应有牢固可靠的保护接地装置，同时使用者必须戴绝缘手套，穿绝缘鞋站在绝缘垫上。

（2）使用前先检查电源电压是否和电动工具铭牌上所规定的额定电压相符。

（3）长期搁置未用的电动工具，使用前还必须用500V兆欧表测定绕组与机壳之间的绝缘电阻值，应不得小于7MΩ，否则必须进行干燥处理。

（4）使用过程中要经常检查，发现绝缘损坏，电源线或电缆护套破裂，接地线脱落，插头插座开裂，接触不良以及断续运转等故障时，应立即修理不得使用。

二、将不适用的工具筛出

做某项工作，就要选择适合于这项工作的工具。不同的工具均有它们独特的设计以配合工作的需要。选用手工具时，应考虑其所设计的用途。错误地使用手工具或使用有问题的工具会造成工具的损伤及使用者的伤害。

（一）误用工具潜在的危害

（1）眼睛的伤害；

（2）手脚肌肉的伤害；

（3）扭伤或骨折；

（4）环境所引起的伤害。

（二）选择工具时的注意事项

（1）工序的需要；

（2）工作性质；

（3）工具本身的形状、大小、重量等；

（4）工具的质料；

（5）说明书或铭牌上的要求，如使用220V的电动手工具。

对某项特殊工作要选择适合于这项工作的正确工具，这条原则必须始终坚持。如果你发现拿错了工具，即使这对安全并不妨碍或你认为肯定不会出事，也要花些时间把正确的工具拿来。没有任何一项工作紧急或重要的连花些时间安全地把它做好的功夫都没有。实际上，不安全、不按正确的步骤去做某项工作，花费的时间会更多。

（三）在使用工具的过程中破损的工具如无法修理，必须立刻弃置

如果在使用中遇到以下（图1-19）情况，你一定要注意。

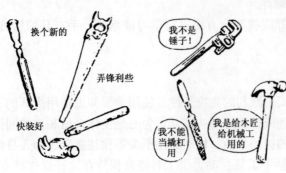

图1-19　确保使用到适合的工具

三、使用恰当的工具（不要改变工具或使用不允许的设备增加工具的扭矩）

为避免伤害的发生，请正确使用恰当的工具。

（1）选用适合作业的扳手。检查确认扳手良好，且适合当前作业。推荐使用固定尺寸的扳手，尽量不要使用活络扳手。

（2）操作时要向内拉动扳手。禁止使用推力。清楚工作中一旦工具断裂时手的方向和位置。

（3）若螺母或螺栓锈住了，要考虑到若扳手滑脱或螺栓折断，会有什么情况发生。不允许加套管来增加工具的力矩使用。

（4）如工具不符合作业类型，不要通过试图改变结构或使用方法来解决。

禁止将扳手当作锤子使用，禁止将螺丝刀当楔子或撬杠。为保护您的双手，操作时请遵循以下建议：

（1）禁止将作业对象抓在手里。使用钳子或将其固定在平面上。

（2）使用前检查螺丝刀是否良好，大小及种类是否合适，以尽可能减小滑脱的可能性。

（3）使用适合作业的击打工具。

四、选择切削工具（折刀、砍刀、斧子等）

在钻井现场，我们常利用切削工具切割电线外皮、割断绳索或切开包装箱。当然，这些工具的利刃也能割破你的手套及伤害你的手。因此，使用切削工具时要注意：

（1）有刃的工具要套好，最好是锁起来，别让儿童拿到。

（2）刃口要保持锋利。变钝了，用起来既吃力，又容易失手，可能伤人。

（3）把凿子和锥、钻之类工具放进工具箱之前，必须封裹其尖端，可用原装的塑料套套住，或用几层布包起来，也可插进软木塞。

（4）同样，携带锯子、斧头等工具时，锋刃也要套好。

（5）斧头、钻头必须与手柄接合牢稳。

（6）凿子敲多了，顶部会开裂，可能有尖锐的碎片弹出伤人。因此，要定期锉磨修整。

（一）电工刀的安全使用

电工刀是用来剖削和切割电工器材的常用切削工具，有普通式和三用式两种。普通的电工刀由刀片、刀刃、刀把、刀挂等构成（图1-20）。不用时，把刀片收缩到刀把内。使用电工刀注意事项：

（1）电工刀在使用时，刀口应朝外剖削，使用完毕随即把刀口折入刀柄内。

图1-20　电工刀

（2）由于电工刀的刀柄是不绝缘的，应注意不得在带电体或器材上使用，以防触电。同时，注意保护好电工刀的刀尖，应避免在过硬物体上划损或碰缺，经常保持刀口的锋利。

（3）用电工刀剖削电线绝缘层时，可把刀略微翘起一些，用刀刃的圆角抵住线芯。切忌把刀刃垂直对着导线切割绝缘层，因为这样容易割伤电线线芯。

（4）导线接头之前应把导线上的绝缘层剥除。用电工刀切剥时，刀口千万别伤着芯线。

（5）电工刀的刀刃部分要磨得锋利才好剥削电线，但不可太锋利，太锋利容易削伤线芯，磨得太钝，则无法剥削绝缘层。

（6）对双芯护套线的外层绝缘的剥削，可以用刀刃对准两芯线的中间部位，把导线一剖为二。

（7）圆木与木槽板或塑料槽板的吻接凹槽，就可采用电工刀在施工现场切削。通常用左手托住圆木，右手持刀切削。

（8）在硬杂木上拧螺丝很费劲时，可先用多功能电工刀上的锥子锥个洞，这时拧螺丝便省力多了。

（二）砍刀的安全使用

一般指砍柴用的刀，刀身较长，刀背较厚，有木柄（图1-21所示）。砍刀可分两类，一类可称为开路型砍刀，如马来砍刀（俗称蛮刀）。这类砍刀刀身较薄通常不超过4mm厚，刀刃长度为240～480mm，重量在600～850g之间。这类砍刀非常实用，较轻的重量很好控制，长时间的开路也不会太累，而且可以轻松砍断直径50mm的树木和很粗的毛竹，是野外作业的首选。

图1-21　砍刀

另一类可称为砍伐型砍刀，例如我们常见的柴刀和传统的狗腿。这类砍刀的特点是刀身沉重坚固，刀脊厚达8～15mm，并通过刀型调整或配重使重心前移，使劈砍更有力，这类砍刀适合砍伐相当粗的树木。

使用安全注意事项：

（1）在不使用时把刀收好，以免发生危险或引起其他人误会。

（2）使用时要先站稳脚步，脚下有根，出手有劲，可以使劈砍更有力。更重要的是当脚步没站稳就挥舞沉重的砍刀，很容易失去平衡而发生危险，后果会很严重。

（3）劈砍时一般来说以45°角的斜劈最有效，即可避免刀刃被树木夹住，又可减少因为树木晃动而产生的缓冲作用。

（4）竹是丛生的，砍时要选单根的。竹较硬，砍伐时角度可以大一些，以免刀从竹竿上弹开

（三）短柄斧的安全使用

区别于钻井现场常见的消防斧，我们还使用到木柄比较短的短柄斧。短柄斧专用于伐木、劈木柴和砍木料。

（1）使用斧头或锤子前，要检查其木柄是否有裂纹，斧头、锤头是否松动，以防甩出伤人。

（2）用斧子劈削木料时，要握紧拿稳，姿势站好，木料放妥，精力要集中，注意手脚的位置，以防斧头劈伤手、足和人身。

（3）劈硬木节时，要轻要慢，以防崩出伤人。

（四）割灌机（割灌刀）的安全使用

（1）按规定穿工作服和戴相应劳保用品，如头盔、防护眼镜、手套、工作鞋等，还应穿颜色鲜艳的背心。

（2）加油前必须关闭发动机。工作中热机无燃油时，应在停机15min，发动机冷却后再加油。

（3）不要在使用机器时或在机器附近吸烟，防止产生火灾。

（4）保养与维修时，一定关闭发动机，卸下火花塞高压线。

（5）在作业点周围应设立危险警示牌，以提醒人们注意，无关人员最好远离15m以外，以防抛出来的杂物伤害他们。

（6）注意怠速的调整，应保证松开油门后刀头不能跟着转。

（7）必须先把安全装置装配牢固后再操作。

（8）如碰撞了石块、铁丝等硬物，或是刀片受到撞击时，应将发动机熄火。检查刀片是否损伤，如果有异常现象时，不要使用。

（9）发动机运转时或在添加燃油时不要吸烟。

（10）操作时一定尽量避免碰撞石块或树根。

（11）长时间使用操作时，中间应休息，同时检查各个零部件是否松动，特别是刀片部位。

（12）操作中一定要紧握手把，为了保持平衡应适当分开双脚。

（13）工作中要想接近其他人，请在10m以外的地方给信号，然后从正面接近。

（14）操作中断或移动时，一定要先停止发动机，搬动时要使刀片向前方。

（15）搬运或存放机器时，刀片上一定要有保护装置。

（16）用灌木丛锯片砍伐树时，树桩直径不超过2cm。

（五）锉刀的安全使用

锉刀表面上有许多细密刀齿、条形，是用于锉光工件的手工工具。可以对金属、木料、皮革等表层做微量加工，如图1-22所示。

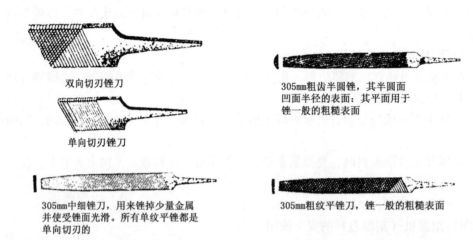

双向切刃锉刀

单向切刃锉刀

305mm中细锉刀，用来锉掉少量金属并使受锉面光滑。所有单纹平锉都是单向切刃的

305mm粗齿半圆锉，其半圆面凹面半径的表面；其平面用于锉一般的粗糙表面

305mm粗纹平锉刀，锉一般的粗糙表面

图1-22　锉刀

锉刀使用的注意事项：

（1）木柄必须装有金属箍，禁止使用没有手柄或手柄松动的锉刀。有些人不装锉刀手柄，只是用胶布随便在柄脚上缠几道，这是很危险的。没装上恰当手柄的锉刀绝不能使用。柄脚的端部是很锐利的，锉刀遇到阻力突然停下来时，抵着柄脚的手就很可能被扎伤。另外，不带手柄的锉刀握持和用力都不便（图1-23）。

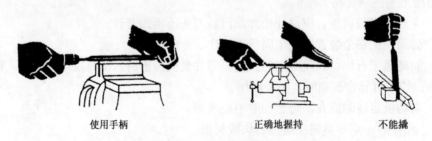

使用手柄　　　　　　正确地握持　　　　　　不能撬

图1-23　正确操作锉刀

（2）锉刀杆不准淬火，使用前要仔细检查有无裂缝，以防折断发生事故。

（3）推锉要平，压力和整度要适当，回拖要轻，以免发生事故。

（4）最好是把要锉的工件夹紧在台钳上。为防止粗糙的台钳钳牙损坏锉完的表面，可使用铜罩或其他软金属材料垫着。始终要保持被锉工件稳固。

（5）锉刀不能当手锤、撬棒或冲子使用，以防折断。

（6）工件或刀上有油污时要及时擦净，以防打滑。

（7）清除铁屑，可用钢丝刷顺着齿纹刷除或用金属片剔出，不准用嘴吹或用手擦。

（8）不得用手摸刚锉过的表面或在锉件上涂油脂。

（六）凿子的安全使用

（1）凿子往往和锤子配合使用。对某项工作要选用足够大的凿子；而对所选用的凿子，要选择足够大的锤子。用于凿子的锤子最好是木槌或其他合适的锤子。

（2）要靠近凿子的上端握持它。握凿子的方法是：用拇指和食指握持，掌心向上。这样就可以使指关节不致直接受到锤击（图1-24）。

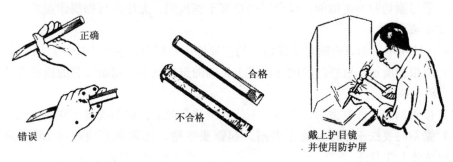

图1-24 凿子的安全使用

一般情况下，所选用的凿子，其切削刃最好与所要切削的部位一样宽或再宽些。使用凿子时，注意使切削方向避开自己和周围的人，并且要戴上护目镜。凿子的切削刃必须保持锋利。凿子的锤击端不得有卷边。有了卷边，锤击时就可能断裂并飞出伤人。只要凿子锤击端一出现卷边，就应立即修平。"凿子要握稳，不得来回摆动。如果天太冷，手冻木了，就不要去握凿子。尤其是别人挥锤子。绝不能使用不带手柄的木凿。"

（七）手钢锯的安全使用

手钢锯是由锯弓和锯条两部分组成的锯割金属的工具。锯弓是张紧锯条的，分为固定式和可调式两种。

1. 安装锯条的注意事项

（1）选用锯条，应按照工作物的性质选择；锯架的松紧度应适当，避免弯曲或折断锯条的锯齿必须向前。正确的锯条装置方向为锯齿斜向前方。

（2）锯条不能过松或过紧，锯条装置不当，过紧时张力过大，过松时锯条易晃动，均易使锯条折断。不可锯切未经夹紧之工作物。

（3）更换锯条，应在重新起锯时更换，中途更换则夹锯。锯缝接近锯弓高度时，可将锯条沿其轴线旋转90°。旧锯条折断换新锯条时，须从头锯起，以免新锯条被夹住而折断。

2. 锯割的注意事项

（1）用手钢锯锯割金属时，工件先夹在虎钳上，并将锯割的位置尽量靠近钳口，按照预先划好的线仔细起锯。锯割时，锯条往复走直线，并用锯条全长进行锯割。

（2）锯割时应先从棱边倾斜锯割后再转向平面锯割，否则锯条的锯齿会被折断。起锯采用远边起锯（即锯条的前端搭在工件上）。起锯角度要小，约15°。锯割时两臂、两腿和上身三者协调一致，两臂稍弯曲，同时用力推进，退回时不要用力。使用适当锯切速度，每分钟约50~60次。不可太快，太快锯齿易磨损，且工作者易疲劳。锯切时回程勿施加压力。开始锯切及快锯断时，锯切速度应减慢。

（3）锯较薄的工件时，可将底面垫上木板或金属片，尖角处须先用锉刀锉出小凹口做起锯口。较厚的工件，因锯弓的宽底不够，可调几个方向锯割。如工件长度允许，可将锯条横装，加大锯口深度。

（4）当锯切加工接近完成，工件将断时，应减低锯削压力，以免锯断时受伤。

（5）手弓锯切时不可加油，以免锯屑填塞于锯齿间，无法进行锯削作业。

3. 安全要求

手锯在使用中，锯条折断是造成伤害的主要原因。所以在使用中应注意以下事项：

（1）应根据所加工材料的硬度和厚度去正确的选用锯条；锯条安装的松紧要适度，根据手感应随时调整。

（2）被锯割的工件要夹紧，锯割中不能有位移和振动；锯割线离工件支承点要近。

（3）锯割时要扶正锯弓，防止歪斜，起锯要平稳，起锯角不应超过15°，角度过大时，锯齿易被工件卡夹。

（4）锯割时，向前推锯时双手要适当的加力；向后退锯时，应将手锯略微抬起，不要施加压力。用力的大小应根据被割工件的硬度而确定，硬度大的可加力大些，硬度小的可加小些。

（5）安装或调换新锯条时，必须注意保证锯条的齿尖方向要朝前；锯割中途调换新锯条后，应调头锯割，不宜继续沿原锯口锯割；当工件快被锯割下时，应用手扶住，以免下落伤脚。

五、正确使用手动及电动工具

不适当使用或放置手工具而被尖锐的角或锋利的切口所伤及是十分普遍的。但很多的意外却是由于手工具缺乏维修所引致。如使用者或旁人被松脱的手柄、变形的金属工作部分或手工具表面的披锋所伤。不安全存放或携带手工具而引致尖角或锋利边缘外露，亦容易使人受伤。而使用设计差劣的手工具，也会引致筋骨劳损。

（一）手工具安全使用

（1）使用前，必须检查手工具是否有损坏。不应使用不安全的工具。

（2）保持工具清洁，特别是手握处，以免工作时滑手摔出。

（3）以正确姿势及手法使用工具，使用时姿势应以出力平稳最为安全，切勿过分用力。

（4）使用锋利之工具时，切勿将刀锋或尖锐部分向着别人。

（5）不用时，工具应以防护物将刀锋或尖锐部分包上以作保护。

（6）不应将手工具作其他用途。

（二）电动手工具安全使用

（1）使用前应检查工具是否操作正常。电线接线是否妥当。

（2）检查工具是否属于双重绝缘或已接上地线，以防止触电危险（图1-25）。

图1-25　电动工具的电源线要绝缘完好

（3）检查工具护罩是否完好。

（4）依照所属工具的说明书指示正确地操作。

（5）禁止穿着松身衣服以免被工具转动部分缠绕。应穿上适当的工作服，长头发应适当扎好。

（6）使用合适的个人防护装备。

（7）如操作工具时会导致噪音产生，应进行噪音评估以确定所产生的噪音剂量并建议使用合适的护耳设备。

（8）检查工件上（如木板）没有钉子，否则可导致工具被卡着及损坏工具。

（9）当要更换工具的刀片、钻头时，应确保工具已关上电源，并将插头拔离插座。

（10）当要开动工具时，应检查刀片、钻头等是否已安装好，避免开动时发生意外。

（11）使用工具时，不应在工具上过分使力，这可导致工具容易被卡着。

（12）工具在使用后，应关上电源并将插头拔掉，不应手持开动中的工具行走。

（13）不应离开操作中的工具。工具在使用后，应关上电源并将插头拔掉。

（14）有问题的工具，不应尝试自行维修，应交由有关部门处理。

（15）当要钻墙时，应检查墙上是否有电线、水管或煤气管等装置。

（16）当工具操作一段时间后，应暂停机器，待工具冷却后再行操作。

（17）当工具在使用时被工件卡着，应将电源关上并拔去插头，才可处理被卡着的工具。

（18）确保电动工具的电压与电源的电压是一致的。如电源电压是220V，所使用的电动手工具必须为220V。

（19）在户外工作时，应使用防水电线、插头及插座。

（20）不应在湿滑及存放易燃物品的地方使用电动手工具。

（三）气动手工具安全使用

（1）空气压缩机必须经已注册及经检验后才可使用。

（2）空气压缩机使用地方必须保持良好通风。

（3）气喉必须定期检查，确保没有损坏。

（4）不应将压缩空气射向别人或自己。

（5）不应在空气压缩机开动时更换气动手工具或配件。

（四）汽油引擎带动手工具安全使用

（1）必须在室外及空气流通的地方使用，以免废气积聚。

（2）遵照供货商使用手册中的指示操作。

（3）在操作范围内严禁吸烟。

（五）油压手工具安全使用

（1）使用时应将千斤顶放于坚固平稳的地面。

（2）负荷物应保持垂直。

（3）在负荷物顶起后未用支架承托前，不得移开千斤顶。

（4）经常检查油压软管，防止软管破裂而造成严重意外。

（六）其他注意事项：

（1）工具携带时应放在专用的套带里或工具袋、工具桶中，不要放在衣裤的口袋里，更不要插在腰带上。

（2）对暂时不用的工具，存放位置要得当，安放应平稳，以防脱落伤人，不要放在脚手架、架空的管道及机械的动部件上。

（3）作业人员之间应手递手的传递工具，不要抛掷；传递带刃口锋利的工具时，要把柄部向着接受工具的人。

（4）对于撬棍之类须用肩扛的工具，在携带时要注意前后左右，使之不与其他物体和人员相碰，放下时要稳。

（5）携带有软线的轻便动力工具时，要注意保护好软线，使其远离尖锐物、热源、油或溶剂，以免损坏或软化绝缘。

（6）受锤子击打的工具柄部，长期受击打易出现局部碎裂，碎块飞出难以防备，为此因在如錾子、冲头、岩石钻等柄部端头安装金属箍（青铜环）。

第七节　整洁作业

一、重要性

不整洁的作业场所和物料存放习惯是引发作业场所火灾和职业伤害的常见原因。良好的作业环境可防止和预防事故和伤害的发生，提高工作效率，使工作环境整洁有序，保证作业安全。因此，保持整洁的作业场所在钻井施工过程中占有非常重要的地位。

二、恰当的整洁作业行为

（一）妥善库存

（1）钻井现场的材料与工具实行定位管理，即所有物料都必须存放在指定的安全区域（如库房、材料爬犁等处）与支架上面（如钻台的接头架等）。

（2）仓库或物料存放区出口、工作区域及通道必须保持清洁和畅通，地面应保持没有液体及其他可能导致地面湿滑的物质，并严禁在走道、防火通道或其他妨碍员工进入下列位置的地方堆放物品：

①紧急出口与逃生通道；

②灭火器、紧急喷淋及类似设备；

③配电板和电气设备。

（3）每天都应把仓库及工作场所的垃圾、废料及时清理，工作场所应没有导致绊倒的物体。

（4）所有物料摆放应安全、整洁、有序，任何场所，较重及频繁使用的物体摆放的高度都要尽可能在膝盖和肩膀左右。

（5）存放在1.8m以上的物品应确保安全和牢固，以防物品坠落。钻井作业常用的钻具、工具、接头及吊卡等物品不能堆码，防止滚落伤人。

（6）易燃或可燃化学物（如：油漆、压缩气瓶和溶剂）必须存放在专用的储存区域，不能存放在任何普通存放区。且严禁存放在热的物体表面或电气设备附近。

（7）相互反应的化学物品（如氧化物和易燃品、酸和碱）必须分开存放。

（8）可燃液体必须存放在原有的容器或可燃气体安全罐内；不使用时必须盖上，容器必须存放在专用的可燃气体贮存柜内。

（9）压缩气瓶必须配有阀盖并用链条直立固定在安全的位置。

（10）除非用约5ft（约1.5m）高且由耐火材料组成的屏障隔离，否则氧气和可燃气体必须存放于相距20ft（约6m）以上的地方。对氧气瓶和乙炔瓶有如下要求：

①须分库存放在专用支架上，阴凉通风、严禁曝晒，并远离火源；

②氧气瓶严禁沾有油污；

③使用氧气瓶、乙炔瓶时，两瓶相距须大于10m，距明火处大于10m，乙炔气瓶必须直立使用，氧气瓶应有安全帽和防振圈。

（二）人行道及过道

人行过道是水平的，一般距地面有一定高度。下面是有关人行过道的一些安全要求：

（1）人行过道必须保持清洁，没有凸起的钉子、碎屑和碎片、直径大于2.5cm的孔洞、松动的板子等。

（2）高度大于4ft（1.22m）的人行过道，敞开侧要有标准栏杆进行保护。标准的护栏由顶杆、中间横档和立柱组成，从顶部到平台要求42in高，中间横挡在两者中间。

（3）扶梯的标准栏杆与人行过道的差别只是高度不同，后者从顶部横杆的最高点到过道踏板的高度为1m。中间横杆仍位于顶部横杆与踏板之间。

（4）护栏立柱间距不超过8ft。

（5）安装任何类型的栏杆或扶手都必须牢靠并有足够的强度，顶部横栏应能承受得住来自任何方向的900N的力。

（6）人行过道脚踏板应固定牢靠。过道应该是平坦的，不应该有断开的危险。

（7）人行过道应平整和水平；上面不得堆放任何东西；不得有油或油脂和水；冬天不得有冰或积雪，以防滑倒，根据需要使用盐或砂。

（8）人行过道从脚踏板面至其上2.1m以内不得有任何障碍物。

（9）钻井液罐上的人行过道的下支承要牢靠。保持平坦、没有漏洞或断开的风险，泥浆池通道上也要安装护栏。各焊接点要经常检查。

（10）使用标识牌和标识胶带作为安全标记，如提醒地湿容易滑倒。

一些井队工人有一个很不好的习惯：用黄油等油脂保养完设备以后，不把剩余的油脂放回原处收好，而是到处乱甩或随手抹到井架上、人行过道上、各种栏杆上，这实际上可以称得上"恶作剧"了。这不但给自己所在的井队造成浪费，而且给自己和与自己一起工作的伙伴造成许多危险！应改变这种不良习惯。

（三）滑倒及绊倒的危险

不管在什么时候，或者在钻井现场还是生活的地方…滑倒、绊倒或同一高度跌倒经常发生。这类意外在众多的意外类别中占据首位，约占总职业意外数字的两成。

滑倒是由于鞋底与地面之间的摩擦力不足造成的，常见的滑倒危害来源包括：

（1）钻台上不及时清理的泥浆与意外倒泻液体或固体在地面上；

（2）机械漏水、漏油或漏出化学品；

（3）地面清洗后未干；

（4）地面沾满粉尘或碎屑；

（5）鞋不合适或状况欠佳（鞋底坑纹磨蚀）；

（6）急步行快奔跑；

（7）有雨水、冰雪的地面或过道；

（8）斜面。

绊倒是指在步行中碰到低矮的障碍物，令身体失去平衡而倒下，常见的绊倒危害来源有：

（1）地面凹凸不平或有坑洞与裂缝；

（2）地面高度改变，如翘起的过道板及隆起的地板、地砖等；

（3）台阶、门槛、敞开的抽屉或柜门；

（4）临时或长期存放的杂物、货物，用后没有放好的工具，如横七竖八摆放的接头、吊卡；

（5）错放的延长绳与备用钢丝绳是绊倒人的最大的风险；

（6）微弱的照明，人行道上的小石子也会造成绊倒。

不要以为滑倒及绊倒的意外并不严重。事实上，滑倒及绊倒除了可以导致轻伤，如扭伤了脚踝、磕破了头等，严重的话还可以导致骨折、残疾、瘫痪甚至死亡等严重伤害的发生。这些严重伤害发生的主要原因就是滑倒或绊倒后人体倒向的方向是极其错误的，例如：

（1）撞向硬物而导致骨折、脑震荡等严重受伤；

（2）撞向尖的或锋利的物料而导致眼部或其他动脉血管的严重受伤；

（3）撞向运转中的机器的危险部分，如滑倒在转动的转盘上或未扣护罩的传动轴上；

（4）跌向灼热的机械或火焰中，如电热板、现场加热锅炉等；

（5）跌向腐蚀性的物质，如钻井液处理剂中的碱性物质等；

（6）在高空工作导致人体坠落；

（7）跌向泥浆坑或河中、水中导致溺水。

记住滑倒、绊倒或跌倒是可以预防的，用一点时间在你的工作区域和家察看下这些风险，采取行动来防止这些。在你忙于每天的活动时，小心不要引起滑倒、绊倒或者跌倒的危险。

（四）作业时

在钻井施工期间保持一个清洁、安全的工作区是每个井队成员的责任。一个杂乱无章的工作区就是一个事故圈！要有效地控制滑倒及绊倒危害，必须针对导致危害的来源加以控制。在钻井现场我们从整理着手加以控制，再加上员工接受合适的安全训练及穿着合适的个人防护装备，定可达到防止意外的目的。

（1）工具用完后，把它放到规定的工具架上或工具箱里；

（2）一有机会或时间，就要清扫或冲洗掉钻台、过道、梯子上的脏物或钻井液等；

（3）修好那些松散的梯子、摇晃的扶手和松动的过道；

（4）钢丝绳与棕绳不用时要盘好，所有零散的绳子要拾起来、卷好、捆好并以正确的方法存放；

（5）钻台上或方井（或圆井）里不得积聚油污，要始终保持场地清洁、无油污；

（6）清除井架底座下面的一切废物和杂乱零件；

（7）把所有多余的管子、接头等放到架子上，不要放在钻机下面或其周围；

（8）保持所有出口、梯子和人行道上都没有障碍物；

（9）查看所有消防用品是否齐全、齐备并处于待用状态，灭火器要充满灭火剂，灭火嘴无堵塞；

（10）检查所有急救包及急救用品是否清洁、齐备、随时可以使用；

（11）检查全部劳动保护用品（如安全帽、安全鞋、护目镜、手套和防毒面具等）是否清洁和符合使用要求；

（12）清理井场所有杂物，井场废料应放在统一规定的、不妨碍任何其他作业的地方。

图1-26 当心绊倒与滑倒标志

（五）标志、提示标、栅栏及警戒带

安全标志、提示牌、围栏及警戒带作为第一道防线，同时也是法律判别划分伤害事故责任的依据。要求员工触目即引发警惕性，并小心行走或尽量远之。所有这些防护措施，不但要求醒目、清楚、简明、放置位置适当、固定牢固，而且还要采取统一的规格要求。所有标牌和提示要用井场所有人员都能明白的语言。为了防止意外滑倒与绊倒而导致伤害，我们在钻井现场或生活区经常能够看到这些标牌与防护措施。

（1）标志，提示标（图1-26）。

看到这些提示标志，表明你所要通过的路面可能有突起物或露出地面的管线，或此处地面湿滑（如振动筛处、转盘附近或刚拖完地的地面等），提示你当心绊倒或滑倒。

（2）栅栏及警戒带（图1-27 ~ 图1-29）。

我们经常在污水池外面、配电柜附近、传动设备附近设置警戒带或围栏，在放置于地面的电缆线、油管线、气管线、放喷管线及封井器管排架处设置禁行标志，提示我们此处不能通过，贸然进入会导致意外伤害。

图1-27 污水池设有围栏

图 1-28　警戒带

图 1-29　禁止通行的栏杆

第八节　作业面行走安全

一、概述

钻井施工除了在地面上作业外，有相当多的工作要离开地面进行，比如在钻井液罐上、在钻台上、在井架的二层平台上等。保证移动范围内地面或平台面、梯子、护栏、脚手架等设施处于安全状态、岗位工人严格遵守操作规程，杜绝不安全行为，对预防事故的发生十分重要。

二、保护地面、护栏开口和漏洞

图1-30　地板负重警示牌

（1）地面和平台面的负载评级必须标记在牌子上并被明显张贴（图1-30）；

（2）地面和平台面不能超过额定载荷极限，防止引起坍塌造成设备和人员伤害；

（3）地面和平台面必须保持清洁、平整，务必使脚下干净无杂物，在危险发生时可以保证你顺利逃生；

（4）平台面不能有过大的缝隙、漏洞，一个12ft或更大孔洞会使人的脚掉入其中而导致伤害；

（5）在钻台上，不用的鼠洞口和井口要盖好。在钻台下，井口圆井也要有坚固的顶盖，否则会造成人员伤害（图1-31）；

（6）务必使脚下干净无杂物，在危险发生时可以保证你顺利逃生；

图1-31　任何地洞都应该设有围栏或加盖

（7）护栏要保持齐全、完整，固定牢靠，不得有开口，以防止人员坠落；

（8）上下平台的护栏开口处应加双道防护链进行保护，以防止人员坠落，如逃生滑道上部入口处、钻台梯子上部入口处、钻台坡道处及循环罐梯子上部入口处等都应有防护链；

（9）钻台护栏有不低于30cm高的挡板防止落物。

三、脚手架/梯子

在钻井现场，有时临时性的工作也会使用到脚手架和梯子，如安装井口、电路架设等作业。作为使用者，我们不能忽视脚手架和梯子的安全使用。因为，从脚手架和梯子上滑倒、绊倒和坠下，会导致受伤和死亡，这是一个值得警惕的问题。

（一）脚手架的安全使用要求

大量的事实表明，每年都有数以百计的工人从脚手架上高处坠落死亡，大约占高处坠落死亡人数的1/5。除了脚手板和防护栏杆的问题外，主要受伤和死亡的原因是由于安装和拆除的方案低劣，连接点和支撑杆件缺失，荷载超重和离电缆线太近所致。另外高处坠落的物体也常伤及脚手架下面的行人。

1. 脚手架

脚手架指施工现场为工人操作并解决垂直和水平运输而搭设的各种支架。脚手架通常由立柱、横杆、支座等支撑杆件组成，或由吊索悬挂组成。

2. 脚手架会造成的伤害

在脚手架上工作的员工有以下危害风险：

（1）从高处坠下——因滑、不安全的使用和缺乏摔落保护而导致坠落伤害；

（2）打击伤害——被倒下的工具或碎片撞击；

（3）触电——触碰架空电力线路导致电击；

（4）脚手架坍塌——由于脚手架不稳定或重载；

（5）脚手板固定不牢或破损导致伤害。

3. 脚手架的安全使用须知

（1）脚手架必须由有资格的专业人员设计。脚手架必须能够承受自重和至少4倍的最大预期荷载。

（2）有能力的专职人员（专职安全员）必须在以下情况下检查脚手架：

①遇有六级（或以上）大风、大雨后，寒冷地区解冻后；

②每一班次作业开始之前；

③作业平台上施加载荷前；

④脚手架改动后或对其安全性产生怀疑；

⑤每隔7~10d。

检查内容包括：

① 基础牢固、平稳；底座调整适宜；

② 立杆垂直，所有支撑杆件连接可靠到位；

③ 连接装置和结点牢靠；

④ 横杆水平；

⑤ 脚手板和防护栏杆设立牢靠。

检查发现脚手架有松动、变形、损坏或脱落等现象，应立即修理完善，重新设置绿色警示牌。

（3）脚手架在安装、变更、移动或拆除时都需要专职安全员监督指导。

（4）注意附近的电缆线，必须保持脚手架离开电缆线至少10ft（约3m）的距离。如果电压不超过300V，或确保电线处于断电状态，安全距离可降至3ft（91.44cm）。

（5）严禁在恶劣天气使用脚手架。当遇到大风和暴风雨时，切记要停止在脚手架上工作。

（6）除非专职安全员说用个人防坠落保护装备或利用风挡能够安全工作。如果使用风挡，脚手架必须能够安全抵抗预期风荷载的作用。

（7）操作人员不能在有冰雪的脚手架上工作直至将冰雪清除掉。安全员应监督工作人员及时清除掉脚手架操作平台、爬梯和通道上的冰雪。

（8）合理使用防坠落保护装置。如果脚手架高于地面标高 10ft（约 3m）时，工人必须配备个人防坠落保护装置。

（9）脚手架搭设或拆除时，专职安全员须决定何时使用防坠落保护装置。

（10）对于支撑式脚手架，上部栏杆离操作平台的距离是 38 ~ 45ft（96.52 ~ 114.3cm）之间，上部栏杆必须能够承受 200lb 的力。中部栏杆设置在操作平台和上部栏杆的中间，必须能够支撑 150lb（67.5kg）的力。使用密目网、封闭物或面板时，需要设立上部栏杆（密目网设计安装能满足防护要求除外）。

（11）在脚手架走道上，脚手板和防护栏杆之间的缝隙不得超过 9.5ft（24.13cm）。

（12）严禁在脚手架上堆放物品，脚手架上的所有废物必须立即清除，以免绊倒行人。

（13）保护脚手架下面的行人。必须设立 3½in（8.89cm）高的挡脚板来防止物体从脚手架上落下，如果在脚手架上的物体超过 3½in（8.89cm），即超过挡脚板而坠落，需用安全平网来防止工具或建筑材料掉下。如果物体还可能从脚手架上落下，则必须保证不让人在架体下方或附近行走。

（14）安全培训。雇主必须雇用有资格的专业人员为每一位工人进行脚手架安全操作培训。专职安全员必须为工人进行安装、拆除、移动、操作、修理、维护或检查方面的安全训练。如果工地变迁，脚手架类型及安全设备变更时，工人还须进行再教育培训。

（15）使用进人爬梯上下脚手架时，除非专门设计，不能用脚手架当爬梯，严禁爬出脚手架以外。长期使用脚手架时，应专门设立一爬梯。

（16）严禁作业者带病在脚手架上操作。

（17）移动脚手架时严禁脚手架上有人。

（18）上下脚手架爬梯时手中严禁携带物品。所有物品必须通过绳子或运送物料通道上下脚手架。

（19）在脚手架上进行电、气焊作业时，必须有防火措施和专人看守。

（20）不得在脚手架基础及其邻近处进行挖掘作业，否则应采取安全措施，并报主管部门批准。

（二）直梯的安全使用要求

我们常用便携式梯子进行高处作业。为了保证安全，在使用梯子过程中，首先要看梯子本身是否符合安全要求，另外也要看使用者是否按照安全规定使用梯子，只有这两方面都满足要求时，才能做到安全地使用梯子。

便携式活动梯是一种简便的、可移动的临时用梯子，它主要由边框和梯阶组成。在美国，根据尺寸及强度规范一般分为 3 种类型：工业用的，长 0.9 ~ 6.1m；家庭用的，长

0.9～1.8m；其他用途的，长 0.9～3.7m。中国钻井井场常用的有铁制和木制的两种，长度一般为 2～5m。便携式活动梯有伸缩式、折叠式和固定式，中国井场常用固定式。

为保证其使用安全可靠，梯子本身首先要安全；梯阶与边框连接要紧；金属构件及配件保持可靠连接。边框和梯阶材料无缺陷。整体坚固可靠；经常给铰接处、螺栓连接处及联销部位上油；带有安全支脚的梯子，要保证其支脚完好无损；焊接成的梯子，要注意检查焊缝。井队有时自制梯子但要注意自制的梯子也要符合安全标准。在实际使用中，往往有些自制梯子强度不够，连接部位不牢靠，使用是很危险的。

梯子要存放在便于拿取、检修并可以避风雨的地方。不要把梯子存放在靠近火炉、蒸汽管线或者过热、过潮的地方。最好把梯子涂上合适的防腐材料。梯子要经常检修。有缺陷的梯子不能使用，应修理或更换。梯阶和踏板不得有油和油脂。

1. 安全使用要求

（1）根据工作要求，选择正确长度的、坚固无损的梯子；不要使用有故障的梯子；

（2）梯子应尽可能支在稳定、坚实、平整且不滑的基础上，滑面上使用的梯子，端部应套绑防滑胶皮，在松软地面上，应利用大木板将梯脚垫起以防下陷；

（3）梯子使用中要有至少一个人扶住或绑牢；

（4）不要伸手去够自己难以够到的或超过规定安全距离的东西；

（5）使用前，应清洗掉梯子上的泥、油或油脂；

（6）梯子只能承受住一个人的重量，其安全额定负荷为 90 公斤；

（7）不要把梯子挪作他用；

（8）由梯子爬上爬下时，要抓住梯子的两边（边框）而不要抓踏板或梯阶；

（9）梯顶要依靠于结实表面，不可依排水管、过窄或塑料物上，因为他们的强度不足；

（10）如梯子直立于门前，要确保门已锁上，并设置醒目标识或指定专人监护；

（11）如果梯子是通往天台或一个平台，最顶三级应高于天台/平台的水平面；

（12）倾斜竖立的爬梯要符合 4:1 安全角度；

（13）应使用绳索将梯顶的扶手位置（不是梯级）固定；

（14）当不能用绳索固定梯子时，应由专人协助扶梯（扶梯的方式应是：一脚踏稳最底梯级，双手紧握两边扶手）（图 1-32）。

图 1-32　不要使用有故障的梯子

2. 特殊情况使用要求

（1）强风下不可使用梯子在户外工作。

（2）不可将梯子放于箱、砖或其他不稳定物体上以求增加工作高度。

（3）接近架空电线使用梯子要特别小心。如工作不能避免时，应首先断开电源或放电以及绝缘处理后才摆放梯子，此时应选用木或强化纤维材料的梯子。

（4）健康状况不理想时，例如眩晕、高血压等，不可使用梯子。

（5）应穿着安全鞋，确保鞋底干爽防滑。

（6）使用者应面向梯子，身体重心于两边扶手之间，身体四肢中的三肢任何时间均应接触梯子。

（7）在梯子上工作应携带工具包，防止落物。

四、扶梯/扶手

扶梯是指一边或两边带有扶手、位置固定的梯子，扶梯在井场较多。上下钻台及上下钻井液罐等均需使用扶梯。因此，扶梯的正确使用会有助于降低事故发生的频率。

扶梯的安全使用推荐要求：

（1）扶梯的扶手高度应在 76～86cm 之间，中间带有一横栏、标准扶手立桩的间距不得超过 2.44m。

（2）梯子与水平方向的夹角应在 0.52～0.82rad（30～47°）之间。

（3）梯阶高与踏板宽，各层都必须完全一致。

（4）脚踏板应防滑，推荐使用具有规定强度的钢网踏板。

（5）扶梯的跨度不宜太大。如由于钻台太高等原因致使扶梯过长时，应加中间梯台。

（6）从脚踏板垂直向上 2.1m 的空间内不得有任何障碍物，以防碰头。

（7）所有四阶或 4 阶以上的扶梯，都要安装标准扶手。

（8）任何扶手或栏杆与其他物体的间隙至少为 7.6cm。

（9）不得一只手也不扶而上下扶梯。

（10）天黑以后，所有扶梯都必须有良好的照明。

（11）脚踏板不得缺失。外形弯曲的脚踏板应弄平或尽可能更换。

（12）冬天的时候，扶梯上不要洒水和钻井液等，扶梯上不得有冰和积雪。

（13）扶梯的脚踏板和扶手上都不得有油或油脂。

（14）较重的东西不能由一个人在扶梯上搬上搬下。

（15）扶梯上不得堆放任何东西。

（16）上、下扶梯要一阶一阶地上、下，不要匆忙，不能一次上、下几阶。

（17）扶梯的梯阶后面必须有挡板，以防上下扶梯时，脚插到两梯阶之间。

（18）扶梯应与可靠的固定物（如钻机底座、井架、机房底座等），搭接要固定牢靠。

在井队，直梯和扶梯在使用过程中的主要问题是：便携式梯子的摆放斜度不正确，支放不牢靠，使用高度不当，破旧的、该修的不修不换；扶梯的扶手不全、不好，踏板坏了没人管。焊缝裂开了好像没看见，安装扶手时，不管扶手立桩是否与底桩全部对准，就用大锤往下砸扶手的顶横栏，从而导致扶手先期变形和损坏。

希望能引起注意：安装栏杆或扶手时，首先要选择与底桩对应的栏杆或扶手。随后把它们的立桩弄直。使它们能一起对准底桩，最后用小锤子均匀地敲各立桩的顶部，使立桩逐渐就位。

第九节 事故的报告及调查

任何一起事故都有原因和结果。许多调查结果表明，造成受伤与死亡的事故原因往往有许多相同之处。有些轻伤的事故原因要比重伤或死亡的事故原因还要严重。往往擦破点皮与失去性命之间的差别只是"运气"问题。因此，在事故发生后，为了不延误最佳的事故救援时间，降低事故损失，避免造成更大的伤亡和财产损失，企业主及员工应该熟知事故报告程序，为杜绝类似事故的再次发生，我们还应对所有发生过的事故及幸免发生的事故进行彻底调查。

一、事故原因

事故发生后，我们应沉着、冷静，班组工人应告诉司钻事故是怎样发生的，告诉他是什么引起的这起事故，以及你认为或你发现的事故原因。

（一）引起事故原因的主要因素

（1）人的因素：知识、技能、意识、观念、态度、道德、认知、伦理、情感等；

（2）技术因素：工艺、设备、监测、应急系统等；

（3）环境因素：自然环境、人工环境、综合环境；

（4）管理因素：体制、法制建设、管理措施等。

（二）事故原因的分析

1. 属于下列情况者为直接原因

（1）机械、物质或环境的不安全状态；

（2）人的不安全行为。

2. 属于下列情况者为间接原因

（1）技术和设计上有缺陷：工业构件、建筑物、机械设备、仪器仪表、工艺过程、操作方法、维修检验等的设计、施工和材料使用存在问题；

（2）教育培训不够、未经培训、缺乏或不懂操作技术知识；

（3）劳动组织不合理；

（4）对现场工作缺乏检查或指导错误；

（5）没有安全操作意识或安全意识不健全；

（6）没有或不认真实施事故防范措施，对事故隐患整改不力；

（7）其他。

在分析事故时，应从直接原因入手，逐步深入到间接原因，从而掌握事故的全部原因，再分主次，进行责任分析。

二、通用程序

（一）何时及如何报告事故

事故报告应当及时、准确、完整，任何单位和个人对事故不得迟报、漏报、谎报或者瞒报。

按照中国石油天然气集团公司《生产安全事故管理办法》的规定，报告程序一般为：

（1）事故发生后，事故现场有关人员应当立即向基层单位负责人（如井队长、平台经理）报告，基层单位负责人应当立即向上一级安全主管部门报告，安全主管部门逐级上报直至企业安全主管部门，由安全主管部门向本单位领导报告。较大事故及较大以上事故企业安全主管部门应当向企业办公室通报。情况紧急时，事故现场有关人员可以直接向企业安全主管部门报告。

（2）企业接到事故报告后，应当向集团公司总部机关有关部门报告。具体报告要求见表1-9所示。

表1-9 不同级别事故的报告时间要求

事故级别	分级依据	报告要求
一般事故 C级	造成3人以下轻伤，或者10万元以下1000元以上直接经济损失	事故发生后1h之内由企业安全主管部门向集团公司安全主管部门报告
一般事故 B级	造成3人以下重伤，或者3人以上10人以下轻伤，或者10万元以上100万元以下直接经济损失	
一般事故 A级	造成3人以下死亡，或者3人以上10人以下重伤，或者10人以上轻伤，或者100万元以上1000万元以下直接经济损失	事故发生后1h之内由企业安全主管部门向集团公司安全主管部门报告。集团公司安全主管部门应当立即向集团公司分管安全工作的副总经理报告
较大事故	造成3人以上10人以下死亡，或者10人以上50人以下重伤，或者1000万元以上5000万元以下直接经济损失	事故发生后1h之内由发生事故的企业办公室向集团公司办公厅和安全主管部门报告。集团公司办公厅接到企业事故报告后，应当立即向集团公司分管安全工作的副总经理、总经理报告
重大事故	造成10人以上30人以下死亡，或者50人以上100人以下重伤，或者5000万元以上1亿元以下直接经济损失	事故发生后30min之内由发生事故的企业办公室向集团公司办公厅和安全主管部门报告。集团公司办公厅接到企业事故报告后，应当立即向集团公司总经理报告，同时报告集团公司分管安全工作的副总经理
特别重大事故	造成30人以上死亡，或者100人以上重伤（包括急性工业中毒，下同），或者1亿元以上直接经济损失	

（3）发生事故后，企业在上报集团公司的同时，应当于1h内向事故发生地县级以上人民政府安全生产监督管理部门和负有安全生产监督管理职责的有关部门报告。

（二）人身伤害与急救

生命的价值高于一切，在做任何工作时，都要把保障人员的生命安全和身体健康作为首要任务。因此，在事故不可避免地发生时，我们首先考虑的是"事故是否造成了人身伤害"，如果有，那么就要及时、准确地将人身伤害类型、人体受伤部位、严重程度，以及能否继续工作等信息报告给你的上级，以便他们能够尽快实施救援，使损失和流血降到最低。而且，作为事故调查报告的一项主要要素，人员伤亡等内容也是必不可少的。

如果事故确实导致了人身伤害，那么在紧急呼救与报告的同时，当事人或最先发现者应在条件允许的情况下，及时采取自救、互救措施，对受伤者采取急救措施，并组织撤离或采取其他措施，脱离危险区域。而此时，无论是事故当事人还是救援人员都要掌握必要的急救技能，并配备必要的防护用品和用具。而且要特别注意以下急救要点：

（1）实施快速营救（例如从水中或火场里把受伤者拖出来）；

（2）一定要把受伤者放到通风处并进行适当的急救；

（3）当遇到可能威胁应急救援人员险情，可能造成次生事故伤害时，应急救援人员要善于自我保护，避免不必要的人身伤害。

（三）财产损失

事故必然会造成财产损失。财产损失或经济损失也是衡量事故级别大小的一项重要指标。因此，在发生事故时，我们也要将事故所造成的财产损失报告上去。一般讲，经济损失包括直接经济损失与间接经济损失。

1. 直接经济损失的统计范围

（1）人身伤亡后所支出的费用：包括医疗费用（含护理费用）、丧葬及抚恤费用、补助及救济费用、歇工工资等。

（2）善后处理费用：包括处理事故的事务性费用、现场抢救费用、现场清理费用、事故罚款和赔偿费用。

（3）财产损失价值：固定资产损失价值和流动资产损失价值。

2. 间接经济损失的统计范围

（1）停产、减产损失价值；

（2）工作损失价值；

（3）资源损失价值；

（4）处理环境污染的费用；

（5）补充新员工的培训费用；

（6）其他损失费用。

根据国家《生产安全事故报告和调查处理条例》的规定，发生事故后，报告事故应当包括初步估计的直接经济损失。事故报告后出现新情况的，应当及时补报。而事故调查报告应当包括准确计算后的直接经济损失。

（四）交通事故

交通事故是指车辆在道路上因过错或者意外造成人身伤亡或者财产损失的事件。交通事故不仅是人员违反交通管理法规造成的；也可以是由于地震、台风、山洪、雷击等不可抗拒的自然灾害造成。归纳起来引发交通事故的因素包括：

（1）客观因素：道路、气象等原因，也可引起事故发生。

（2）车况不佳：车辆技术状况不良，尤其是制动系统、转向系统、前桥、后桥有故障，没有及时检查、维修。

（3）疏忽大意：当事人由于心理或者生理方面的原因，没有正确观察和判断外界事物而造成精力分散、反应迟钝，表现为观望不周、措施不及或者不当。还有当事人依靠自己的主观想象判断事务或者过高估计自己的技术，过分自信，对前方、左右车辆、行人形态、道路情况等，未判断清楚就盲目通行。

（4）操作失误：驾驶车辆的人员技术不熟练，经验不足，缺乏安全行车常识，未掌握复杂道路行车的特点，遇有突然情况惊慌失措，发生操作错误。

（5）违反规定：当事人由于不按交通法规和其他交通安全规定行车或者走路，致使交通事故发生。如酒后开车、非驾驶人员开车、超速行驶、争道抢行、违章装载、超员、疲劳驾驶、行人不走人行横道等原因造成交通违法的交通事故。

发生交通事故以后，我们该怎么办？别慌！在情绪上要保持冷静，避免争执；在行动上应根据现场情况灵活处理。

（1）车辆驾驶人在汽车运行安全的情况下应当立即停车，关掉引擎（以免汽车起火）并打开紧急灯让其闪亮。

（2）保护好现场，向其他车辆发出警告，亮起危险警告灯；在路上摆放三角形警告牌；如有需要，再用其他方式示警。

（3）造成人身伤亡的，车辆驾驶人应当立即抢救受伤人员，并且迅速报警。切记，切勿随意移动受伤者，除非伤者面临危险（如着火、有毒物体渗漏），因为您的移动可能会造成更大的伤害。如果伤者仍在呼吸，且流血不多，则旁人不可做任何事情，除非确实懂得怎样护理伤者；不可给伤者喂任何食物或饮料。

（4）在高速公路上发生交通事故的，车辆驾驶人应当将车上人员迅速转移到右侧路肩或应急车道上，并且迅速报警，防止次生事故的发生。

（5）派人去求救或使用身边的移动电话，在高速公路上可使用路边的求救电话求救时详细说明发生意外的地点及人员伤亡情况。

（6）报案。轻微交通事故可进行快速处理或自行前往交通事故报案中心报案。如遇有伤亡或较大损失，应立即报警，详细说明事故发生地点及伤亡人数。在警察查完现场后一定要求警察给你事故报告，及该警员的姓名、编号、所属分局及电话号码。

（五）未遂事故

并非所有的意外事件或所有的意外释放能量，都会造成损失。按照安全学的轨迹交叉理论，如果人因和物因两条轨迹未能得以交叉，则不会发生人身伤亡。世界安全科学的一代宗师——美国工程师海因里希在20世纪30年代，研究了事故发生频率和事故后果严重程度的关系。在他的理论体系中，事故后果的严重程度分为3个层次，分别是：严重伤害事故、轻微伤害事故和无伤害事故，这3种事故发生的概率存在着一般规律——1:29:300。这就是安全学界著名的海因里希法则。而他的理论中的无伤害事故，被我国安全学界的前辈赋予了一个富有中国文化特色的名称——未遂事故。

所谓未遂事故也称险肇事故、无伤害事故或潜在事故，又称为准事故。是指由管理因素、随机事件或时间因素引发，由生产、设备、环境隐患和设计缺陷演变成的有可能造成事故，但由于人或其他保护装置等原因，未造成健康损害、人身伤亡、财产损失与环境破坏的事件。

严格地讲，未遂事故是事故的一种形式，事故时未遂事故进一步发展的结果。举例而言：由于设备保养不到位，巡检制度没有认真执行，导致泵的润滑油存在泄露，并在附近的地面聚集，形成了一个光滑的地面，当某钻工甲经过时，差点滑倒，这就是一个未遂事件。而当另一钻工乙经过时，却不幸跌倒，造成骨折，形成了一个伤害事故。

由于日常工作中未遂安全事故没有造成损失，大多是虚惊一场，很难引起思想上的重视。但是，我们切不可走入将未遂事故不当安全事故的误区，而是要从以下几个方面着手，切实加强未遂安全事故的管理。

（1）要实行未遂事件报告制度。未遂事故发生后，基层单位应立即报告至上级HSE主管部门。未遂事故报告应包括：发生的单位（包括承包商）；发生的时间、地点，简要经过及可能造成的后果，已经采取的防范措施等内容。

（2）要把未遂事故当已遂事故处理。未遂事故发生后，现场应立即停止相关作业，并妥善保护未遂事故现场及相关证据，并及时组建未遂事故调查小组，对事故进行调查处理，对事故隐患进行分析、总结，并对事故责任人进行责罚。

（3）要把未遂事故当做安全教材，共享未遂事件典型案例，以案说法，举一反三，加强员工安全知识的学习培训，进一步提高员工的安全知识和安全意识，防患于未然。

（六）不受控/未经授权的向环境排放污染物

钻井作业过程中发生的事故，如井喷、火灾、爆炸等，不仅会对人员、财产造成损坏意外，还会导致原油、有毒有害气体、燃油、烟雾等污染物不受控制的与未经授权的向自然环境排放，造成一定的环境污染，使施工所在地的自然环境遭受破坏，人体健康遭受危害，社会经济与人民财产受到损失，并造成社会不良影响。

环境污染事故主要类型有水污染事故、大气污染事故、噪声与振动危害事故、固体废物污染事故、有毒化学品污染事故、放射线污染事故及国家重点保护的野生动植物与自然保护区破坏事故等。

环境污染事故发生后，责任者或最先发现人必须立即报告。同时，事故部门（班组）应立即采取消除或减轻污染危害的措施。若有人员伤亡或中毒，应迅速抢救受伤或中毒人员。而且，在发生环境污染事故后，相关企业应立即组织有关部门成立调查组，进行事故的调查分析，确定事故的直接原因、间接原因与责任者，以及损失情况。

（七）事故的潜在危险状态

事故导致的危害影响有时是暂时的和直接的，而有些事故所造成的危害却是长远的和潜在的。如井喷失控导致的原油泄漏、未妥善保存的放射源对员工的意外辐射等事故，所带来的生态环境污染与人身伤害是长期的。这些事故潜在的危害应该引起事故报告者与调查者的注意。因此，在事故发生后，我们除了及时、准确、真实、翔实地将事故的基本过程、原因、损失情况等内容进行调查报告外，还应基于长远和发展的眼光与对国家、社会负责任的态度，我们要对事故的潜在危害进行评估和汇报，以便相关部门采取有效措施，防止这些潜在危害成为事实。

三、事故调查目的

事故调查是企业 HSE 管理中极为重要的一项工作，是由生产单位对生产经营活动，及与之相关的活动中发生的人身伤亡、交通、过载、环境污染等事故及其他事故的原因进行及时准确地了解核实的过程，最后在实事求是、尊重科学的基础上以文字记录的形式上报整个事故的经过。事故调查的目的是多重的，事故调查的详细程度与其目的相关。执法部门需要有起诉的证据，索赔专家从中寻找索赔的证据，培训者从中发现为案例教学充足的材料。从事故预防的观点来看，事故的调查和记录是了解通过引进安全装置、改进工艺过程、培训和信息，以及将这几方面结合起来，能否建立一个预防事故再发生的解决方案。

事故调查的目的具体有：

（1）满足法律的要求，收集违反法律的证据材料；

（2）掌握事故发生的经过情况；

（3）鉴定可能的一个原因或多个原因（包括直接原因和间接原因）；

（4）提出安全生产法规（含企业安全技术操作规程等）的修订、完善和改善劳动条件的意见；

（5）积累事故研究资料，寻找事故发生规律，并有针对性地制订防止事故发生的措施；

（6）通过事故的调查，总结经验教训，教育雇员，提高安全生产意识，避免违章行为，促进生产发展。

四、事故调查中雇员的职责

发生事故时，事故调查组及调查人员有权向事故发生单位、有关部门和人员了解与事故有关的情况，按规定搜集有关资料，任何单位和个人不得推诿或拒绝、阻挠。事故所有涉及的人员都应积极配合调查，实事求是地说明、解释每个问题。这些情况对分析事故原因、避免类似事故的发生都会起到积极的作用。事故发生单位的负责人和有关人员在事故调查期间不得擅离职守，并应当随时接受事故调查组的询问，如实提供有关情况。

根据国家《生产安全事故报告和调查处理条例》的规定，对隐瞒不报、虚报或故意延迟上报事故者，除责成补报外，应严肃处理；并对于事故发生单位及其有关人员伪造或者故意破坏事故现场，转移、隐匿资金、财产，或者销毁有关证据、资料，拒绝接受调查或者拒绝提供有关情况和资料，在事故调查中作伪证或者指使他人作伪证，事故发生后逃匿及事故调查期间擅离职守等行为，将严格依法予以处理。

第十节 陆上运输

一、概述/统计

自 1886 年世界第一辆汽车问世以来，全世界死于交通事故的人数已经超过 3000 万，并且每年仍以 40 万的速度在增加。据统计，全世界发达国家每 3 人中就有 1 人在其一生中遭受过交通事故造成的身体伤害，每 100 人中就有 1 人死于道路交通事故。交通事故给许多人和家庭带来了深重的灾难，成为了第一号杀手。

在中国，交通事故也排在事故的首位。20 世纪 80 年代末，中国交通事故年死亡人数首次超过 5 万人，至 2003 年，中国（未包括港、澳、台地区）每年交通事故 50 万起，因交通事故死亡人数均超过 10 万人，已经连续十余年居世界第一。2004 年全国道路交通事故死亡 9.4 万人，2005 年全国道路交通事故死亡 98738 人，2006 年全国共发生道路交通事故 378781 起，造成 89455 人死亡、431139 人受伤，直接财产损失 14.9 亿元……，数字可谓触目惊心。

当今，交通运输已经成为经济发展的基本需要和先决条件。而陆上石油钻井生产与生活中无论上下班、搬运、生产组织都离不开陆上运输，即存在一定的交通运输安全潜在风险。这些风险包括：

（1）撞车或车胎爆裂事故造成的人员挤、压、碰、撞、割伤和抛甩出车外；

（2）车辆着火造成的人员烧伤以及设备损坏；

（3）大车碾压和直接或间接碰撞行人；

（4）车辆自燃、翻车、落水、吊钩、坠落；

（5）撞击路标、树木、路边停放车辆；

（6）车辆追尾及相互间刮擦等。

交通运输安全既涉及生产组织的正常运行，事关公司员工的身心健康，也影响公司声誉。如何减少、避免交通事故是公司安全管理的重中之重。

根据统计分析，影响交通运输安全主要有 5 方面因素：人、车、路、环境、管理。这 5 方面相辅相成，互相作用，哪方面出了问题都有可能发生交通事故。但在这 5 方面中最核心部分是人，机动车驾驶人作为车辆、道路的使用者，是影响道路交通安全的决定因素。因此，提高驾驶人员的安全意识和安全技能、降低交通事故则是我们企业交通运输安全管理的核心。

钻井现场常见不同单位作业车辆。按照用途大致可分为下列 3 类：

（1）载人交通工具。例如：越野车、轿车等小汽车；申巴、大客等客车；皮卡等客货两用车。

（2）载货交通工具。例如：卡车、自卸翻斗车等常见货车以及平板车、拖挂车、集装箱车等大型货车。

（3）特种作业车辆。例如：吊车、小型自配式吊车等起重车辆；抓管机、管材运输专用拖车等管材操作车辆；推土机、装载机、铲车、叉车、电焊车、救护车、固井车、灰罐车、水罐车、钻机牵引车等其他特种车辆。

钻井现场的车辆类型和用途众多，而且，作业分布的地区、国家多，交通安全法规、车况、路况、当地司机素质和技能等不尽相同，因此，必须对钻井现场的交通安全引起高度重视。

（一）有效的驾驶证件及认可

无论是在中国，还是在世界其他地区与国家，"驾驶机动车，应当依法取得机动车驾驶证。"这是一条通用的原则。无证驾驶机动车辆均会受到法律的严厉处罚。

无证驾驶可分为以下几种情形（有其中之一的均可认定为无证驾驶）：

（1）机动车驾驶人在未经过专门的驾驶员培训学校的驾驶技能训练与考试，进而取得机动车驾驶证的情况下，驾驶机动车的，为无证驾驶。

（2）驾驶人驾驶的机动车车型超出驾驶证核定的准驾车型的范围的（可参考下面的"准驾车型及代号"表格进行对照），作无证驾驶处理（比如只持有C照的人开B照的车，或只持B照的人开A照的车等）。

（3）驾驶人未随身携带与所驾车型相符的机动车驾驶证的，应视为无证驾驶。

（4）使用伪造、变造驾驶证或其他非法途径获取的驾驶证，或驾驶证已过期失效，或被暂扣、吊销或撤销的，均视为无证驾驶。

（5）驾驶人的年龄或健康状况不符合驾驶条件的（多指实际年龄超出所驾车型的最大年龄限制，如年龄不足按照非法获取机动车驾驶证处理，归类到（4）的情况）。

（6）持军队、武装警察部队驾驶证驾驶民用机动车的（有特殊许可证明的除外）。

（7）持境外机动车驾驶证在中国驾驶的。

对于无证驾驶，在中国，交通法规定：

（1）机动车驾驶人将机动车交由未取得机动车驾驶证或者机动车驾驶证被吊销、暂扣的人驾驶的，扣留机动车驾驶证，可并处吊销机动车驾驶证。

（2）未取得机动车驾驶证、机动车驾驶证被吊销或暂扣期间驾驶机动车的，或将机动车交由未取得机动车驾驶证或者机动车驾驶证被吊销、暂扣的人驾驶的，由公安机关交通管理部门处200元以上2000元以下的罚款，可并处拘留15d的处罚。

在国外，各个国家对交通规则、驾照管理有不同的要求，因为中国没有参加联合国陆路交通国际条约，如果我们出国作业或旅游，必须详细了解各国给外国驾照的法律。如在德国，需要将你的中国驾照在中国做翻译和公正。在新西兰，你要是拿着新版驾照，直接就可以开12个月，如果你拿的是旧版驾照，你需要自己带好翻译件。在美国，各州的要求不同，比如说加州，中国驾照+B1/B2签证的可以直接驾驶，而在马萨诸塞州，中国驾照是不可以使用的。

（二）行程管理（行程计划）

道路运输是一个动态作业。而且，钻井施工作业现场多在偏远地区，运输路途较远，路况多样复杂，潜在安全风险较多。因此，规范和监控作业驾驶员的行为，对预防道路安全事故的发生至关重要。

（1）接到运输任务后，车辆调度人员或管理人员应根据始发点至目的地沿途的路况、车辆及货物情况，选择路面条件好、危险路段少、里程较近的路线，以确保运输安全。

具体选线原则如下：

①选宽不选窄。尽量确保车辆在较宽的道路上行驶，既可保留情况变化时的处理余地，又可以降低驾车速度的影响，处理突发情况比较有保证。

②选平不选偏。汽车在偏坡路上行驶，会改变汽车的重心点，稳定性变差，极易造成车辆颠覆。尤其在雨天行驶时，偏坡路又极易造成车体侧滑。因此，汽车行驶在坡路上时要选平坡。如果条件不能满足，则要尽量正向通过，变偏坡为正坡，努力保持车体的横向水平位置。

③选硬不选软。松软的道路会增加汽车的行驶阻力，造成动力不足，使行驶速度降低，一般来说，靠道路中心经车轮反复碾压部分比较坚硬，靠道路边缘比较松软，尤其是雨天行驶时。

④选水不选泥。汽车在有泥处通过时，车轮会沾满稀泥打滑。而在积水处行驶时，水可防止稀泥黏住车轮，保持与硬底的附着咬合，较松软路面能保证汽车行进。切记汽车在水中不可行驶过快。以防车轮溅起水花造成电器部件短路而熄火。

⑤选旧不选新。处于泥泞路行驶状态时，为保证安全通过，路线选择要坚持选旧不选新，即选择原有的车辙路线行进，不要轻易新辟路线。因为原有的车辙部位经车轮反复碾压，虽然车辙较深，但是底部较硬，附着系数较高，通过的可靠性较大。

⑥载人时选颠不选弯。当汽车载人行驶时，汽车的曲线行驶会造成人员的晃动，增加不安全因素。另外，为了躲避地面情况而转向，使汽车驶向路的一侧，也容易出现事故。因此，当汽车载人行驶时，注意不要随意转动方向盘，宁可颠一下也尽量少打方向盘做绕行。

⑦载货时选弯不选颠。当汽车载货行驶时，由于重量较重，且与汽车结为一体，如果出现颠跳，货物与车体产生共振，会使汽车底盘承重成倍增加，造成机件的损坏。因此载货不同于载人，要严格控制颠跳，对地面突出障碍尽量采取转向绕行。

⑧行车路线的选择方法还有很多，如冬季行车中的选土不选雪、乡镇行车的选静不选闹等等。

只要抓住了有利于安全行车、有利于平稳通过、有利于各种复杂情况的处理、有利于机件的操作等原则，就可以结合现有条件自然地作出科学、合理的路线。

（2）如果我们是前往一个新的地域进行施工，必要时，应派人对行驶路线进行勘察与了解，重点了解沿途的电线等线路、桥梁高度，以及路面与涵洞承重等信息，同时，还应针对道路行驶路线中存在的风险做出标记，拟定预防措施。

标记的内容有：

①道路的危险点：学校、工厂门口、道路交叉点或十字路口；城镇或集市、道路施工路段；急转弯处；长、大下坡道；狭窄桥梁和隧洞；可能发生劫车事件或其他破坏活动的地点；可能发生山体滑坡的地点。

②临时停车点、休息停车场、过夜停车场。

③标注沿途可利用的应急求助设施或机构。

（3）出车前，车辆调度人员或管理人员要对司机进行沿途安全风险提示，汽车驾驶员要认真了解货物、路线等具体信息，并备齐修理配件，如长途或运输危险货物，应安排押运员一同随行（押运员必须要有相应的上岗证）。

（4）车辆行驶必须凭车辆调度人员或管理人员签发的"路单"行驶，驾驶员在行驶途中不得任意改变行车路线。

（5）车辆调度人员或管理人员应随时监控车辆行驶情况。如采用 GPS 定位等方法了解车辆行驶路线是否正确。当所选路线出现突发情况时，还应临时知道驾驶员选择其他的适合路线。

（三）稳妥装卸

车辆的稳妥与安全装卸是保证交通运输安全的重要前提。因此，在车辆装卸过程中，我们要按照以下要求进行操作：

（1）提前勘察装车、卸车场地车辆是否可以回转，选择好停车地点、装卸货物的位置、货物的装运方位。

（2）了解场地情况是否影响安全操作，如地道、阴沟、煤气管道、自来水管道等，对影响通行的现场操作障碍应及时处理和排除。

（3）勘察整个行驶路面、桥梁是否符合行驶、装载货物承受能力，必要时可以用钢板或对路面加固，以防万一。

（4）装运货物时不得超载、超高、超长、超宽。如遇必须超高、超宽、超长装运时，应按交通安全管理规定，要有可靠措施和明显标志。

（5）机动车载人不得超过核定的人数，客运机动车不得违反规定载货。

（6）禁止货运机动车人货同载。

（7）严格遵守易燃、易爆及化学危险物品装卸运输的有关规定。装卸粉散材料及有毒气散发的物品，应配戴必要的防护用品。

（8）机动车运载超限的不可解体的物品而影响交通安全的，应当按照公安机关交通管理部门指定的时间、路线、速度行驶，悬挂明显标志。在公路上运载超限的不可解体的物品，应当依照公路法的相关规定执行。

（9）装卸时应做到轻装轻放，重不压轻，大不压小，堆放平稳，捆扎牢固。防止偏重、超重，必要时对易磨损货件采取防磨措施，对怕污染的货物要采取有效隔离措施，包装不合标准或破损不准装车。

（10）单个或几个大件货物装车时要做好相应的紧固措施，如营房等板房及钻机等设备，装载后必须用导链或8#铁丝摽紧，防止串落。

（11）苫盖货车篷布不得遮住车牌、车号，绳索绷紧，不得拴在车钩、脚梯或其他制动装置上。

（12）装卸车时要有专人在现场指挥。需要多人抬起装卸时，协调一致，信号一致，向一个方向卸料。

（13）使用装载机装车时，装载机运行范围内严禁有人员停留或行走。

二、车辆情况/检查

据统计，由于车辆原因造成交通事故约占15%左右。交通法规规定，机动车上道路行驶前，驾驶员应当对机动车的安全技术性能进行认真检查，不得驾驶安全设施不全或者机件不符合技术标准等具有安全隐患的机动车。为确保车辆百分百安全运行，检查分两级进行：一是由车队管理人员检查，另一个是司机对车辆出发前、行车中、收车后全面检查，以便及时发现和处理车辆安全隐患，并坚持4种情况不出车原则，以减少或避免重大事故的发生。检查的内容主要包括以下方面。

（一）出车前应对下列各项进行检查

（1）检查燃油箱的贮油量，水箱的水量，曲轴箱内的机油量，必要时应添加。

（2）喇叭、灯光、乱水器、后视镜、牌照等是否齐全有效。

（3）各紧固螺栓、螺母（轮胎、半轴、传动轴、钢板弹簧等处），是否有松脱现象。

（4）轮胎气压是否符合规定。

（5）发动机启动后，听察有无异响，检视各种仪表的工作是否正常，有关部位是否漏油、漏水、漏气。

（6）起步后，试验制动效能及转向机构是否有效灵活。

（7）工具箱工具与个人防护用品齐全。

（8）灭火器完好（压力表指针在绿色区域）。

（9）随车文件（MSDS，运输应急卡等）以及车辆和驾驶员的所有证件完整有效。

（10）车辆清洁。

（二）车辆行驶中应对下列各项进行检查

（1）燃油及冷却水位。

（2）检视各种仪表的工作情况。

（3）检视手、脚制动器的作用是否灵敏有效。

（4）注意发动机及传动系统有无异响和异常气味。

（5）利用途中停车时间、检查制动敲有无过热现象；检查轮胎螺母紧固情况和轮胎气压，检查钢板弹簧是否有折断；检查转向机构各部连接情况；检查有无漏油、漏水、漏气现象。

（三）车辆返回后应对下列各项进行检查

（1）清洁全车内、外部及底盘。

（2）检查和补充润滑油、燃料。

（3）发动机熄火后，察看电流表、有无漏电现象（指针指向"一"号）。

（4）检查钢板弹簧有无断裂，弹簧吊身，U型螺栓是否松脱。

（5）检查轮胎与钢圈。

（6）检查制动系油、气管及接头处有无渗漏、检查制动液贮油室油面，气制动的贮气筒应放净积水、油污。

（四）有下列4种情况则不能出车

（1）油电水系统有故障不出车；

（2）制动设备性能不良不出车；

（3）安全设备不齐不出车；

（4）司机身体状况不好不出车。

三、实际驾驶

（一）安全驾驶规定

1. 要文明行车

（1）驾驶员在驾驶过程中，必须严格遵章守纪，始终坚持文明驾驶，礼让行车；做到不开英雄车、冒险车、斗气车和带病车。车辆行驶时，发现本车道前方的车辆行驶速度比较慢，应开启左转向灯，在不妨碍其他车道车辆行驶的情况下，变更车道超越；也可减速慢行，保持安全距离尾随其后。

（2）车辆行驶时，发现后车示意超车，减速慢行，靠边行驶，给对方让出超车空间。

（3）超车时，前方车辆不减速，应停止超车，与前方车辆保持安全距离，或减速慢行，或变更车道。

（4）超车时，发现前方车辆正在超车，应减速慢行，让前方车辆超车。

（5）当汽车经过积水路面时，应特别注意减速慢行，以免泥水飞溅到道路两侧行人身上。

（6）驾驶车辆通过有老人或儿童的路段，应减速慢行，以免行人受到惊吓，发生意外。

（7）经过禁止鸣喇叭的路段，应注意安全，禁止鸣喇叭；行经没有禁止鸣喇叭的路段时，驾驶人应尽可能的少鸣喇叭，以免影响他人的正常工作。

（8）夏天驾驶车辆时，驾驶人不准穿拖鞋，穿拖鞋既不礼貌，也不安全。

（9）女性驾驶员在穿着上，应注意不戴有沿的帽子，因为帽檐影响视线；不宜穿高跟鞋驾驶；也不宜穿裙子，以保证正常的驾驶动作不受影响。

2. 遵守规定的道路通行原则

如《中华人民共和国道路交通安全法》节录：

第 42 条　机动车上道路行驶，不得超过限速标志标明的最高时速。在没有限速标志的路段，应当保持安全车速。夜间行驶或者在容易发生危险的路段行驶，以及遇有沙尘、冰雹、雨、雪、雾、结冰等气象条件时，应当降低行驶速度。

第 43 条　同车道行驶的机动车，后车应当与前车保持足以采取紧急制动措施的安全距离。有下列情形之一的，不得超车：

（1）前车正在左转弯、掉头、超车的；

（2）与对面来车有会车可能的；

（3）前车为执行紧急任务的警车、消防车、救护车、工程救险车的；

（4）行经铁路道口、交叉路口、窄桥、弯道、陡坡、隧道、人行横道、市区交通流量大的路段等没有超车条件的。

第 44 条　机动车通过交叉路口，应当按照交通信号灯、交通标志、交通标线或者交通警察的指挥通过；通过没有交通信号灯、交通标志、交通标线或者交通警察指挥的交叉路口时，应当减速慢行，并让行人和优先通行的车辆先行。

第 45 条　机动车遇有前方车辆停车排队等候或者缓慢行驶时，不得借道超车或者占用对面车道，不得穿插等候的车辆。

第 52 条　机动车在道路上发生故障，需要停车排除故障时，驾驶人应当立即开启危险报警闪光灯，将机动车移至不妨碍交通的地方停放；难以移动的，应当持续开启危险报警闪光灯，并在来车方向设置警告标志等措施扩大示警距离，必要时迅速报警。

第 56 条　机动车应当在规定地点停放。禁止在人行道上停放机动车；但是，依照本法第三十三条规定施划的停车泊位除外。在道路上临时停车的，不得妨碍其他车辆和行人通行。

3. 遵守国家要求的机动车通行规定

如《道路交通安全法实施条例》节录：

第 45 条　机动车在道路上行驶不得超过限速标志、标线标明的速度。在没有限速标志、标线的道路上，机动车不得超过下列最高行驶速度：

（1）没有道路中心线的道路，城市道路为每小时 30km，公路为每小时 40km；

（2）同方向只有 1 条机动车道的道路，城市道路为每小时 50km，公路为每小时 70km。

第 47 条　机动车超车时，应当提前开启左转向灯、变换使用远、近光灯或者鸣喇叭。在没有道路中心线或者同方向只有 1 条机动车道的道路上，前车遇后车发出超车信号时，在条件许可的情况下，应当降低速度、靠右让路。后车应当在确认有充足的安全距离后，从前车的左侧超越，在与被超车辆拉开必要的安全距离后，开启右转向灯，驶回原车道。

第 48 条　在没有中心隔离设施或者没有中心线的道路上，机动车遇相对方向来车时应当遵守下列规定：

（1）减速靠右行驶，并与其他车辆、行人保持必要的安全距离；

（2）在有障碍的路段，无障碍的一方先行；但有障碍的一方已驶入障碍路段而无障碍的一方未驶入时，有障碍的一方先行；

（3）在狭窄的坡路，上坡的一方先行；但下坡的一方已行至中途而上坡的一方未上坡时，下坡的一方先行；

（4）在狭窄的山路，不靠山体的一方先行；

（5）夜间会车应当在距相对方向来车150m以外改用近光灯，在窄路、桥与非机动车会车时应当使用近光灯。

第49条 机动车在有禁止掉头或者禁止左转弯标志、标线的地点以及在铁路道口、人行横道、桥梁、急弯、陡坡、隧道或者容易发生危险的路段，不得掉头。

机动车在没有禁止掉头或者没有禁止左转弯标志、标线的地点可以掉头，但不得妨碍正常行驶的其他车辆和行人通行。

第50条 机动车倒车时，应当察明车后情况，确认安全后倒车。不得在铁路道口、交叉路口、单行路、桥梁、急弯、陡坡或者隧道中倒车。

第51条 机动车通过有交通信号灯控制的交叉路口，应当按照下列规定通行：

（1）在划有导向车道的路口，按所需行进方向驶入导向车道。

（2）准备进入环形路口的让已在路口内的机动车先行。

（3）向左转弯时，靠路口中心点左侧转弯。转弯时开启转向灯，夜间行驶开启近光灯。

（4）遇放行信号时，依次通过。

（5）遇停止信号时，依次停在停止线以外。没有停止线的，停在路口以外。

（6）向右转弯遇有同车道前车正在等候放行信号时，依次停车等候。

（7）在没有方向指示信号灯的交叉路口，转弯的机动车让直行的车辆、行人先行。相对方向行驶的右转弯机动车让左转弯车辆先行。

第52条 机动车通过没有交通信号灯控制也没有交通警察指挥的交叉路口，除应当遵守第五十一条第2项、第3项的规定外，还应当遵守下列规定：

（1）有交通标志、标线控制的，让优先通行方先行；

（2）没有交通标志、标线控制的，在进入路口前停车瞭望，让右方道路的来车先行；

（3）转弯的机动车让直行的车辆先行；

（4）相对方向行驶的右转弯的机动车让左转弯的车辆先行。

第58条 机动车在夜间没有路灯、照明不良或者遇有雾、雨、雪、沙尘、冰雹等低能见度情况下行驶时，应当开启前照灯、示廓灯和后位灯，但同方向行驶的后车与前车近距离行驶时，不得使用远光灯。机动车雾天行驶应当开启雾灯和危险报警闪光灯。

第60条 机动车在道路上发生故障或者发生交通事故，妨碍交通又难以移动的，应当按照规定开启危险报警闪光灯并在车后50～100m处设置警告标志，夜间还应当同时开启示廓灯和后位灯。

（二）防御性驾驶

无论你在哪里驾驶，也无论你驾驶何种车辆，总有危险因素客观存在。统计表明，由于驾驶员操作失误所发生的事故占事故发生的 50% 以上，采取防御性驾驶就可以最大限度地避免在驾驶当中发生各种各样的由于操作失误所引发的事故。

"防御性驾驶"是一套实用技巧，是指驾驶人在行车中，能准确地"预见"由其他驾驶员、行人、不良气候或路况引发的危险，并能及时采取必要、合理、有效的措施防止事故的发生。此种可避免危险发生的驾驶方式即为防御性驾驶技术。简单来说，就是将所有交通参与者都想象成随时可能违规的人，在开车时给自己留下较大的处置意外情况的空间和时间的驾驶方法。

防御性驾驶的目的是为车辆提供足够的行驶空间、为驾驶员提供良好的视野，以及为及时反应提供足够时间，达到减少事故发生几率、降低燃油消耗、减少维修费用、减低保险费用及消除驾驶时的紧张与压力的目标。

防御性驾驶牢记 5 大要点。

1. 放眼远方

（1）看前 15s。提早观察将在 15s 后到达的地方。

（2）15s 观望距离能使你预先知道即将发生的情况和危险，让你有足够的时间去做反应。

（3）根据速度调整观望距离不够 15s 观望距离时，减速。

2. 洞悉四周

（1）在观察前方时，同时也要注意两旁和后方。

（2）5~8s 看一次倒后镜，这样可以经常注意到车辆周边情况。

（3）保持 4s 跟车距离改变车辆位置，增大视野，消除视线障碍。

3. 视线灵活

（1）长时间专注某一件事物会影响你的周边视力。

（2）紧盯一个目标不得超过 2s。

（3）转弯变线时要侧头看，避免盲区。

4. 留有余地

（1）若情况允许，保持车辆周围留有空间 4~5m。

（2）选择适当的行车路线，如失去部分空间尝试确保前方及其中一侧留有空间。

（3）不要挤在一起。

5. 引人注意

（1）争取目光接触。

（2）使用喇叭、灯光不要过早或过迟，不要长时间使用转向灯。

（三）使用车辆安全约束（安全带、气囊）

车辆安全约束系统是保证驾乘人员被动安全的一项有效措施。其包括安全带和气囊等。

被动安全是相对于主动安全的一项汽车安全类术语。被动安全是指汽车在事故发生时能起到大幅度降低碰撞伤害程度的功能，也是在最大程度上确保驾乘人员人身安全的安全措施。被动安全包括的范围很广，如车身强度、碰撞吸能结构、座椅安全带、安全气囊等都是如今被大多数汽车普遍采用的被动安全装备。

（1）系好座椅安全带是确保安全的最基本准则。

座椅安全带可将乘员约束在座椅上，起到保护作用，同乘人员也必须系好安全带。

系好座椅安全带情况下，座椅安全带对乘员起到保护作用。未系好座椅安全带情况下，即使在车速较低时，发生安全气囊不起作用的事故时，由于身体未被约束在座椅上，同样有可能发生重大伤亡事故。

当发生正面冲撞事故时，在预测到来自前方的强大冲击力的一刹那，预张紧装置迅速收紧安全带，因而可以提高对乘员身体的束缚效果。

当发生正面冲撞事故时，既可以提前收紧安全带，提高对乘员的身体束缚效果，同时还可以限制安全带的力量，缓冲对乘员胸部的冲击。限力装置可以将作用于安全带的力限制在一定程度内，以缓解给乘员胸部带来的冲击。

（2）SRS安全气囊与座椅安全带并用，才能对乘员发挥最大程度的保护作用。

汽车发生碰撞时，车速急剧下降。由于惯性，车内乘员会感受到巨大的加速度和冲击力。在强大惯性的作用下，会发生乘员和方向盘、仪表盘、风挡玻璃等物体之间碰撞的危险状况，也就是常说的"二次碰撞"。安全气囊作为汽车被动安全系统的辅助装置，正日渐受到人们的重视，其基本原理是一旦汽车发生碰撞时迅速弹出，在乘员和汽车之间形成一个充满气体的气袋，从而隔绝乘员和汽车发生直接接触。利用气囊达到缓和乘员所受冲击力并吸收碰撞时产生的能量的作用，避免强烈碰撞造成严重的伤害，减轻人员受到撞击伤害的程度和几率。

SRS安全气囊并不是在发生任何事故时都会起作用，也可以理解为汽车在发生危及生命安全的正面强烈碰撞事故时，SRS安全气囊才会弹出，发挥作用。

某些汽车除了常规的正面双安全气囊之外还在其他位置设置了多个安全气囊（侧气囊或侧气帘），用以增加对乘员的保护。当传感器检测到驾驶舱受到侧方碰撞时，强大的碰撞力可能对乘员造成重大伤害，此时装备有SRS侧气囊或侧气帘的汽车会适时启动，缓冲碰撞引起的冲击力。SRS侧气囊或侧气帘与安全带共同作用，侧方安全气囊对乘员胸部、头部等部位起到辅助保护作用。

SRS安全气囊是汽车安全系统的辅助装置，不是替代座椅安全带的装置。SRS安全气囊与座椅安全带并用，才能对乘员发挥最大程度的保护作用。

（四）道路危险/恶劣天气情况下的安全驾驶（道路情况、野生动植物）

1. 沙石道路

（1）沙地驾车：通过松软的沙地时千万不要停车，一定要保持车轮匀速转动。有沙地时，一定要提前加速，直到全部通过后才可收油。在沙地行驶中，切勿突然加大油门，因为此举有可能导致某个驱动轮空转，使车陷入沙里。

（2）土路驾车：坑洼、碎石等障碍物较多，行驶速度不能过高，否则车辆震动加剧，不仅造成车辆传动系、行走系等机件损坏，而且直接威胁行车安全。特别是雨天时在有积水的泥泞路段行车，更要稳住油门。控制车速，用中低挡位变速和紧急制动，即使需减速也要靠减小油门来控制。

路面上有坑洼、乱石时，应考虑到车辆的离地间隙，转动方向盘要小心避让；在通过松软、泥泞、积水路段时，应特别谨慎，必要时应先下车观察，当判明车轮确实不会陷入泥土中时，方可挂低挡缓缓一气通过。新开通的土路，若路面有车辙，应尽量沿着车辙行驶，不可盲目冒险。

无论是晴天还是雨天时都应选择中低挡位，减小油门缓缓下坡，而不得空挡溜坡。因为土路上坑洼、乱石较多，情况复杂，下坡途中常需制动减速来避让，特别是有些土路下坡途中有急弯，若空挡溜坡，制动时极易造成车辆跑偏、横甩甚至翻车的重大事故。

2. 山区道路

山区公路的特点是坡道长且陡，路窄弯急，视线受到限制。驾驶时应时刻注意道路情况，转向时机要准确，换挡动作要迅速。在通过一边靠山、一边临崖或河流的傍山险路时，应保持低速，谨慎驾驶，转弯时应做到减速、鸣笛。此外，山路上一般坑洼碎石较多，特别是雨天在有积水和泥泞的路段行车，更要稳住油门，控制车速，用中低挡通过。在地面溜滑的地段，不要加、减挡或紧急制动。在通过松软、泥泞、积水的路段时，应先下车观察，判断车轮确实不会陷入泥土中，才能挂低挡缓缓通过。如果有车辙，最好沿着车辙行驶。谨慎下坡。无论晴天雨天，下坡时都要选择中低挡缓缓下坡，不要空挡滑行。

如果跑山路，上山一般采用低挡位，马力足。自动挡选二挡位置，手挡根据车速选低挡。但要随时注意观察水温是否正常。假如水温达到警戒线时，应将车停放在安全地带，带上手刹，检查一下水箱是否亏水，水箱算子是否被异物遮挡。亏水需补足，有异物清理掉再行车。下山时，千万不能空挡滑行，在山路滑行，遇到紧急情况，刹不住车。下山一般应挂低挡位，利用发动机制动，尽量少踩刹车，长时间用刹车，会使系统过热，从而造成制动效能减退，影响安全。山路转弯前，应鸣笛示警，提示对面车辆。

遇有前方出现堵车排队时，要顺序停车等候，不要盲目抢行，以免车辆堵死无法疏通。另外，行至山体旁易发生落石的地段时，要注意观察和尽快通过。

将车停到停车场或指定地点顺序停放，熄火后拉紧手刹挂上挡。最好将车头调向利于游玩后出走的方向，以免走时车多移不出来。

山路最忌"猛拐弯儿"，司机要具有驾龄较长、经验丰富的条件。手、脚制动要配合好，最忌高速、超车、猛拐弯儿。

3. 涉水道路

涉水驾驶汽车与道路驾驶有很大区别。一是由于水流冲力对汽车的作用，会增加车辆的前进阻力，易发生车辆侧滑；二是轮胎与水下的路压力减小，驱动力受到限制，使行驶受阻，极易发生险情或交通事故。

必须仔细查看水的深度、流速和水底性质，以及进、出水域的宽窄和道路情况，由此来判断是否能安全地通过。在确认自己所驾汽车的结构能够通过时，一般应选择距离最短、水位最浅、水流缓慢及水底最坚实的路段。

常见车型的最大涉水深度有以下几种：越野吉普车为 60cm，小客车不能超过 40cm。如果水深超过车轮或汽车的最大涉水深度时，则不宜冒险涉水。

（1）涉水前的准备。

拆掉风扇皮带，如果是电动机式的可以拔下电机线插头，将线头挂在高处；有些车型还要关闭水箱的百叶窗；用防水布或塑料袋将分电器、高压线、点火线圈等包好，并设法将电瓶的位置升高（如驾驶室内或车厢上）；如果有条件的话，可找一根软管套在排气管尾部，并向上弯起高出水面，防止水灌入排气管；对油箱的加油口、机油尺孔和发动机、驱动桥上的其他通气孔都要用防水物包扎堵塞；若水位接近汽车的最大涉水深度时，应该在前保险杠上捆绑较宽的木板，然后用中速挡行驶，使汽车前方的水被木板推开，在发动机部位形成一个浅水区，以防点火系统被水浸湿而丧失功能；有可能时，尽量加大汽车的重量，以减少水对车的浮力作用和增加车轮的附着力，从而保持车辆涉水行驶的稳定性。

（2）涉水时的操作方法及注意事项。

汽车涉水时，应保证发动机运转正常，转向和制动机构灵敏可靠的情况下进行。应挂低速挡平稳驶入水中，避免大轰油门或猛冲，防止水花溅入发动机而熄火；行驶中要稳住油门，保持汽车有足够而稳定的动力，一气通过，尽量避免中途停车、换挡或急转弯，尤其是水底路为泥沙时，更要注意做到这一点；若遇水底有流沙、车轮打滑空转时，应立即停车，不可勉强进退，更不可半联动地猛踩油门踏板。应在保持发动机不熄火的情况下，组织人力或其他车辆将车推、拖出来，避免越陷越深；行进中要看远顾近，尽量注视远处的固定目标，双手握住方向盘正直前进。不能注视水流或浪花，以免晃乱视线产生错觉，使车辆偏离正常的涉水路线而发生意外；多车涉水时，绝不可同时下水，应待前车到达彼岸后，后面的车才可下水，以防前车因故障停车，迫使后车也停在水中，导致进退两难；通过漫水路面或漫水桥时，应匀速沿固定路线一气通过。若路面或桥面经洪水冲击后情况不明，应先探明是否损坏，形成塌陷、缺口或崩塌，否则极易造成翻车。

（3）涉水后的安全检查。

汽车涉水后，应选择宽阔安全的地点停车，拆除防水包扎物，查看发动机点火系统是否沾水，并用干布将其受潮的电器部件擦干净，以防发生短路或断路等故障；安装好风扇皮带，将电瓶装回原位置，拆除排气管尾部的塑料软管和其他防水物；检查各齿轮箱有无浸水，水箱散热器片之间有无漂流物堵塞，轮胎有无损坏，底盘下面有无水草缠绕等，及时将车辆清理干净；应该启动发动机，让发动机空转数分钟后，达到正常温度，烘干发动机上面的水和潮气。确认汽车技术状况良好后，先用低速行驶一段路程，并有意识地轻踩几次刹车踏板，让刹车蹄片与刹车毂接触摩擦产生热能，以烘干和蒸发掉制动器中残留的水分，确保刹车性能良好。

4. 草原道路

草原路最忌"贼大胆儿"。一般为小巴、中巴为好，该种车型载客少、负重轻。草原路处处有水洼地、沼泽滩，如果乘大巴而行，负重较大，就容易造成地陷，十分危险。司机要熟悉路线，带好路线图，不明路线要向当地人问清听明。其次，要走硬路，依车辙道而行，万万不可争强好胜、逞能。

5. 高速道路

高速公路一般比城市繁华区车辆密度要小得多，路口又少，弯道多数较缓，因此车速限制较高。在高速路上行驶，对车辆的安全系统要求很高，必须保持良好的车辆性能。许多驾车者在高速公路上会下意识地将车速提到自己控车能力的上限，而此时出现任何意外情况都会造成险情或事故。所以在高速路行车最重要的是控制好自己的情绪，保持安全车速，绝不可超过限速标志牌所限制的车速。当然也不可超过自己的控车能力去追求限速牌上的限制车速。最好让车速保持在自己控车能力的80%左右，注意车速太慢在高速公路上也是很危险的。在行驶中，如需要超车时，要打开侧灯明示，不要猛并线，要斜线超车。不可东张西望观风景，更不可开霸道车。

6. 其他路况

（1）预防侧滑。当前轮侧滑时，应稳住油门，纠正方向驶出。当后轮侧滑时，应将方向盘朝侧滑方向转动，待后轮摆正后再驶回路中。遇下坡中后轮侧滑时，可适当点一下油门，提高车速、待侧滑消除后再按原车速行驶。

（2）车辆跨越浅沟。应低速慢行，并斜向交叉进入，使一轮跨离沟渠，同轴的另一轮进沟。跨越较深的沟渠，应用一挡通过，车辆如有全驱动装置应将其启动。进入沟底时应加大油门使车轮快速爬上沟顶。

（3）通过溪谷和沟壑。沟壑一般由流水冲刷而成，应选择适当的位置通过。通过前应先停车观察，然后低速接近，到达岸边时，应以刹车控制车轮缓慢进入溪谷，让前轮同时落到谷底，随后加速到正常行驶速度，在前轮接触对岸时加大油门爬上坡顶。

（4）通过陡坡。遇到陡坡应及时正确判断坡道情况，根据车辆爬坡能力提前换中速挡或低速挡。要保持车辆有足够动力，切不可等车辆惯性消失后再换挡，以防停车或后溜。如被迫停车，应在停稳后再起步，以免损坏机件甚至造成事故。万一换挡未果造成车辆熄火后溜，不要慌张，应立即使用脚刹和手刹将车停住（千万不要踩离合器踏板）。如果仍然停不住车，应将方向盘转向靠山一侧，用车尾抵在山体上，利用天然障碍使车停下。下坡时可利用发动机的牵阻作用和脚制动控制车速，禁止滑行和尽量避免使用紧急制动。

7. 冰雪道路

在冰雪道路上驾车要小心谨慎行驶。雪地长时间行车，应佩戴有色眼镜，以防造成炫目而影响行车安全；在结冰山路上行车，必须安装防滑链；在有积雪的坡道上行驶，应提前换入低速挡，加速时不可过急，中途避免换挡；在冰雪路面较长时间停车时，应选择适当地点，可在轮胎下垫以木板、树枝或柴草等物；在弯路、坡道及河谷等危险地段行驶时，更应注意选择好行驶路线；路况稍有可疑应立即停车，待确认安全后再继续行驶。

8. 雾天

雾天行车应减速开灯。雾天在公路上行驶时，由于能见度降低，突然停车或突然加速都很危险，往往会引发群车追尾的重大交通事故。当遇到高速公路起雾时，应及时打开防雾灯和近光灯，降低速度。如果能见度过低时，应暂时驶离高速公路，将车停到附近的服务区。不能驶离高速公路时，应选择紧急停车带或路肩停车，并按规定开启危险报警闪光灯和放置停车警告装置。

9. 雨天

雨天行车要注意观察、小心驾驶。注意观察雨中的行人和骑车者，由于行人头戴雨帽，致使视线、听觉都受到限制，要预防其突然转向或滑倒。遇到大暴雨或特大暴雨，刮水器的作用不能满足能见度要求时，不要冒险行驶，应选择安全地点停车，并打开示宽灯，待雨小或雨停时再继续行驶。雨中跟车、超车、会车时，与车辆及道路边缘适当加大安全距离。久雨天气或大雨中行车，要防范路基出现疏松、坍塌等情况，尽量选择道路中间坚实的路面行驶。

10. 大风

大风天气下行车应适当放慢车速。在风力作用下，车辆行驶稳定性下降，飞扬的尘土会遮挡驾驶人视线，如果侧向风力过大，还容易使车辆侧滑或侧翻。大风天气行车时，应适当放慢车速，握稳转向盘，防止行驶路线因风力而偏移，尽量减少超车，鸣喇叭时应适当延长时间；逆风行驶时，应注意风向突然改变或道路出现较大弯度，风阻突然减少，会使车速猛然增大；行车中，应预防行人为躲避车辆行驶扬起的尘土突然横穿；风沙天转弯时应打开前小灯，勤鸣喇叭，以引起行人、车辆的注意，缓慢行进，并随时做好制动准备。

11. 野生动植物

有时我们的行程要穿越山区、林地或草原，这时就要十分注意公路上突然出现的野生动植物。因为，车辆在撞上它们、伤害它们或避让它们的同时，也会造成车辆损伤和人员伤害。

（1）驾驶者不要分心，尤其是在动物迁徙的季节和夜晚，当穿越公路沿线地区可能生存有野生动植物时更要特别注意车辆前方的情况，要减速慢行。而且，在夜晚野生动物或猫、狗等都有在车灯照射的情况下站在公路上不动的习性，当发现它们时：

①减缓行驶速度，鸣笛驱赶它们，如果公路够宽的话，绕过他们；

②关上车窗，防止它们受到惊吓伤害到你。

（2）要爱护动物。由于公路交通，造成了大量野生动物死亡，其数目令人十分震惊。我们没有必要刻意撞死这些野生动物。在保证驾驶安全的前提下尽量保护它们。

（3）随时注意前方的路况。有时由于公路两侧的树木等植物被大风折断而倒在路上，我们要避免撞上它们。同时，当我们拉运较宽的货物时，要随时注意与这些植物的距离，防止挂碰。

（五）车辆安全停放（倒车、场所危险）

（1）车辆停放，必须在停车场或准许停放车辆的地点，依次停放。不准在车行道、人行道和其他妨碍交通的地点任意停放。机动车停放时，须关闭电路，拉紧手制动器，锁好车门。

（2）车辆在停车场以外的其他地点临时停车，必须遵守下列规定：

①按顺行方向靠道路右边停留，驾驶员不准离开车辆，妨碍交通时须迅速驶离；

②车辆没有停稳前，不准开车门和上下人，开车门时不准妨碍其他车辆和行人通行；

③在设有人行道护栏（绿篱）的路段、人行横道、施工地段（施工车辆除外）、障碍物对面，不准停车；

④交叉路口、铁路道口、弯路、窄路、桥梁、陡坡、隧道以及距离上述地点 20m 以内的路段，不准停车；

⑤公共汽车站、电车站、急救站，加油站、消防栓或消防队（站）门前以及距离上述地点 30m 以内的路段，除使用上述设施的车辆外，其他车辆不准停车；

⑥大型公共汽车、电车除特殊情况外，不准在站点以外的地点停车；

⑦机动车在夜间或遇风、雨、雪、雾天时，须开示宽灯、尾灯；

⑧严禁将车停靠在建筑物的紧急出口或消防栓前；

⑨如在夜间和周末将车停在公共场所时，应将车门锁上。

（3）倒车行驶由于受视线的限制，看不清车后的道路情况，又加上倒车雷达存在不少盲区，不能盲目信任，因此要想安全倒车，必须掌握一些正确的方法。

首先在倒车前，不管有没有安装倒车雷达，最好先下车看看车后方和左右方，尤其要注意一些大石头、钢管、消防栓和水管之类的障碍物，更要注意车后有没有水沟或是小河，这些更加危险；其次，在倒车打方向时，头要前后左右不停地转动，前后来回地多观察。许多车友在倒车时只向后看，车头并不注意，实际倒车中，前面左右碰擦的情况并不少；倒车时切忌不可猛踩油门，缓慢倒车是安全的前提。另外，如果有随乘人员的话，找个人在车后指挥是最可靠的。

（六）驾驶过程中不能使用手机/分心驾驶

专心开车是安全的基本保障，驾驶分心事故多。实际上，开车期间听电话、更换收音机频道、拿纸巾擦汗等小动作并不像车主所想象的那么安全。最近美国的 National Highway Traffic Safety Administration（NHTSA）发表了一份报告，指出打手机、吃东西及聊天造成的交通事故是专心开车的 3 倍。NHTSA 的这份报告是和 Virginia Tech Transportation Institute 一起调查研究的，发现 80% 发生交通事故的人就是因为在那几秒中分心。这些导致分心的行为中：开车时使用手机发生车祸的风险最高。

据研究发现，驾车拨打或接听手持电话会分散驾驶人注意力。因为，拨打或接听电话时，驾车者在通话时注意力可下降 20%，如果通话内容很重要，注意力甚至能下降 30%～70%，年轻驾驶人反应速度仅相当于 70 岁老年驾驶人，这就大大削弱了驾驶人应变能力，这极易导致事故的发生。而且，驾车拨打或者接听手机还会影响其他车辆通行效率，进而加剧路面车辆拥堵，不利于道路畅通有序。

有人认为，改用耳机或使用车载电话就不会有危险了，事实上并非如此。耳机或车载电话虽解放了双手，但并没解放驾驶人大脑，通话过程仍会分散驾驶人注意力。

目前，我们知道的经常引起驾驶分心的原因主要有以下几种：

听汽车音乐是导致驾驶人员分心的重要因素。音乐可以减轻驾驶的疲劳，放松驾车者紧张的神经。但是，若音量过大，就会加重驾车者的听觉负荷，分散他的注意力，降低他对情况判断的准确性，导致车祸发生。实验发现，当音量为75分贝时，驾驶员判断的失误率平均低于24%，而当音量超过95分贝时，判断的失误率达40%。

这里还有一些特别危险的行为活动，比如：

（1）发短信，增加车祸危险22倍；

（2）伸手去取活动物体，增加车祸危险8倍；

（3）疲劳驾驶，增加车祸危险3倍；

（4）盯着看车外的东西，增加车祸危险3倍；

（5）看书，增加车祸危险2倍；

（6）使用手机，增加车祸危险3倍；

（7）化妆，增加车祸风险2倍。

这些看似平常的行为都会成为造成悲剧事故的诱因。引起驾驶分心的许多原因还有待科学家去研究发现，不过有效预防这些已知的诱因，便可以在很大程度上减少车祸，安全行车。

以下就是如何避免分心驾驶的一些措施：

（1）要求乘客尽量不要在你驾驶时与你聊天，这样有助于你集中精力进行驾驶。

（2）上路时尽量避免一些潜在的分心动作，如吃东西，补妆，梳头，查收或者看手机短信息。

（3）在驾驶前要有充足的睡眠。

（4）在你出发前确定你有明确的目的地，并核实地图。

（5）确保你已经熟悉仪表板的控制。确保你座位、靠头的、安全带、后视镜、温度控制、收音机等都调到自己喜欢的程度。

（6）在开车之前收好你需要听的广播频道。开车时最好是不要调收音机频道或者你的CD和随身听。

（7）当你确实需要接听一个电话，收信息，安置孩子，吃东西或者喝水时，请务必在这些动作之前将车停在一个比较安全的地方再进行。

（8）将你的手机调成自动回复，让对方知道你在开车，并且会之后打给他/她。

（9）告诉所有的人，为了安全起见，在驾驶时不会接电话。如果你给别人打电话，而对方正在开车时，请挂掉电话告知司机稍后会再打给他。

（10）驾驶时关掉手机和PAD（掌上电脑）。如果有必要，把它们锁到箱子里面去。

（七）不能疲劳驾驶

所谓疲劳驾驶，是指驾驶员在行车中，由于驾驶作业使生理上或心理上发生某种变化，而在客观上出现驾驶机能低落的现象。一般指机动车辆驾驶人员每天驾车超过8小时，或者从事其他劳动体力消耗过大或睡眠不足，以致行车中困倦瞌睡、四肢无力，不能及时发现和准确处理路面交通情况的违章行为。

1. 疲劳驾驶的表现

为确保行车的顺利和安全，需要驾驶员精力旺盛，注意力集中，不能有丝毫的疏忽。

而疲劳驾驶恰恰相反，不管是生理原因产生的疲劳或者心理原因产生的疲劳或者两者结合产生的疲劳，都会影响到驾驶人的注意、感觉、知觉、思维、判断、意志、决定和运动等诸方面。这种驾驶疲劳状态是一种不定量的状态，在不同时间、不同个体、不同情境下，疲劳产生的程度也不同。所以在驾驶员身上，疲劳状态的发生从弱到强可能有不同的变化。疲劳状态产生以后，驾驶员疲劳的心理表现形式，可以通过驾驶员的自我感觉或主观体验来反映，概括起来主要有：

（1）无力感。驾驶员感到体力减弱、操作无力，方向、换挡等操作主动性下降。

（2）注意功能失调。疲劳会引起注意稳定性下降，注意力分散，接收外界信息怠慢迟缓，视野逐渐变窄，漏看、错看信息的情况增多。

（3）知觉功能减退。感觉器官的功能会由于驾驶疲劳而发生衰退或紊乱，主要表现为视觉模糊、听力下降，甚至产生幻觉。

（4）操作技能下降。换挡不灵活，动作不协调，油门操作不平稳。

（5）记忆、思维能力差。头脑不清醒，对外界事物思维判断力下降。在过度疲劳时，往往会忘记操作程序，如转弯时忘记开转向灯、不观察车侧及车后情况等。

（6）困倦瞌睡。头脑昏沉、困倦、闭眼时间延长甚至打瞌睡。

2. 疲劳驾驶的原因

引起驾驶员疲劳的因素很多，归纳起来主要有以下几个方面原因：

（1）睡眠不足引起的疲劳。有关专家认为，15%的车祸是由于睡眠不足引起的，其中有一半的交通事故是司机由于睡眠不足6小时而引起的。造成驾驶员睡眠不足的原因是多种多样的，一般有：娱乐过度引起的睡眠不足、外界干扰引起的睡眠不足、疾病引起的睡眠不足及超长时间的驾驶引起的睡眠不足等原因。

（2）长时间驾驶车辆引起的疲劳。在驾车过程中，驾驶员必须注视前方，观察后方及周围各种不断变化的道路情况和交通情况，还须对车辆行驶前方一定范围的事态变化进行预测。长途或长时间驾驶车辆，由于一个人长时间坐在一个固定席上，坐姿固定，只准做几个规定的动作，而且动作的幅度受到某些条件的限制，部分机体受到压迫，肌肉紧张，血液循环不畅，供氧不足，从而产生困倦，形成我们常见的驾驶疲劳。

（3）药物、酒精引起的疲劳。因疾病或其他原因服用安眠、镇痛等药物后，一般都会直接作用于中枢神经系统，会使人困倦、昏沉，引起嗜睡。驾驶员饮用含有酒精成分的白酒、黄酒、啤酒、果酒等饮料后，由于酒精的作用就会出现头重脚轻、手足无力、视力减弱、睡意渐浓的现象。

（4）此外，人体生物节律的影响或者道路条件的影响都可能引起精神疲劳，如中午12时后的1~2小时内，后半夜特别是凌晨驾驶车辆或者在宽直、平整的道路上较长时间行驶，由于操纵动作减少、车速基本稳定，疲劳感就会明显上升，出现视觉模糊、昏昏欲睡的现象；交通环境不佳，或"道路"不熟，造成精神过于紧张，都极易引起驾车疲劳。

3. 消除疲劳驾驶和预防疲劳驾驶

由于驾驶员疲劳对车辆交通活动产生很大的影响，是交通事故发生的重要原因，所以消除疲劳和预防疲劳，对于驾驶员来说就显得特别重要。

（1）主动预防疲劳驾驶的办法。

预防疲劳驾驶是保证行车安全的最有效途径，当已经感到疲劳再去改善，就不如做好预防效果更好。预防驾驶疲劳可采取以下措施：

①保证足够的睡眠时间和良好的睡眠效果。养成按时就寝和良好的睡眠姿势，每天保持7~8小时的睡眠；睡前1.5~2小时内不饮食，睡前1小时内不多饮水、不进行过度脑力工作；卧室内保持通风、清洁，床不宜太软，被子不要过重、过暖，枕头不宜过高。

②养成良好的饮食习惯，提高身体素质。膳食宜选择易消化、营养价值高的食品；多吃含维生素 A、C、B_1、B_2 的食物，可以防止眼睛干燥、疲劳、夜盲症的发生；多吃纤维性食物，可以增强胃、肠的蠕动，防止便秘和痔疮；多吃含钙量较高的食物，可以减轻驾驶中的焦虑和烦躁感；饭量以七、八成为好，勿暴饮暴食；每餐间隔以5~6小时为宜，尽量做到定时就餐，切忌饱一顿，饥一顿；饮食应细软，不要狼吞虎咽，也不要只吃干食，适量喝汤有助消化。

③科学的安排行车时间，注意劳逸结合。科学、合理的安排行车时间和计划，注意行车途中的休息；连续驾驶时间不得超过4小时，连续行车4小时，必须停车休息20分钟以上；夜间长时间行车，应由2人轮流驾驶，交替休息，每人驾驶时间应在2~4小时之间，尽量不在深夜驾驶。

④注意合理的安排自己的休息方式。驾驶车辆避免长时间保持一个固定姿势，可时常调整局部疲劳部位的坐姿和深呼吸，以促进血液循环；最好在行驶一段时间后停车休息，下车活动一下腰、腿，放松全身肌肉，预防驾驶疲劳。

⑤保持良好的工作环境。行车中，保持驾驶室空气畅通、温度和湿度适宜，减少噪声干扰。

（2）缓解疲劳驾驶的方法。

当开始感到困倦时，切忌继续驾驶车辆，应迅速停车，采取有效措施，适时的减轻和改善疲劳程度，恢复清醒。减轻和改善疲劳，可采取以下方法：

①用清凉空气或冷水刺激面部；

②喝一杯热茶或热咖啡或吃、喝一些酸或辣的刺激食物；

③停车到驾驶室外活动肢体，呼吸新鲜空气进行刺激，促使精神兴奋；

④收听轻音乐或将音响适当调大，促使精神兴奋；

⑤做弯腰动作，进行深呼吸，使大脑尽快得到氧气和血液补充，促使大脑兴奋；

⑥用双手以适当的力度拍打头部，疏通头部经络和血管，加快人体气血循环，促进新陈代谢和大脑兴奋。

以上方法只能是暂时的缓解疲劳驾驶，不能从根本上解除疲劳，唯有睡眠才是缓解疲劳和恢复清醒最可靠、最有效的方法。

第二章 个人防护用品

钻井施工作业环境复杂，作业条件艰苦，作业者直接接触可能对人造成伤害的重型设备，潜在危险性大，容易发生各种人身伤害和引发各种疾病。保护员工身体健康是企业应尽的责任，应按照所在国家和当地政府劳动保护法规和标准，为员工配备相应的劳动防护用品，并根据实际情况，制定管理规定和要求。本章重点说明个人防护用品的选择、使用、维护及其局限性。

第一节 概　　述

一、定义

个人防护用品是指在工作时配发给员工为防御各种职业毒害和伤害而在劳动过程中穿戴和配备的各种用品总称，亦称为个人防护装备或个体劳动保护用品。

员工工作环境中存在各种职业危害因素，这些危害作用于人体造成职业病和工伤事故，严重时甚至危害员工的生命。使用个人防护用品是保障员工安全健康的有效措施，个人防护用品在预防职业性有害因素的综合措施中，属于第一级防护。即使在生产技术高度发展，机械设备高度完善的条件下，个人防护用品也是预防性的必备物品。

个人防护用品品种繁多，涉及面广，正确配置是保证生产者安全与健康的前提。用人单位应当为员工配备适宜的防护用品，员工有必要了解配置的防护用品是否符合国家规定的防护要求。

二、个人防护用品的消除、控制与保护作用

（一）防护用品消除作用

防护用品是劳动保护的辅助性措施，一般情况，对于大多数作业，大部分对人体的伤害可包含在劳动防护用品的安全限度以内。各种防护用品具有消除或减轻事故的作用，但防护用品对人的保护是有限度的，当伤害超过允许的防护范围时，防护用品就会失去其作用。

（二）防护用品控制作用

个人防护用品是使用一定的屏蔽体、过滤体、系带或浮体，通过采取隔阻、封闭、吸收、分散、悬浮等手段，保护人员肌体的局部免受外来的侵害。施工作业时，在一定条件下，使用个人防护用品是主要的防护措施，因此，防护用品必须严格保证质量，做到安全

可靠，并要穿戴舒适方便，经济耐用，不影响工作效率。

（三）防护用品保护作用

个人防护用品主要作用有两种：隔热屏蔽与吸收过滤。

（1）隔热屏蔽作用的有防护服装、口罩、帽、手套、防护面具、隔音器等。例如，根据接触职业的主要生产性有害因素，可以分别装备防尘、防酸碱腐蚀、防高温辐射和防放射性物质玷污的防护服装等；根据噪声的频谱和强度可装备内耳或外耳隔音器等，用以减小劳动者直接接触或受污染的程度，具有一定的保护作用。

（2）吸收过滤作用的有呼吸防护用具和防护眼镜，如过滤式防毒面具能吸收过滤有毒气体和粉尘，防护眼镜片可选择地吸收、过滤紫外线等。

第二节　确定所需的个人防护用品

员工个人防护用品的发放是保护劳动者安全健康的一种预防性辅助措施，应根据安全生产、防止职业性伤害的需要，按照不同工种、不同劳动条件，发给员工个人防护用品。

个人防护主要通过提高作业人员安全意识和采取有效的防护措施来实现安全保护。当作业场所存在要求穿戴个人防护用品的危险时，必须穿戴个人防护用品。了解个人防护用品的选择、使用、维护及其局限性，对员工非常重要。

一、人员的确定

钻井施工属危险作业，加强劳动保护非常重要。劳动保护用品是人身外层最佳保护。据美国职业安全协会统计，89.7%的险情因劳动保护用品遮挡而未造成伤害。员工经过培训能正确使用个人防护用品，包括个人防护用品的选择、识别标准、穿戴方法、保管和维护等。

根据本单位安全生产和防止职业性危害的需要，按照不同工种、不同劳动环境和条件，或同工种、不同劳动环境和条件，发给员工具有不同防护功能的产品。发放防护用品是企业实现安全生产的一项预防性保护措施，不得随意变更发放范围和标准。

石油钻井享受个人防护用品的工种包括：

（1）钻井工。

（2）地质工。

（3）钻井液工。

（4）柴油机工。

（5）钻井队后勤人员。

二、工作计划的确定

（1）员工个人防护用品配备标准。

员工个人防护用品按区域及工种发放。

①凡发放国家统一制式服装和其他有关部门统一着装的，不再发放防护服装。

②钻井队管理人员的个人防护用品标准执行同类主要工种的标准。

③对钻井队、修井队、试油队、船队和地震队钻工，凡新增工人第一次发放防护用品时，单、棉工服同时发两套，以后按规定年限发放。

④发放防异物眼镜工种的员工，凡患有近视等眼疾病者，经医院证明，由所在局属二级单位安全部门批准配购。

⑤各企业可根据具体实际情况对其他个人防护用品增配。

⑥对于特殊工作计划要根据现场需要配备个人防护用品。

（2）为员工配发的防护服款式，以符合安全要求为主，区别不同专业、工种。要穿戴方便，合体美观，色泽明显，不影响员工上岗操作，防护服在上衣左前胸应有企业标志。

（3）识别防护用品方法：生产许可证，产品质量合格证。

三、特定现场的确定

（1）个人防护用品必须适合作业场所存在的危险以及所从事的工作。在工作区的每个人都应穿工作服、戴工作帽、穿工作鞋。从事伤害眼睛隐患（由飞来物体、化学剂、有害光线或热射线等引起）工作的工作人员应戴适合于该项工作的护目镜、面罩或其他防护用品，防止事故的发生。

（2）在接触含刺激或损害皮肤的化学品时，工作人员应戴橡皮手套、防护围裙或其他适用的防护用具，不应穿着宽松或不合身的衣服。

（3）工作人员不应穿着包含任何易燃、有害或刺激性物质的衣服进行工作。

（4）工作人员进入工作区后不能佩戴会被钩住、挂住并造成伤害的珠宝首饰或其他装饰品；工作人员的头发如果长到在工作区内会引起伤害的程度，则在从事其工作时应理成合适的发型；头发及胡须的式样不得妨碍头部、面部、眼睛或呼吸防护用品的有效功能。

（5）个人防护用品必须存放在清洁卫生的环境，严禁使用已损坏的个人防护用品。

（6）生产中的安全帽、安全带、绝缘护品、防毒面具、防尘口罩等员工个人特殊劳动防护用品，必须根据特定工种的要求配备齐全，并保证质量；对特殊防护用品应建立定期检验制度，不合格、失效的一律不准使用；各级劳动部门、工会组织要加强监督检查。

（7）在易燃、易爆、烧灼及有静电场所作业的工人，禁止发放、使用化纤防护用品。

四、甲方及承包商安全方针

在钻井现场应根据甲方及承包商安全方针，选择并要求员工穿戴合适的个人防护用品。需要使用个人防护的员工，应进行培训。一项有效的应用个人防护用品方案，要考虑下列因素：

（1）危害的性质。在选择个人防护用品前，要了解危害的详细情况（如污染的类型及浓度）。

（2）个人防护用品的性能数据。从制造商处取得个人防护用品对具体危害的防御能力

信息。

（3）暴露于危害中可以接受的水平。对于某些危害，其唯一可以接受的水平是零。例如，在含致癌物环境中工作或飞来物对眼伤害的情况，可以使用职业暴露极限，但要了解其限制。

各类个人防护用品，具有不同的功能，如眼睛保护、听力保护、呼吸保护、皮肤保护以及防护服、安全带、保险带等常见的保护用具。根据以下情况，为员工提供有效的培训。

（1）个人防护用品适用范围。

（2）个人防护用品的类型。

（3）个人防护用品调试及检测。

（4）个人防护用品的局限性。

（5）个人防护用品的维护、保养、使用期限以及废弃处置。

（6）免费为员工提供个人防护用品。

（7）对员工使用个人防护用品加强教育，使他们能充分了解使用的目的和意义，认真使用。对结构和使用方法较复杂的用品，如呼吸防护用品，进行反复训练，使员工能正确地戴上、卸下和使用。

员工个人防护用品特殊发放要求：

（1）新入队员工应经安全培训合格后方可发放防护用品。

（2）外部调入人员，需在劳保管理部门办理注册手续。

（3）长期（6个月以上）因病休息的员工，相应延长换发防护用品时间。

（4）凡按规定享受防护用品的人员，都要建立"员工个人防护用品基础卡片"，并由基层队材料管理员保管。

（5）员工在企业内部调动时，"个人防护用品基础卡片"由个人随身转带。

五、人员的优选

防护用品种类繁多，应用复杂，正确选择和应用需要很多方面的知识。在满足标准、满足防护条件的前提下，选择舒适的劳保用品能够让使用者更加舒适、佩戴更长的时间，从而提高工作效率。例如防尘口罩可以选择呼吸阻力小的，让劳动者佩戴更舒适；劳保用品都不是万能的，不正确的使用有时候比不使用还要危险。要求供应商提供相应的培训服务，这不仅能够让使用者很好地保护自己，也能够节省费用。

在保证防护功能的情况下，可以根据员工个人喜好选择防护用品。

六、消除不确定因素——询问同事或监督

钻井现场环境复杂多样，员工素质差异较大，防护用品有一定局限性，当工作改变对危险不确定时，在使用防护用品时请询问同事或监督。

正确选择性能符合要求的防护用品，不能选错或将就使用，如存在不确定因素时应询

问同事或监督，特别是不能以过滤式呼吸器代替供气式呼吸器。正确使用防护用品，需考虑以下因素：

（1）佩戴合适。

有些个人防护装置的设计及尺寸仅局限在一定的范围之内。为保证完全的保护，佩戴合适是一项必须的要求。

（2）使用者要求。

无论何时出现危害，使用者必须做到个人防护用品都佩戴在身。使用者的接受程度很重要，无论任何原因，一种用品不能被接受，使用者就不愿意佩戴，而影响完成工作任务的能力、注意力和精力。

（3）舒适。

舒适是一个主观性的指标，对用户而言通常有一致的感受和看法。

（4）保养。

个人防护用品应经常清洁、检查和维护，使其处于可用的状态。

（5）培训。

使用者及主管必须了解防护用品使用限制、正确的使用方法、佩戴方法及必要的保养方法。对使用防护用品的员工应加强培训，使他们能充分了解使用的目的和意义。对于结构和使用方法较复杂的防护用品（如呼吸器）宜进行反复训练，使用者能正确穿戴、卸下和使用。

（6）相互关系。

相互关系是考虑到在工作环境中，佩戴个人防护用品的实际问题提出来的。有些眼部保护用品与周围光线不相匹配，还有一些在戴上呼吸保护器具后，使用不方便，这类问题可通过正确选择解决。但在选择单项时，需要有一个全面考虑，这可以做出组合的选择。例如，一个防毒面罩除了可以保护呼吸道之外，还可以在设计中加入对眼的保护。

（7）管理承诺。

管理承诺是在任何一种安全计划中都要有的必须条款，特别是对个人防护用品更为需要，因为这是防止危害的最后一道防线。

对安全性能要求较高、正常工作时一般不容易损坏的防护品，如安全帽、护目镜、面罩、呼吸器、绝缘鞋、绝缘手套等，应按有效防护功能最低指标和有效使用期的要求，届时须强制定检或报废。

特别提示：穿戴不合适的个人防护用品将使员工处在十分危险的环境中！

第三节　头 部 保 护

员工进入钻井施工现场必须佩戴安全帽，安全帽必须经过冲击实验和防电保护实验。为防电击、触电等事故的发生，不允许戴金属安全帽。安全帽的主要作用是防止物体打击伤害、防止高空坠落伤害头部和防止机械性伤害，因此下列情况必须戴安全帽：

（1）作业环境内上方有物体坠落的可能；

（2）头部可能接触带电的物体；

（3）在人体行走的头部高度位置上有障碍物体。

一、类型

在钻井现场使用的主要是塑料安全帽，按外形可分为两种规格（图2-1）。寒冷地区安全帽在此基础上加装了保暖装置。

类型1 周围都有帽檐　　　类型2 前面有帽舌的安全帽　　　　　寒冷地区安全帽

图2-1 安全帽类型

二、检查

（1）新安全帽，首先检查是否有劳动部门允许生产的证明及产品合格证，再看是否破损、薄厚均匀度，缓冲层及调整带和弹性带是否齐全有效，不符合规定要求的立即调换。

（2）每次使用前应检查外观是否有裂纹、碰伤痕及凸凹不平、磨损，任何受过重击、有裂痕的安全帽，不论有无损坏现象，均应报废。

（3）检查后箍是否完好，调整旋钮是否灵活；帽衬是否完整，帽衬的结构是否处于正常状态；下颚带是否完整，是否可以良好固定在头部。对安全帽上其他部件、外壳、悬挂物、头带、防汗圈以及任何附件进行外观检查，如存在影响其性能的明显缺陷就应及时报废，以免影响防护作用。

（4）任何与穿戴者头部接触的部件严禁有锋利的物体刺激皮肤，损坏或有故障的安全帽应进行修理或更换。

（5）最后，应注意在有效期内使用安全帽，塑料安全帽的有效期限为两年半（GB 2811—1999），超过有效期的安全帽应报废。

三、维护及使用

（1）安全帽的使用期（从产品制造完成之日计算），塑料安全帽不超过两年半。

（2）由于不同类型的安全帽，其功能有差别，使用时必须选择合适的安全帽。

按照国际石油行业惯例，白色安全帽表示持有安全证，蓝色安全帽表示无安全证，黄色安全帽表示新员工，颜色差别以示警觉。

中石油要求管理者使用白色安全帽。操作者使用红色或橘红色安全帽。

（3）安全帽使用时应按照个人的头部调整松紧程度，且必须系好下颌带，才能正常发挥安全帽的保护作用。

（4）热塑性安全帽可用清水冲洗，不得用热水浸泡，不能放在暖气片上、火炉上烘烤，以防帽体变形；

（5）安全帽必须存放在清洁卫生的地方，确保不会受到任何损坏或化学污染。

（6）禁止坐在安全帽上或将安全帽长时间置于阳光下暴晒，这样会减少安全帽的使用寿命。

（7）以下几种情况必须更换安全帽。

①受严重冲击的安全帽，安全帽只要受过一次强力的撞击，就无法再次有效吸收外力，有时尽管外表上看不到任何损伤，但是内部已经遭到损伤，不能继续使用。

②破损或变形的安全帽。

③从产品制造完成之日计，达到2.5年的安全帽。

第四节　面部及眼睛的保护

面部及眼部受伤是工业中发生频率比较高的一种工伤，常见的有碎屑飞溅造成的外伤，化学物灼伤，电弧眼等等。不管是企业还是个人，忽视防护而导致伤害，是得不偿失的。

一、类型

为了提高保护用品的使用效果，在选择保护用品时，首先要对面部和眼睛可能造成的危害及其风险程度进行评估（表2-1）。

表2-1　面部／眼睛保护用品选择表

危　险　源	风险的评估	保　护　措　施
冲击：碎片、研磨机器、钻、锯、凿、加固、铆以及喷砂等作业环境	飞射的碎片、物体、颗粒、沙子、尘埃、泥土等	戴有侧护板的安全眼镜、护目镜、面罩；在高风险作业环境中，应使用面罩
热：高温熔炉操作、灌注、铸造、热碎裂以及焊接	热火花、火星	面罩、护目镜、带侧面保护的安全眼镜；在高风险作业环境中，应使用面罩
	熔化金属的飞溅物	戴护目镜后，再戴面罩
	高温作业	反射面罩、微波防护罩
化学物：酸和化学物处理、除锈和电镀	飞溅物	密闭型护目镜；在高风险作业环境中，应使用面罩
	刺激性烟雾	特殊用途的护目镜
尘埃：一般的多粉尘环境	有害粉尘	密闭型护目镜

续表

危险源	风险的评估	保护措施
焊接电弧光	光辐射	焊接头盔和护罩
气体焊接	光辐射	焊接护目镜或焊接面罩
切割、铜焊、锡焊	光辐射	安全眼镜和焊接面罩
闪光	弱视	如果合适，使用带遮光或特殊透镜的安全眼镜

面部和眼睛保护类型包括一般保护、限定保护、联合使用。

（一）一般保护

面部和眼睛保护用品一般可以分为 3 类。

图 2-2　安全眼镜

1. 安全眼镜

用于预防低能量的飞溅物，如金属碎渣等。缺点是不能抵御尘埃，也不能抵御高能量的冲击（图 2-2）。

2. 安全护目镜

预防高能量的飞溅物和灰尘，在经过进一步处理后，能抵御化学品及金属液滴。缺点是内侧容易起雾，镜片易损，戴后视野受局限，不能保护整个面部。在抵抗非离子辐射时，要另外加上过滤片（图 2-3）。

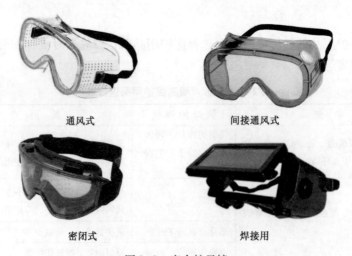

通风式　　　　　　　　间接通风式

密闭式　　　　　　　　焊接用

图 2-3　安全护目镜

3. 面罩

面罩提供对整个面部的高能量飞溅物的保护，同时加上各种过滤片后，可以处理各种类型的辐射。缺点是视野受到限制。面罩较重，相对眼镜来讲，内侧不容易雾化（图 2-4）。

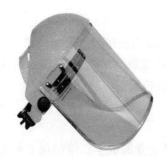

图 2-4　面罩

（二）限定保护

（1）根据从事的工作危险类型选择合适的面部和眼睛保护品。

（2）安全眼镜等眼睛保护用品提供的侧护板必须戴上，以抵挡飞溅的液体或细小颗粒对眼睛造成伤害。

（3）通风式护目镜：只能提供冲击保护。

（4）间接通风式护目镜：提供冲击和化学物飞溅保护。

（5）密闭式护目镜：为避免有害的尘埃、蒸汽和烟雾提供保护，也能防护受冲击和化学物飞溅。

（6）焊接用护目镜：为避免热火花和闪光提供保护。

（7）面部和眼睛防护用品必须符合有关的国内或国际规范，并且在显要位置标注生产厂商的名称。

（三）联合使用

每一种防护用品都有其使用限制，在选用时，需要根据不同的危害选择具有相应功能的防护用品。当环境的危害因素是多项时，单一地选择防护用品不能满足防护需要，这时需要联合使用合适的面部和眼睛保护品。

如焊接操作时，应在面罩之内使用安全眼镜或护目镜以增加保护。在耀眼环境中作业时，可能需要有色镜片或遮光镜片以保护你免受强光影响。当你从明亮区域移至昏暗区域时，有色或向光镜片能够保护视觉不适。

二、检查

选择了适用的防护用品，需要正确地去使用，才可以有效防护。使用前，应参照制造商的使用说明书，了解其佩戴方法及注意事项，例如是否易碎等。佩戴前先检查防护用品是否完好，在佩戴好防护用品后应检查是否稳固，在做弯腰、低头等与工作相关的动作时是否会脱落。在有眼面部危害存在的场所中，应坚持佩戴防护用品，主管或访客等人员进入到有危害的场所，应当遵从相同的安全条例，在工作场所内始终佩戴防护用品。

使用前必须检查护目镜和面罩：

（1）检查镜片是否清洁；

（2）检查镜片是否有凹痕或擦痕；

（3）检查护目镜和面罩是否松弛、磨损、汗浸透或扭曲变形的头带。

对于选用带眼面防护的呼吸防护用品时，可参照《呼吸防护用品的选择、使用与维护》GB/T 18664—2002 中的相关建议进行适合性检验。

三、维护及使用

良好的维护可以延长防护用品的寿命，降低企业的成本。维护保养的方法可参照制造商提供的信息对防护用品进行清洗，多人共用或在有眼疾传染的可能，或在传染病的工作场所中等情况下使用应根据相关的指引对防护用品进行消毒。为防止镜片刮花，存放时应将镜片朝上放置，避免与粗糙表面接触，不要使用粗糙的纸或布擦拭镜片，不要使用有机溶剂擦拭镜片，不要用刀或其他工具刮擦镜片表面，也不要与零件、工具等硬物一起堆放。为了防止眼镜变形，不要在眼镜上放置重物或过度挤压眼镜。

（1）当员工处在如下作业环境中时，必须使用正确的面部和眼睛保护。

①粉尘和微粒。

②熔化的金属。

③化学品液体。

④酸或腐蚀性液体。

⑤化学气体或蒸汽。

⑥有害的辐射。

钻井现场钻井液混配区 IADC 要求配备并使用护目镜、面罩、防尘面具等。配备最少1000mL 的纯净水作洗眼液，贮备可冲洗眼睛 15min 的足够的纯净水。

（2）使用后必须将护目镜和面罩存放在不易受损或不易受化学品污染，清洁、卫生的场所。

第五节　听力保护

长期在高频或低频的噪音环境下作业，可能导致听力丧失。当暴露于强大的噪音环境时，必须佩戴合适的听力保护装置，能够防止过量的声能侵入耳道，使人耳避免噪声的过度刺激，减少听力损失，预防由噪声对人身引起的不良影响。凡在发电房、机房、钻台工作的人员必须戴耳塞或耳罩，以隔绝噪音，保护听力。

一、类型

听力保护的器具主要有两大类：

（1）耳塞（最简单的是单只耳塞）。

如图 2-5 所示。

图 2-5　耳塞

（2）耳罩。

如图 2-6 所示。

图 2-6　耳罩

（一）一般保护

1. 耳塞

插入外耳道的一种栓塞，置放于耳道内，用于阻止声能进入。现常用塑料或橡胶制作，型式很多，最普通的塞入耳道一端为鸡心状，有中空、实心类。对耳塞的要求，能密塞外耳道又不引起刺激或压迫感。最简单的耳塞是塑制海绵圆柱体，富有弹性且柔软，用时捏紧塞入耳道，然后待其自行弹起，可适应于不同型耳道。

耳塞优点：

（1）不随使用时间长短而变松。

（2）有不同尺寸和样式，可用于不同的耳道。

（3）头带可以调整至舒适和合适。

（4）容易佩戴、舒适并保持清洁。

耳塞缺点：

（1）阻碍（如眼镜腿和头发）可能减少头部和护套垫之间的密封效果。

（2）可能干扰穿戴其他个人防护用品。

2. 耳罩

限制声能通过外耳进入耳鼓及中耳和内耳，置于外耳外。由可以盖住耳朵的套子和放在头上来定位的带子组成。

耳罩优点：

（1）基本不需维护，价格便宜。

（2）可用于不同样式。

（3）任何发式都适合佩戴，头部移动不受约束。

（4）不影响其他个人防护用品的穿戴。

耳罩缺点：

（1）某些人佩戴感到轻微不适，需要慢慢习惯。

（2）可能产生松动。

（3）必须定期更换。

上述两种保护器具均不能阻止相当一部分的声能通过头部传导到听觉器官。

（二）限定保护（加上降低率定义）

听力保护装置的保护效果由噪声降低率表示。噪声降低率，即戴上听力保护装置后噪声减少的数值，单位分贝（dB），噪声降低率越高，表示防护装置的隔音和保护性能越好。噪声降低率范围一般在 20～35dB，可根据生产厂商的标签或说明书了解噪声降低率，选择和使用与噪声危害相适的听力保护装置。

在任何作业场所，听力保护装置必须将噪声减少至 85dB 以下，员工才可以开始作业。

（三）联合使用

（1）为了使头部和耳罩护垫间达到较好的密封效果，使耳罩完全盖住耳朵。

（2）护套垫应该佩戴舒适，具有韧性，形成良好密封。

（3）避免与眼镜腿或其他障碍物相干扰。

（4）戴耳塞前洗手。

（5）成型耳塞：向上和向后拉外耳，用另一只手将耳塞插进耳内，直至戴着贴耳舒适。

（6）伸缩型泡沫耳塞：在拇指和食指间搓动耳塞，直到完全压紧，用另一只手向上和向后拉耳朵，然后将其插进耳内，用手指顶着耳塞，直至膨胀。

二、检查

（一）耳塞检查内容

（1）耳塞有无损伤。

（2）耳塞是否清洁、消毒。

（3）耳塞尺寸是否适合。

（二）耳罩检查内容

（1）耳罩有无损伤。

（2）耳罩护垫密封。

（3）检查耳罩头带。

三、维护及使用

（一）维护

（1）用湿布沾温水或肥皂水擦洗护套垫，再用湿布蘸清水擦干净，风干。

（2）如果耳罩护垫磨损或有故障，更换护套。

（3）保存在原来的盒子或干净的塑料袋内。

（4）反复使用的耳塞，每天用完后，应该清洗（用温水或肥皂水，然后擦干和风干）。

（5）一次性耳塞用脏时，应该及时更换，脏的耳塞可能引起耳朵感染。

（二）使用

（1）耳塞可以置放在耳道内，用后可以丢弃。有些种类的耳塞可以重复使用，但必须注意到工业卫生方面的问题。

（2）使用后要特别注意耳塞的清洁。

（3）注意耳塞和使用者的耳道是否匹配。耳塞有不同的尺寸，要由经过考核的人员决定佩戴者应使用的尺寸。因为各人的耳道大小不同，所以要用不同尺寸的耳塞。

钻井现场噪音检测可以采用便携式噪音检测仪检测。对作业场所噪音接触或暴露的检测结果，应进行记录并保存好。

第六节　脚 的 保 护

在容易被下落或翻滚的物体伤害到脚的区域内，或有能刺穿鞋底的物体，或工人的脚暴露在电危险中时，每个受影响的工人都应配戴脚部防护用品。

一、类型

按照 SY 5690—1995 分类，石油钻井行业常用的脚部防护用品：

（1）防砸滑刺耐油单工作鞋。

（2）防砸滑刺耐油防寒工作鞋。

（3）防静电单工作鞋。

（4）防静电防寒工作鞋。

（5）防刺穿耐油防寒工作鞋。

（6）防刺穿耐油单工作鞋。

（7）防酸碱耐油单工作鞋。

（8）防酸碱耐油防寒工作鞋。

（9）绝缘单工作鞋。

（10）绝缘防寒工作鞋。

（11）耐高温单工作鞋。

（12）耐高温棉工作鞋。

（13）耐油单工作鞋。

（14）耐油防寒工作鞋。

（15）普通单工作鞋。

（16）普通防寒工作鞋。

（17）沙漠（丘）单工作靴。

（18）沙漠（丘）防寒工作靴。

（19）低压绝缘单胶鞋。

（20）低压绝缘防寒胶鞋。

（21）长筒雨鞋。

（22）短筒雨鞋。

（23）耐油酸碱雨靴。

（24）胶面防砸安全靴。

（25）软底鞋。

二、检查

安全鞋类进行定期的检查，防止损坏和老化。损坏和老化的安全鞋必须立即更换；安全鞋质量必须符合相关的安全标准。

（1）检查安全鞋面。一般我们在选中安全鞋的款式和颜色之后，首先需要检查安全鞋面用料是否真材实料，合乎要求。

（2）检查安全鞋里。安全劳保鞋里材料也应是天然皮革，并且最好是羊皮革里。实际上人造革安全鞋因透气性差，并且后帮口部位易磨损破口，因此被人们视为低档安全鞋。我们购买安全鞋时，要注意里料要求轻柔松软，厚薄要均匀，注意选择不易脱落和掉色的里料。

（3）检查安全鞋底。众所周知安全鞋底材料主要有橡胶、塑料、橡塑并用材料、聚氨酯、天然皮革等材质。我们在选购时要检查大底是否平整，鞋子的花纹是否清晰，当我们用指甲轻压安全鞋底，应该有弹性，不会太硬，不会剥落。否则，便是安全鞋底的含胶量低，制鞋时候如果过多地使用再生胶填充剂，就会易断裂，不耐穿。

三、维护及使用

各种安全鞋设计具有特殊保护功能，普通的防砸鞋是防止当材料下落时对脚的砸伤，鞋的头部用钢内衬来保护脚趾。有的鞋用来防止脚底下锐利物品穿透鞋底保护脚掌，应防水、防滑，穿着舒适。尺寸要合适，绝缘性、防静电性很重要。

（一）选择

根据作业场所的危险，应选择合适的安全鞋。

（1）安全鞋除了须根据作业条件选择适合的类型外，还应合脚，穿起来使人感到舒适，这一点很重要，要仔细挑选合适的鞋号。

（2）安全鞋要有防滑的设计，不仅要保护人的脚免遭伤害，而且要防止操作人员滑倒所引起的事故。

（3）各种不同性能的防护鞋，要达到各自防护性能的技术指标，如脚趾不被砸伤，脚底不被刺伤，绝缘导电等要求。但安全鞋不是万能的。

（4）使用防护鞋前要认真检查或测试，在电气和酸碱作业中，破损和有裂纹的防护鞋都是有危险的。

（二）以下作业场所必须穿合适的安全防护鞋

（1）可能有坠落或滚动的物体伤害脚的地方（如钻井工作区内）。

（2）存在刺穿鞋底伤害脚的危险地方。

（3）可能发生漏电的地方（如发电房、配电房）。

（4）脚容易受到危险化学品伤害的地方（如钻井液中添加的药品）。

（5）在水中作业的工人。

（三）维护

（1）要穿着合适尺码的安全鞋，并且不得擅自修改安全鞋的构造。

（2）安全鞋存放在不易受损坏或化学物污染的地方。

（3）定期清理安全鞋，注意个人卫生，保持脚部及鞋履清洁干爽。

（4）根据生产厂商的建议，对防化学品类的安全鞋进行消毒和清洁，贮存安全鞋于阴凉、干爽和通风良好的地方。

（5）安全鞋用后要妥善保管，橡胶鞋用后要用清水或消毒剂冲洗并晾干，以延长使用寿命。

第七节　手部的保护

手在生产劳动过程中起到很重要的作用，但由于疏忽了对它的适当保护，以致在各类丧失劳动能力的工伤事故中，手部伤害事故占到了20％。由此可见，正确选择和使用防护用品十分必要。

一、导致手部受伤的原因

钻井现场工作处处充满危险，导致手部受伤的原因主要是：

（1）维修过程中手部所受到的伤害：包括各种手伤。

（2）在钻台上搬运或提升重型设备时，安装或拆卸钻机设备都会对手造成严重伤害。

（3）钻机上的安全隐患，如扶栏或其他设备上的刻痕和毛刺，可能导致一些小的切口和划痕。

（4）搬运化学药品时，没有提前准备好相应的防护或戴上手套。

（5）错误使用手工具和井口工具及电动工具。

（6）工作中的不安全因素：磨损或坏的钢丝绳，手指被夹在两件移动设备的裂缝中。手随时可能受伤，但通过提高安全意识，戴上手套，坚持经常检查钻机和工具的故障，对引起手部伤害的危险提高警惕，这些都是可以避免的。

二、手部保护的防护用品

施工现场上人的一切作业，大部分都由双手操作完成的，这就决定了手经常处在危险之中。对手的安全防护主要靠手套。具有保护手和手臂的功能，供作业者劳动时戴用的手套称为手部防护用品，通常称作劳动防护手套。

（一）类型

施工现场上常用的防护手套有下列几种：

（1）劳动保护手套。具有保护手和手臂的功能，作业人员工作时一般都使用这类手套。

（2）带电作业用绝缘手套。要根据电压选择适当的手套，检查表面有无裂痕、裂缝、发黏、发脆等缺陷，如有异常，禁止使用。

（3）耐酸、耐碱手套。主要用于接触酸和碱时戴的手套。

（4）橡胶耐张手套。主要用于接触矿物油、植物油及脂肪簇的各种溶剂油作业戴的手套。

（5）焊工手套。电、火焊工作业时戴的防护手套，应检查皮革或帆布表面有无僵硬、薄档、洞眼等残缺现象，如有缺陷、不准使用。手套要有足够的长度，手腕部不能裸露在外边（图2-7）。

图2-7　安全手套

（二）检查

使用防护手套时，必须对工件、设备及作业情况分析之后，选择适当材料制作的、操作方便的手套，方能起到保护的作用。但是对于需要精细调节的作业，戴用防护手套就不便于操作，尤其是对于使用钻床、铣床和传送机旁及具有夹挤危险的部分操作人员，若使用手套，则有被机械缠住的危险。所以从事这些作业的人员，严格禁止使用防护手套。

（1）每天使用前，检查手套是否损坏、老化或受化学物污染。

（2）破损或受污染的手套必须取走或进行适当处理。

（3）必须根据生产厂商的建议消毒和清洁化学品保护手套。

（4）必须将手套存放在不受损坏或化学物污染的地方。

防水、耐酸碱手套使用前应仔细检查，观察表面是否有破损，采取简易办法是向手套内吹气，用手捏紧套口，观察是否漏气。若漏气则不能使用。

（三）维护及使用

1. 有下列危险时，必须戴适当的安全防护手套

（1）可能通过皮肤接触或吸收有毒有害物质。

（2）对手部有严重的机械划伤、擦伤或刺伤。

（3）手部被化学物烧灼伤。

（4）烫伤。

（5）辐射。

（6）高温环境。

2. 防护手套的使用和注意事项

（1）对于钻孔机、截角机等旋转刃具作业，不得使用手套。

（2）防护手套要选择大小合适的手套。如果手套太紧，限制血液流通，容易造成疲劳，并且不舒适；如果太松，使用不灵活，容易脱落。

（3）防护手套种类繁多，应根据用途来选用。首先要明确防护对象，然后再仔细选用，避免误用而发生意外。

（4）绝缘防护手套，在每次使用前必须仔细进行外观检查，并且用吹气法向手套内吹入气体，在手套的袖口部用手捏紧防止漏气，观察手套是否会自行泄漏。如果检查手套无漏气处，即可作卫生手套使用。对绝缘手套稍有破损时依然可以使用，但应在绝缘手套外面再罩上一副纱或皮革手套，以保证安全。经一年使用期后应复验电压强度，不合格者不应再作绝缘手套使用。

（5）天然橡胶制手套使用时不得与酸、碱、油类长时间接触，并应防止尖锐物件刺穿。用完后清洗晾干，手套内外撒上滑石粉后，妥善保管，在保管中不得受压、受热。

（6）所有橡胶、乳胶、合成橡胶制手套的颜色必须均匀，手套除手掌部要求偏厚外，其他部分薄厚要相差不多，表面要光滑（为防滑在手掌面部制成条纹或颗粒状止滑花纹者除外），在手掌面部不允许有大于 1.5mm 的气泡存在，允许有轻微皱皮但不得有裂纹存在。

第八节 呼吸保护

人体吸入有毒有害空气污染物，能引发严重的职业伤害或疾病。员工了解防毒面具的选择、使用、维护及局限性非常重要。

一、医用调查测试

不是任何人都可以佩戴呼吸保护装置，因为通过呼吸保护装置呼吸会比正常情况下要困难，所以有些肺部疾病患者，如哮喘或者肺气肿、老年人和其他有可能呼吸困难的人群不适合佩戴呼吸保护装置。幽闭空间恐惧症患者可能无法使用覆盖全脸的面罩或头罩；需要戴眼镜的人戴上面罩可能会看不清（已有为他们特制的呼吸面罩）。因此，在使用呼吸保护装置之前必须对员工进行适当的医学评估。

二、适配测试

使用呼吸保护装置需要注意到周围环境或其他限制条件。每一种呼吸器都有很多型号，每一种都有不同的注意事项、缺点和限制条件。密封式呼吸器需要根据使用者脸型进行调整使其紧贴面部，而且面部不能有太多毛发。

如果面罩无法完全密封，也许会吸到从缝隙中漏进来的有害物质。任何阻止呼吸面罩紧贴面部的东西，比如络腮胡或者很长的鬓角都可能引起气体泄漏，因此，必须把胡子剪短使其不再影响面具密封。如果呼吸面罩是（蒙面）宽松的正压呼吸器，例如电动送风过滤式呼吸器，那么就可以继续留着胡子了。大部分呼吸器都有不同的款式和尺寸以适合人们不同的脸型。使用者也需要一些正确佩戴和使用呼吸面罩的训练。相关的使用指导信息可以由呼吸器供应商处获得。

无论哪种呼吸器，使用者都需要一定的指导以保证正确的使用。有时使用者试着练习正确使用自己的呼吸器的方法。但有些逃生呼吸面罩只有在用时才能打开包装，所以在练习使用时使用者会需要一个仿真模具。为了能够正确的储存、维护、使用和处置呼吸器，训练是必不可少的。相关的使用指导信息可以由呼吸器供应商处获得。如果没有能够正确使用呼吸器，你很可能就没有办法得到充分的保护，甚至会因此受伤。

唯一能够判断呼吸面罩是否适合使用者的办法是进行适配测试。适配测试有很多种方法，但需要在人们进入有害环境之前由专业的劳动健康保护人员来操作。每次使用前呼吸面罩都要经过重新检测以确保它能够提供充分的防护效力。

三、呼吸器的类型

呼吸器的类型一般分为两大类：

（1）过滤呼吸保护器。它通过将空气吸入过滤装置，去除污染而使空气净化。

（2）供气式呼吸保护器。它是从一个未经过污染的外部气源，向佩戴者提供洁净空气。

绝大多数设备尚不能提供完全的保护，少量的污染物仍会不可避免地进入到呼吸区。

（一）过滤式呼吸保护器

（1）口罩：可以盖住鼻子和嘴，由可以去除污染物的过滤材料制成（图2-8）。

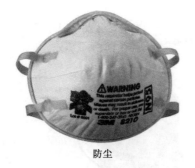
防尘

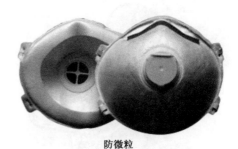
防微粒

图 2-8 口罩

（2）半面罩呼吸保护器：覆盖鼻子和嘴部的面罩，用橡皮或塑料制成，带有一个或更多的可拆卸的过滤盒（图 2-9）。

（3）全面罩呼吸保护器：覆盖眼、鼻子及嘴部，有可拆卸的过滤罐（图 2-10）。

图 2-9 半面罩呼吸保护器

过滤式

自吸式

图 2-10 全面罩呼吸保护器

特别提示！过滤式呼吸保护器在缺氧空气中提供不了任何保护作用

图 2-11 送风式呼吸保护组合装置

（二）供气式呼吸保护器

（1）动力空气净化呼吸保护器：用泵将空气送进过滤器，在呼吸保护器内形成微正压，防止了污染物从缝隙中进入呼吸保护器（图 2-11）。

（2）动力头盔呼吸保护器：包括了过滤器及装在头盔上的风扇。净化的空气吹进到头盔之内供呼吸使用。

（3）长管洁净空气呼吸器：由未污染的气流提供洁净的空气（图 2-12）。

（4）压缩空气呼吸器：将压缩气流用柔性长管向佩戴者提供空气。

在气管上要有过滤装置以除去空气中的氮氧化物及油污。要有面罩或头盔，空气的压力由阀门来减压。

图 2-12　长管式呼吸保护装置

（5）自备气源呼吸器：空气从钢瓶中通过特殊的面罩提供给佩戴者。全套装置佩戴在操作者身上（图 2-13）。

图 2-13　自备气源正压式呼吸器

（三）类型及适用范围

类型及适用范围如表 2-2 所示。

表 2-2　类型及适用范围

类　　型		适　用　范　围
过滤式	防尘口罩	用于防尘的过滤式呼吸用具，重量轻、佩戴柔软舒适，与面部密合性好。不适于在氧含量低于 19.5% 的含有有害气体、烟、雾的作业环境中佩戴
	防微粒口罩	滤尘及低浓度有机蒸汽、酸性气体。不适于氧含量低于 19.5% 的含有有害气体、浓烟、浓雾的作业环境中佩戴
	过滤式防毒半面罩	过滤尘、毒气、烟雾、放射性气溶胶等化学污染物。使用环境中毒气体积浓度应低于 0.1%
	过滤式防毒全面罩	过滤尘、毒气、烟雾、放射性气溶胶等化学污染物。全面罩的眼窗必须使用五色透明材料，透光度应不低于 85%。使用环境中毒气体积浓度应低于 0.1%

续表

类　型		适　用　范　围
供气式	自吸式口（头）罩	借助肺力通过导气管吸入清洁空气的呼吸保护用具。用以预防吸入有害气体、蒸汽、防尘、烟、雾和缺氧的作业环境。长管面具是使戴用者的呼吸器官与周围大气隔离
	送风式呼吸面（头）罩	借助机械力通过导气管吸入清洁空气的呼吸保护用具。由面罩、鼓风机、过滤器、电池、充电器及皮带等组成用以预防吸入有害气体、蒸汽、防尘、烟、雾、放射性气溶胶和缺氧的作业环境
	自给携气（氧）式呼吸装置（SCBA）	能提供正压清洁空气的全面罩式呼吸装置；适用于有尘埃、毒气、烟雾、放射性气溶胶和缺氧环境。自带压缩气瓶，使用时间长达30~60min
	自给生氧式呼吸面罩	该装置使用化学品（如过氧化钾）与呼出气体中的水分和二氧化碳作用产生氧气，供佩戴者吸入
	送风式呼吸保护组合装置	由面罩、导气管、送风机或空气净化设备组成的兼有供气和净化功能的联合呼吸保护装置；可供一人或多人同时使用；适用于有尘埃、毒气、烟雾、放射性气溶胶和缺氧环境

四、滤毒罐类型

滤毒罐是指通过物理吸附和化学反应原理将空气中的粉尘、有毒有害除去供人呼吸的装置。通常与防毒面具配合使用。滤毒罐一般为圆柱形，由金属或塑料制成，表面多涂以防碱漆。内部有一层滤烟层，用于滤去烟雾颗粒，过滤元件有过滤纸、玻璃纤维或其他合成材料。装填层内是经过处理的活性炭，用来针对不同的毒气进行吸附。滤毒罐有滤烟层和装填层两部分。滤烟层能滤除毒烟、毒雾、生物战剂及放射性气溶胶；装填层能有效地吸附空气中的毒剂蒸汽。人员在佩戴防毒面具呼吸时，外界受染空气经滤毒罐过滤变成清洁空气供人员呼吸。为了保证贮存其中的过滤器不失效，在滤毒罐与空气接触部位有塑料盖密封（图2-14）。滤毒罐类型见表2-3：表中所列为中型滤毒罐；标有L的为带有滤烟层的滤毒罐。

图2-14　防毒面具

表2-3　常用滤毒罐的型号及防护范围

型号	颜色	防护范围	最短防护时间，min
MP1L	绿+白道	氢氰酸、砷化氢、光气、氯化苦、磷化氢、溴甲烷、毒烟、毒雾等	40
MP1	绿	氢氰酸、砷化氢、光气、氯化苦、磷化氢、溴甲烷、二氯甲烷等	70

续表

型号	颜色	防护范围	最短防护时间, min
MP2L	橘红+白道	一氧化碳、有机蒸气、氢氰酸及其衍生物、毒烟、毒雾等	40（CO），80（HCN）
MP3L	褐+白道	有机气体、蒸汽、苯、二硫化碳、四氯化碳、溴甲烷、氯化苦、氯气、丙酮、毒烟、毒雾等	80（苯），100（氯）
MP3	褐	有机气体、蒸汽、苯、二硫化碳、四氯化碳、溴甲烷、氯化苦、氯气、丙酮、氯气等	55（苯）
MP4L	灰+白道	氨、硫化氢、毒烟、毒雾等	45（氨），70（硫化氢）
MP4	灰	氨、硫化氢	60（氨），90（硫化氢）
MP5	白	一氧化碳	110
MP6	黑	汞蒸气	4800
MP7L	黄+白道	酸性气体和蒸气、二氧化硫、氯气、光气、氯的氧化物、磷和含氯有机农药、毒烟、毒雾等	25
MP7	黄	酸性气体和蒸气、二氧化硫、氯气、硫化氢、氮氧化物、光气、磷和含氯有机农药	32

1L、2L、3、3L、4、4L、5、6、7、7L、8、8L 等不同型号滤毒罐，是根据不同防毒性能要求而特制的配套产品，使用时与导气管、防毒面具相连接。在不同有毒害环境中可直接更换不同型号（标号）滤毒罐。滤毒罐为自吸过滤式呼吸防护面具的一部分，不能单独使用。中型滤毒罐及 3L、4L、7L 小型滤毒罐，具有防护有毒气体和有害气溶胶的特点；依据材质的不同分为铁罐、铝罐和塑料罐。其中铁罐采用进口铁板滚轧而成，可与头盔式面罩、导气罐连接使用。小型滤毒罐可直接与大视野面罩直接连接使用，具有体积小、携带轻便的特点，无须与导气管连接使用。

滤毒罐在其自身寿命到期或已达到推荐使用的期限就必须进行更换。滤毒罐在维护时应存放在低温、干燥、通风良好且远离可能沾染任何熏蒸剂的地方。滤毒罐在一定时间内可以充分防御按容积计算在空气中的浓度不超过 2% 的毒气（磷化氢为 0.5%，最大浓度为 $200mL/m^3$）。滤毒罐每当打开封盖时就应记录使用时间，在两次使用之间应使用原来的密封端盖密封。在低浓度熏蒸剂中暴露时间过长以及意外地暴露在高浓度熏蒸剂中，都应立即弃掉滤毒罐。当弃掉滤毒罐时，应先将其进气口或其他部分弄残，如可用钳子弄坏与环纹导气管的连接口，以免下次误用。

五、防毒面具的检查

（1）使用前应检查产品的标志如产品性能说明、使用范围、使用方法等。防毒面具必须经国家技术部门按有关标准进行检查和检验。

（2）应根据生产厂商提供的使用说明，选择和使用适当型号的防毒面具。

（3）每次使用前和使用后，必须检查防毒面具。一般包括以下检查项目：

①呼、吸气阀。

②滤塞及其护圈。

③面罩表面及其密封。

④头部系扣。

⑤面部保护罩。

⑥软管及其连接。

⑦其他防护装配。

六、维护及使用

（一）使用

（1）必须使用清洁和卫生的防毒面具，使用防毒面具前任何有故障的零部件都必须更换。

（2）每次穿戴防毒面具时，应进行正负压的检查。如果发现有密封不严或漏气等故障，应重新穿戴和检查。如果您的防毒面具存在任何问题，请与监督或安全员联系。

（3）所有滤塞都有一定的使用期限。如果出现呼吸困难或污染物进入（如您已嗅到、感觉到污染物）必须马上更换。

（4）报废的防毒面具必须作为废物处理，不得再次使用。

（5）使用防毒面具（指除口罩以外的呼吸保护防护用品）的员工必须做到：

①经医务人员评估确定，判定员工是否适合穿戴防毒面具。

②接受有关防毒面具的使用、维护以及其局限性的培训。

③进行穿戴测试。

（6）使用空气过滤式防毒面具时，必须遵守以下程序：

①防毒面具必须质量合格。

②严禁对防毒面具进行任何方式的改装。

③严禁在不同生产厂商和型号的防毒面具之间互换零配件。

④有胡须或其他影响面罩密封因素（如眼镜架）的人严禁穿上负压的空气净化式防毒面具。

⑤必须根据已制定的程序选择、使用、检查、消毒和存放防毒面具。

⑥戴隐形眼镜者严禁使用防毒面具。

（7）在以下情况严禁使用空气过滤式防毒面具：

①缺氧状态（空气中氧的含量低于 19.5%）。

②空气中有毒有害气体的浓度达到和超过有害物立即危及健康和生命的浓度（IDLH）极限值时。

③缺少对该类污染物超标报警的警报装置时。

④空气中含有不明污染物及其浓度值不清楚时。

⑤空气中有毒有害气体的浓度超过防毒面具的最大使用极限。

⑥在未经测试的封闭空间内作业。

（8）在有害物立即危及健康和生命的浓度（IDLH）环境下作业，必须穿戴：

①全面罩正压式自给携气（氧）式呼吸装置。

②在配备适合的辅助逃生呼吸保护用品的前提下，佩戴正压供气式全面罩或送气头罩呼吸保护用品。

（二）清洁和保存

（1）每次使用后必须清洗防毒面具，使之保持清洁。

①将防毒面具完全拆卸并检查所有零件，更换已损坏或磨损的零件。

②用杀菌清洁剂溶液和热水（最高 140 ℉或 60℃）冲洗防毒面具。

③用热水（最高 140 ℉或 60℃）漂洗防毒面具，并风干或用无毛的软麻布擦干。

④重新装配防毒面具并全面检查。

（2）清洗后的防毒面具必须存放在干净的塑料袋内，并且保存在不易受化学物污染和通风、清洁、卫生的场所，同时，应防止防毒面具受挤压变形。

第九节　防坠落保护

所谓高处作业是指人在一定位置为基准的高处进行的作业。国家标准 GB/T 3608—2008《高处作业分级》规定："凡在坠落高度基准面 2m 以上（含 2m）有可能坠落的高处进行作业，都称为高处作业。"

一、防坠落保护类型

为防止高空作业时发生意外事故，在钻井现场必须配备和使用防坠落保护用品，常用的防坠落保护用品主要有：安全带、安全绳、缓冲器、抓绳器、吊绳、锚固点、安全网、连接器、全身安全带、带有自锁钩的系索、救生索等，应根据具体工作情况选择合适的防坠落保护用品。

图 2-15　锚固点

（1）锚固点。通常是指横梁、支架、柱子等，上面可用来系救生索，必须能够承载至少 2268kg 的静止重量。

（2）锚固点连接装置。安装在锚固点上，用来连接坠落防护系统的一个组件或装置，至少能够承载 2268kg 静止重量，如连接皮带、竖钩、支架把手等（图 2-15）。

（3）系索：用于将人员和锚固点或救生索连接在一起的短绳或系带。

（4）吊绳（生命线）：一种柔韧的、固定在两个锚固点之间的垂直或水平的绳索，可以在其上面挂系索或安全带。

（5）钩锁：带有保险装置的蹄形或椭圆形的连接锁件（图2-16）。

图2-16 钩锁

（6）缓冲装置：能够在坠落制止过程中转移能量或者减轻工作人员所承受的冲击力的装置，其抗断强度必须达到2268kg。如坠落阻止器、缝合的系索、特殊编织的系索、撕开或变形的系索、弹性救生索等。5m以下的高处作业禁止使用缓冲装置。

（7）自动锁紧式防坠落装置：一种坠落保护装备，作业人员可以在没有束缚的情况下自由行进，但当坠落发生时会立即锁住。

（8）全身式安全带：能够系住人的躯干，把坠落力量分散在大腿的上部、骨盆、胸部和肩部等部位的安全保护装置，包括用于挂在锚固点或救生索上的两根系索（图2-17）。

图2-17 全身式安全带

二、检查

对锚固点、连接器、全身安全带、带有自锁钩的系索、缓冲装置、救生索等安全防护用具在使用前要进行检查，确保其性能完好。

遇有六级以上强风、浓雾等恶劣气候，不得进行露天攀登与悬空高处作业。暴风雪及台风暴雨后，应对高处作业安全设施逐一加以检查，发现有松动、变形、损坏或脱落等现象，应立即修理完善。雨天和雪天进行高处作业时，必须采取可靠的防滑、防寒和防冻措施。凡水、冰、霜、雪均应及时清除。

三、维护及使用

（1）工作前进行安全分析，并组织安全技术交底。

（2）对患有职业禁忌症和年老体弱、疲劳过度、视力不佳等人员，不准进行高处作业、工作期间如果感觉身体乏力或晕眩，则不宜在高空工作。

（3）2m以上高空作业必须佩戴安全带。

（4）安全防护未完善区域和身体重心高于护栏作业必须 100% 系挂安全带。

（5）不要在没有护栏的建筑物边缘工作。

（6）任何孔洞都应该设有围栏或加盖。

（7）楼梯必须设有扶手，绝对不要坐在或靠在护栏上。

（8）穿戴劳动保护用品，正确使用防坠落用品与登高器具、设备。

（9）用于高处作业的防护设施，不得擅自拆除。

（10）作业人员应从规定的通道上、下，不得在非规定的通道进行攀登，也不得任意利用吊车臂架等施工设备进行攀登。

（11）攀登和悬空高处作业人员以及搭设高处作业安全设施的人员，必须经过专业技术培训及专业考试合格，持证上岗，定期进行健康体检。

（12）施工中对高处作业的安全技术设施，发现有缺陷或隐患时，及时解决；危及人身安全时，必须暂停作业。

如不能完全消除和预防坠落危害，应评估工作场所和作业过程的坠落危害，选择安装使用坠落保护设备，如安全带、安全绳、缓冲器、抓绳器、吊绳、锚固点、安全网等。

第十节 其他劳保

一、特殊防护服装（SY 5743.1—1995 石油企业职工劳动防护服装）

（一）抗油拒水防护服

用橘红色 50:50 涤、棉织物制成。分冬、夏两种规格。夏季称抗油拒水单工服。冬季称抗油拒水罩衣工服，与适当规格的防寒棉服配套后，合称抗油拒水防寒工服。其性能应符合 GB 12799 的规定，但其经 30 次洗涤后的剩余拒水性能，要求达到 2 级。

（二）防静电服

用豆绿色 50:50 涤、棉（或纯棉）混纺导电纤维织物制成。分冬、夏、男、女 4 种规格。夏季称防静电单工服。冬季称防静电罩衣工服，与适当规格的防寒棉服配套后，合称防静电防寒工服。其成衣性能要求按 GB 12014—2009 的规定，织物的摩擦电荷面密度不大于 $7\mu C/m^2$。

（三）易去污防护服

用磨蓝色 50:50 涤、棉混纺交织物制成。分冬、夏、男、女 4 种规格。夏季称易去污单工服。冬季称易去污罩衣工服，与适当规格的防寒棉服配套后，合称易去污防寒工服。初始易去污性能达到 5 级。

（四）防寒大衣

防寒长大衣絮量为 $400g/m^2$，短大衣絮量为 $300g/m^2$。防寒大衣所用面料应与穿用者所穿防护罩衣工服的面料相一致，有抗油拒水、防静电、易去污之分。同时应与穿用者性别相一致。防寒大衣的具体品种规格，应是这些不同要求的组合。

（五）防寒棉服

棉衣、裤分男、女两种。絮量为 $450g/m^2$、$400g/m^2$、$300g/m^2$、$200g/m^2$ 等 4 种规格，前两种称厚型，后两种称薄型，尺寸有别。棉背心的絮量为 $200g/m^2$。不分男女。

防寒服的选配方法参照 GB/T 13459 的规定，结合当地寒冷程度自行选定。

（六）普通单工帽

所用面料要求与戴用者所穿防护单工服面料相一致，有抗油拒水、防静电、易去污之分。

（七）普通防寒帽

所用防寒材料有羊剪绒和栽绒之分。所用面料应与戴用者所穿防护罩衣工服面料相一致，有抗油拒水、防静电、易去污之分。

二、注意事项和使用

为了保护人体的健康，当人体暴露在一些有危害的环境内，如热、冷、辐射、冲击、摩擦、湿、化学品及车辆冲击等，则应提供身体的防护。

每天使用前，对防护服进行检查，以防损坏、撕裂或破碎，损坏的防护服必须及时进行修补或更换；根据生产厂商的建议清洗防护服；防护服必须保存在不易受损坏或化学物污染的地方。

（1）户外防护服：通常是用 PVC 材料制成，而且时常是用很显眼的材料，以引起接近穿戴者的车辆的注意。

PVC 材料可能因透气性差而不够舒适，而非 PVC 材料的纤维对于水蒸气来讲容易透过，但其价格要贵一些。

（2）身体防护服。

①全身套服或者大衣，有的是一次性使用的，用棉布制成。

②全身套服，在清洗时要做出安排，防止破坏其工业卫生要求。

③在处理油及化学品时使用的情况下，当衣服不能保持清洁和及时更换，有可能会导致皮炎或皮肤癌的形成。

④围裙及工装裤应是阻燃的，进行切割操作时穿的裤子，要用强力尼龙或类似的材料来提供防护。

⑤穿工作服后，可能会对运动有所限制，而且容易被机器缠上，应对工作服的类型及制造进行选择，使用者会正确地使用（如在旋转的机器附近扣好上衣的要求）。穿戴防静电服是减少静电效应的一个重要的措施，有这项要求时，要严格遵守。

第三章　危险沟通和危险材料处理

钻井作业环境中存在多种化学和物理的有害因素，直接影响作业人员的健康。因此，必须对作业过程中的这些有害因素进行有效地识别及控制，给作业人员创造良好的作业环境，实现安全生产。本章主要介绍了作业中对化学危险品识别、贮存和运输中的注意事项。

第一节　危险的类型

一、危险信息的沟通

沟通是指在作业中员工之间的交流，也指员工对设备、物料的了解。

在钻井施工过程中，经常接触烧碱、乙醇等化学危险品，必须保持员工对所用设备性能和危险品特性有足够的了解。如果沟通不良危害极大，将导致中毒、烧伤等伤害事故。

在贮存和使用危险品过程中，必须首先了解化学危险品的特性以及它的危害，首先要查看危险品安全数据表，详细阅读说明书，保持与物料之间的沟通，做好危险信息的及时传递，以保证安全使用和安全保管。

在装卸化学危险品过程中，钻井作业场所环境较差，机器运转时有较强的噪声，相互之间的语言交流困难，更多时候需用手势交流，指挥装卸机械和运输车辆时，更应注意打手势一定要准确，表达的意思必须清楚，且指挥者与被指挥者都能明白手势的含义，指挥时两个人都应能看到对方，被指挥者在未看到指挥者时不要做下一步操作，注意避免出现由于沟通不良、装卸操作不当造成危险品泄漏事故。

在化学危险品运输过程中，必须认真检查运输和装载机械，保证完好，了解机械的性能，注意避免由于车辆事故和超载等造成危险品泄漏。

二、书面计划

计划的定义：预先明确所追求的目标以及相应的行动方案的活动。

书面计划就是对即将开展的工作的设想和安排，如提出任务、指标、完成时间和步骤方法等。为了达到其发展目标的目的，在经过前期对项目科学地调研、分析、搜集与整理有关资料的基础上，根据一定的格式和内容的具体要求而编辑整理的书面材料。

书面计划的作用是能够在危险品泄漏情况下指示员工撤离，指导使用和搬运，使用具有爆炸性危险品时必须对周围环境有所了解，确保周围厂矿、居民及重要建筑不受损害。

三、化学危险品

（一）化学危险品相关术语

（1）化学危险品。化学品中具有易燃、易爆、有毒、有腐蚀性等特性，会对人（包括生物）、设备、环境造成伤害和侵害的化学品叫化学危险品。

（2）物理危险。该物质所具有的爆炸性、燃烧性（易燃或可燃性、自燃性、遇湿易燃性）、自反应性、氧化性、高压气体危险性、金属腐蚀性等危险性。

（3）健康危害。根据已确定的科学方法进行研究，由得到的统计资料证实，接触某种化学品对人员健康造成的急性或慢性危害。

（4）闪点。规定试验条件下，使用某种点火源造成液体汽化而着火的最低温度（校正至标准大气压101.3kPa）（表3-1）。

表3-1　常见易燃、可燃液体的闪点

液体名称	闪点，℃	液体名称	闪点，℃
汽油	−58 ~ 10	甲苯	4
石油醚	−50	甲醇	9
二硫化碳	−45	乙醇	14
乙醚	−45	醋酸丁酯	13
乙醛	−38	石脑油	25
原油	−35	丁醇	29
丙酮	−17	氯苯	29
辛烷	−16	煤油	30 ~ 70
苯	−11	重油	80 ~ 130
醋酸乙酯	1	乙二醇	100

（5）易燃浓度极限。最低燃烧浓度和最高燃烧浓度之间的范围。蒸气在空气中最低易燃浓度是指低于该浓度时不能维持连续的燃烧，最高易燃浓度是指空气中的蒸气浓度高于该浓度时也不能连续的燃烧。

（6）易燃/易爆下限。可燃气体或蒸气在空气中如有火源的情况下就充分燃烧的最低体积浓度（通常以海平面条件下的何种含量表示）（表3-2）。

表3-2　部分可燃气体、蒸气的爆炸极限

可燃气体或蒸气	分子式	爆炸极限，%	
		下限	上限
氢气	H_2	4.0	75
氨	NH_3	15.5	27
一氧化碳	CO	12.5	74.2

可燃气体或蒸气	分子式	爆炸极限,%	
		下限	上限
甲烷	CH_4	5.3	14
乙烷	C_2H_6	3.0	12.5
乙烯	C_2H_4	3.1	32
苯	C_6H_6	1.4	7.1
甲苯	C_7H_8	1.4	6.7
乙醚	C_2H_5O	1.9	48.0
乙醛	CH_3CHO	4.1	55.0
丙酮	$(CH_3)_2CO$	3.0	11.0
乙醇	C_2H_5OH	4.3	19.0
甲醇	CH_3OH	5.5	36
醋酸乙酯	$C_4H_8O_2$	2.5	9

（7）8h 平均最高允许暴露浓度 PEL。在 8h 工作期间，该物质的气体浓度的时间加权平均浓度不能超过的极限值。PEL 表示工人长时间在作业环境中平均可以暴露、接触后，不会产生任何健康影响的最高浓度。

（8）最高允许浓度。是由美国工业卫生协会建立的，其性质类似于 PEL，但不是法规要求强制执行的。

（9）短期暴露最高允许浓度。在 15 分钟的检测期间内，有毒有害物质在空气中的最高允许浓度值。

（10）最高允许极限浓度。有毒有害物质在空气中允许的最高浓度值。作业场所检测到的浓度读数，任何时候都不能高于此值。

（11）立即危及健康和生命的浓度 IDLH。任何有毒有害的、腐蚀的或导致窒息的物质在空气中达到该浓度时，立刻会危及员工的生命、对健康造成不可逆转的伤害或影响员工逃生能力。

（二）化学危险品分类

任何可能伤害人体健康、损害财产或污染环境的化学物质都称之为有毒有害化学品。有毒有害化学品的危害主要是由化学品的性质决定的：毒性、可燃性、可反应性、腐蚀性及储存条件等。

根据 GB 13690—2009《化学品分类和危险性公示 通则》中从理化危险方面将化学品分为以下 16 类：

（1）爆炸物：爆炸物质（或混合物）是这样一种固态或液态物质（或物质混合物）：其本身能够通过化学反应产生气体，而产生气体的温度、压力和速度能对周围环境造成破坏。其中也包括发火物质，即使它们不放出气体。发火物质（或发火混合物）是这样一种物质或物质的混合物：它旨在通过非爆炸自持放热化学反应产生的热、光、声、气体、烟或所有这些的组合来产生效应。

爆炸性物品是含有一种或多种爆炸性物质或混合物的物品。

烟火物品是包含一种或多种发火物质或混合物的物品。

爆炸物种类包括：爆炸性物质和混合物、爆炸性物品、为产生实际爆炸或烟火效应而制造的物质和混合物及物品。

（2）易燃气体：是在20℃和101.3kPa标准压力下，与空气有易燃范围的气体。

（3）易燃气溶胶：指气溶胶喷雾罐，是任何不可重新罐装的容器，该容器由金属、玻璃或塑料制成，内装强制压缩、液化或溶解的气体，包含或不包含液体、膏剂或粉末，配有释放装置，可使所装物质喷射出来，形成在气体中悬浮的固态或液态微粒或形成泡沫、膏剂或粉末或处于液态或气态。

（4）氧化性气体：是一般通过提供氧气，比空气更能导致或促使其他物质燃烧的任何气体。

（5）压力下气体：是指高压气体在压力等于或大于200kPa（表压）下装入贮器的气体，或是液化气体或冷冻液化气体。包括压缩气体、液化气体、溶解气体、冷冻液化气体。

（6）易燃液体：是指闪点高于45℃的液体。

（7）易燃固体：是容易燃烧或通过摩擦可能引燃或助燃的固体。易于燃烧的固体为粉状、颗粒状或糊状物质，它们在与燃烧着的火柴等火源短暂接触即可点燃和火焰迅速蔓延的情况下，都非常危险。

（8）自反应物质或混合物：是即使没有氧（空气）也容易发生激烈放热分解的热不稳定液态或固态物质或混合物。本定义不包括根据统一分类制度分类为爆炸物、有机过氧化物或氧化物质的物质和混合物。自反应物质或混合物如果在补给室试验中其组分容易起爆、迅速爆燃或在封闭条件下加热时显示剧烈效应，应视为具有爆炸性质。

（9）自燃液体：是即使数量小也能在与空气接触后5分钟之内引燃的液体。

（10）自燃固体：是即使数量小也能在与空气接触后5分钟之内引燃的固体。

（11）自热物质和混合物：是发火液体或固体以外，与空气反应不需要能源供应就能够自己发热的固体或液体物质或混合物；这类物质或混合物与发火液体或固体不同，因为这类物质只有数量很大（公斤级）并经过长时间（几小时或几天）才会燃烧。物质或混合物的自热导致自发燃烧是由于物质或混合物与氧气（空气中的氧气）发生反应并且所产生的热没有足够迅速地传导到外界而引起的。当热产生的速度超过热损耗的速度而达到自燃温度时，自燃便会发生。

（12）遇水放出易燃气体的物质和混合物：是通过与水作用，容易具有自燃性或放出危险数量的易燃气体的固态或液态物质和混合物。

（13）氧化性液体：本身未必燃烧，但通常因放出氧气可能引起或促使其他物质燃烧的液体。

（14）氧化性固体：本身未必燃烧，但通常因放出氧气可能引起或促使其他物质燃烧的固体。

（15）有机过氧化物：是含有二价—O—O—结构的液态或固态有机物质，可以看作是一个或两个氢原子被有机基替代的过氧化氢衍生物。有机过氧化物是热不稳定物质或混合物，容易放热自加速分解。它们可能具有下列一种或几种性质：

①易于爆炸分解；

②迅速燃烧；

③对撞击或摩擦敏感；

④与其他物质发生危险反应。

（16）金属腐蚀剂：腐蚀金属的物质或混合物是通过化学作用显著损坏或毁坏金属的物质或混合物。我国国标《化学品分类和危险性公示　通则》（GB 13690—2009）中从健康危险方面分为具有急性毒性、皮肤腐蚀/刺激、呼吸或皮肤过敏、致癌性、生殖细胞突变性和生殖毒性等物质。从环境危险方面即对水环境的危害进行了分类，如：急性水生毒性、生物积累潜力、快速降解性、慢性水生毒性（表3-3）。

表3-3　部分常见化学危险品的危险类型及其潜在的危险

危害类别	化学品	潜在危险
有毒有害： 当人体接触到它时就可能伤害人体健康或导致疾病 有毒有害物质可以通过4种途径进入人体： （1）吸入（呼吸道）； （2）皮肤吸入； （3）食入（嘴）； （4）注射。 对人体有毒有害的影响可以是： （1）立刻见效； （2）滞后的	刺激性物质	对皮肤、眼睛和呼吸系统产生刺激作用，使人体感觉不适，但不会破坏人体组织功能
	引起窒息的物质	置换空气中的氧气；干扰或抵制循环系统或身体组织对氧的吸收和交换
	感光剂类	多次暴露，产生过敏症状
	镇静剂类	引起兴奋
	毒药类	毒害、损害和抵制人体特定系统或器官的正常功能
	导致畸变的物质	导致胎儿畸形
	诱发突变的物质	引起基因突变
	致癌的物质	引起癌症，产生癌变
	放射性材料	辐射烧伤，辐射类疾病，破坏血液循环，致癌
可燃	可燃气体	火灾、爆炸、容器胀裂、热和有毒烟
	可燃液体	火灾、爆炸、容器胀裂、热和有毒烟
	可燃固体	火灾、热和有毒烟
易反应	炸药	发生爆炸、热、冲击
	氧化剂	可以使燃烧加快
	金属过氧化物	不稳定；可以使燃烧加快
	有机过氧化物	非常不稳定；可以自我分解；可以使燃烧加快
	可自燃材料	在空气中自燃
	聚合材料	可产生热、压力和有毒的气体或蒸气
	能和水反应的材料	和水反应可产生热、压力和有毒的气体或蒸气及腐蚀性物质

续表

危害类别	化学品	潜在危险
腐蚀性	酸或盐类	破坏金属和活组织；可以与许多常见的物质发生剧烈的化学反应
其他危险性	压缩气体	压缩气体储存的能量；健康或物理上的危害；火灾、爆炸和容器的毁坏
	低温液体	冻伤、高膨胀率、火灾、爆炸和容器的毁坏
	生物毒性材料	引起人体、有机体或媒介物产生疾病

在国家标准《危险货物分类和品名编号》（GB 6944—2005）中按危险货物具有的危险性或最主要的危险性分为 9 个类别：

（1）爆炸品；

（2）气体；

（3）易燃液体；

（4）易燃固体、易于自燃的物质、遇水放出易燃气体的物质；

（5）氧化性物质和有机过氧化物；

（6）毒性物质和感染性物质；

（7）放射性物质；

（8）腐蚀性物质；

（9）杂项危险物质和物品。

国内还有其他的分类方法，如将危险品按引燃温度分组；气体、蒸气危险物品按照最大实验安全间隙和最小燃点电流比分级；粉尘、纤维危险品按其磁导率电性和爆炸性分级。详细分类应参见相关标准和规范。

四、化学危险品安全标签

化学危险品安全标签是指化学危险品在市场上流通时由生产销售单位提供的附在化学品包装上的标签，是向作业人员传递安全信息的一种载体。在国标《化学品安全标签编写规定》（GB 15258—2009）中对标签要素、格式、使用等都有明确的规定。化学危险品标签是用文字、图形符号和编码的组合形式表示化学品所具有的危险性和安全注意事项。它可粘贴、挂拴或喷印在化学品的外包装或容器上。化学容器标签和危险标志共同对危险化学物品的储运提供必要的警告和指导。每种化学品最多可选用两个标志，标志符号居标签右边。

当某种化学品有新的信息发现时，标签应及时修订、更改。在正常情况下，标签的更新时间应与安全技术说明书相同，不得超过 5 年。

（一）标签要素

（1）化学品标识；

（2）象形图；

（3）信号词；

（4）危险性说明；

（5）防范说明；

（6）应急咨询电话；

（7）供应商标识；

（8）资料参阅提示语；

（9）危险信息先后顺序。

（二）化学品安全标签样例

（1）安全标签样例

化学品安全标签样例如图3-1所示。

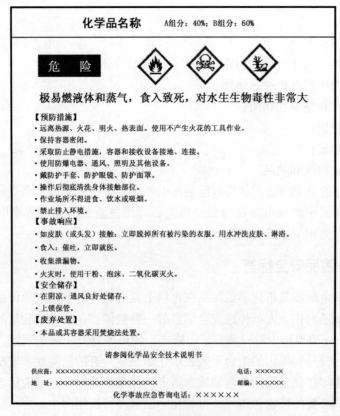

图 3-1　化学品安全标签样例

2. 简化标签样例

对于小于或等于100mL化学品小包装，为方便标签作用，安全标签要素可以简化，包括化学品标识、象形图、信号词、危险性说明、应急咨询电话、供应商名称或联系电话、资料参阅提示语即可（图3-2）。

图3-2 化学品简化标签样例

（三）NPCA HMIS 标签：

美国颜料与涂料协会（NPCA）的 HMIS 标志系统也是最常见的化学容器标签之一，它简要地描述 HMIS 标志上那些重要的危险信息，如图 3-3 所示，下方空白处应包括：

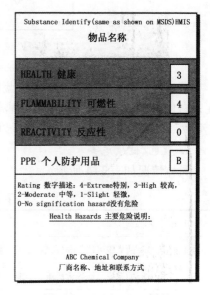

图3-3 NPCA HMIS 标签

（1）化学物品名称及健康、易燃性和反应性危险程度。

（2）个人防护用品要求栏：

A：安全眼镜；

B：安全眼镜和手套；

C：安全眼镜、手套和防化学服；

D：安全眼镜、手套、面罩和防化学服；

E：安全眼镜、手套和防尘口罩；

F：安全眼镜、手套、围裙和防尘口罩；

G：安全眼镜、防有毒蒸气过滤呼吸器；

H：防有毒蒸气过滤呼吸器；

I：安全眼镜、手套和防尘防蒸气过滤呼吸器；

J：眼罩、手套、围裙和防尘防蒸气过滤呼吸器；

K：供气式头罩或面罩、手套、安全鞋及全身防化学服；

L-Z：由业主自我定义的个人防护用品要求。

（四）NFPA 704 标签

NFPA 704 是美国消防协会制定的危险品紧急处理系统鉴别标准。它提供了一套简单判断化学品危害程度的系统，并将其用蓝、红、黄、白4色的警示菱形来表示。美国国家消防协会 NFPA 704 图标是最常见张贴在建筑物和危险品储运设施上的危险标签之一。该标签采用危险品4色图标志来表示，这是 NFPA 704 标准体系处理危险品的一种方式，如图 3-4 所示。

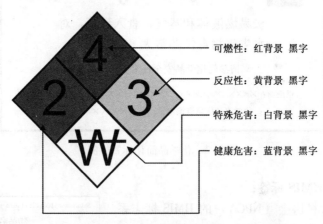

可燃性：红背景 黑字
反应性：黄背景 黑字
特殊危害：白背景 黑字
健康危害：蓝背景 黑字

图 3-4　NFPA 704 标签

警示菱形按颜色分为4部分：蓝色表示健康危害性；红色表示可燃性；黄色表示反应性；白色用于标记化学品的特殊危害性。前3部分根据危害程度被分为0、1、2、3、4五个等级，用相应数字标识在颜色区域内。

1. 蓝色/健康危害

具体情况如表3-4所示。

表 3-4　蓝色/健康危害

等级	描　　述	范例
4	短时间的暴露可能会导致死亡或重大持续性伤害	氢氰酸
3	短时间的暴露可能导致严重的暂时性或持续性伤害	氯气
2	高浓度或持续性暴露可能导致暂时失去行为能力或可能造成持续性伤害	氯仿
1	暴露可能导致不适，但是仅可能有轻微持续性伤害	氯化铵
0	暴露在火中时对人体造成的危害不超过一般可燃物	花生油

2. 红色/可燃性

具体情况如表3-5所示。

表 3-5 红色/可燃性

等级	描　述	范例
4	在大气压力和正常的室温下，材料将会迅速或完全汽化，或很容易分散在空气中，很容易造成烫伤	丙烷气
3	在几乎所有的环境温度条件下，液体和固体可以点燃	汽油
2	材料必须适度加热或暴露于相对较高的环境温度下点火之前，也可能发生	柴油
1	必须预先加热才能燃烧	芥花油（一种菜籽油）
0	不会燃烧	水

3. 黄色/反应性

具体情况如表 3-6 所示。

表 3-6 黄色/反应性

等级	描　述	范例
4	可以在常温常压下迅速发生爆炸	三硝基甲苯
3	可以在某些条件下（如被加热或与水反应等）发生爆炸	乙炔
2	在加热加压条件下发生剧烈化学变化，或与水剧烈反应，可能与水混合后发生爆炸	单质钙
1	通常情况下稳定，但是可能在加热加压的条件下变得不稳定，或可以与水发生反应	氧化钙
0	通常情况下稳定，即使暴露于明火中也不反应，并且不与水反应	液氮

4. 白色/特殊危害性

警示菱形的白色区域可能有以下符号：

W（有时被写作 W 中间加一横线）：材料可以与水发生剧烈的反应。如：镁金属。

OX（有时被写作 OXY）：具有氧化性。如：高锰酸钾。

以上两个符号是 NFPA 704 标准中规定的符号，除此之外，化学品厂商有时还使用以下符号标记在白色区域：

COR：材料具有腐蚀性。如：浓硫酸。

ACID：材料具有强酸性。如：盐酸。

ALK：材料具有强碱性。如：氢氧化钠。

（五）信号词

信号词是指标签上用来表明危险的相对严重程度和提醒读者注意潜在危险的单词。在《化学品安全标签编写规定》（GB 15258—2009）中要求，根据化学品的危险程度和类别，用"危险"、"警告"两个词分别进行危害程度的警示。"危险"用于较为严重的危险类别（即主要用于第 1 类和第 2 类），而"警告"用于较轻的类别。存在多种危险性时，如果在安全标签上选用了信号词"危险"，则不应出现信号词"警告"。所有的危险性说明都应出现在安全标签上，按物理危险、健康危害、环境危害顺序排列。信号词位于化学名称下方，要求醒目、清晰。

五、化学品安全技术说明书（SDS）（材料安全数据表 MSDS）

（一）定义

化学品安全技术说明书（SDS）是由化学品供应商向下游用户传递化学品基本危害信息（包括运输、操作处置、储存和应急行动信息）的一种载体。同时还可以向公共机构、服务机构等传递这些信息。使用单位应在作业场所备有所用化学品的 SDS。

化学品安全技术说明书（SDS）提供了该化学品在安全、健康和环境保护等方面的信息，推荐了防护措施和紧急情况下的应对措施。在一些国家化学品安全技术说明书又被称为物质安全技术说明书（MSDS），但在国家标准《化学品安全技术说明书 内容和项目顺序》（GB 16483—2008）中统一使用化学品安全技术说明书（SDS）。

SDS 的内容和通用形式：SDS 将按照下面 16 部分提供化学品的信息，每部分的标题、编号和前后顺序不应随意变更。

（1）化学品及企业标识。

主要标明化学品的名称、供应商的名称、地址、电话号码、应急电话、传真和电子邮件地址。还应说明化学品的推荐用途和限制用途。

（2）危险性概述。

标明化学品主要的物理和化学危险性信息，对人体健康和环境影响的信息，某些特殊的危险性质，危险性类别，人员接触后的主要症状及应急综述。

（3）成分/组成信息。

标明该化学品是物质还是混合物。物质应提供化学名或通用名，化学文摘登记号（CAS 号）及其他标识符。混合物不必列出所有组分，对已识别的危险组分提供其化学名或通用名、浓度或浓度范围。

（4）急救措施。

简要描述接触化学品后的急性和迟发效应、主要症状和对健康的主要影响。说明必要时应采取的急救措施及应避免的行动，包括：吸入、皮肤接触、眼睛接触和食入的急救措施、对施救者的忠告、对医生的特别提示、及时的医疗护理和特殊的治疗。

（5）消防措施。

主要说明化学品的物理和化学特殊危险性（如产品是危险的易燃品），合适的灭火方法，适合的灭火介质，不适合的灭火介质以及保护消防人员特殊的防护装备，灭火注意事项等。

（6）泄漏应急处理。

指化学品泄漏后现场可采用的简单有效的应急措施、注意事项和消除方法，包括：作业人员防护措施、防护装备和应急处置程序；环境保护措施；泄漏化学品的收容、清除方法（恢复、中和和清除）及所使用的处置材料；提供防止发生次生危害的预防措施。

（7）操作处置与储存。

操作处置应描述安全处置注意事项，包括防止化学品人员接触、防止发生火灾和爆炸的技术措施和提供局部或全面通风、防止形成气溶胶和粉尘的技术措施等，还应包括防止直接接触不相溶物质或混合物的特殊处置注意事项。

储存应描述安全储存的条件（适合的储存条件和不适合的储存条件）、安全技术措施、同禁配物隔离储存的措施、包装材料（建议采用和不采用的包装材料）。

（8）接触控制和个体防护。

在生产、操作处置、搬运和使用化学品的作业过程中，为保护作业人员免受化学品危害而采取的防护方法和手段。包括：容许浓度（如职业接触限值或生物限值）、容许浓度的发布日期、数据出处、试验方法及方法来源；减少接触的工程控制方法（是对（7）的进一步补充）；推荐使用的个体防护设备：如呼吸系统防护、手防护、眼睛防护、皮肤和身体防护及防护设备的类型和材质；若化学品只在某些特殊条件下才具有危险性，如量大、高浓度、高温、高压等，应标明这些情况下的特殊防护措施。

（9）理化特性。

主要描述化学品的外观、物理和化学性质等方面的信息，包括：外观与性状（物态、形状和颜色、气味）、pH 值、沸点（初沸点和沸程）、熔点/凝固点、闪点、燃烧上下极限或爆炸极限、蒸气压、蒸气密度、密度/相对密度、溶解性、n-辛醇/水分配系数、自燃温度、分解温度、气味阈值、蒸发速率、易燃性（固体、气体）、放射性或体积浓度等。必要时应提供数据的测定方法。

（10）稳定性和反应性。

主要描述化学品的稳定性和在特定条件下可能发生的危险反应。包括：应避免的条件（如静电、撞击或震动）、应避免的材料、不相溶的物质、危险的分解产物（一氧化碳、二氧化碳和水除外）、该化学品的预期用途和可预见的错误用途。

（11）毒理学信息。

应全面、简洁地描述使用者接触化学品后产生的各种毒性作用（健康影响）。包括：急性毒性、局部影响、慢性或长期毒理、皮肤刺激或腐蚀、眼睛刺激或腐蚀、呼吸或皮肤过敏、生殖细胞突变性、致癌性、生殖毒性、吸入危害、毒代动力学、代谢和分布信息等。如有可能，分别描述一次性接触、反复接触与连续接触所产生的毒作用、迟发效应和即时效应。

（12）生态学信息。

提供化学品的环境影响、环境行为和归宿方面的信息。如：化学品在环境中的预期行为，可能对环境造成的影响/生态毒性；持久性和降解性；潜在的生物累积性；土壤中迁移性等。如有可能，可提供更多的科学实验产生的数据或结果，任何生态学限值。

（13）废弃处置。

是指对被化学品污染的包装和无使用价值的化学品的安全处置方法和注意事项。包括为安全和有利于环境保护而推荐的废弃处置方法信息。适用于化学品（残余废弃物），也适用于任何受污染的容器和包装。同时要提醒下游用户注意当地废弃处置法规。

（14）运输信息。

是指按照国际、国内运输法规的编号与分类信息来区分不同的运输方式，如陆运、海运和空运。包括：危险货物编号、危险性分类、包装组、是否是海洋污染物。还应提供使用者需要了解或遵守的其他与运输工具有关的特殊防范措施。

（15）法规信息。

标明使用本 SDS 的国家或地区中，管理该化学品的法规名称；提供与法律相关的法规信息和化学品标签信息；提醒下游用户注意当地废弃处置法规；接受者注意了解可能存在的本地法规。

（16）其他信息。

应进一步提供从安全角度来讲任何重要的信息，是上述各项未包括的。例如：需要进行的专业培训、建议的用途和限制的用途等。参考文献可在本部分列出。

（二）场所

当生产使用单位在使用危险化学品时，应取得 MSDS，并由安全环保专业人员组织相关作业人员进行学习，将 MSDS 装订成册挂放或张贴在作业场所，提供使用者查阅。特别强调：正确选择和使用个人防护用品、怎样防止和处理贮存和运输中发生泄漏或燃爆事故、如何防止环境污染以及急救的措施和掌握消防方法等，以达到在第一时间将危害和损失减到最小。

钻井现场应按 MSDS 的建议和信息，落实各项预防事故的相应措施和设置。例如，发放相适应的个人劳动保护用品；在使用酸碱作业场所，应置备净水洗眼器或冲淋器；危险化学品的贮存应按说明书分类规定搁放；对仓库应配备相应的消防器材和冲洗水源。又如，要核查在储运和使用的危化品包装上是否贴有统一分类的安全标签；对废弃的危化品剩渣、残液和其贮存器的处理要落实到委托国家环保部门批准的有资质的单位进行。

六、安全设备和员工职责

（一）安全设备

为防止火灾事故的发生，室外应配备消防栓，室内合理配备灭火器及消防器材。

为救援人员配备空气呼吸器、防护面具、口罩、眼镜、防护服、防护鞋及防护手套等劳动保护用具；特别是在紧急事故处理危险化学物料时，必须配有供氧式防毒面具及防护眼镜。

应配备通讯器材，并保持通讯畅通。

设备附近应设置有自来水龙头、洗眼器，以便冲洗溅及人体皮肤、眼内的有毒物质，降低或避免伤害。

应设置应急照明，方便逃生和应急救援。装置内配备有必要的急救设备，如防毒面具、空气呼吸器、冲洗设备及冲洗液。

（二）员工职责

现场员工应做到以下几点：

（1）阅读危险物品的警示标签、标识、包装标志及有关资料；

（2）查看 SDS（MSDS）及可能影响安全使用有毒物品的其他有关资料；

（3）了解存在有毒有害物质的信号和症状；

（4）对作业区或封闭空间进行空气检测；

（5）掌握必要的急救技能；

（6）了解必要的个人防护措施、必要的通风系统、应急喷淋系统、灭火器和医疗救护器材的位置和使用方法；

（7）参加由公司组织的个人暴露（接触）检测；

（8）参与公司组织的医疗健康检查；

（9）知道现场相关应急程序，当事故发生后能按应急程序处理。

七、培训要求

（1）作业场所接触使用化学危险品的人员，必须强制进行有关法律、法规、规章、相关的国家标准（行业标准）和安全知识、专业理论知识技术、职业卫生防护和应急救援知识的培训，并经考核合格，发证，方可上岗作业。已取得培训合格证的人员，按国家相关标准规定，定期进行复审培训。

（2）培训的考核应坚持教考分离、统一标准、分级负责。

（3）培训部门配备相应的培训装置和专用仪器、工具等，供学员实际操作训练。培训教师应接受有资质的培训机构的正规培训，经考核合格后，方可上岗执教。

（4）作业场所应建立化学危险品事故应急体系，制订应急预案，配备应急救援人员和必要的应急救援器材、设备，并定期组织演练。

第二节　化学危险品运输

在运输化学危险品过程中，往往处于温度（高温或低温）、压力（高压或低压）等的非常态，如果失去控制，极易引起泄漏、中毒、火灾、爆炸等事故，产生严重后果，造成极为恶劣的影响。因此，全面了解化学危险品的安全运输，掌握有关化学品的安全运输规定，对降低运输事故具有重要意义。

一、化学危险品必须配有应急反应指南或安全技术说明书

化学危险品在运输过程中出现意外情况时，为了使救援人员及时了解化学危险品性能、处理方法等相关内容，化学危险品在运输时必须配有安全技术说明书或根据所运输的化学危险品制定应急反应指南（化学危险品的事故应急反应指南是指针对化学危险物品等由于各种原因造成或可能造成众多人员伤亡及其他较大社会危害，为及时控制危险源、抢救受伤人员、指导周边人员防护和组织撤离、消除危害后果而制订的一套救援程序和措施）。

二、化学危险品必须加适当的标记、标签

危险货物包装标志是张贴和固定在化学危险品上（如桶、大罐车等）的图形标志。国家标准《危险货物包装标志》GB 190—2009 中规定：标志分为标记和标签。标记 4 个；标签 26 个，其图形分别表示了 9 类危险货物的主要特性。

每种危险货物包装件应按其类别贴相应的标志，但如果某种物质或物品还有属于其他类别的危险性质，包装上除了粘贴该类标志作为主标志以外，还应粘贴表明其他危险性的标志作为副标志，副标志图形的下角还应标有危险货物的类项号。

危险货物包装标志应由生产单位在货物出厂前标打，出厂后如换包装，其标志由改换包装单位标打。

（一）标记

1. 颜色要求

危险货物包装标记颜色要求如表 3-7 所示。

表 3-7　危险货物包装标记颜色要求

序号	标记名称	颜色
1	危害环境物质和物品标记	符号黑色、底色白色
2	方向标记（两个）	符号黑色或正红色、底色白色
3	高温运输标记	符号正红色、底色白色

2. 图形

危险货物包装标记图形如图 3-5 所示。

危害环境物质和物品标记　　　　　　方向标记　　　　　　　　高温运输标记

图 3-5　危险货物包装标记图形

（二）标签

1. 颜色要求

危险货物包装标签颜色要求如表 3-8 所示。

表 3-8　危险货物包装标签颜色要求

序号	标签名称	颜色要求
1	爆炸性物质或物品 易燃气体（2.1）	符号黑色、底色橙红色 符号黑色、底色正红色或符号白色、底色正红色
2	非燃无毒气体（2.2） 毒性气体（2.3）	符号黑色、底色绿色或符号白色、底色绿色 符号黑色、底色白色
3	易燃液体 易燃固体（4.1）	符号黑色、底色正红色或符号白色、底色正红色 符号黑色、底色白色红条
4	易于自燃的物质（4.2） 遇水放出易燃气体的物质（4.3） 氧化性物质（5.1）	符号黑色、底色上白下红 符号黑色、底色蓝色或符号白色、底色蓝色 符号黑色、底色柠檬黄色
5	有机过氧化物（5.2）	符号黑色、底色红色和柠檬黄色或符号白色、底色红色和柠檬黄色
6	毒性物质、感染性物质	符号黑色、底色白色
7	一级放射性物质（7A） 二级放射性物质（7B） 三级放射性物质（7C） 裂变性物质（7E）	符号黑色、底色白色，附一条红竖条 符号黑色、底色上白下黄，附两条红竖条 符号黑色、底色上黄下白，附三条红竖条 符号黑色、底色白色
8	腐蚀性物质	符号黑色、底色上白下黑
9	杂项危险物质和物品	符号黑色、底色白色

2. 图形

危险货物包装标签图形要求如图 3-6 所示。

（三）标签的使用注意事项

（1）标签应粘贴、拴牢、喷印在化学品包装或容器的明显位置；

（2）标签的粘贴、拴牢、喷印应牢固，保证在运输、贮存期间不脱落，不损坏；

（3）标签应由生产企业在货物出厂前粘贴、挂拴、喷印。若要改换包装，则由改换包装单位重新粘贴、挂拴、喷印标签；

（4）盛装化学危险品的容器或包装，在经过处理并确认其危险性完全消除之后，方可撕下标签，否则不能撕下相应的标签。

三、化学危险品必须配有准确完整的运输单

（1）国家对化学危险品的运输实行资质认定制度；未经资质认定，不得运输化学危险品。

（2）托运化学危险品必须出示有关证明，向指定的铁路、交通、航运等部门办理手续。托运物品必须与托运单上所列的品名相符，托运未列入国家品名表内的化学危险品，应附交上级主管部门审查同意的技术鉴定书。

图 3-6 危险货物包装标签图形

（3）承运人应核实所装运化学危险品的收发货地点、时间以及托运人提供的相关单证是否符合规定，并核实货物的品名、别名、分子式、编号、规格、数量、件重、包装方法、起运日期、收发货人详细地址、标志、安全技术说明书（材料安全数据表）、安全标签、性能、危害、消防方法和应急措施以及运输要求等内容，供港口、船舶装卸、运输危险货物时参考。

（4）运输的化学危险品应正确地进行分类、包装、加标记、贴标签，具体标签或标记图案应符合国际、国内的相关标准的规定。成组包装或集装箱装运化学危险品时，除箱内货物张贴危险品标志和标记外，在成组包装或集装箱外部四周还需贴上与箱内货物内容相同的危险品标志和标记。

（5）罐式集装箱装运散装化学危险品时，还须提供罐式集装箱的检验合格证书。

（6）对于使用容器运输的化学危险品，托运时应提交"进出口商品检验局"出具的各项试验结果合格的"危险货物包装容器使用证书"。

（7）爆炸性物质和需凭证运输的化学危险品，应当持有公安部门签发的爆炸品准运证或化学危险品准运证。

（8）放射性物品，应当持有指定的卫生防疫部门核发的包装表面污染及辐射水平检查证明书。

（9）化学危险品运输必须有完整的货单。根据不同的运输方式（海运、航运、铁路）提交各自要求的货单。如：托运单、装货单、收货单、装货清单、舱单、货物积载图、提货单等。

（10）接受托运人运输的危险货物后，应进行必要的受理和验货，确定货物质量。

接受托运人提供的货物运单时，应审查货物运单上填写的事项是否符合运输条件和随同提出的证明文件是否齐备和有效。货物按指定日期搬入时，按照运单的记载检验货物的名称和件数是否与运单记载相符，状态是否良好，包装是否符合运输要求标记和必要指示标志是否齐全等。

四、运输过程中的防护要求

（1）机动车货箱应是木质底板，这样可以避免产生火花；若用铁质底板，就应采用相应的衬垫防护（如运输强氧化剂、爆炸品及用铁桶包装的一级易燃液体时，没有采取可靠的安全措施，不得用铁底板车及汽车挂车）。机动车排气管必须有隔热和熄火花装置并悬挂"危险品"标志。根据所装危险货物的性质配备相应的消防器材和捆扎、防水、防散失等器具。

（2）槽（罐）车的槽（罐）体材质必须与所装货物性质相适应，如：硝酸应用铝槽，废硝酸应用玻璃钢和不锈钢。根据需要配备双道闸门、防波板、遮阳物等安全装置。装运集装箱、大型气瓶和可移动槽（罐）的车辆，必须具备有效的坚固设备和相应的木塞。

（3）装运放射性同位素的专用运输车辆和设备必须符合卫生防疫、公安等部门的有关规定。要对车辆、设备、搬运工具、防护用品进行放射性污染情况定期检查，污染放射强度超标时，必须清洗、消毒后才能继续使用。

（4）使用的各种装卸机械要求有足够的安全系数，一般设计要求超过负荷能力的三分之一，如额定载荷5吨的吊车和行车，应能达到6~7吨的起吊能力。放射性物品应用专用运输搬运车和抬架搬运，装卸机械应按规定负荷降低25%。装运机械必须有消除火花产生的防爆装置。禁止使用易摩擦产生火花的工具，使用的工具上也不能粘有与所装货物相抵触的污染物。

（5）化学危险品装卸前，对车（船）搬运工具进行必要的通风和清扫，不得留有残渣，对装有剧毒物品的车（船），卸车后必须洗刷干净。

（6）运输散装固体危险物品，应根据性质，采取防火、防爆、防水、防粉尘飞扬和遮阳等措施。特别是温度较高地区装运液化气体和易燃液体等危险物品，要有防晒设施。

五、化学危险品的储运原则

（1）化学危险品运输企业，应当对其驾驶员、船员、装卸管理人员、押运人员进行有关安全知识培训；驾驶员、船员、装卸管理人员、押运人员必须掌握化学危险品运输的安全知识，并经所在地区的市级人民政府交通部门考核合格，取得上岗资格证。

（2）化学危险品的装卸运输人员，应按装运化学危险品的性质，配备必要的应急处理器材和相应的防护用品。化学危险品的装卸作业必须在装卸管理人员的现场指挥下进行，装卸时必须轻装轻卸，严禁摔拖、重压和磨擦，不得损毁包装容器，并注意标志，堆放稳妥。

（3）通过公路运输化学危险品，必须配备押运人员，运输爆炸、剧毒和放射性物品，押运人员不得少于2人。并随时处于押运人员的监管之下，不得超装、超载，不得进入化学危险品运输车辆禁止通行的区域。

（4）装运爆炸、剧毒、放射性、易燃液体、可燃气体等物品，必须使用符合安全要求的运输工具。

（5）运输危险物品的车辆，必须保持安全车速，保持车距，严禁超车、超速和强行会车。运输危险物品的行车路线，必须事先经当地公安交通部门批准，按指定的路线和时间运输，不可在繁华街道行驶和停留。

（6）蒸汽机车在调车作业中，对装载易燃、易爆物品的车辆，必须挂不少于2节的隔离车，并严禁溜放。

（7）易燃易爆危险品的储运原则。

①爆炸性物品：必须专库储存、专人保管、专车运输，不能同起爆药品、器材混储混运。搬运过程严格遵守有关规定，严禁摔、滚、翻、撞和摩擦。避免存放在高温场所。禁止用电瓶车、翻斗车、铲车、自行车等运输爆炸物品。

②氧化剂：除惰性不燃气体外，不得同性质相抵触的物品混存混运。避免摩擦、日晒、雨淋、漏撒。

③压缩空气和液体：不能与性质相抵触，尽管都是瓶装的气体或物质也不能混储混运。易燃气体除与惰性气体外，助燃气体除与不燃气体无机毒品外，均不得与其他物品混

储混运。要轻装轻卸，避免撞击、抛掷、炙烤等。禁止用叉车、铲车、翻斗车搬运易燃、易爆液化气体等危险物品。

④自燃物品：单独储存，与酸类、氧化剂等隔离，远离火源及热源，防止撞击、翻滚、倾倒、包装损坏。如黄磷应浸没于水中，三异丁基铝应防止受潮。

⑤遇水燃烧的物品：包装严密，存放地点干燥，严防雨雪，远离散发酸雾的物品，不与其他类别的危险品混储混运。如金属钠应浸没在矿物油中保存。禁止用小型机帆船、小木船和水泥船承运。

⑥易燃液体：单独储运，远离火源、热源、氧化剂、氧化性酸类，防止静电危害，邻近的电气设备要整体防爆。

⑦易燃固体：包装完好，轻装轻卸，防止火花、烘烤、部分品种受潮霉变。

⑧毒害品：包装严密完好，单储单运，远离火源、热源、氧化剂、酸类、食品，存放地点应通风良好。禁止用小型机帆船、小木船和水泥船承运。

⑨腐蚀物品：容器具有耐腐蚀要求，严密不漏。氧化性酸远离有机易燃品。酸类腐蚀品应与氰化物、遇水燃烧品、氧化剂隔离，不宜与碱类腐蚀剂混储混运。

⑩放射性物品：包装严密，内衬防震材料，装在屏蔽材料制成的容器内，严防放射线渗漏污染。仓库须有吸收射线的屏蔽层，按卫生部门的要求建造。

第三节　危险物品的失控和意外泄漏

本节所指失控和排放为现场出现化学危险品及其他危险品泄露时，员工所应采取的措施，员工发现事故时不能随意接触危险品，其首要职责是向责任人汇报事故情况。

一、向责任人汇报事故情况

（一）员工应该通过以下方式报告作业现场发生的任何紧急事件

中国紧急救援电话：火警（119）、交通事故（122）、急救（120）、匪警（110）；

欧盟和一些其他国家：112；

美国部分地区紧急救援电话号码：911。

请求外部紧急援助或向责任人汇报时，应提供以下信息：

（1）您的名字和位置；

（2）请求援助的电话号码；

（3）发生紧急事件的位置，包括设施名称和地址；

（4）紧急事件类型：危险化学品引发的事故类型主要包括火灾、爆炸、中毒和泄漏，事故蔓延迅速、危害严重、影响广泛；

（5）其他重要信息：受伤者的人数和现场情况、火灾或事故的位置和范围、所包含的危险材料（如容易传染的产品名字和记号、标签或名牌的描述）；

（6）需要什么援助；

（7）不要先挂电话，让紧急联络员先挂电话，以防还有未问的问题需要确认；

（8）打电话后，立即安排人员引导将要到达现场的外部应急援助车辆等。

（二）建立警戒区域

事故发生后，应根据化学品泄漏的扩散情况或火焰辐射热所涉及的范围建立警戒区，并在通往事故现场的主要干道上实行交通管制。建立警戒区域时应注意以下几项：

（1）警戒区域的边界应设警示标志并有专人警戒；

（2）除消防、应急处理人员以及必须坚守岗位人员外，其他人员禁止进入警戒区；

（3）泄漏溢出的化学品为易燃品时，区域内应严禁火种。

（三）紧急疏散

紧急疏散是为了迅速将警戒区及污染区内与事故应急处理无关的人员撤离，以减少不必要的人员伤亡。紧急疏散时应注意以下几点：

（1）遇到意外事件发生时应保持头脑清醒，听从现场疏散指挥人员的指挥，镇定撤离；

（2）牢记紧急疏散示意图所标注的疏散路线和出口，对照示意图熟悉现场的疏散路线和出口；

（3）如事故物质有毒时，需要戴个体防护用品或采用简易有效的防护措施，并有相应的监护措施；

（4）应向上风方向转移；明确专人引导和护送疏散人员到安全区，并在疏散或撤离的路线上设立哨位，指明方向；

（5）不要在低洼处滞留；

（6）要查清是否有人留在污染与着火区。

（四）现场急救

在事故现场，化学品对人体可能造成的伤害为：中毒、窒息、冻伤、化学灼伤、烧伤等，进行急救时，不论患者还是救援人员都需要进行适当的防护。

1. 现场急救注意事项

（1）选择有利地形设置急救点；

（2）做好自身及伤病员的个体防护；

（3）防止发生继发性损害；

（4）应至少2～3人为一组集体行动，以便相互照应；

（5）所用的救援器材需具备防爆功能。

2. 当现场有人受到化学品伤害时，应立即进行以下处理

（1）迅速将患者脱离现场至空气新鲜处；

（2）呼吸困难时给氧；呼吸停止时立即进行人工呼吸；心脏骤停，立即进行心脏按压；

（3）皮肤污染时，脱去污染的衣服，用流动清水冲洗，冲洗要及时、彻底、反复多次；头面部灼伤时，要注意眼、耳、鼻、口腔的清洗；

（4）当人员发生冻伤时，应迅速复温。复温的方法是：采用40～42℃恒温热水浸泡，

使其温度提高至接近正常；在对冻伤的部位进行轻柔按摩时，应注意不要将伤处的皮肤擦破，以防感染；

（5）当人员发生烧伤时，应迅速将患者衣服脱去，用流动清水冲洗降温，用清洁布覆盖创伤面，避免创伤面污染；不要任意把水疱弄破。患者口渴时，可适量饮水或含盐饮料；

（6）口服者，可根据物料性质，对症处理；

（7）经现场处理后，应迅速护送至医院救治。

注意：急救之前，救援人员应确信受伤者所在环境是安全的。另外，口对口的人工呼吸及冲洗污染的皮肤或眼睛时，要避免进一步受伤。

二、除非进行过适当的培训，否则不能处置

化学品事故的特点是发生突然，扩散迅速，持续时间长，涉及面广。一旦发生化学品事故，往往会引起人们慌乱，若处理不当，会引起二次灾害。因此，各企业应制订和完善化学品事故应急计划，让每一个员工都知道应急方案，定期进行培训、演练，增强员工自我保护意识，提高广大员工对付突发性灾害的应变能力，做到遇灾不慌、临阵不乱、准确判断、正确处理。

（一）泄漏处理

化学危险品泄漏后，不仅污染环境，对人体造成伤害，对可燃物质还有引发火灾爆炸的可能。因此，对泄漏事故应及时、正确处理，防止事故扩大。

泄漏处理一般包括泄漏源控制及泄漏物处理两大部分。

1. 泄漏处理注意事项

进入泄漏现场进行处理时，应注意以下几项：

（1）警戒区域的边界应设警示标志，并有专人警戒；

（2）如果泄漏物是易燃易爆的，区域内应严禁火种；

（3）应急处理时严禁单独行动，要有监护人，必要时用水枪、水炮掩护；

（4）除消防、应急处理人员以及必须坚守岗位的人员外，其他人员禁止进入警戒区；

（5）进入现场人员必须配备必要的个人防护器具。

2. 泄漏源控制

通过控制泄漏源来消除化学品的溢出或泄漏。可通过以下方法：

（1）在上级的指令下进行，通过关闭有关阀门、停止作业或通过采取改变工艺流程、物料走副线、局部停车、打循环、减负荷运行等方法。

（2）容器发生泄漏后，应采取措施修补和堵塞裂口，制止化学品的进一步泄漏，对整个应急处理非常关键。能否成功地进行堵漏取决于几个因素：接近泄漏点的危险程度、泄漏孔的尺寸、泄漏点处实际的或潜在的压力、泄漏物质的特性。

3. 泄漏物处理

现场泄漏物要及时进行覆盖、收容、稀释、处理，使泄漏物得到安全可靠的处置，防止二次事故发生。

泄漏物处置主要有4种方法：

（1）围堤堵截：如果化学品为液体，泄漏到地面上时会四处蔓延扩散，难以收集处理。为此需要筑堤堵截或者引流到安全地点。贮罐区发生液体泄漏时，要及时关闭雨水阀，防止物料沿明沟外流。

（2）稀释与覆盖：为减少大气污染，通常是采用水枪或消防水带向有害物蒸气云喷射雾状水，加速气体向高空扩散。在使用这一技术时，将产生大量的被污染水，因此应疏通污水排放系统。对于可燃物，也可以在现场施放大量水蒸气或氮气，破坏燃烧条件。对于液体泄漏，为降低物料向大气中的蒸发速度，可用泡沫或其他覆盖物品覆盖外泄的物料，在其表面形成覆盖层，抑制其蒸发。

（3）收容（集）：对于大型泄漏，可选择用隔膜泵将泄漏出的物料抽入容器内或槽车内；当泄漏量小时，可用沙子、吸附材料、中和材料等吸收中和。

（4）废弃：将收集的泄漏物运至废物处理场所处置。用消防水冲洗剩下的少量物料，冲洗水排入含油污水系统处理。

4. 在储运过程中，如果出现泄漏现象，应该采取如下措施

（1）爆炸品：迅速转移至安全场所修理或更换包装，对漏洒的物品及时用水湿润，洒些锯屑或棉絮等松软物，轻轻收集。

（2）压缩气体或易挥发液体：打开车门、库门，并移到通风场所。液氨漏气可浸入水中，其他剧毒气体应浸入石灰水中。

（3）自燃品或遇水燃烧品：黄磷洒落后要迅速浸入水中，金属钠、钾等必须浸入盛有煤油或无水液体石蜡的铁桶中。

（4）易燃品：将渗漏部位朝上。对漏洒物用干燥的黄沙、干土覆盖后清理。

（5）毒害品：迅速用沙土掩盖，疏散人员，请卫生防疫部门协助处理。

（6）腐蚀品：用沙土覆盖，清扫后用清水冲洗干净。

（7）放射品：迅速远离放射源，保护好现场，请卫生防疫部门指导处理。

注意：化学品泄漏时，除受过特别训练的人员外，其他任何人不得试图清除泄漏物。

（二）火灾控制

化学危险品容易发生火灾、爆炸事故，但不同的化学品以及在不同情况下发生火灾时，其扑救方法差异很大，若处置不当，不仅不能有效扑灭火灾，反而会使灾情进一步扩大。此外，由于化学品本身及其燃烧产物大多具有较强的毒害性和腐蚀性，极易造成人员中毒、灼伤。因此，扑救化学危险品火灾是一项极其重要又非常危险的工作。从事化学品生产、使用、储存、运输的人员和消防救护人员平时应熟悉和掌握化学品的主要危险特性及其相应的灭火措施，并定期进行防火演习，加强紧急事态时的应变能力。

一旦发生火灾，每个员工都应清楚地知道自己的作用和职责，掌握有关消防设施、人员的疏散程序和化学危险品灭火的特殊要求等内容。

1. 灭火注意事项

发生化学品火灾时，灭火人员不应单独灭火，出口应始终保持清洁和畅通，要选择正

确的灭火剂，灭火时还应考虑人员的安全。

2. 灭火对策

（1）扑救初期火灾。

在火灾尚未扩大到不可控制之前，应使用适当移动式灭火器来控制火灾。迅速关闭火灾单位的上下游阀门，切断进入火灾事故地点的一切物料，然后立即启用现有各种消防设备、器材扑灭初期火灾和控制火源。

（2）对周围设施采取保护措施。

为防止火灾危及相邻设施，必须及时采取冷却保护措施，迅速疏散受火势威胁的物资。有的火灾可能造成易燃液体外流，这时可用沙袋或其他材料筑堤拦截流淌的液体或挖沟导流将物料导向安全地点，另外，用毛毡、海草帘堵住下水井、阴井口等处，防止火焰蔓延。

（3）火灾扑救。

扑救化学危险品火灾决不可盲目行动，应针对每一类化学品，选择正确的灭火剂和灭火方法。必要时采取堵漏或隔离措施，预防次生灾害扩大。当火消灭以后，仍然要派人监护，清理现场，消灭余火。

几种特殊化学品的火灾扑救注意事项如下：

（1）扑救液化气体类火灾，切忌盲目扑灭火势，在没有采取堵漏措施的情况下，必须保持稳定燃烧。否则，大量可燃气体泄漏出来与空气混合，遇着火源就会发生爆炸，后果将不堪设想。

（2）对于爆炸物品火灾，切忌用沙土盖压，以免增强爆炸物品爆炸时的威力；另外扑救爆炸物品堆垛火灾时，水流应采用吊射，避免强力水流直接冲击堆垛，以免堆垛倒塌再次爆炸。

（3）对于遇湿易燃物品火灾，绝对禁止用水、泡沫、酸碱等湿性灭火剂扑救。

（4）氧化剂和有机过氧化物的灭火比较复杂，针对具体物质具体分析。

（5）扑救毒害品和腐蚀品的火灾时，应尽量使用低压水流或雾状水，避免腐蚀品、毒害品溅出；遇酸类或碱类腐蚀品最好调制相应的中和剂稀释中和。

（6）易燃固体、自燃物品一般都可用水和泡沫扑救，只要控制住燃烧范围，逐步扑灭即可。但有少数易燃固体、自燃物品的扑救方法比较特殊。如：二硝基苯甲醚、二硝基萘、萘等是易升华的易燃固体，受热放出易燃蒸气，能与空气形成爆炸性混合物，尤其在室内，易发生爆燃。扑救过程中应不时向燃烧区域上空及周围喷射雾状水，并消除周围一切火源。

注意：化学品火灾的扑救由专业消防队来进行。其他人员不可盲目行动，待消防队到达后，介绍介质，配合扑救。

应急处理过程并非是按部就班地按以上顺序进行，而是根据实际情况尽可能同时进行，如化学危险品泄漏，应在报警的同时尽可能切断泄漏源等。

第四章 职 业 保 健

职业保健是研究人类从事各种职业劳动过程中的卫生问题，在职业活动过程中免受有害因素侵害，其中包括劳动环境对劳动者健康的影响以及防止职业性危害的对策。只有创造合理的劳动工作条件，才能使所有从事劳动的人员在体格、精神、社会适应等方面都保持健康。只有防止职业病和与职业有关的疾病，才能降低病伤缺勤，提高劳动生产率。因此，职业保健实际上是指对各种工作中的职业病危害因素所致损害或疾病的预防。

职业保健是人类享有的基本权利，职业保健的目的是通过改善劳动条件消除和防止职业危害，减少职业病，从而保障职工身体健康、促进国家经济建设。

第一节 概 述

一、职业保健的意义

职业保健工作是企业生产不可缺少的组成部分，它随着生产发展而发展，与生产同步进行。因为劳动者在生产过程中存在着各种不安全、不卫生的因素，为保护其在生产过程中的安全和健康，使生产顺利进行，所以必须在改善劳动者的劳动条件、消除事故隐患、预防事故和职业性危害、有合理的工作和休息时间以及女工保护等方面采取各种组织措施和技术措施，这些措施统称为职业保健。

职业保健是安全生产的主要任务之一。安全生产是保护劳动者安全健康和发展生产力的一项重要工作，是保证经济建设持续、稳定发展的一项重要工作，是保证社会安定团结的基本条件，是社会文明的重要标志。

二、职业保健工作的任务

为防止生产过程中发生各类事故，形成良好的劳动环境和秩序，而采取各种措施和活动，都是职业保健的基本任务。其内容包括：

（1）采取各种组织措施，制定劳动安全法规和制度，开展安全教育，提高全民安全意识；

（2）采取各种安全技术措施，配备劳动防护用品，控制和消除生产过程中的各种不安全因素，减少或杜绝工伤事故的发生；

（3）采取各种劳动卫生措施，改善劳动条件，预防职业病，保护员工身心健康；

（4）保证劳动者合理的工作和休息时间；

（5）根据女工的生理特点，对女工进行特殊保护。

三、职业保健的基本要求

石油生产具有易燃、易爆、连续化的特点，因此，职业保健在生产中至关重要。其工作归纳起来，一是保障职工在生产过程中的安全和健康，防止工伤事故和职业性危害；二是防止生产过程中发生其他各类事故，确保生产正常运行，财产不受损失。要搞好职业保健工作，不仅是企业领导人的事，而且是全体职工共同的事情。要达到这一目的，首先应明确石油企业生产的职业保健基本要求。其内容如下：

（一）树立"安全第一，预防为主"的思想

生产活动是人类最基本的实践活动，生产劳动是人类赖以生存和发展的必要条件。在石油化工生产中存在着各种不安全、不卫生的因素，如不加以保护随时可能发生各类事故。劳动者在生产过程中必须把安全工作放在首位，牢固树立"安全第一，预防为主"的思想，无论从事何种工作，首先都要考虑可能存在的危险因素，应注意些什么，该采取哪些预防措施，当生产工作与安全发生矛盾时，生产工作必须服从于安全。职业安全卫生不仅关系到国家、企业的利益，而且直接关系到员工的切身利益，所以，生产必须安全是国家的要求，又是劳动者本身的需要。树立"安全第一，预防为主"的思想不能是一时一事，要将其贯穿于所有生产活动过程的始终。

（二）严格地执行职业保健制度和安全技术操作规程

职业保健规章制度、标准是劳动者在生产活动中安全行为的准则，它是广大劳动者长期生产劳动过程中深化认识、经验积累的科学结晶，是安全生产的根据，并且有法律性质。石油企业根据本身的生产特点，制定了各项职业保健制度和规程，如防火防爆、人身安全、车辆安全和防止窒息中毒、防止静电危害等规定，并要求每个员工必须认真学习和严格遵守，各生产岗位和工种都制定相应的安全生产责任制、安全技术操作规程，严格遵守和执行这些制度和规程，是每个职工劳动的需要，是必须履行的义务。对违反者要加以制止，对违章而造成事故者要追究责任，严肃处理。

（三）正确使用佩戴劳动防护用品、用具

生产劳动中使用佩戴劳动防护用品、用具是防止工伤事故、减少职业性危害的重要辅助措施。各种劳动防护用品、用具必须坚持用于生产劳动过程中，并按规定正确使用和佩戴，不得挪作他用，更不准损坏。专用防护用品要保持清洁和完好。

四、职业保健的几个基本概念

（1）职业病：是指企业、事业单位和个体经济组织（用人单位）的劳动者在职业活动中，因接触粉尘、放射性物质或其他有毒有害物质等因素而引起的疾病。

（2）职业病危害：是指从事职业活动的劳动者可能导致职业病的各种危害。职业病危害因素包括：职业活动中存在的各种有害的化学因素、物理因素和生物因素，以及在作业过程中产生的其他职业有害因素。

（3）职业禁忌：是指劳动者在从事特定职业或者接触特定职业病危害因素时，比一般职业人群更易于遭受职业病危害和罹患职业病，或者可能导致原有自身疾病病情加重，或者在从事作业过程中诱发可能导致对他人生命健康构成危险的疾病的个人特殊生理或者病理状态。

（4）劳动条件：包括生产过程、劳动过程和生产环境三个方面。生产过程随着生产设备、使用材料和生产工艺而改变。劳动过程是指生产过程中的劳动组织、操作体位和方式及体力劳动和脑力劳动比例等。生产环境可以是大自然的环境，也可以是按生产过程需要而建立起来的人工环境。

五、职业危害因素

不良劳动条件下存在各种职业危害因素，它们对健康所引起的影响，统称为职业性损害。职业危害因素按来源可分为下列三大类。

（一）生产过程中的有害因素

1. 化学因素

（1）有毒物质，如铅、汞、苯、一氧化碳、有机磷农药等。

（2）生产性粉尘，如硅尘、石棉尘、煤尘、有机粉尘。

2. 物理因素

（1）异常气象条件，如高温、高湿、低温。

（2）异常气压，如高气压、低气压。

（3）噪声、振动。

（4）非电离辐射，如可见光、紫外线、红外线、射频、微波、激光等。

（5）电离辐射，如 X 射线、γ 射线等。

3. 生物因素

如附于皮毛上的炭疽杆菌等。

（二）劳动过程中的有害因素

（1）劳动组织和制度不合理，劳动作息制度不合理等。

（2）精神紧张。

（3）劳动强度过大或生产定额不当。

（4）个别器官或系统过度紧张。

（5）长时间处于某种不良体位或使用不合理的工具等。

（三）生产环境中的有害因素

（1）自然环境中的有害因素，如夏季的太阳辐射。

（2）厂房建筑或布置不合理，如有毒工段与无毒工段安排在一个车间。

（3）由于不合理的生产过程所造成的环境污染。

生产性有害因素对人体造成不良影响的条件，主要包括以下四个方面：

（1）有害因素的强度（剂量）。

（2）接触时间的长短。

（3）外界环境与有害因素的综合作用。

（4）个体敏感性（个体因素）。

当有害因素对人体作用时，如超过人体生理承受范围，将产生三种不良后果：

（1）有些有害因素能引起身体的外表变化，俗称职业特征，如皮肤色素沉着、胼胝等。

（2）当有害因素作用到一定程度、一定时间后，造成特定的功能性或器质性病理改变，此时可引起职业病，出现相应的临床表现，并可能出现不同程度的劳动能力降低或损伤。

（3）生产性有害因素还可能降低身体对一般疾病的抵抗能力，表现为患病率增高或病程延长。这种情况称为非特异作用。

六、职业病的特点

（1）有明确的病因。职业危害因素和职业病之间有明确的因果关系，病因和临床表现均有特异性。

（2）职业因素的数量，决定了职业病的有无、轻重、缓急，即有剂量—反应的关系。

（3）有特定的发病范围，同样工作的其他人，按照上述规律而发生不同的反应。

（4）控制病因和发病条件，即去除职业因素，可有效地降低其发病率，甚至使其绝迹或明显改变职业危害因素的作用特征。如能早期发现，及时合理处理，则容易康复。

（5）治疗方法。目前很少有特效方法，治疗个体，无助于控制人群中发病。少数毒物（如铅、汞、镉、苯、二硫化碳等）可对中毒者的子代发生不良影响。因此，职业病是一类人为的疾病，其发生和发展规律与人类的生产活动及职业病的防治工作有直接关系。

七、钻井施工作业中可能发生的职业病

尘肺、电焊工尘肺、外照射慢性放射病、放射性皮肤疾病、放射性甲状腺疾病、放射性性腺疾病、硫化氢中毒、甲醇中毒、中暑、手臂振动病、接触性皮炎、电光性皮炎、化学性皮肤灼伤、化学性眼部烧伤、电光性眼炎、职业性白内障（含辐射性白内障）、噪声聋、职业性哮喘等。

第二节　处理工业卫生危险时员工的职责

工业卫生工作必须贯彻"预防为主"的卫生工作方针，实行国家监察、行政管理、群众（工会组织）监督的管理制度，要依靠技术进步和科学管理改善作业条件，减少和消除职业危害，控制和防止职业病发生，以确保员工知道他们所在工作环境中的所有危害、正确的急救方法、接触有害物质时应采取的措施及应付这些危害的合适的保护装备和控制办法等，最大限度地保证员工的安全。有利于促进企业安全生产，保护劳动者健康权益。

一、危害健康的物品的处理措施

在生产劳动过程中接触有毒有害的物品，有可能对人员、财产或环境造成严重的破坏或损害，如员工未经严格培训并取得相应的许可，不要处理和接触，而应采取以下步骤：

（1）判断是何种危险物品（如根据贮存清单、铭牌、标签或标记）。

（2）通知危险区附近的其他员工。

（3）撤退到安全区域。向上风方向撤离，协助受伤人员撤离（只有在不进入危险区或污染区的情况下才可以，否则将自身难保），根据所接受过的培训和自身能力，采取必要的防范措施帮助其他受伤人员。注意避免接触有毒有害物质。

（4）隔离危险区。设置警告标志，禁止进入危险区；关紧门和保护通风设备（可行的话）。根据现场情况，采取适当的行动保护重大作业或重要设备。

（5）拨打119火警电话寻求帮助（或其他紧急号码）。

（6）向紧急援助机构的联络员报告现场情况和有关信息（如根据铭牌、标签和记号识别危险物料以及这些物料的用途、存放地点等）。

（7）若有毒物逸散入作业环境空气中时，必须正确使用个体防护用品（呼吸防护器、防护帽、防护眼镜、防护面罩、防护服和皮肤防护用品等）；必须对使用者进行培训，注意其防护特性和效能。并在平时保持良好的维护，才能使其很好地发挥效用。

（8）随时为应急反应人员提供有效的化学产品安全技术说明书（MSDS）。

二、向负责人报告可疑的健康危害

有毒有害危险品的泄漏或释放，在不了解泄漏物体的特性时，除不能接触外，应及时向上级报告或向主管负责人汇报，并按应急程序处理，此时的职责主要是离开危险源和向上级报告，处理决定应由主管部门发出。具体程序如下：

（1）立即向负责人报告，按要求组织人员自救。接报后立即启动危险品泄漏事故应急预案，下达相关指令。

（2）立即保护好作业现场，设置安全警戒区域。疏散危险品作业周围的无关人员及机械，管制交通，阻止闲杂人员和车辆进入事故现场，通知消防及医疗部门做好应急准备。

（3）在现场拉起警戒线，严格限制人员进入，并切断电源，防止发生爆炸和其他伤害。

（4）应急抢险队立即进入抢险位置，按照应急预案的要求准备实施抢险和排除。

三、暴露类型

（一）皮肤接触

有些毒物如芳香族的氨基、硝基化合物，有机磷酸酯化合物，氨基甲酸酯化合物，金属有机化合物（四乙铅）等可通过皮肤吸收引起中毒。经皮肤吸收的毒物可以通过表皮屏障到达真皮，进入血液；也可以通过皮肤的附属器官（毛囊、皮脂腺或汗腺）进入真皮。

皮肤附属器官虽然分布广泛，但其总截面积仅占皮肤面积的 0.1% ~ 1.0%，故实际意义不大。经皮肤吸收的毒物直接进入大循环。

影响毒物经皮肤吸收的因素有脂水分配系数、毒物的浓度和黏稠度、接触皮肤的部位和面积、生产环境的气象条件及溶剂的种类。

（二）吸入

气体、蒸汽及气溶胶形式的毒物主要通过呼吸道进入人体。由于肺泡呼吸膜薄，呼吸膜的扩散面积很大，正常成人达 $70m^2$，故毒物可迅速大量通过，直接进入体循环，毒性作用发挥较快。

影响气态毒物经呼吸道吸收的因素很多：

（1）空气中毒物的浓度。浓度愈高，吸收愈快。

（2）毒物的相对分子质量及血/气分配系数。相对分子质量越小，血/气分配系数越大，毒物吸收越快。

（3）毒物的水溶性。水溶性较大的毒物，易为上呼吸道吸收，除非浓度较高，一般不易到达肺泡；水溶性较差的毒物，因其对上呼吸道的刺激较小，易进入呼吸道的深部。

（4）劳动强度、呼吸的深度和频率、肺通气量与肺血流量，以及生产环境的气象条件。

影响气态毒物经呼吸道吸收的情况颇为复杂，它们在呼吸道的滞留量与呼吸方式和其粒子直径大小、溶解度及呼吸系统的清除功能有关。

（三）电磁辐射

非电离辐射与电离辐射均属于电磁辐射。电磁辐射以电磁波的形式在空间向四周辐射传播，它具有波的一切特性，其波长 λ、频率 f，传播速度 c 之间的关系为 $\lambda = c/f$。

电磁辐射在介质中的波动频率，以"赫（Hz）"表示，常采用千赫（kHz）、兆赫（MHz）、吉赫（GHz）。其相互关系为：1kHz = 1000Hz，1MHz = 1000kHz，1GHz = 1000MHz。

波长短、频率高、辐射能量大的电磁辐射，生物作用强；反之生物作用弱。

量子能量水平达到 12eV 以上时，电磁辐射对物体有电离作用，导致机体严重损伤，这类电磁辐射称为电离辐射。α 射线、β 射线、γ 射线、X 射线、中子射线等，属于电离辐射中的粒子辐射。

量子能量水平低于 12eV 时，电磁辐射不足以使生物机体发生电离作用，这类电磁辐射称为非电离辐射，如紫外线、可见光、红外线、射频及激光等。紫外线的量子能量介于非电离辐射和电离辐射之间。

（四）噪声

噪声是一种人们不希望听到的声音，会影响人的情绪和健康，干扰工作、学习和正常生活。从卫生学的角度讲，凡是使人感到厌烦或不需要的声音皆称为噪声。噪声是影响范围广泛的一种生产性有害因素，在生产劳动过程中有可能接触。

1. 噪声的分类

（1）机械性噪声：由于机械转动所产生的噪声。如冲压、打磨等发出的声音。

（2）流体动力性噪声：气体压力或体积的突然变化或流体流动产生的声音，如空气的压缩或释放发出的声音。

（3）电磁性噪声：如变压器所发出的声音。

2. 噪声对人体的影响

（1）噪声对听觉系统的影响：暂时性听阈位移、永久性听阈位移、噪声性耳聋及爆炸性耳聋。

（2）噪声对神经系统的影响：可出现头痛、头晕、心悸、睡眠障碍和全身乏力等神经衰弱综合征，还有的表现为记忆力减退和情绪不稳定（如易激怒等）。

（3）噪声对心血管系统的影响：长期接触较强的噪声可以引起血压升高。

（4）噪声对内分泌及免疫系统的影响：在中等强度噪声（70～80dB）作用下，肾上腺皮质功能增强。而在大强度（100dB）噪声作用下，功能减弱。免疫功能降低，接触噪声时间愈长，变化愈显著。

（5）噪声对消化系统及代谢功能的影响：在噪声影响下，可以出现胃肠功能紊乱、食欲不振、胃液分泌减少、胃紧张度降低、胃蠕动减慢等变化。

四、监测和减轻危险

（一）职业危害因素监测

职业危害因素常在强度、时间、空间的分布有变动，这取决于生产过程、操作方式及外界环境条件。为全面、准确地评定作业场所职业病危害程度，有效改善作业环境提供依据，需要对作业场所中可能引起员工健康损害的职业病危害因素进行监测。

有国家职业卫生标准或职业病诊断标准的职业病危害因素为重点监测对象。

（1）职业病危害作业场所（岗位）：是指受化学毒物、物理因素、粉尘等各种生产性职业病危害因素污染的作业场所。其具体划分原则如下：

①在同一厂房（空间）内，存在同一性质的职业病危害因素，作业采取流水方式，且每道工序的作业点及作业人员又相对固定，则每道工序为一个场所（岗位）。

②在同一厂房（空间）内，存在同一性质的职业病危害因素，生产规模较小，或作业员工同时完成多道工序作业，则以整个厂房（空间）为一个场所（岗位）。

③一种生产作业如同时产生多种职业病危害因素，以主要职业病危害因素确定场所（岗位）。

④凡能产生职业病危害因素的设备，一般以单台设备划分场所，多台设备产生同一性质的职业病危害因素而又相互影响时，可划为一个场所。

⑤野外作业或作业地点不固定但有相对固定的设备，按职业病危害因素发生源划分场所；无相对固定的设备，按作业单位划分场所。

（2）监测内容。

①职业病危害因素监测：职业病危害监测和卫生评价、职业病危害预防与控制、职业病健康监护与报告、职业病事故调查。

②电离辐射健康危害因素监测：放射性危害因素监测、电离辐射危害因素卫生评价、放射工作人员健康监护、放射事故的调查处置。

③食品健康危害因素监测：食源性疾病的预防、食品安全评价、公共营养监测、营养改善、食源性疾病控制与报告、食品污染事故的调查。

④环境健康危害因素监测：生活饮用水水质及危害因素监测、公共场所卫生及健康危害因素监测、居住等室内环境健康危害因素监测、环境健康危害影响调查、环境相关疾病预防控制与报告。

（3）对作业场所的毒物、粉尘、物理因素等检测方法应符合国家有关标准或规定。石油企业职业病危害因素检测周期为：

①高毒危害因素，每季度至少检测一次；硅尘类危害因素，每半年至少检测一次；其他尘、毒职业病危害因素，每年至少检测一次。

②噪声、局部振动、微波、高频、射线每年至少检测一次。

③高温作业场所，在当地气温最高月份检测一次。

（4）检测工作包括以下方面：

①职业病危害作业场所的定期定点检测。

②现有装置生产设备更新、改造、检修的检测。

③事故性检测。

④新建、改建、扩建及技术引进、技术改造等建设项目竣工验收前的检测。

⑤职业卫生防护技术措施效果评价的检测。

⑥其他临时性检测等。

（二）减轻职业病危害

为了预防、控制和消除职业病危害，防治职业病，保护员工健康，我们应该采取有效的预防措施与控制方法减轻职业病危害。

（1）前期预防：公司（项目部）提供给员工的工作场所环境应当符合下列职业卫生要求。

①职业病危害因素的强度或者浓度符合国家职业卫生标准。

②有与职业病危害防护相适应的设施。

③生产布局合理，符合有害与无害作业分开的原则。

④有配套的更衣间、洗浴间、休息间等卫生设施。

⑤设备、工具、用具等设施符合保护劳动者生理、心理健康的要求。

⑥法律、行政法规和国务院卫生行政部门关于保护劳动者健康的其他要求。

（2）作业过程中的防护与管理：公司（项目部）应当采取下列职业病防治管理措施：

①配备专职或者兼职的职业卫生专业人员，负责本单位的职业病防治工作。

②制定职业病防治计划和实施方案。

③建立、健全职业卫生管理制度和操作规程。

（3）公司（项目部）必须采用有效的职业病防护设施，并为劳动者提供个人使用的职业病防护用品。为员工个人提供的职业病防护用品必须符合防治职业病的要求。不符合要求的，不得使用。

（4）公司（项目部）应当优先采用有利于防治职业病和保护员工健康的新技术、新工艺、新材料，逐步替代职业病危害严重的技术、工艺、材料。

（5）存在职业病危害的施工场所，应当在醒目位置设置公告栏，公布有关职业病防治的规章制度、操作规程、职业病危害事故应急救援措施和工作场所职业病危害因素检测结果。存在严重职业病危害的作业岗位，应当在其醒目位置，设置警示标识和中文警示说明。警示说明应当说明产生职业病危害的种类、后果、预防以及应急救治措施等内容。

（6）对可能发生急性职业损伤的有毒、有害工作场所，公司（项目部）应当设置报警装置，配置现场急救用品、冲洗设备、应急撤离通道和必要的泄险区；对职业病防护设备、应急救援设施和个人使用的职业病防护用品，应当进行经常性的维护、检修，定期检测其性能和效果，确保其处于正常状态，不得擅自拆除或者停止使用。

（7）公司（项目部）应当实施由专人负责的职业病危害因素日常监测，并确保监测系统处于正常运行状态。

（8）公司下属单位（项目部）应当定期对工作场所进行职业病危害因素检测、评价。检测、评价结果存入公司职业卫生档案。

（9）发现工作场所职业病危害因素不符合国家职业卫生标准和卫生要求时，应当立即采取相应的治理措施，仍然达不到国家职业卫生标准和卫生要求的，必须停止存在职业病危害因素的作业；职业病危害因素经治理后，符合国家职业卫生标准和卫生要求的，方可重新作业。

（10）对采用的技术、工艺、材料，应当熟悉其产生的职业病危害，对有职业病危害的技术、工艺、材料隐瞒其危害而采用的，对所造成的职业病危害后果承担责任。

（11）应当将工作过程中可能产生的职业病危害及其后果、职业病防护措施等如实告知施工人员，并实行交底签字后方可上岗，不得隐瞒或者欺骗。

（12）对施工人员进行上岗前的职业卫生培训和在岗期间的定期职业卫生培训，普及职业卫生知识，督促劳动者遵守职业病防治法律、法规、规章和操作规程，指导施工人员正确使用职业病防护设备和个人使用的职业病防护用品。

（13）施工人员应当学习和掌握相关的职业卫生知识，遵守职业病防治法律、法规、规章和操作规程，正确使用、维护职业病防护设备和个人使用的职业病防护用品，发现职业病危害事故隐患应当及时报告。

（14）发生或者可能发生急性职业病危害事故时，项目部应当立即采取应急救援和控制措施，并及时报告，启动应急预案。

第三节　工作场所的潜在危险

在钻井施工现场，有很多潜在的危险，其中有些是致命的，如高浓度的 H_2S，但多数会使人产生职业性损害（职业病），如噪声、振动、粉尘等。了解危险源的特性，对于提高员工自我防护意识，减轻伤害有重大意义。钻井中可能遇到的职业性危害有：

（1）H_2S，主要是钻入含 H_2S 地层时，大量 H_2S 侵入井中。

（2）烟雾（主要是柴油机燃烧产生）或柴油蒸气（挥发气体）。

（3）噪声，主要由机械动力产生。

（4）粉尘，主要为固井时水泥粉尘。

（5）机械振动，操作机械时产生。

（6）强酸强碱，钻井液处理剂中的一些酸碱物质。接触时可引起化学性灼伤。

一、H_2S 防护

在钻井施工作业的 H_2S 防护工作中，必须了解井场地形、钻机设备布置与当地季节风方向之间的关系、H_2S 监测仪器放置情况、报警器音响特点和风向标位置，以及安全撤离路线等。掌握防毒面具、供氧呼吸器等防护器具及硫化氢监测仪器的性能和使用方法，具备救护 H_2S 中毒人员的知识和基本技能。

（一）H_2S 的特性

（1）H_2S 的物理化学性质。H_2S 是一种无色、剧毒、强酸性气体。低浓度的 H_2S 气体有臭鸡蛋味。其相对密度为 1.189（103.42kPa，15.55℃），比空气重。H_2S 燃点为 260℃，燃烧时呈蓝色火焰，产生有毒的二氧化硫。H_2S 与空气混合，浓度达 4.3% ~ 46% 时就形成一种爆炸混合物。

（2）H_2S 对人体的危害。H_2S 的毒性比一氧化碳大 5 ~ 6 倍，毒性几乎与氰化氢相同。不同浓度的 H_2S 对人体的危害不同，具体见表 4-1。

表 4-1　不同浓度的 H_2S 对人体的危害

H_2S 浓度[①]		人 体 中 毒 情 况
%	mg/L	
0.001	15	可嗅到明显的臭鸡蛋气味
0.002	30	可在露天安全工作 8h
0.01	150	3 ~ 15min 可抑制嗅觉，能刺痛眼和喉道
0.02	300	很短时间内就抑制嗅觉，刺痛眼和喉道
0.05	750	人发晕，几分钟内停止呼吸，需立即做人工呼吸
0.07	1050	很快就不省人事，若不立即做人工呼吸将导致死亡
0.10	1500	立即不省人事，几分钟内死亡

①103.42kPa，15.55℃。

（3）H_2S 对金属材料的腐蚀。H_2S 溶于水形成弱酸，对金属的腐蚀形式有电化学失重腐蚀、氢脆和硫化物应力腐蚀开裂，以后两者为主，一般统称为氢脆破坏。氢脆破坏往往造成井下管柱的突然断落、地面管汇和仪表的爆破、井口装置的破坏，甚至发生严重的井喷失控或着火事故。

（4）H$_2$S能加速非金属材料的老化。在地面设备、井口装置、井下工具中有橡胶、浸油石墨、石棉等非金属材料制作的密封件，它们在H$_2$S环境中使用一定时间后，橡胶会产生鼓泡，胀大失去弹性，浸油石墨及石棉绳上的油会被溶解而导致密封件失效。

（5）H$_2$S对钻井液的污染。主要是对水基钻井液有较大的污染，会使钻井液性能发生很大变化，如密度下降、pH值下降、黏度上升，以至形成流不动的胶状，颜色变为瓦灰色、墨色或墨绿色。

（二）钻井过程中H$_2$S的来源

（1）某些钻井液处理剂在高温高热分解作用下，产生H$_2$S。

（2）钻井液中细菌的作用。

（3）钻入含H$_2$S地层，大量H$_2$S侵入井中。H$_2$S气田多存在于碳酸盐岩—蒸发岩地层中，尤其是在与碳酸岩伴生的硫酸盐沉积环境中，H$_2$S更为普遍。一般情况下，H$_2$S含量随地层埋深增加而增大。

（三）含硫气田井场及钻机设备的布置

（1）进行钻井工程前，应从气象资料中了解当地季节风的风向。

（2）井场及钻机设备的安放位置应考虑季节风风向。井场周围要空旷，尽量在前后或左右方向能让季节风畅通。钻机设备及井场布置如图4-1所示。

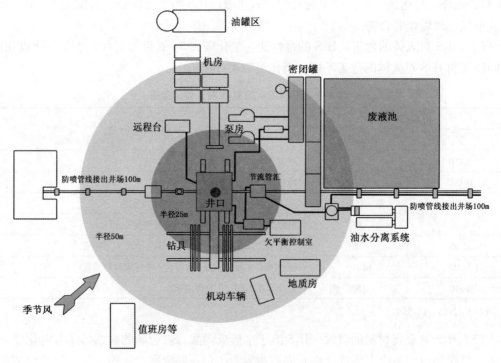

图4-1　钻机设备及井场布置

（3）测井车等辅助设备和机动车辆应尽量远离井口，至少在25m以外。

（4）井场值班室、工作室、钻井液室等应设置在井场季节风的上风方向。

（5）在季节风上风方向较远处专门设置消防器材室，配备足够的防毒面具和配套供氧呼吸设备。供氧呼吸设备在空气中含任何浓度的H_2S的情况下能给钻井人员以保护，当氧气不足时还能发出警告信号。所有防护器具应放在使用方便、清洁卫生的地方，并定期检查，以保证这些器具处于良好的备用状态，同时做好记录。

（6）在井架上、井场季节风入口外、消防器材室等地应设置风向标。一旦发生紧急情况（如H_2S浓度超过安全临界浓度），钻井人员可向上风方向疏散。

（7）在钻台上下和振动筛等H_2S易聚积的地方安装排风扇，以驱散工作场所弥漫的H_2S。

（8）进入气层前50m应将二层台设置的防风护套和其他类似围布拆除。

（9）井场所有输电线路、设备、照明器具的铺设和安装应符合SY 5225—2005《石油天然气钻井、开发、储运防火防爆安全生产技术规程》中"井场及钻井设施"和"井场装置"的规定。

（10）确保通信系统畅通。

（四）H_2S 的监测

（1）在井场H_2S容易聚积的地方，特别是方井、循环池、振动筛附近和钻台等常有井队人员的地方，应安装H_2S监测仪及音响报警系统，且能同时开启使用。

（2）当空气中H_2S含量超过安全临界浓度时，监测仪能自动报警，其音响应使井场工作人员听到。二层台应装设音响报警器。

（3）含硫地区的钻井队，井场工作人员必须配备便携式H_2S监测器。

（4）H_2S监测仪应进行周检和强检。

（5）钻入气层时应加强对钻井液中H_2S的测定。

（6）在新构造上钻第一口探井时，应采取相应的H_2S监测和预防措施。

（五）井控设备的安装和材质

1. 安装

（1）根据地层和压力梯度配备相应压力等级的防喷器组合及井控管汇等设备，并按要求进行安装、固定和试压。

（2）钻井井口和套管的连接，每条防喷管线的高压区都不允许焊接。

（3）放喷管线应装两条，其夹角为90°，并接出井场100m以外（图4-1），若风向改变，至少有一条能安全使用。

（4）压井管线至少有一条在季节风的上风方向，以便必要时放置其他设备（如水泥车等）作压井使用。

（5）井控设备（和管线）在安装、使用前应进行无损探伤。

（6）井控设备（和管线）及其配件在储运过程中，需要采取措施避免碰撞和挤压，应注明钢级，严格分类保管，并带有产品合格证和说明书。

2. 材质

（1）钢材。钢的屈服极限不大于655MPa，最大硬度为HRC22。若需使用屈服极限和硬度比上述要求高的钢材，必须经适当的热处理（如调质、固溶处理等），并在含 H_2S 介质的环境中试验，证实其具有抗 H_2S 应力腐蚀开裂的性能后，方可采用。

（2）非金属材料。凡密封件选用的非金属材料，应具有在 H_2S 环境中能长期使用而不失效的性能。

（六）含硫油气田钻井设计的特殊要求

（1）在含硫地区的钻井设计中，应注明含硫地层及其深度和预计含量。

（2）若预计 H_2S 压力大于 0.21kPa 时，必须使用抗硫套管、钻杆等其他管材。

（3）当井下温度高于 93℃ 时，套管和钻铤可不考虑抗硫性能。

（4）高压含硫地区可采用厚壁钻杆。

（5）设计钻开含硫地层的钻井液密度，其安全附加密度在规定的油井标准 0.05 ~ 0.10g/cm³、气井标准 0.07 ~ 0.15g/cm³ 上选用上限值。

（6）井队必须有足量的高密度钻井液（超过钻进用钻井液密度 0.1g/cm³ 以上）和加重材料储备。高密度钻井液的储存量一般是井筒容积的 1 ~ 2 倍。

（7）在钻开含硫地层后，要求钻井液的 pH 值始终控制在 9.5 以上，并选用相适应的加重材料。若采用铝制钻具时，pH 值不得超过 10.5。

（8）严格限制在含硫地层用常规中途测试工具进行地层测试工作，若必须进行时，应减少钻柱在 H_2S 中的浸泡时间。

（9）必须对井场周围 2km 以内的居民住宅、学校、厂矿等进行勘测，并在设计书上标明位置。在有 H_2S 逸出井口的危险情况下，应通知上述单位人员迅速撤离。

（七）含硫油气田钻井的安全操作

（1）必须制订一个完整的对井队进行救援的计划，在进入气层前和医院、消防部门取得联系。

（2）在即将钻入含硫地层时，应对钻井队进行一次防 H_2S 的安全培训，并向当班的各岗位人员发出警告信号。

（3）在高含硫地区即将钻入油气层时，以及发生井涌、井喷后，应有医生、救护车、安全技术人员在井场值班。

（4）严格按设计钻井液密度配制钻井液。未经批准，不得修改、设计钻井液密度。经随钻压力监测发现地层压力异常时，应及时调整钻井液密度以保持井内压力平衡。

（5）做到及时发现溢流显示，迅速控制井口，并尽快调整钻井液密度压井。

（6）利用钻井液除气器和除硫剂，将钻井液中 H_2S 的含量控制在 75mg/L 以下，并随时对钻井液的 pH 值进行监测。

（7）在油气层和油气层以上起钻时，前十根立柱起钻速度应控制在 0.5m/s 以内。

（8）在油气层和钻过油气层进行下钻作业时，必须进行短程起下钻。

（9）在含硫地层取心起钻，当取心工具离地面还有五柱时，钻台作业人员戴上防毒面具，直至取出岩心筒。

（10）钢材，尤其是钻杆，其使用拉应力需控制在屈服极限的 60% 以下。

（11）在油气层钻进时，若在井场动用电焊、气焊，必须采取绝对安全的防火措施，并按规定程序报批执行。

（12）当在 H_2S 含量超过安全临界浓度的污染区进行必要作业时，必须佩戴防护器具，而且至少有两人同在一起工作，以便相互救护。

（13）井队在现有条件下不能实施井控作业而决定放喷点火时，点火人员应佩戴防护器具，并在上风方向，离火口距离不得少于10m，用点火枪远程射击。

（14）控制住井喷后，应对井场各个岗位和可能积聚 H_2S 的地方进行浓度检测，只有在安全临界浓度以下时，人员才可进入。

（八）H_2S 防护演习

为了使在井场上的所有作业人员都能高效地应对 H_2S 紧急情况，应当每天进行一次 H_2S 防护演习，若所有人员的演习都令人满意，该防护演习可放宽到每星期一次。当 H_2S 报警器发出警报时，应采取下列步骤：

（1）所有必要人员都要戴上呼吸器，钻井队的 HSE 监督应检查管道空气系统上的呼吸空气供应阀，作业人员应按应急计划采取必要的措施。

（2）平台上的鼓风机工况良好，并且所有明火都应熄灭。

（3）保证至少两人在一起工作，防止任何人单独出入 H_2S 污染区。

（4）如果在井场有不必要的人员，则他们须戴上呼吸器离开现场。

（5）封锁井场大门，并派人巡逻。在大门口插上红旗，警告钻机附近有极度危险。

（6）发出 H_2S 情况解除信号后，钻井队的 HSE 监督应做到：

①检查呼吸器、空气软管等，并判断可能出现的故障，进行必要的整改。

②给自持式呼吸器充气，以供下次使用；检查有无故障或损坏，必要时进行整改，每个自持式呼吸器要存放在方便、卫生的地方。

③检查 H_2S 传感和检测设备，发现故障及时整改。

④用手提式检查仪检测低洼区、空气不通区，以及钻机周围有无 H_2S 聚积。

⑤汇报各种 H_2S 检测设备、防护设备等有无破损情况。

（7）H_2S 防护演习应记录在值班日志上，记录内容包括：

①日期；

②培训；

③钻井深度；

④完钻所需时间；

⑤天气情况；

⑥参加练习的队员名单；

⑦在钻台或安全汇报点活动的简单描述；

⑧在演习过程中应注明队员的不规范操作或设备的故障，在日常钻井报告上也应注明每次 H_2S 防护演习的情况。

（8）演习后，对通知当地政府和警告井场附近居民撤离现场的 H_2S 应急计划进行讨论。

（九）疏散

一旦听到 H_2S 报警器的报警，HSE 监督应立即对情况做出评价，并决定将采取的行动。

（1）一旦收到 HSE 监督的疏散通知，所有不必要的人员应迅速离开井场。

（2）所有必要人员在井场没有特殊需要后，则也应及时转移到安全区域。

（3）HSE 监督必须通知紧急情况管理部门，必要时，应协助危险区域的居民疏散。

（4）为保护井场安全，未经许可，无关人员不得进入井场。

（十）H_2S 中毒的早期抢救与护理

1. H_2S 中毒预防措施

H_2S 是一种窒息性气体，对人的健康和生命构成严重的威胁，对生态环境造成损害。因此，在含硫气田进行钻井作业时，应严格执行 SY 5087—1993《含硫气田安全钻井法》的规定，采取预防措施，防止和减轻 H_2S 逸出的危害。主要预防措施包括：

（1）对钻井队员工进行 H_2S 防护的技术培训，了解 H_2S 的理化性质、中毒机理、主要危害和防护及现场急救方法，提高员工对 H_2S 危害的认识防护能力。

（2）在可能产生 H_2S 的场所设立防 H_2S 中毒的警示标志和风向标，作业员工尽可能在上风口位置作业。

（3）在井场配备 H_2S 自动监测报警器，或作业人员配备便携式 H_2S 监测仪，并保证报警器和监测仪灵敏可靠。

（4）在可能产生 H_2S 的场所工作的员工应配备防毒面具和空气呼吸器，并保证有效使用。

（5）在有可能产生 H_2S 的场所作业时，应有人监护；一旦发生 H_2S 急性中毒，立即实施救护。

（6）必须对井场 2km 以内的居民住宅、学校、厂矿等情况进行调查，并告之可能会遇到 H_2S 逸出的危害。当这种危害发生时，应有可行的通信联系方法，通知上述人员迅速撤离。

2. H_2S 中毒的早期抢救

（1）进入毒气区抢救伤员，必须先戴上防毒面具。

（2）迅速将中毒者从毒气区抬到通风且空气新鲜的上风地区。

（3）如果中毒者已停止呼吸和心跳，应立即实施人工呼吸和胸外心脏按压，直至呼吸和心跳恢复正常，亦可使用呼吸器进行抢救（急救技术操作方法见本书第八章）。

（4）如果中毒者没有停止呼吸，则必须使中毒者处于绝对放松状态，并给予输氧。要保持中毒者体温恒定，不能乱抬乱背，应将中毒者放于平坦干燥的地方就地抢救。

3. 一般护理知识

（1）当呼吸和心跳恢复后，可给中毒者饮些兴奋性饮料或浓茶、咖啡，并派专人护理。

（2）如眼睛轻度损害，可用纯净水清洗或冷敷。

（3）即使轻微中毒，也要休息几天，不得再度受 H_2S 的伤害。因为被 H_2S 伤害过的人，抵抗 H_2S 的能力变得更低。

二、柴油油雾（油基钻井液）

柴油主要是由烷烃、烯烃、环烷烃、芳香烃、多环芳烃与少量硫（2～60g/kg）、氮（<1g/kg）及添加剂组成的混合物。以燃料油为例：白色或淡黄色液体，相对密度为0.85。熔点为-29.56℃，沸点为180～370℃，闪点为40℃。蒸气压为4.0kPa。蒸气与空气混合物可燃限为0.7%～5.0%。不溶于水。遇热、火花、明火易燃，可蓄积静电，引起电火花。分解和燃烧产物为一氧化碳、二氧化碳和硫氧化物。避免接触氧化剂。

柴油油雾是油基钻井液中柴油挥发产生的，长期接触对人体的危害主要是刺激和损害呼吸系统，可能引起慢性呼吸道炎症，可出现鼻炎、气管炎等炎症，吸入大量刺激性气体可引起严重的呼吸道病变，如化学性肺水肿和肺炎。柴油油雾或油基钻井液直接与人体皮肤接触，可引起皮肤炎症。另外，柴油油雾在与空气混合比例合适时，遇明火可发生爆炸，其结果是灾难性的。

国外有病例报道，用柴油清洁两手和两臂数周而发生急性肾衰竭，肾活检显示急性肾上管坏死。故需考虑在皮肤大量接触后，个别人可能发生肾损害。皮肤接触后可发生接触性皮炎，表现为红斑、水疱、丘疹。

使用油基钻井液时，要做好以下几方面工作：

（1）要做好通风工作，使柴油与空气混合比例达不到危险浓度。

（2）要做好一切防火工作，井场严禁使用明火，柴油机排气管要有消除火星的装置。

（3）操作者要穿好保护服装，这是避免接触柴油的有效措施。

（4）必要时应戴呼吸保护装置。

三、噪声

生产性噪声是指工人长时间在作业场所或工作中接触到的机器等生产工具产生的不同频率与不同强度组成的噪声。

生产性噪声大体可分为三类：空气动力噪声，如各种风机噪声、燃气轮机噪声、高压排气锅炉放空时产生的噪声；机械性噪声，如纺织机噪声、球磨机噪声、剪板机噪声、机床噪声等；电磁噪声，如发电机噪声、变压器噪声等。

（一）噪声对人体的危害

噪声对人体的危害主要表现为损害听觉、引起各种病症及引起事故。

1. 损害听觉

短时间暴露在噪声下，可引起以听力减弱、听觉疲劳。长期在噪声的作用下，可引起永久性耳聋。噪声在80dB（A）❶ 以下，一般不会引起职业性耳聋；噪声在80dB（A）以

---

❶ （A）指的是频率加权特性为A，在分见测试仪上就是用A挡来测试所得的量。

上，对听力有不同程度影响；而噪声在95dB（A）以上，对听力的影响比较严重。

长期暴露在噪声环境（90dB以上）中的工人，在无防护的情况下，由于持续不断地受到噪声刺激，耳感受器官易发生器质性病变，导致听力减退。噪声性听力减退的特点为发病缓慢，而后逐渐加重。起初在接触噪声后可有暂时性听力减退，当离开噪声环境数小时后即可恢复，此为暂时性阈移（TTS）现象。若长期受噪声刺激，耳感受器官发生器质性病变，听力损失逐渐加重而不能复原，进而发展成不可逆的永久性听力损失——永久性阈移（PTS），临床称噪声性耳聋，这是一种慢性进行性感音系统损害。

一般认为，在噪声环境中工作时间愈长，听力损伤愈重。根据国内外报道的听力与暴露年限关系的一系列调查资料显示，在85dB（A）以下的噪声终身职业性暴露一般不会引起听力损伤，但不等于无一定程度的听力损失。听力损伤的临界暴露与噪声强度有关，噪声强度为85dB（A）时，临界年限为20年左右，90dB（A）为10年左右，95dB（A）为5年左右，100dB（A）以上则不到5年。噪声强度95dB（A）以下暴露35年大体上已经达到听力损伤的停滞年限，超过这一年限，听力损伤人数百分比不再继续上升。

噪声性听力损失和听力损伤的个体差异很大，比如在同样噪声条件下工作同样时间（年限）的人中，10%敏感的人与25%最不敏感的人在声音频率为4~8kHz的听力的差异可达25~45dB（A）。噪声强度愈大，这种差别亦愈大。我国工业噪声标准研究证明，在85dB（A）噪声条件下工作20年的人中，96%的人不致产生语言听力障碍，4%左右的人听力下降到语言听力障碍的程度。在106~108dB（A）的噪声条件下工作20年的人中，78%左右的人出现听力损失，22%左右的人听力基本正常。造成这种差异的原因很多，个体耐力差别是其主因，其中也包括个体健康状况的差异。比如患神经官能症的人听力往往会受到明显的不良影响，从而加速了噪声性听力损失的进程。有人认为年龄差异很明显，老年人噪声性听力损失进展较慢，儿童对噪声比较敏感，噪声性听力损失进展比成年人快。男女之间也有一定差异，男性听力损失的进展似乎比女性快。即使是同一人，左右耳之间也可能有差异，调查资料表明噪声对左耳的伤害效应较右耳大，所以大多数工人的右耳听力比左耳为优。

噪声引起的听力损伤，是由于强烈的内耳振动的机械作用及柯蒂氏器感觉高音的细胞负荷过大而导致机能衰弱，逐渐发生柯蒂氏神经纤维、神经节退行性及萎缩性变化。

在噪声对人体产生不良影响的多种临床表现中，耳蜗神经炎型的缓慢性、进行性听力降低是主要临床症状。通常是以同样程度损伤双耳。

2. 引起各种病症

长时间接触高声级噪声，除引起职业性耳聋外，还可引发消化不良、食欲不振、恶心、呕吐、头痛、心跳加快、血压升高、失眠等全身性病症。

噪声作用于中枢神经系统，可使交感神经紧张，从而使人们的心跳加快、心律不齐、血管痉挛、血压升高等；还可引起胃功能紊乱，如消化液分泌异常，胃酸度降低，胃蠕动减慢，造成消化不良、食欲不振、恶心，甚至呕吐，从而导致胃病或胃溃疡发病率升高。

噪声作用于自主神经系统，除导致神经衰弱外，还可产生末梢血管收缩。噪声强度越大，频带越宽，血管收缩也就越强烈。血管收缩时，心脏排血量减少，舒张压增高，对心脏产生不良影响。

3. 引起事故

强烈噪声可导致某些机器、设备、仪表，甚至建筑物损坏或精度等均下降；在某些特殊场所，强烈的噪声可掩盖警告声响等，引起设备损坏或人员伤亡事故。

（二）噪声的影响因素

（1）噪声的强度和频率组成。噪声的强度越大对人体的危害越大。噪声在80dB（A）以下，对听力的损害很小，在90dB（A）以上，对听力损害的发生率逐渐升高，而140dB（A）的噪声，在短期内即可造成永久性听力损失。噪声的频率对于噪声危害程度的影响很大，高频噪声较低频噪声的危害更大。

（2）噪声工龄和每个工作日的接触时间。工龄时间长，职业性耳聋的发生概率增大；噪声强度越大，出现听力损失的时间越短。噪声强度虽不是很大，但作用时间极长时，也能引起听力损失。在高频噪声环境中作业，出现听力损害的时间：80dB（A）时为10～15年；100～110dB（A）时为2～3年；110～130dB（A）时为1～2年。

（3）噪声的性质。强度和频率经常变化的噪声，比稳定噪声的危害更大。脉冲噪声、噪声与振动同时存在等情况，对听力损害更大。

（4）个人防护与个体感受。佩戴个人防护用具可以减缓噪声对听力的损害；个体对噪声的感觉，影响听力损失的程度和发病概率。

（三）噪声的防护措施

钻机运转时，钻台、机房及振动筛等处的噪声很大，对钻井工人的健康和安全都极为不利。应采取有效的措施防止噪声伤害。

（1）如果条件允许，应戴上与安全帽连为一体的防噪声耳塞机。一方面，井场噪声大，不便于声音联系，戴上它就可以避免许多由于听不清楚造成的误会；另一方面，也避免了噪声伤害。钻井作业场所的设备噪声应不超过90dB，特殊设备不得超过115dB。

（2）在城郊钻井，要考虑施工作业的噪声对周围环境的影响，一般不应超过60dB。若达不到标准时，应考虑采取特殊的隔音措施或迁移井场。

（3）柴油机应装消音装置或采取其他减轻噪声措施。

（4）噪声大的动力设备应布置在井场主导风向的下风侧，办公用房或员工宿舍应布置在主导风向的上风侧，以减轻噪声的影响。

（5）非工作需要，请不要在噪声源（如运行的柴油机、振动筛等）旁长时间逗留。

（6）钻井队、车间噪声的卫生标准（参考值）：

①每日工作8h，接触噪声允许极限为85dB；

②每日工作4h，接触噪声允许极限为88dB；

③每日工作2h，接触噪声允许极限为91dB；

④短时间内接触的最高允许极限为115dB。

四、其他

(一) 苯

苯在常温下为一种无色、有甜味的透明液体，并具有强烈的芳香气味。可燃，沸点为80℃。自燃点为562.22℃。蒸气密度为 $2.77g/cm^3$ 。有毒，也是一种致癌物质。

1. 危险特性

易燃，其蒸气与空气混合可形成爆炸性混合物。遇明火、高热极易燃烧爆炸。与氧化剂能发生强烈反应。易产生和聚集静电，有燃烧爆炸危险。其蒸气比空气重，能在较低处扩散到相当远的地方，遇明火会引着回燃。燃烧（分解）产物为一氧化碳和二氧化碳。

2. 苯对人体的危害性

苯易挥发、易燃，其蒸气有爆炸性。高浓度苯对中枢神经系统有麻醉作用，可引起急性中毒；长期接触苯对造血系统有损害，可引起慢性中毒。

人在短时间内吸入高浓度甲苯、二甲苯的同时，可出现中枢神经系统症状，轻者有头晕、头痛、恶心、胸闷、乏力、意识模糊等症状，严重者可致昏迷以致呼吸、循环衰竭而死亡。如果长期接触一定浓度的甲苯、二甲苯，则会引起慢性中毒，可出现头痛、失眠、精神萎靡、记忆力减退等神经衰弱症状。

3. 苯中毒的现场应急处理

(1) 吸入：迅速脱离现场至空气新鲜处，保持呼吸道通畅。如呼吸困难，应输氧；如呼吸停止，应立即进行人工呼吸，转运至医院。

(2) 皮肤接触：脱去被污染的衣着，用肥皂水和清水彻底冲洗皮肤。

(3) 眼睛接触：提起眼睑，用流动清水或生理盐水冲洗，就医。

(4) 口服者给洗胃。中毒者应卧床静息。对症、支持治疗，可注射葡萄糖醛酸，注意防治脑水肿。心搏未停者忌用肾上腺素。

(5) 亚急性中毒：脱离接触，对症处理。对再生障碍性贫血，可给予小量多次输血及糖皮质激素治疗，其他疗法与内科相同。

4. 职业保健措施

(1) 呼吸系统防护：空气中浓度超标时，应该佩戴自吸过滤式防毒面罩（半面罩）。紧急事态抢救或撤离时，应该佩戴空气呼吸器或氧气呼吸器。

(2) 眼睛防护：戴化学安全防护眼镜。

(3) 身体防护：穿防毒渗透工作服。

(4) 手防护：戴橡胶手套。

(5) 其他：工作现场禁止吸烟、进食和饮水。工作完毕后，淋浴更衣。实行就业前体检和定期体检。

(二) 铅

重金属，熔点为327℃，加热至400~500℃时，铅蒸气逸出，在空气中被迅速氧化为 Pb_2O ，铅烟温度在500℃以上时，可生成 PbO ， Pb_2O_3 和 Pb_3O_4 。大气中平均含量不应高于

$1.5\mu g/m^3$。

1. 铅对人体的危害性

铅和其化合物对人体各组织均有毒性，中毒途径可由呼吸道吸入其蒸气或粉尘，然后呼吸道中吞噬细胞将其迅速带至血液；或经消化道吸收，进入血循环而发生中毒。

成年人铅中毒后，经常会出现疲劳、情绪消沉、心脏衰竭、腹部疼痛、肾虚、高血压、关节疼痛、生殖障碍、贫血等症状。铅中毒后的症状往往非常隐蔽，难以被发现，所以目前最可靠的方法就是血检。

2. 铅中毒早期症状及特异性临床特征

慢性中毒：早期症状常不明显，多表现为腹部隐痛、腹胀、便秘等；病情加重时，可出现腹绞痛、贫血和轻度周围神经病；重者可有铅麻痹、中毒性脑病。

急性中毒：多因消化道吸收引起。常在口服铅或铅化合物数小时后发病。患者突然食欲急剧减退，甚至不能进食，恶心、呕吐、便秘、腹胀、阵发性腹绞痛、面色苍白、出冷汗、烦躁不安、血压升高；重者发生中毒性脑病，出现痉挛、抽搐，甚至谵妄、高热、昏迷和循环衰竭。此外，还有中毒性肝病、中毒性肾病及贫血，也可出现麻痹性肠梗阻。

典型病状——铅绞痛：接触较高浓度铅的劳动者出现腹痛，应首先考虑铅中毒性铅绞痛的可能。铅绞痛是腹部持续性疼痛，常阵发性加剧，难以忍受。部位多在脐周或下腹部，少数在上腹部。发作前常有腹胀或顽固性便秘。

3. 铅中毒的处理

一旦发现中毒，应首先使病人脱离接触，并在医生指导下进行驱铅治疗。

4. 职业保健措施

（1）避免开放式作业，工作场所注意通风。

（2）作业时应穿防毒工作服、戴手套。

（3）禁止在工作场所饮食、吸烟。

（4）作业场所空气中铅浓度超标时，应佩戴过滤式防尘口罩或电动送风式呼吸器。

（5）下班后认真洗澡，换洗工作服。

（三）二氧化碳

二氧化碳是无色、无味、无毒的气体，比空气略重，在空气中含量仅为0.03%。生物呼吸、细菌发酵、有机物质燃烧均可产生二氧化碳。

1. 常见中毒原因

（1）无防护进入长期不通风的矿井、密闭的仓库、轮船船底、菜窖、阴沟、下水道等。

（2）在密闭的、狭小的厨房、浴室使用煤气热水器。

（3）在通风不良地方使用干冰或二氧化碳灭火器灭火。

2. 中毒表现

（1）急性中毒。突然进入高浓度二氧化碳环境中，大多数人可在几秒钟内，因呼吸中枢麻痹突然倒地死亡。部分人可先感头晕、心悸，迅速出现谵妄、惊厥、昏迷。

如不及时撤离现场、抢救，容易发生危险。如迅速脱离险境，病人可立刻清醒。若拖延时间，病情继续加重，昏迷、发绀、呕吐、咯白色或血性泡沫痰、二便失禁、抽搐、四肢强直。可因高烧、休克、呼吸循环衰竭死亡，也可死于肝、肾衰竭。幸免者1~2个月，甚至数月才逐渐恢复，部分病人可留有后遗症（神经衰弱、症状性癫痫、震颤性麻痹及去大脑皮质综合征等）。

（2）慢性中毒。长时间处于低浓度二氧化碳环境中，可引起头痛、头晕、心律不齐、注意力不集中、记忆力减退等。

3. 现场应急处理

（1）迅速撤离现场，呼吸新鲜空气或吸氧气。对呼吸心跳停止者，应坚持人工呼吸、心脏按压或开胸按摩，不应轻率放弃。

（2）其他治疗同一氧化碳中毒。

（四）一氧化碳

一氧化碳为无色、无臭、无味、无刺激性的气体，为含碳物质燃烧不完全的产物。相对密度为0.967，相对分子质量为28.01。它是高毒化学物，主要损害神经系统，可引起死亡。严重中毒的病人即便被救活，也会留下永久性脑损伤的后遗症，比如记忆障碍，精神、神经障碍等。其浓度及危害详见表4-2。

表4-2　一氧化碳浓度及危害表

浓　度	危 害 后 果	持续接触时间
50mg/L	在平均每天8h的工作日，《职业安全与健康标准》（OSHA）允许的接触浓度	8h
200mg/L	轻微头痛和不适	3h
400mg/L	头痛和不适	2h
600mg/L	头痛和不适	1h
1000~2000mg/L	心脏轻微疼痛	1.5h
1000~2000mg/L	头脑迷糊、头痛和恶心	2h
2000~2500mg/L	意识不清	30min
4000mg/L	致命	30min
空气中含2%~75%	易燃、燃烧或爆炸	

1. 一氧化碳中毒症状及特异性临床表现

轻度中毒：患者可出现头痛、头晕、耳鸣、恶心、呕吐、全身无力、短暂昏迷等症状，经治疗，症状可迅速消失。

中度中毒：除上述症状加重外，口唇、指甲、皮肤呈现樱桃红色，还会出现昏迷现象，经及时抢救，可较快清醒，一般无并发症和后遗症。

重度中毒：除具有轻度、中度中毒全部或部分症状外，患者可迅速进入昏迷状态，患者面色苍白或青紫，最后因无法呼吸而死亡。

2. 现场应急处理

（1）立即移至空气新鲜处，脱离中毒环境。保持呼吸道通畅，密切观察意识状态。

（2）如能自主呼吸，则帮助解开衣领；如不能自主呼吸，则尽快采用心脑肺复苏。

（3）转运至医院。

3. 职业保健措施

（1）在使用炉灶或燃烧物品时，一定要开窗通风，最好同时打开排风设备。

（2）不能在开着发动机的密闭车厢内睡觉。

（3）进入密闭空间或其他高浓度作业区，应先将工作场所充分通风，经检测空气质量达标后方可进入，进入时应有专人在外监护。

（4）若进入浓度超标作业场所，必须佩戴过滤式防毒口罩或面具，紧急事态抢救或撤离时，或作业场所空气浓度超过 IDLH❶ 时，应佩戴空气或氧气呼吸器。

（五）汞

汞俗称水银。在标准气压和温度下，纯汞最大的危险是它很容易氧化而产生氧化汞。易被皮肤以及通过呼吸道和消化道吸收，是一种可以在生物体内积累的毒物，破坏中枢神经组织，对口、黏膜和牙齿有不利影响。长时间暴露在高汞环境中可以导致脑损伤和死亡。

1. 汞对人体的危害性

（1）纯汞有毒，它的化合物和盐的毒性非常高，口服、吸入或接触后可以导致脑和肝损伤。

（2）最危险的汞有机化合物是 C_2H_6Hg，仅在皮肤上接触数微升就可以致死。

（3）急性中毒：主要表现为头痛、乏力、低度发热、睡眠障碍、易兴奋、胸痛、胸闷、剧烈咳嗽、呼吸困难、口腔炎、龈缘可见"汞线"、口腔黏膜肿胀、糜烂、牙齿松动、脱落、恶心、呕吐、腹痛、腹泻或大便带血、肾损伤、皮炎、尿汞明显增高等症状。

（4）慢性中毒：可有头昏、头痛、失眠、记忆力明显减退、乏力、忧郁、急躁、恐惧、丧失自信心、注意力不集中、幻觉、心悸、血压不稳、皮肤划痕症阳性、齿龈充血肿胀或溢脓溃疡和疼痛、牙齿松动易脱落、恶心、嗳气、腹泻或便秘、震颤、肾损伤等症状。

2. 预防措施

（1）改进生产工艺，尽量用其他无毒或低毒物代替汞，如用乙醇、石油、甲苯等取代仪表中的汞，用热电阻温度计取代汞温度计，用隔膜电极取代汞电极以进行食盐电解，用硅整流器代替汞整流器等。

（2）采取有效措施使工人作业环境符合国家的卫生标准和职业卫生要求，我国工作场

---

❶　IDLH（Immediately Dangerous to Life of Health Concentration，立即威胁生命和健康浓度）：指有害环境中空气污染物浓度达到某种危险水平，如可致命，可永久损害健康或可使人立即丧失逃生能力。一般以百万之分数为单位，表示溶液的浓度单位对应的是 mg/L。

所空气中汞时间加权平均容许浓度❶为 0.02mg/m³。

（3）加强个体防护，应配备有效的个人使用的防护用品，如工作帽、工作服和口罩等，养成良好的卫生习惯。

3. 职业保健措施

（1）根据《职业病防治法》的要求进行职业病危害预评价、控制效果评价和工作场所职业病危害因素定期检测。

（2）上岗前对工人进行职业病防治知识培训，履行职业病危害告知义务。

（3）对工人进行职业健康监护并建立职业健康监护档案，早期发现职业禁忌证和职业病患者并及时处理和治疗；接触汞作业者应每年进行一次职业健康检查。

（六）二乙醇胺

二乙醇胺是无色或微黄色黏性液体，在苯中的溶解度为 4.2%，25℃时在乙醚中的溶解度为 0.8%。遇明火、高热可燃。受热分解放出有毒的氧化氮烟气。与强氧化剂接触可发生化学反应，能腐蚀铜及铜的化合物。对环境有危害，对水体可造成污染。

1. 对人健康危害

（1）吸入本品蒸气或雾，刺激呼吸道。高浓度吸入出现咳嗽、头痛、恶心、呕吐、昏迷等症状。

（2）蒸气对眼有强烈刺激性；液体或雾可致眼睛严重损害，甚至导致失明。

（3）长时间皮肤接触，可致灼伤。大量口服，出现恶心、呕吐和腹痛等症状。

（4）慢性影响：长期反复接触，可能引起肝、肾损害。

2. 急救措施

（1）迅速撤离现场至空气新鲜处，保持呼吸道通畅。如呼吸困难，应输氧；如呼吸停止，立即进行人工呼吸。

（2）立即提起眼睑，用大量流动清水或生理盐水彻底冲洗至少 15min。

（3）立即脱去污染的衣着，用大量流动清水冲洗至少 15min。

（4）用水漱口，饮牛奶或蛋清。

（5）转运至医院。

3. 泄漏应急处理

（1）迅速将泄漏污染区人员撤离至安全区，并进行隔离，严格限制出入，切断火源。

（2）建议应急处理人员戴正压式呼吸器，穿防毒服。不要直接接触泄漏物。若是液体，尽可能切断泄漏源，防止流入下水道、排洪沟等限制性空间。若是固体，用洁净的铲子收集于干燥、洁净、有盖的容器中。

（3）小量泄漏：用砂土、蛭石或其他惰性材料吸收；也可以用大量水冲洗，洗水稀释后排入废水系统。

（4）大量泄漏：构筑围堤或挖坑收容。用泡沫覆盖，降低蒸气危害。用泵转移至槽车

---

❶ 时间加权平均容许浓度：指以时间为权数规定的 8h 工作日的平均容许接触水平。

或专用收集器内，回收或运至废物处理场所处置。

4. 职业保健措施

（1）呼吸系统防护：空气中浓度超标时，建议佩戴过滤式防毒面具（半面罩）。紧急事态抢救或撤离时，应该佩戴自给式呼吸器。

（2）眼睛防护：戴化学安全防护眼镜。

（3）身体防护：穿化学防护服。

（4）手防护：戴橡胶手套。

（5）其他：工作现场严禁吸烟、进食和饮水。工作完毕后，彻底清洗。单独存放被毒物污染的衣服，洗后备用。注意个人清洁卫生。

（七）铬

铬为人体必需的微量元素之一。铬有三价铬和六价铬两种价态。三价铬对人没有危害，但在一定情况下被氧化后产生的六价铬对人体有害。六价铬的产生主要与工艺技术有关。六价铬如铬酸，主要用在电化学工业中，还可用于色素中的着色剂（亦即铬酸铅）及冷却水循环系统中，如吸热泵、工业用冷冻库及冰箱热交换器中的防腐蚀剂（重铬酸钠）。

1. 六价铬对人体的危害

六价铬很容易被人体吸收，铬及其化合物主要侵害皮肤和呼吸道，出现皮肤黏膜的刺激和腐蚀作用，如皮炎、溃疡、鼻炎、鼻中隔穿孔、咽炎等。它也可通过消化道、黏膜侵入人体。长期或短期接触或吸入时有致癌危险。

2. 应急处理

（1）吸入铬酸雾者，立即脱离染毒环境至空气新鲜处，必要时吸氧。

（2）使用解毒剂：5% 二巯基丙磺酸钠 2.5mL 肌内注射，每日两次，3～4d 为一疗程。如出现高铁血红蛋白血症，可每次用亚甲蓝 1～2mg/kg 加 25%～50% 葡萄糖注射液 20～40mL 静脉注射。

（3）口服中毒者现场给予牛奶、蛋清或氢氧化铝凝胶口服，以保护消化道黏膜。尽早用 1% 硫酸钠或硫代硫酸钠溶液洗胃。

（4）皮肤灼伤后立即用清水冲洗 20～30min，并用 5% 硫代硫酸钠溶液湿敷。有人认为灼伤面积大于等于 2% 的深度灼伤应早期行切（削）痂植皮治疗，防止铬继续吸收。

3. 职业保健措施

（1）加强个人防护，穿防护服和橡胶靴，戴橡胶手套。车间应安装冲洗设备，及时冲洗被铬污染的眼睛及皮肤。

（2）工作环境，必须具备良好的通风设备。

（3）凡有呼吸系统疾病、肾疾病、皮肤病患者不宜接触铬化合物。

（八）甲醇

甲醇是一种透明、无色、高度挥发、易燃、有毒的液体，略带酒精味。熔点为 -97.8℃，沸点为 64.8℃，闪点为 12.22℃，自燃点为 473℃，相对密度为 0.7915（20℃/4℃），爆炸极限下限为 6%，上限为 36.5%，能与水、乙醇、乙醚、苯、丙酮和大多数有机溶剂混溶。遇热或氧化剂易着火，遇明火会爆炸。

1. 接触机会、侵入途径

职业性甲醇中毒是由于生产中吸入甲醇蒸气所致。误服含甲醇的酒或饮料是引起急性甲醇中毒的主要原因，主要经呼吸道和胃肠道吸收，皮肤也可部分吸收。

2. 临床表现

（1）刺激症状：吸入甲醇蒸气可引起眼和呼吸道黏膜刺激症状。

（2）中枢神经症状：有头晕、头痛、眩晕、乏力、步态蹒跚、失眠，表情淡漠，意识混浊等症状。重者出现意识蒙眬、昏迷及癫痫样抽搐等症状。

（3）眼部症状：最初表现为眼前黑影、闪光感、视物模糊、眼球疼痛、畏光、复视等症状。严重者视力急剧下降，可造成持久性双目失明。

（4）消化系统及其他症状：有恶心、呕吐、上腹痛等症状，可并发肝损害。口服中毒者可并发急性胰腺炎。严重急性甲醇中毒者，出现剧烈头痛、恶心、呕吐、视力急剧下降，甚至双目失明，意识蒙眬、谵妄、抽搐和昏迷症状。最后可因呼吸衰竭而死亡。

3. 应急处理

（1）立即移离现场，脱去污染的衣服。口服者用1% 碳酸氢钠洗胃，硫酸镁导泻。清除体内已吸收的甲醇。

（2）透析疗法：中毒严重者应及早进行血液透析或腹膜透析，以减轻中毒症状，挽救病人生命，减少后遗症。

4. 职业保健措施

（1）注意轻装轻卸，防止容器破损，避免日光曝晒，严禁接触火源。夏天高温季节早晚运输。

（2）储存于阴凉、通风的易燃液体库房内，与氧化剂隔绝，远离火源，天气炎热时采取通风降温措施。

（3）若发生泄漏、爆炸时，首先切断所有火源，戴好防毒面具与手套，用水冲洗，对污染地面进行通风处理。

（4）消防人员必须穿戴防护服和防毒面具。小火用二氧化碳、干粉、1211、抗溶泡沫、雾状水灭火，以使用大量水灭火效果较好。用雾状水冷却火场中的容器并保护堵漏人员。

（九）焊接烟

电焊烟尘，其成分主要为氧化铁、氧化锰、二氧化硅、硅酸盐等，烟尘粒弥漫于作业环境中，极易被吸入肺内。长期吸入则会造成肺组织纤维性病变，称为电焊工尘肺，常伴随锰中毒、氟中毒和金属烟雾热等并发症。

1. 焊接烟气对人体的危害

（1）吸入会出现胸闷、胸痛、气短、咳嗽等呼吸系统症状，并伴有头痛、全身无力等病症，肺通气功能也有一定程度的损伤。

（2）电弧光辐射会损伤眼睛及裸露的皮肤，引起角膜结膜炎（电光性眼炎）和皮肤胆红斑症。主要表现为患者眼痛、畏光、流泪、眼睑红肿痉挛，受紫外线照射后皮肤可出现界限明显的水肿性红斑，严重时可出现水疱、渗出液和水肿，并有明显的烧灼感。

2. 职业保健措施

（1）提高焊接技术，改进焊接工艺和材料。

（2）改善作业场所的通风状况。

（3）作业人员必须使用相应的防护眼镜、面罩、口罩、手套，穿白色防护服、绝缘鞋，决不能穿短袖衣或卷起袖子，若在通风条件差的封闭容器内工作，要佩戴使用具有送风性能的防护头盔。

（4）强化劳动保护宣传教育及现场跟踪监测工作。

（十）氮气

氮气为无色无臭气体。微溶于水、乙醇。熔点为-209.8℃，沸点为-195.6℃，相对密度为 0.967（101.325kPa，70°F**❶**），临界温度为-147℃。不易燃，属惰性气体，有窒息性，在密闭空间内可致人窒息死亡。若遇高热，容器内压增大，有开裂和爆炸的危险。

1. 健康危害

主要经呼吸道吸入。氮气过量，使氧分压下降，会引起缺氧。大气压力为 392kPa 时，表现为爱笑和多言，对视、听和嗅觉刺激迟钝，智力活动减弱；在 980kPa 时，肌肉运动严重失调。

2. 泄漏处理

迅速将泄漏污染区人员撤离至上风处，并隔离直至气体散尽。建议应急处理人员戴自给式呼吸器，穿相应的工作服。切断气源，通风对流，稀释扩散。漏气容器不能再用，且要经过技术处理以清除可能剩下的气体。

3. 应急措施

（1）迅速撤离现场至空气新鲜处。

（2）保持呼吸道通畅。呼吸困难时输氧；呼吸停止时，立即进行人工呼吸。

（3）转运至医院。

4. 职业保健措施

（1）密闭操作，提供良好的自然通风条件。

（2）呼吸系统保护：高浓度环境中，佩戴供气式呼吸器。

（3）个体防护：穿工作服，必要时戴防护手套，避免高浓度吸入。进入罐或其他高浓度区作业，须有人监护。

（十一）石棉、矿物等纤维

石棉是一种天然无机结晶状矿物纤维，耐热、耐火、耐酸碱，不溶于水。接触石棉可导致石棉肺、支气管肺癌和恶性间皮瘤。主要用作隔热材料、黏合物、火炉及热汽管被覆物、过滤介质、耐火手套及衣物、闸带等。

---

❶ $\dfrac{t_F}{°F}=\dfrac{9}{5}\dfrac{t}{°C}+32$。

1. 毒性危害

（1）潜在致癌物。尽量减少暴露。

（2）长期接触石棉者可患石棉肺，主要表现为咳嗽、胸痛、呼吸困难等症状，重者出现呼吸和循环衰竭。国际癌症研究中心（IARC）已确认石棉纤维为致癌物。

2. 泄漏处置

隔离泄漏污染区，周围设警告标志，建议应急处理人员戴好防毒面具，穿相应的工作服，避免扬尘，小心扫起，回收。

3. 应急处理

（1）皮肤接触：用流动清水冲洗。

（2）眼睛接触：应立即用清水冲洗至少20min。脱去并隔离被污染的衣服和鞋。

（3）吸入：移至空气新鲜处，如果呼吸停止，进行人工呼吸；如果呼吸困难，应吸氧。

4. 职业保健措施

（1）工程控制：密闭操作，局部排风。最好采用湿式作业。

（2）呼吸系统防护：应该佩戴防尘口罩。

（3）眼睛防护：可采用安全面罩。

（4）防护服：穿工作服。

（十二）烟、粉尘、灰尘

悬浮于空气中的固体微粒有两种形成方式，通常由机械分散性作用形成的悬浮固体微粒称为粉尘，粒径小于75μm的固体悬浮物定义为粉尘；由凝聚作用形成的悬浮固体微粒称为烟尘，包括分散性和凝聚性固体微粒，一般粉尘颗粒比烟尘颗粒粗。

烟雾为分散性与凝聚性固体微粒和液体微粒的混合体。

粉尘来源：固体物料的机械粉碎和研磨；粉状物料的混合、筛分、包装及运输过程；物质的加热、燃烧、爆炸与金属冶炼过程等。在钻井中粉尘的主要来源为配制钻井液、加重钻井液、钻井液处理时加入处理剂、固井时产生的水泥粉尘等。

1. 危害

（1）粉尘对人体的危害：粉尘对眼、皮肤有刺激作用，可引起皮肤和五官炎症；有毒粉尘（铅、砷、汞）可引起中毒；放射性粉尘可引起尘肺病。尘肺病是由于长期大量吸入粉尘而引起的以肺组织纤维硬化为主的职业病。硅沉着病是最为普遍的尘肺病，它是一种慢性进行性疾病，发病工龄短者3~5年，长者在20~30年。发病率因条件不同，相差很大。

（2）对设备与生产的危害：降低能见度；引起机电设备磨损；爆炸性粉尘对安全生产的危害等。

2. 粉尘的个体防护

个体防护是防尘技术措施中重要的辅助措施，从事粉尘作业工人佩戴的防尘口罩、防尘面具和防尘头盔是保护呼吸器官不受粉尘侵害的个体防尘用具，也是防止粉尘侵入人体的最后一道防线。企业不仅要发给工人符合国家标准要求的防尘用具，而且还要教育工人认真佩戴和正确使用。在含尘浓度高的作业场所坚持佩戴防尘用具，对保障工人的身体健康、防止尘肺病的发生具有特殊意义。防尘用具的使用详见第二章相关内容。

3. 职业保健措施

（1）改善工作环境和操作方法，控制粉尘的产生和扩散，使工作场所粉尘浓度达到国家职业卫生标准。

（2）使用防尘口罩。

（十三）振动

随着近代工业的发展，振动工具的类型和数量日益增加，生产性振动对人体健康的危害更加突出，生产性振动引起的疾病——振动病，已成为常见的职业病。

强烈的振动可以从振动工具、振动机械或振动工件传向操作者的手和胳膊。人体的某些部位受振，会引起不舒适的感觉，并可能降低劳动效率。连续性使用振动工具，会累及手和前臂的血管、神经、骨、关节、肌肉或结缔组织，引起不同类型的疾病。

1. 振动对人体的不良影响

（1）局部振动对人体的影响。

振动首先能引起中枢及周围神经系统的功能改变，表现为条件反射受抑制，条件反射潜伏期延长，脑电图异常，对温度的分辨阈提高。如正常人能分辨 $1.5 \sim 1.9℃$。振动病人的温度分辨阈则提高到 $5.3 \sim 25.9℃$。振动还可使神经末梢受损，肌肉发生退行性变化。皮肤感觉异常，振动觉及痛觉减退较显著，严重者甚至消失。痛觉障碍部位，多限于手指末端，重症者面部、手腕、足部也可出现痛觉减退，呈多发性神经类型分布，有时呈节段型分布，自主神经系统功能障碍表现为组织营养障碍，指甲松脆及手掌多汗等。

（2）全身振动对人体的影响。

全身振动多为大振幅、低频率的振动。振动的加速度可使前庭功能减退，并引起自主神经功能紊乱状，如面色苍白、恶心、呕吐、出冷汗，唾液分泌增加等。

2. 个人防护措施

减少振动损害，个人应做好防护工作。工作服应符合寒冷季节防寒要求。防护手套，除局部保暖外，还能减少振动危害。手套和防寒服应注意防潮，应有备用的替换。

防止手冷，振动作业工人最好每工作2h后，用热水（$40 \sim 60℃$）浸手10min，使手部血管处于舒张状态。

对振动工具的使用要符合安全和卫生的标准作业动作。国际标准化组织会议曾对手持振动工具的操作方法提出了要求及对策。经常接触局部振动者，应特别注意避免用头部接触振动工具，在可能的条件下，应将振动工具用机械支撑。不熟练的人员由于紧握振动工具，往往比熟练操作者受到的振动更大。因此，除提出振动工具作业的操作标准外，对新使用振动工具的人还应进行必要的训练。

在饮食方面，应注意供给高热量、优质蛋白和高维生素的膳食；并注意日常的体育运动，以增强机体的抵抗力。

（十四）天气（低、高温环境）

一般18~24℃为人体舒适的温度范围，因此18℃以下的温度即可视作低温。对人的工作效率有不利影响的低温通常在10℃以下。24℃以上的温度即可视作高温。由于钻井工作接触的气候条件变化较大，常接触到高温或低温环境，很容易对钻井工人造成伤害。

1. 低温

（1）低温对人体的影响。

低温对人体的伤害作用最普遍的是冻伤。冻伤的产生与人在低温环境中的暴露时间有关，温度越低，形成冻伤的暴露时间越短。如温度为5~8℃时，人体出现冻伤一般需要几天的时间；而-73℃时，暴露12s即可造成冻伤。在-20℃以下的环境里，皮肤与金属接触时，皮肤会与金属粘贴，称为金属粘贴。这是一种特殊冻伤。

（2）冻伤症状。

①皮肤充血红肿，自感麻木灼疼或瘙痒。

②可见大小水泡。疼痛剧烈，温、热、触觉消失。

③全层皮肤受冻坏死，皮肤呈黑褐色，感觉消失。

④坏死部位深达肌肉和骨骼。

（3）现场处理。

①局部冻伤。用温热水（35~40℃）洗几次，擦干，搽冻伤膏，盖上棉花及其他保暖物品。包扎要轻松，以免压迫局部血管。

②全身冻伤。

a. 复温：青壮年及身体条件较好的病人多用较快的速度复温。将病人放入38~42℃温水中，口鼻要露在水面外，一直到指（趾）甲床潮红为止。神志清醒后10min左右移出擦干，用厚被子保暖。

b. 对于年老、体弱者应采用缓慢复温的方法，把病人放在温房里用棉被裹身保暖使体温逐渐上升。

c. 对冻伤病人绝对不能火烤。

d. 绝对不可用手按摩受冻部位，这样会加剧破坏受伤的细胞组织，还会加剧患者的疼痛，甚至导致休克。

③病人清醒后应喝热饮料，如姜糖水、热浓茶等，让其充分休息。

2. 高温

（1）高温对人体的影响。

高温作业时，人体可出现一系列生理功能改变，主要是体温调节、水盐代谢、循环系统、消化系统、神经系统、泌尿系统等方面的适应性变化。但超过一定限度，则会产生不良影响，可能导致的职业病为中暑。

（2）中暑症状。

①先兆中暑：在高温作业环境中劳动一定时间后，出现大量出汗、口渴、头昏、耳鸣、胸闷、心悸、恶心、全身乏力、四肢酸软、注意力不集中等症状，体温正常或略有升

高（不超过37.5℃）。

②轻症中暑：患者体温在38℃以上，出现疲乏、恶心、呕吐、胸闷、炎热、皮肤干热无汗或潮湿，肌肉痉挛、头晕、头痛、耳鸣、眼花、昏厥甚至血压下降，昏迷等症状。

③重症中暑：体温在40℃以上，其类型及其表现如下。

a. 热痉挛：患者四肢肌肉有抽搐及痉挛现象，主要与气温过高、大量出汗进盐不足有关。

b. 日射病：头痛、头晕、眼花、耳鸣、恶心、呕吐等症状，与烈日暴晒头部时间过长有关。

c. 热射病：典型病人有高热，皮肤干燥无汗、谵妄、躁动，严重者出现昏迷抽搐、休克、心律失常、呼吸衰竭。主要由于气温过高、空气潮湿，体内的热量不能随汗散发所致。

d. 热衰竭型（又称循环衰竭型）：先有头晕、恶心，后昏倒，面色苍白，呼吸浅表，皮肤发冷，脉搏细，血压下降，瞳孔放大，神志不清。

（3）现场应急处理。

①先兆中暑与轻症中暑：

a. 使患者避开阳光照射，在通风良好的地方静卧，稍抬高头部及肩部。

b. 放松紧束身体的衣裤、腰带及鞋带。

c. 轻症中暑者可口服十滴水、人丹、风油精等药物。

②重症中暑：

a. 物理降温：体温高者用冷水或30%～50%的酒精擦身，使皮肤发红或冷敷。

b. 药物降温：药物降温时，使肛门温度降至38℃后停止降温。

（4）预防措施。

①改善工作条件，遮盖热源，通风降温，包括自然通风降温和机械通风降温。

②加强个人防护措施，在工作及休息场所供给充足的清凉饮料。饮料水温不宜高于15℃。准备人丹、藿香正气水、风油精等防暑成药。

（5）职业保健措施。

①从预防的角度做好高温作业人员的就业前和入暑前体检，凡有心血管疾病、中枢神经系统疾病、消化系统疾病等高温禁忌证者，一般不宜从事高温作业，应给予适当的防治处理。

②供给防暑降温清凉饮料、降温品，补充营养：要选用盐汽水、绿豆汤、豆浆、酸梅汤等作为高温饮料，饮水方式以少量多次为宜。可准备毛巾、风油精、藿香正气水以及人丹等防暑降温用品。

③要制定合理的膳食制度，膳食中要补充蛋白质和热量，维生素 A、维生素 B_1、维生素 B_2、维生素 C 和钙。

④制定合理的劳动休息制度，在保证工作质量的同时，适当调整夏季高温作业劳动和休息制度，增加休息时间，减小劳动强度，尽量避开高温时段进行室外高温作业等。

（十五）生物

1. 炭疽

炭疽是由炭疽杆菌引起的人畜共患的急性传染病，主要侵犯食草动物。人类对炭疽杆菌十分敏感，常因接触或食用患病、病死动物及其产品而染病、致死。

（1）人体感染途径及临床主要症状。

人感染炭疽，因病菌入侵途径不同，其潜伏期长短不一：消化道、呼吸道感染而移行入脑部者的发病、致死时间，最短为 1~2h，不超过 8h；慢性为 5~7d，一般为 1~3d。

①肠型炭疽，多发生于食用未经检疫、检验的含有病菌的、未经煮熟的感染动物类食品。

皮肤感染及临床症状：炭疽杆菌通过人体皮肤细小创口进入皮肤毛细血管后，局部皮肤形成小疮疖（痈肿块），无痛感。始者感瘙痒，继之邻近的淋巴结肿胀出血。1~2d 可见小水疱。此后，水疱化脓溃疡与溃烂，中心形成黑色焦炭色坏死焦痂。此外，还有咳嗽、寒战等症状。如不及时治疗就会演变成败血症死亡。

呼吸道感染及临床症状：病菌从鼻腔、气管吸入后进入肺循环，引起支气管淋巴结严重出血、肿胀。有全身畏寒症状。病初类似感冒或流行性感冒，继之发高热、体温升高 40℃左右。咳嗽不止。容易误诊为感冒或流行性感冒。严重时，呈急性支气管肺炎及全身性中毒症状。由于病菌毒素使血液中二氧化碳含量增高，严重麻痹了呼吸中枢，导致呼吸困难，2d 后窒息致死。

消化道感染及临床症状：其症状是食欲减退或消失，发热，继续恶心呕吐，腹部剧痛，腹泻且有便血，呈急性肠炎症状。当发展到严重中毒症状时，2~3d 死于毒血症。

②转移性脑型炭疽，通过肺部、耳、鼻转移入脑部，引起头剧痛、头晕、恶心、呕吐等症状。发病 1~2h 致死。

肺型炭疽、肠型炭疽和脑型炭疽致死率高达 95%。

（2）预防的主要措施。

①发现动物和人的炭疽病例，首先应封锁发病现场，立即报告辖区的兽医卫生、疾病控制中心等防疫监督管理部门备案。

②凡是直接或间接接触及炭疽的人和动物，均应及时到防疫部门注射炭疽弱毒疫苗进行有效防治；疑似患炭疽的人和动物，早期可使用较大剂量的抗生素（青霉素、金霉素），目前多采用抗生素新药——环丙沙星有明显疗效。

③炭疽患者在隔离防治时，皮肤型者不可随意刺破或切开病灶痈肿部位，以免病菌扩散传播。病灶四周可注射青霉素。病的转归：应以体温正常、疮疖（炭疽痈肿）红肿消退，结痂，痂皮自行脱落而且临床症状全部消失，才准于解除隔离。其他类型炭疽患者则应以其分泌物、排泄物两次采样、镜检、培养、动物接种均为阴性者，方可解除隔离，视为健康者。

2. 布氏杆菌病

布氏杆菌病是由各型布氏杆菌引起的人兽共患的自然疫源性传染病。临床表现常见波浪热型，故另有波浪热、浪热等病名。对热、常用消毒剂、抗生素及紫外线均很敏感。

（1）接触机会与健康危害。

布氏杆菌病在我国和世界各地都曾有过流行。病菌可经完整的黏膜和皮肤进入人体，生饮生食可经口感染，带菌尘粒可经呼吸道吸入人体。由于病畜可从奶中排出病菌，故饮用带菌的奶和奶制品也将成为重要的传播途径。病畜的排泄物和分泌物可污染羊毛、羊皮、土壤和水源，进而引起间接感染。细菌进入人体可引起菌血症及毒血症，亦可引起各种变态反应。

（2）临床表现。

布氏杆菌病的潜伏期多为 1～3 周，最短的 3d，最长数月。其临床表现多种多样，缺少特异性症状。

①急性期的主要表现为发热和多汗，典型的热型为波状型发热，也有弛张热、不规则热或持续低热。常伴全身乏力及多汗。关节痛，以大关节为主，常为游走性疼痛。

②慢性期的临床症状更无特异性，病人常有疲乏无力、多汗、低热、失眠、淡漠或烦躁不安等表现。还可伴有固定而顽固的关节或肌肉疼痛。神经系统病变以周围神经损伤最多，表现为神经痛、神经炎、神经根炎及神经丛神经炎等。中枢神经系统损害较少见。其他可有泌尿生殖系统病变、心肌炎、气管炎、间质性肺炎及肝脾肿大等。

（3）预防的主要措施。

①患病的人应及时隔离至症状消失，血、尿培养阳性。病人的排泄物、污染物应予以消毒。

②疫区的乳类、肉类及皮毛需严格消毒灭菌后才能外运。保护水源。

③凡有可能感染布氏杆菌病的人员均应进行预防接种，目前多采用 M-104 冻活菌苗，划痕接种，免疫期 1 年。

3. 森林脑炎

职业性森林脑炎是劳动者在森林地区的职业活动中，因被吸血昆虫（蜱）叮咬而感染的中枢神经系统急性病毒性传染病。流行于春、夏季节，潜伏期为 8～14d。起病时先有发热、头痛、恶心、呕吐、神志往往不清，并有颈项强直等症状。随后再现颈部、肩部和上肢肌肉瘫痪，表现为头无力抬起，肩下垂，两手无力而摇摆等。

（1）主要表现。

普通型患者急起发病，1～2d 达高峰，并出现不同程度的意识障碍、颈和肢体瘫痪和脑膜刺激征；轻型患者起病多缓慢，有发热、头痛、全身酸痛、食欲不振等前驱症状，经 3～4d 后出现神经系统症状；重型患者起病急骤，突发高热或过高热，并有头痛、恶心、呕吐、感觉过敏、意识障碍等症状，迅速出现脑膜刺激征，数小时内昏迷、抽搐而死亡。

（2）治疗原则。

①及时对症治疗，降温、止惊以及呼吸衰竭等处理。

②免疫疗法。

a. 血清疗法：起病 3d 内患者可用恢复期患者或林区居住多年者的血清 20～40mL 肌

注，或椎管内注射 5 ~ 10mL。

　b. 高效价免疫丙种球蛋白每日 6 ~ 9mL 肌注，至体温降至 38℃ 以下停用。

　c. 干扰素、免疫球蛋白，均可酌情采用。

（3）预防措施。

①加强防蜱灭蜱。

②在林区工作时穿"五紧"防护服及高筒靴，头戴防虫罩。

③预防接种：每年 3 月前注射疫苗，第一次 2mL，第二次 3mL，间隔 7 ~ 10d，以后每年加强一针。

第五章　特殊工作程序

第一节　危险能源

钻井施工工艺复杂，所使用的设备属重型机械，施工过程中涉及运转设备、电力、化学危险品等，包括高温、高压、有毒有害气体、危险品泄漏、机械能等危险能源。正确识别危险能源并做好危险能源控制，对于保证安全作业非常重要。本节主要介绍危险能源的特性以及控制和管理的有关要求，隔离、锁定、标记程序，保护员工在维护、修理机器设备时避免机器或设备的突然启动，以及能量的突然释放而发生意外事故。

一、类型

（一）危险能源的定义

危险能源是指可能造成人员伤害、财产损失或环境破坏的能源，可以是存在危险的一台设备、一处设施或一个系统，也可能是它们之中存在危险的一部分。比如，钻井现场气焊所用的乙炔气瓶中的乙炔泄漏很危险，遇火可能发生爆炸，因此说乙炔气瓶是一个危险能源。

重大危险能源是指工业活动中客观存在的危险物质或能量超过临界值的设备或设施。危险能源包括但不仅限于以下种类：

（1）电能：电流或电子流（如交流电、静电等）。

（2）动能：一切物体做机械运动所具有的能量。

（3）电势能：电荷在电场内运动所产生的类似重力势能的能量。

（4）化学能：有毒有害危险化学品。

（5）热（冷）能：电热（冷却）系统或热（冷）的流体。

（二）危险及危险能源的识别

危险是指材料、物品、系统、生产过程、设施或工作场所对人员、财产或环境具有产生伤害的潜能。危险能源识别就是找出可能引发不良后果的材料、系统、生产过程的特征。主要从以下方面识别：

（1）工作场所：从工作场所的工程地质、地形、自然灾害、周围环境、气候条件、资源、交通、抢险救灾支持条件等方面进行分析。

（2）工作场所平面布局。

①总图：功能分区（生产、管理、辅助生产、生活区）布置；高温、有害物质、噪

声、辐射、易燃、易爆、危险品设施布置；建筑物、构筑物布置；风向、安全距离、卫生防护距离等；

②运输线路及码头：道路、铁路、码头、危险品装卸区。

（3）建筑物、构筑物：包括结构、防火、防爆、运输、生产卫生设施等。

（4）生产过程：温度、压力、速度、作业及控制条件、事故及失控状态。

（5）生产设备、装置：

①机械设备：运动零部件、操作条件、检修作业、误运转和误操作。

②电气设备：断电、触电、静电、雷电、火灾、爆炸、误运转和误操作。

③危险性较大的设备、高处作业设备。

④特殊单体设备、装置：锅炉房、油料库等。

（6）工时制度、女工劳动保护、体力劳动强度。

（7）管理设施、事故应急抢救设施和辅助生产、生活卫生设施。

日常作业、维修可能包括许多不同类型的危险能源，常见的危险能源见表5-1。

表5-1　常见危险能源分类

来　源	能　量	可能发生的事故
电动机、电路及电子设备上的裸露电导体	电流	触击、热灼伤、触电及死亡
机器设备（如泵、风扇）	机器运动	切割、擦伤、撞伤、断裂及死亡
搬运设备（如拖拉机、叉车）	液压或机器的运动	切割、擦伤、撞伤、断裂及死亡。有毒物质进入体内
机器设备的拉力、意外运动（如链条及齿轮传送装置）	储存的能源	切割、擦伤、撞伤、断裂及死亡
压缩气瓶、管道及气动设备	机器运动及其能量	切割、擦伤、撞伤、断裂及死亡
蒸气动力设备及蒸气管道	压力或热量	烧灼伤皮肤和呼吸道、受外伤及死亡
危险化学品	有毒、易燃或活性物质	火灾、爆炸和接触有毒有害物质；身体伤害、疾病及死亡

二、通电及断电

上锁、挂牌（LOTO）是几乎所有工作场所通电设备关键的安全规程。每次维修或维护都必须安全地切断设备。上锁、挂牌是特定设备断电和重新通电的实施过程，目的是为了保证员工的安全，以防他们在机器工作时发生意外伤害。

每个运行中的机器都不可避免地需要维护、质量检查，甚至全部彻底检修。完全切断的机器是与动力源完全断开的，其动力源可以是电力、煤气、蒸汽、气动或液压，并经过总设备关闭的正确流程，确保在系统中对任何储能的释放都是没有风险的。此锁定过程精简了维修程序，以确保总的安全。

电能是一种方便的能源，在生产和生活中不注意安全用电，会带来灾害。因此，必须在采取必要安全措施的情况下使用和维修电工设备，特别是在维修电器设备时，要正确对电路进行通电及断电操作，避免事故的发生。

（一）操作原则

（1）电路或设备通电时，不准带电作业，否则必须采取可靠的安全措施，并有人监护。

（2）线路通电前，必须检查漏电保护器、接地装置等保护措施是否完好适用，并通知用电部位，直至操作人员得到许可确认后方可送电。

（3）电器通电后发现冒烟、发出烧焦气味或着火时，应立即切断电源，切不可用水或泡沫灭火器灭火。

（4）全部停电和部分停电工作应严格执行停送电制度，将各个来电方面的电源全部断开（应具有明显的断开点），且各方至少有一个明显的断开点（如隔离开关）。对可能有残留电荷的部位进行放电，验明确实无电后方可工作。必要时应在电源断开处挂设标示牌和在工作侧各相上挂接保护接地线，严禁越时停送电。为了防止有返送电源的可能，应将与停电设备有关的变压器、电压互感器从高低压两侧断开；对于柱上变压器等，应将高压熔断器的熔丝管取下。

（5）通电及断电操作一般由两人进行，其中对电气及线路较熟悉、经验较丰富的为监护人；操作人不能依赖监护人，应对操作项内容程序熟练掌握并复述无误。较复杂的通电、断电操作，必须由熟练的电工进行，安全负责人或监督监护。

（6）操作人员与带电体（10kV）的安全距离为0.7m以下。必要时须穿长袖衣裤，并戴绝缘手套，穿绝缘靴，且有人监护。

（7）手动通、断电时必须迅速果断，但合闸到底时不能用力过猛，以防止合过头或损坏支持绝缘子。手动拉闸时应缓慢谨慎，当开关从固定触头脱离的时刻，如有弧光出现，应立即合上，并停止操作，待查明产生电弧原因，并排除后方可操作。

（8）开关操作后必须检查其开、合位置是否与操作相符。

（9）非手动操作机构的热继电器，一般不允许带电手动合闸。电动操作机构的热继电器，合闸时扳动控制开关不得用力过猛，返回时也不得太快。热继电器操作后应检查有关信号或表计指示，必要时检查开关的机械指示与各相动作情况是否相符，以防误合、漏合。

（10）操作单相开关或跌落式熔断器时，水平或三角形排列的顺序是：合闸时，先合两个边相，后合中间相；分闸时，先分中间相，后分两边相。室外有风时，应从下风侧向上风侧逐个拉开；合闸时应从上风侧向下风侧逐个闭合。垂直排列的开关，拉闸时，先拉中间相，再拉上方相，最后拉下方相；合闸时，先合下方相，再合上方相，最后合中间相。

（11）停电操作时，必须先拉开热继电器，再拉隔离开关；严禁带负荷拉隔离开关；计划停电时，应先将负荷来回路拉闸，然后再拉热继电器，最后拉隔离开关。

（12）停电操作的顺序是：热继电器、负荷侧隔离开关、母线侧隔离开关。送电操作的顺序与停电操作相反。

（13）联络开关的操作必须核实各相线无误且无环流。

（二）作业监护

（1）作业监护制度是保证操作人员人身安全及操作正确的主要措施。监护人一般由作业负责人担任，多岗设置监护人时，应由作业负责人委任，但监护人的安全技术等级及技术级别应高于操作人。

（2）带电作业或在带电设备附近作业时，应设监护人。作业人员应服从监护人的指挥。监护人在执行监护时，不应兼做其他工作和事宜。

（3）监护人因故离开工作现场时，应由作业负责人事先指派有资质的人员接替监护，使监护工作不致间断，且双方应交代清楚有关事宜。

（4）部分停电时，应始终对所有作业人员的活动范围进行监护，使其各个部位与带电设备及带电体保持安全距离。

（5）带电作业时，应监护所有作业人员的活动范围不应小于与接地部位的安全距离，监护工具使用是否正确、作业位置是否安全，以及操作方法是否正确等。

（6）监护人发现某些作业人员有不正确的动作或有减小安全距离的趋向时，应立即提出警告纠正，必要时可让其停止作业。

（7）监护人允许监护的人数：

①设备或线路全部停电作业，一个监护人所监护的人数不予限制。

②在部分停电且不是全部设有可靠遮栏以防止触电时，则一个监护人所监护的人数不应超过两人。

③非电气专业人员（如油漆工、建筑工、起重工等）在部分停电的情况下进入变配电室内作业时，一个监护人在室内最多可监护3人，室外不超过5人。

④在部分停电的情况下，变配电室内敷设电缆作业，在采取安全措施的情况下，一个监护人在室内可监护6人，在室外可监护10人。

（8）监护人允许参加班组作业的有关规定：

①全部停电时；

②变配电室内部停电时，只有在安全措施可靠、作业人员集中于一个作业点，作业人员连同监护人不超过3人时；

③所有室内外带电部分，均有可靠的安全遮栏以防止触电危险，使作业人员不致误碰导电部分。

（9）进行较为复杂的作业时，若安全条件差，应增设专人监护，对专一的地点、专一的作业和专门作业人员进行特殊监护。

（10）作业监护为的是作业人员在作业过程中，能够受到监护人不断地、严格地监督和保护，以便及时纠正作业人员的一切不安全动作行为和其他错误做法，特别是在靠近带电部位和作业转移时，作业监护不得中断。

三、危险能源的控制

（一）目的

有些设备必须通过封隔手段来避免意外的能量释放（电能、液压能、气能或机械能、化学能、储存能源或热能等），能源封隔程序就是为在这些设备上工作的人员的安全而制定的。

（二）范围

电气能源封隔程序适用于工作开始之前，这些工作需要有人在已断电的线路或设备上作业，或靠近这些线路和设备作业，而意外的加电或启动设备会对这些人造成危险。

其他能源封隔程序适用于安全地隔离其他能源，如处理液压、气动、热力、化学以及机械系统的能源。

能源封隔程序不适用于小型器械的调整和日常的重复性检修，以及与生产作业无法分开的维修作业，如定时器设置的调整和孔板附件的使用等。但是应采用相应的类似程序以提供有效的人员保护。电气封隔程序不适用于靠电源线或插头连接到电气设备上的工作，因为可以通过拔掉设备的电源插头来防止意外送电或设备启动造成的危险，也可由实施作业或维护的雇员对插头进行单独控制。

凡是额定电压超过48V的电路应按照这些能源封隔程序来封隔和控制。在电气设备上作业的人员不要佩戴可能导电的装饰物，如戒指、手表、手镯等。

（三）目标

在开始工作之前，要确保所有的封隔源已经封隔，确保所有的封隔工作已经有效地传达到所有有关人员，确保对封隔装置合适的管理控制得到维持。

（四）电气能源封隔程序

在需要封隔的通电设备上工作的操作者必须对设备进行初步的评价，对可能会产生的暴露加标记，这些暴露必须在安全作业之前进行封隔。

在设备封隔或停止工作前，应通知指定的当班操作员，必要时当班操作员应与生产监督商量之后才可作出一旦停止设备的工作是否会对整个流程产生影响的决定。

指定的当班操作员将填写"危险！勿操作"标记的上下两部分，标记上应标明封隔的日期、实施封隔人员的姓名、工作指令号或"动火和安全作业许可证"号以及封隔锁定的理由。每个封隔锁定必须挂上"危险！勿操作"标记。

（1）在标记上部应包括以下内容：

①封隔理由；

②锁或锁钥号码；

③签名和实施锁定的日期。

（2）在标记下部应包括以下内容：

①设备编号；

②位置及锁或锁钥号码；

③封隔理由；

④签名及实施锁定的日期。

（3）指定的当班操作员将根据每个操作者的熟练程度，为在封隔设备上工作的每位操作员签发加锁牌，自己也留一件。这些锁牌用下述颜色进行编码识别：

绿色表示电气仪表，棕色表示机械设备，红色表示作业。

（4）每个锁牌必须有自己的锁和号码，然后，指定的当班操作员在封隔记录上记上下述资料：

①工作指令及"动火和安全作业许可证"号；

②"危险！勿操作"标记号；

③锁的号码；

④被封隔设备的设备编号；

⑤完成工作的简单说明；

⑥实施封隔人员的姓名；

⑦加锁的日期。

此时，指定的当班操作员和做具体工作的人员将把他们的锁挂放到设备上，多用锁将放在控制室的多用锁钩上，在电气封隔期间，指定的当班操作员的锁总是第一个关锁和最后一个开锁。每一个使用的封隔锁必须有一个标志，每个标志的下联将由指定的当班操作员撕下来并送回到控制室。所有使用锁的人员，在封隔期间，应保管锁的钥匙，但指定的当班操作员除外，他将把他的钥匙连同标志下联一起放到控制室保险盒内。

注意：控制室的锁盒，除了开锁、还锁或还锁匙外，必须始终是锁上的，指定的当班操作员有责任保证控制室内所有锁盒都是锁上的。

（5）对于所有的电气封隔，锁应上在装有合适的断路开关设备的电气封隔开关上。封隔点离被封隔的设备越近越好。如果通向设备的线路无法锁定，必须切断电源并加标志。如果为了确保封隔效果而需要断开或拆除线路的某一个部件，必须由合格的电工完成此项工作。

（6）设备锁定后，指定的当班操作员将检查设备周围，在试图启动设备之前，应将人员和电器具撤离工作区，在开始工作之前，指定的当班操作员将试着对设备局部通电以确认该线路已通电，并且不存在过载现象。

（7）在确认封隔已开始而且效果令人满意后，指定的当班操作员将把标记下联交回控制室，并将其钥匙附到标记下联，存放到合适且安全的锁盒内。

（8）在完成封隔工作后，实施具体工作的人员将通知指定的当班操作员，该操作员将和其他实施具体工作的人员一起对封隔区域进行检查，核实被封隔的设备上已无人工作，所有器具已从该区域撤走，所有的防护设施已复原，设备线路通电或使用设备都不会对人员发生任何危险。

（9）在指定的当班操作员作出上述决定后，工作人员即可拿走他们的锁，指定的当班操作员再拿走他的锁和标记。如果合适的话，工作人员将在指定的操作人员参加的情况下，给线路重新通电，以证明设备是可以工作的。

（10）锁和标记只能由原上锁人取掉，除非原上锁人不在或因其他原因无法让原上锁人来取掉锁和标记。在这种情况下，监督在检查设备修理工作已完成，没有人在该设备上工作后，即可安排取掉标记和锁并将设备投入使用并为此承担责任，监督负责通知加锁的人并向他们说明取掉锁和标记的情况。

（11）电气封隔工作完成后，指定的当班操作员将收集全部在封隔工作过程中使用过的锁并放回到控制室的锁盒。将所有标记上联和保存在锁盒的标记的下联作比较，结果应吻合，以确保所有的封隔器具已拆除。

（12）指定的当班操作员在电气封隔记录上填写好适当的"加锁日期"栏，所有标记的上下两联均应附到相应的"动火和安全作业许可证"上，并存档不少于5年。至此，封隔过程才完成。

（五）工艺、气动、化学、热源封隔程序

工艺、气动、液压、化学和热源封隔的程序与电气封隔程序相似，主要区别在于封隔源不同。

指定的当班操作员将为正在使用的封隔设备签署标记，同样标记内容包括在"封隔记录表"上，工作人员负责准备一个盲板清单，以及在目前的管线和仪表图上标明封隔位置及封隔要求。工作人员也应明白实施封隔的程序，这些将附到"封隔证书"上。

指定的当班操作员收到这些资料后，将审阅盲板清单、程序、管线和仪表图。必要时，他将和生产监督一起讨论封隔事宜，审查完毕后，他将陪同工作人员一起到封隔位置，在工作区内核查盲板清单和程序，一旦该程序获得批准，他将负责停止工艺、液压、化学或热工艺的作业，所有处于非正常状态的阀门、盲板和切断的管线必须加上合适的标记及色条标。所有处于正常关闭状态但可能会影响封隔的阀门也应进行类似处理。所有的盲板应记录在"盲板清单记录"本上。

能源隔离的手段按优先顺序推荐如下：

（1）加盲板：这种方法适用于进入容器内作业、对工艺管线或容器进行明火作业。为避免因使用隔离阀可能出现的泄漏，或因开启不当而导致被维护的设备受损害，或释放可燃、有毒高压流的情况发生，在对压缩机、泵、工艺管线或容器进行长期维修保养时也倾向采用盲板隔离法。

（2）拆卸隔离法：在不宜加盲板的情况下，将管线拆开并将管端分开或从系统中拆除一部分，再将两个开口端进行封隔并加上标记，这也是一种可以被接受的变通的隔离方法。

（3）双截断与放泄隔离法：这是一种用得最少的隔离方法，而且在进入容器和有限空间作业时不允许使用这种方法。截断阀的密封效果要好并且应用锁链固定。自动阀不得用作截断阀，如果要用，必须先使其自动功能失效。放泄阀必须为全开型阀门，其尺寸大小应满足在关闭截断阀时能通过可能的最大泄流量的要求。

（4）单截断阀：只要不会出现高风险情况，在进行一些常规性维护作业时，至少可以

用单锁锁定关闭（或用其他可靠的方式）并加上有标记的单截断阀。可以使用单截断阀进行隔离的作业有观察镜的拆卸安装（两个单阀），往复压缩机和泵内阀门的更换，仪表的拆卸/更换等。此外，在单截断阀十分靠近带压的（压力限制为 1480psi）泄压装置、减压装置，并且证实该阀门可以完全关紧的情况下，单截断阀还可以用于更换减压阀和安全隔膜。

（5）不得使用单截断阀的条件：用阀门来作单截断阀或用作盲板曾发生过严重的泄漏（这样的阀门应及早给予更换）；压力超过 1480psi 和阀门大于 6in；存在严重危害人员安全的苛性碱、酸或其他毒性流体；必须在有限空间引入管线和加盲板，如小型建筑或出入口狭窄的地方（尤其是有火源存在）；长时间开放的管线。

注意：如在高风险情况下无法找到使用单截断阀变通的隔离方法，则应考虑降低整个系统的压力以确保能够安全地完成工作任务。

审批结束后，指定的当班操作员将把所有标记的下联送回到控制室。

工艺、气动、液压、化学和热能的隔离会要求将多个阀门加链上锁，可以把所有封隔锁定的钥匙放进一个锁盒，每个在该设备上维修或监视的人员都有一把带钥匙的锁锁住该锁盒，只有当所有的人都开了锁盒上的锁，才能拿到锁盒里用于封隔锁定的钥匙。在封隔期间，每个工作人员必须保留各自的钥匙。

工作结束后，指定的当班操作员将和工作人员一起负责拆除盲板、锁或其他安装的封隔器具，各有关方面应对工作区进行一次检查，该项检查必须最后确定工作已经完成，在使工艺作业恢复正常作业之前，释放能量不会对人员造成危险，指定的当班操作员将是最后一个从封隔上取走其钥匙或标记的人。

封隔工作完成后，指定的当班操作员将收集所有用于封隔的锁并送回到控制室的锁盒里。将所有有关标记的上联和保存在锁盒里相应的下联作比较，以确保所有的封隔装置已拆除。

指定的当班操作员在"封隔记录"上填好相应的"取锁日期"，把标记上下联附到相应的"动火和安全作业许可证"上存档不少于 5 年。至此，封隔工作才算完成。

（六）机械能封隔程序

机械能封隔应采用与工艺、气动、液压、化学和热能封隔程序中所描述的同样的程序，在机械能封隔工作中应注意以下几点：

（1）可采用链条、挡块或断开的方式进行隔离。

（2）如使用弹簧操作机械，在不需要机械动作时，应释放弹簧或采取具体的制动措施。例如，在泵上仅采用制动的能量封隔方式是不可取的，应另外加锁或链锁。

（3）机械封隔要求将多个阀门加链上锁，可以把所有封隔锁定的钥匙放进一个锁盒，每个在该设备上维修或监视的人员都有一把带钥匙的锁锁住该锁盒，只有当所有的人都开了锁盒上的锁，才能拿到锁盒里用于封隔锁定的钥匙。封隔期间，每个工作人员必须保存各自钥匙。

（4）对运转的设备部件，如链轮、传动轴、皮带及皮带轮等，可使用固定牢固、完好的护罩进行安全隔离。

第二节　锁定、标记

一、定义

在维修和保养机器时，必须根据现有的程序识别、关断、隔离、锁定、标记所有可能引起设备事故或者人员伤害的危险能源（例如，电能、机械能、气压能或热能）。

（1）锁定是防止能量从电源流入设备的一种方法，它把锁定装置安装在电源上，让使用该能源的设备无法运转。

加标签是将标签放在能源上，标签是警告人们不要使用能源，而其本身不能达到阻止能源泄漏的目的，必须与锁定装置联合使用。

（2）"危险禁止操作"标签。

"危险禁止操作"标签是用来对设备作整体性的管制，保护人员免于受伤、设备免于受损的一种措施，通常与安全锁配套使用。其标示内容应包含挂签者姓名、日期、单位及简短的说明（工作内容）。

（3）安全锁。

安全锁是用来锁住能量隔离设施的安全器具。在防爆区域的所有安全锁具须符合防爆要求。安全锁共有三类。

①个人安全锁：每人均拥有一个钥匙与锁"一对一"的个人用的安全锁。

②集体安全锁：生产单位可拥有钥匙与锁"一对多"的集体上锁用的锁组。

③公用安全锁：公用锁可为"一对一"单一锁或"一对多"锁组。当采取个人上锁或集体上锁方式，锁的数量不足时，可借用公用安全锁来上锁。

（4）警告标志。

用于提醒、警告员工的标志，不同于与安全锁配套的"危险禁止操作"标签，警告标志禁止用于取代上锁挂签系统。

完整的警告标志必须是清晰易读的，并包含日期、填写人、要告知他人的信息。

当警告标志不用时，需及时拆除。当标志必须长期使用时，填写人必须负责在30d内或当其损坏时及时进行更换，以确保清晰可读。

（5）集体锁箱。

集体锁箱是用于集体上锁时供设备拥有单位或施工单位上锁使用的锁箱。集体锁箱需置于易触及且明显的位置，便于上锁、挂签。参与集体上锁的相关单位，均需清楚了解集体锁箱的位置。工作人员应能看见集体锁箱中的钥匙。

（6）隔离。

隔离是将阀件、电器开关、蓄能配件等设定在合适的位置或借助特定的扣件使设备不能运转，然后对系统执行上锁程序。在开始任何工作之前，将"能量"做正确的隔离，比节省时间、节省成本、避免麻烦或提高产量还重要。

每一项非常规或危险性工作都需要考虑能量隔离，如果存在需要隔离的能量，需制定能量隔离方案。能量隔离方案应明确说明或用图示表明所隔离的能量、隔离点和需要上锁的部位。

二、作用及职责

（1）隔离是采用物理分离、隔板、栅栏、机械方式等措施，将已确认的危害同相关人员及设施隔离，从而避免接触危害，把风险降到最低，控制危害的影响。

（2）锁定及联锁是一种常用的安全措施。目的是为了防止不兼容的事件接连发生，或防止事故在不正确的时间发生，或以错误的顺序发生。

（3）标记是一种特殊的目视告警和说明手段，一种标有"危险！勿操作！"等字样，能防风雨并标明设备名称，加标记人姓名、标记日期和时间，以及该设备加标记理由的标签，它按要求或标准来设计，并放置在特定的位置。标记包括文字、颜色和图样，以满足示警的特殊要求。

当仅用标记仍不够醒目时，另外加上一条亮橙色或红色条带，即为色条标。色条标不能在不加标记的地方单独使用。修理设备、隔离设备、关闭阀门和开关或发现不安全设备的人，有责任在必要的地方使用标记。接到通知的监督或指定的负责人，有责任对已加标记的项目安排修理。

修理工作完成后，经全面检查，确认无人会受到危害，且设备完全就绪，应立即去掉所有危险标记，对作业区进行检查，保证不让任何不需要的器材留在作业区内，这些工作都应该由签署危险标记的人来做，由于换班，也可按安全标准中关于能源封隔的规定，由监督来去掉危险标记。

三、程序——锁定、标定、证实

有些设备必须通过隔离手段来避免意外的能量释放（如电能、液压能、机械能等），危险能源隔离程序是为了保护在这些设备上工作的人员的安全而制定的。

（一）上锁挂牌——锁定、标定、证实

1. 基本要求

（1）在作业时，为避免设备设施或系统区域内蓄积危险能量或物料的意外释放，对所有危险能量和物料的隔离设施均应上锁挂牌。

（2）作业前，参与作业的每一个人员都应确认隔离已到位并已上锁挂牌，并及时与相关人员进行沟通。整个作业期间（包括交接班），应始终保持上锁挂牌。

（3）上锁挂牌应由操作人员和作业人员本人进行，并保证安全锁和标牌置于正确的位置上。特殊情形下，本人上锁有困难时，应在本人目视下由他人代为上锁。安全锁钥匙须由作业人员本人保管。

（4）为确保作业安全，作业人员可要求增加额外的隔离、上锁挂牌。作业人员对隔

离、上锁的有效性有怀疑时，可要求对所有的隔离点再做一次测试。

（5）使用安全锁时，应随锁附上"危险，禁止操作"的警示标牌，上锁必挂牌。在特殊情况下，如特殊尺寸的阀或电源开关无法上锁时，经确认，并获得书面批准后，可只挂上警示标牌而不用上锁，但应采用其他辅助手段，达到与上锁相当的要求。

（6）上锁挂牌后，应通过检测确认危险能量和物料已去除或已被隔离，否则所有危险能量和物料的来源都应认为是没有被消除的。对所有存在电气危害的，断电后应实施验电或放电接地检验。

（7）隔离点的辨识、隔离及隔离方案制定等应由属地人员、作业人员或双方共同确认。

2. 上锁步骤

（1）辨识。

作业前，为避免危险能量和物料意外释放可能导致的危害，应辨识作业区域内设备、系统或环境内所有的危险能量和物料的来源及类型，并确认有效隔离点。

（2）隔离。

根据辨识出的危险能量和物料及可能产生的危害，编制隔离方案，明确隔离方式、隔离点及上锁点清单。根据危险能量和物料性质及隔离方式，选择相匹配的断开、隔离装置。

隔离装置的选择应考虑以下内容：

①满足特殊需要的专用危险能量隔离装置。

②安装上锁装置的技术要求。

③按钮、选择开关和其他控制线路装置不能作为危险能量隔离装置。

④控制阀和电磁阀不能单独作为物料隔离装置；如果必须使用控制阀门和电磁阀进行隔离，应按 Q/SY 1243—2009《管线打开安全管理规范》要求，制定专门的操作规程确保安全隔离。

⑤应采取措施防止因系统设计、配置或安装等原因，造成能量可能再积聚（如有高电容量的长电缆）。

⑥系统或设备包含储存能量（如弹簧、飞轮、重力效应或电容器）时，应释放储存的能量或使用组件阻塞。

⑦在复杂或高能电力系统中，应考虑安装防护性接地。

⑧可移动的动力设备（如燃油发动机、发动机驱动的设备）应采用可靠的方法（如去除电池、电缆、火花塞电线或相应措施）使其不能运转。

（3）上锁。

根据上锁点清单，对已完成隔离的隔离设施选择合适的安全锁，填写警示标牌，对上锁点上锁挂牌。考虑到电气工作的特殊危害性，应制定专门的上锁挂牌程序。

（4）确认。

上锁挂牌后要确认危险能量和物料已被隔离或去除。可通过以下方式确认：

①观察压力表、视镜或液面指示器，确认容器或管道等储存的危险能量已被去除或阻塞。

②目视确认连接件已断开，转动设备已停止转动。

③对暴露于电气危险的工作任务，应检查电源导线已断开，所有上锁必须实物断开且经测试无电压存在。

④有条件进行试验的，应通过正常启动或其他非常规的运转方式对设备进行试验。在进行试验时，应屏蔽所有可能会阻止设备启动或移动的限制条件（如联锁）。对设备进行试验前，应清理该设备周围区域内的人员和设备。

（二）上锁方式

1. 单个隔离点上锁

单个隔离点上锁有单人作业单个隔离点上锁和多人共同作业单个隔离点上锁两种形式。

（1）单人作业单个隔离点上锁：操作人员和作业人员用各自个人锁对隔离点进行上锁挂牌。

（2）多人共同作业单个隔离点上锁有两种方式：所有作业人员和操作人员将个人锁锁在隔离点上；或者使用集体锁对隔离点上锁，集体锁钥匙放置于锁箱内，所有作业人员和操作人员个人锁上锁于锁箱。

2. 多个隔离点上锁

用集体锁对所有隔离点进行上锁挂牌，集体锁钥匙放置于锁箱内，所有作业人员和操作人员用个人锁对锁箱进行上锁挂牌。

（三）电气上锁

（1）对电气隔离点由电气专业人员上锁挂牌及测试，作业人员确认。

（2）电气上锁应注意以下方面：

①主电源开关是电气驱动设备主要上锁点，附属的控制设备不可作为上锁点，如现场启动、停止开关；

②若电压低于220V，拔掉电源插头可视为有效隔离，若插头不在作业人员视线范围内，应对插头上锁挂牌，以阻止他人误插；

③采用熔断丝、继电器控制盘供电方式的回路，无法上锁时，应装上无熔断丝的熔断器并加警示标牌；

④若必须在裸露的电气导线或组件上工作时，上一级电气开关应由电气专业人员断开或目视确认开关已断开，若无法目视开关状态时，可以将熔断丝拿掉或测电压或拆线来替代；

⑤具有远程控制功能的用电设备，不能仅依靠现场的启动按钮来测试确认电源是否断开，远程控制端必须置于"就地"或"断开"状态并上锁挂牌。

（四）消除锁定及标定

（1）正常解锁：上锁者本人进行的解锁。具体要求如下：

①作业完成后，操作人员确认设备、系统符合运行要求，每个上锁挂牌的人员应亲自去解锁，他人不得替代；

②涉及多个作业人员的解锁，应在所有作业人员完成作业并解锁后，操作人员按照上锁清单逐一确认并解除集体锁及标牌。

（2）非正常拆锁：上锁者本人不在场或没有解锁钥匙时，且其警示标牌或安全锁需要移去时的解锁。拆锁程序应满足以下其中一个条件：

①与锁的所有人联系并取得其允许。

②经操作单位和作业单位双方主管确认下述内容后方可拆锁：

a. 确知上锁的理由；

b. 确知目前工作状况；

c. 检查过相关设备；

d. 确知解除该锁及标牌是安全的；

e. 在该员工回到岗位，告知其本人。

四、与授权人协调

（1）安全锁应明确以下信息：

①个人锁和钥匙归个人保管并标明使用人姓名，个人锁不得相互借用。

②集体锁应在锁箱的上锁清单上标明上锁的系统或设备名称、编号、日期、原因等信息，锁和钥匙应有唯一对应的编号；集体锁应集中保管，存放于便于取用的场所。

（2）危险警示标牌的设计应与其他标牌有明显区别。警示标牌应包括标准化用语（如"危险，禁止操作"或"危险，未经授权不准去除"）。危险警示标牌应标明员工姓名、联系方式、上锁日期、隔离点及理由。危险警示标牌不能涂改，一次性使用，并满足上锁使用环境和期限的要求。

（3）使用后的标牌应集中销毁，避免误用。危险警示标牌除了用于指明控制危险能量和物料的上锁挂牌隔离点外，不得用于任何其他目的。

（4）如果保存有备用钥匙，应制定备用钥匙控制程序，原则上备用钥匙只能在非正常拆锁时使用，其他任何时候，除备用钥匙保管人外，任何人都不能接触到备用钥匙。严禁私自配制备用钥匙。

（5）上锁设施的选择除应适应上锁要求外，还应满足作业现场安全要求。

第三节　工作许可制度

工作许可制度对维护工作区域、设备和人员安全来说至关重要。它主要通过指定作业批准人对作业内容进行书面许可，确保作业人员熟悉自己的任务和职责。在执行过程中采取必要的防护措施，并进行有效的监督或其他措施来确保工作现场的潜在危害得到有效控制，从而避免事故的发生。

一、概述

特殊作业的许可是授权人执行特殊任务时的一份书面文件。警告施工人员可能出现的危险和让他们理解安全工作所需要的预防方法。它确保施工人员在开始工作前正确地考虑和对待危险。全体人员应很好地领会特殊作业的许可制度，其内容为：

（1）需要授权才能施工的工作类型；

（2）许可系统包括的文件程序；

（3）明确签发许可的层次；

（4）由胜任的人员检查工地条件；

（5）集中管理和时间许可控制；

（6）许可到期的管理；

（7）许可的移交机制；

（8）许可有效期内检查变更影响的机制。

特殊作业许可制度的目的：

（1）确保非常规和危险作业的正确授权；

（2）明确每个人工作中的风险和应该采取的措施；

（3）确保每一设备区的负责人清楚他们正在进行的所有工作；

（4）提供记录表明，有合适的、有能力的人进行了检查，制定了需要的预防措施和工作方法；

（5）贯彻特殊工作的许可制度。

二、类型

根据特殊作业许可制度的要求，需要授权才能施工的工作包括但不限于以下作业：

（1）狭窄空间作业；

（2）热作业；

（3）动火作业；

（4）高空作业；

（5）机械修理作业；

（6）电器修理作业；

（7）大型作业；

（8）危险吊装作业。

三、何时需要工作许可

在所辖区域内或在已交付的在建装置区域内，进行下列工作均应实行作业许可管理，办理作业许可证：

（1）非计划性维修工作（未列入日常维护计划或无程序指导的维修工作）；

（2）交叉作业；

（3）缺乏安全程序的工作；

（4）进入受限空间；

（5）挖掘作业；

（6）高处作业；

（7）移动式吊装作业；

（8）管线打开；

（9）临时用电；

（10）动火作业。

四、雇员的任务与责任

特殊作业前申请人（雇员）应提出申请，填写作业许可证，同时提供以下相关资料：

（1）作业许可证；

（2）作业内容说明；

（3）相关附图，如作业环境示意图、工艺流程示意图、平面布置示意图等；

（4）风险评估（如工作前安全分析）；

（5）安全措施或安全工作方案。

作业申请人（雇员）负责填写作业许可证，并向批准人提出工作申请。作业申请人应是作业单位现场负责人，如项目经理、作业单位负责人、现场作业负责人或区域负责人。

作业申请人（雇员）应实地参与作业许可所涵盖的工作，否则作业许可不能得到批准。当作业许可涉及多个负责人时，则被涉及的负责人均应在申请表内签字。

作业单位应严格按照安全工作方案落实安全措施。需要系统隔离时，应进行系统隔离、吹扫、置换，交叉作业时需考虑区域隔离。

许可证审批之前，对凡是可能存在缺氧、富氧、有毒有害气体、易燃易爆气体、粉尘的作业环境，都应进行气体检测，并确认检测结果合格。同时在安全工作方案中注明工作期间的气体检测时间和频次。

许可证得到批准后，在作业实施过程中，申请人应按照安全工作方案的要求进行气体检测，填写气体检测记录，注明气体检测的时间和检测结果。

凡是涉及有毒有害、易燃易爆作业场所的作业，作业单位均应按照相应要求配备个人防护装备，并监督相关人员佩戴齐全，执行相关个人防护装备管理的要求。

第四节 有限空间

本节主要介绍有关有限空间内存在的危险和进入的程序及安全要求。进入有限空间是十分危险的，要求特别的保护措施和进入程序。因此，进入或在有限空间附近工作时，员工必须了解和遵守已制定的安全程序。

一、概述

有限空间是指封闭或部分封闭，进出口较为狭窄有限，未被设计为固定工作场所，自然通风不良，易造成有毒有害、易燃易爆物质积聚或氧含量不足的空间。

（1）这个空间要足够大且能够容许身体进入或能够容许头和肩进入，而且有一个或多个以下特征：有限的或者受到限制的进口和出口，含有或可能含有有害气体，其设计不宜人员久留，自然通风不足，有已知的或潜在隐患的地方，存在其他有危险的区域或空间，存在有危险的隔层。

（2）进出有限制的或要求穿戴特殊安全防护设备的区域或空间。

（3）不是为员工长时间持续作业而设计的。

有限空间包括但不限于以下方面：储罐、油罐、处理容器、箱体、阀箱、管线、池槽、坑道或其他有毒的、腐蚀性的、易燃的、缺氧的（含氧量低于19.5%）、富氧的（含氧量高于23.5%）的地方和场所等。另外，一些顶上没有人行走而人员有可能会掉进去的设备，也可以认为是适用本标准的有限空间。

有限空间一般分为（不限于）：

（1）密闭设备：如船舱、储罐、车载槽罐、反应塔（釜）、冷藏箱、压力容器、管道、烟道、锅炉等。

（2）地下有限空间：如地下管道、地下室、地下仓库、地下工程、暗沟、隧道、涵洞、地坑、废井、地窖、污水池（井）、沼气池、化粪池、下水道等。

（3）地上有限空间：如储藏室、酒糟池、发酵池、垃圾站、温室、冷库、粮仓、料仓等。

二、特点

（1）含有或可能含有其他可能引起死亡或严重身体伤害的危险（如有毒有害的化学残余物、运动的机器、带电的物体）。

（2）含有或可能含有坍塌埋没进入者的物质。

（3）由于特殊的内部结构，进入者可能由于地面滑倒或容器内部空间的收缩而导致危险。

（4）含有或可能含有有害气体（如缺氧、氧气过量，存在易燃或有毒有害的气体）。

①发生在有限空间的事故、灾难约有60%~70%与有害气体有关。绝大多数的灾难都是由于缺氧或存在共同的有害气体，如甲烷、一氧化碳或硫化氢。

②有限空间营救存在技术上的困难，要求配备特殊的设备和经过培训的救援人员。盲目地由未经过训练的人员试图进行营救，经常会导致更大的伤害或死亡。

③与有限空间灾难频率相关的有害气体性质。

氧气含量：有限空间氧气含量变化是由于空气中的氧气被有害气体置换引起的，其浓度大小及危害详见表5-2。

表5-2　含氧量浓度及危害

含氧量（%）	危　害　后　果
23.5	最大的允许氧气规程（OSHA）
20.9	正常大气中的氧气含量
19.5	最小的允许氧气含量
15~19	降低员工的作业能力，有缺氧的感觉，可引发身体冠状动脉、肺、循环系统等出现问题
12~15	呼吸和脉搏跳动加速，协调力、感觉及判断力减弱
10~12	呼吸困难，判断力微弱，嘴唇发青
8~10	记忆力丧失，不省人事，神志不清，脸色灰白，嘴唇变青，恶心呕吐
6~8	8min死亡，6min50%生存希望，4~5min治疗后可恢复
4~6	40s内昏迷、痉挛、呼吸停止至死亡

一氧化碳：是一种无色无味能令人窒息的非常危险的气体，一氧化碳通常是由于物质的不充分燃烧及有机体分解而产生。其浓度及危害详见第四章。

硫化氢（H_2S）：是一种非常有毒的气体，在低浓度时，有臭鸡蛋气味，刺激眼睛和呼吸系统，高浓度时，使人丧失嗅觉，呼吸系统麻醉，硫化氢通常是由有机质的分解而产生的，其浓度及危害详见第四章。

甲烷：是一种无味的易燃且能使人窒息的气体，是天然气的重要组分，能通过有机质分解而产生，甲烷对空气的质量比是0.54，比空气约轻一半。甲烷溶解度很小，在20℃、0.1kPa时，100单位体积的水，能溶解3个单位体积的甲烷。同时甲烷燃烧产生明亮的淡蓝色火焰，当其在空气中浓度为5%~15%时，可燃烧或爆炸。

特别注意：员工应向其直接监督了解有关作业场所内有限空间的位置和有关信息。

当人员的整个身体或头和肩越过有限空间的开口平面去进行一项特殊的工作，就认为是进入了有限空间。根据作业现场的情况，必须考虑使用携气式呼吸器（SCBA）或管线供气式呼吸器，并进行容器吹扫，在有限空间的工作现场配备守护人员（也要配备相应的装备）。

三、作用及职责

（一）监督人员的职责

（1）了解作业许可证的有限空间内存在的危险和进入的程序要求。

（2）通过填写进入许可证申请、说明进入条件、批准进入。

（3）现场检验是否符合所有的安全要求。

（4）作业完成后，检查作业现场，结束作业许可证及作业单。

（5）当对要求作业许可证的有限空间重新评估后，认为已不再需要作业许可证时，应立即消除有关标识，通知所有员工。

（二）有限空间进入者的职责

（1）了解作业许可证的有限空间内存在的危险和进入的程序要求。

（2）按照进入许可证要求的条件配备必要的个人防护用品。

（3）检查和正确使用进入有限空间的安全设备。

（4）进入有限空间前，验证有关危险的控制效果。

（5）与有限空间外面的守护人员保持联络。

（6）遇到以下情况时，立即撤离有限空间：

①接到有限空间外守护人员的通知；

②发现或察觉有危险存在；

③违反进入要求。

（7）如果是由于有限空间内存在危险而撤出时，应及时通知有限空间外的守护人员。

（三）守护人员的职责

（1）首要的职责是保护有限空间进入者的健康和安全，为履行这个职责必须做到：

①了解许可证的有限空间的危险和进入程序；

②坚守岗位，除非有人替换；

③准确记录进入者的人数和姓名；

④与进入者保持有效的联络；

⑤监控进入者的情况；

⑥禁止未经批准的人员进入有限空间。

（2）第二个主要职责是安排撤离有限空间，守护人员必须在以下情况下安排撤离：

①发现意外情况；

②发现进入者有异常动静；

③有限空间外面的突发事件可能危及进入者安全；

④有限空间内出现意外情况；

⑤自身因某种原因不得不离开，不能坚守岗位。

（3）第三个主要职责是一旦在有限空间内发生紧急事件，立即启动应急行动程序：

①呼叫援助或启动外部营救程序；

②准备为营救队提供有关信息；

③严禁进入有限空间或试图独自营救。

四、程序

（一）进入有限空间要求

（1）进入有限空间作业应编制安全工作方案（如 HSE 作业计划书）和救援预案，各类救援物资应配备到位。

（2）在进入有限空间前，与进入受限空间作业相关的人员都应接受培训。

（3）进入有限空间作业时，应将相关的作业许可证、安全工作方案、救援预案、连续检测记录等文件存放在现场。

（二）有限空间辨识

（1）对于用钥匙、工具打开的或有实物障碍的受限空间，打开时应在进入点附近设置警示标识；

（2）需工具、钥匙就可进入或无实物障碍阻挡进入的受限空间，应设置固定的警示标识；

（3）所有警示标识应包括提醒有危险存在和须经授权才允许进入的词语。

（三）进入前准备

1. 资料、文件

（1）作业许可证。

（2）进入受限空间作业许可证。

（3）受限空间援救计划。

（4）受限空间进入检测表。

（5）受限空间监护人、进入者名单表。

（6）受限空间进入前会议记录。

（7）适当的材料安全数据表。

（8）编制受限空间书面进入计划和救援计划。

2. 人员培训

（1）受限空间进入计划与救援计划。

（2）精确的受限空间辨识。

（3）受限空间内危害识别。

（4）基本的急救互救知识。

（5）消防常识以及防护措施的使用。

3. 隔离

（1）应事先编制隔离清单，隔离相关能源和物料的外部来源。

（2）与其相连的附属管道应断开或盲板隔离，相关设备应在机械上和电气上被隔离并挂牌。

（3）应按清单内容逐项核查隔离措施，并作为许可证的附件。

4. 清理、清洗

进入受限空间前，应进行清理、清洗。清理、清洗受限空间的方式包括但不限于清空、清扫（如冲洗、洗涤等）、中和危害物及置换。

5. 气体检测：检测要求

（1）凡是有可能存在缺氧、富氧、有毒有害气体、易燃易爆气体、粉尘等情况，事前应进行气体检测，注明检测时间和结果。

（2）如作业中断，再进入之前应重新进行气体检测。

（3）进入受限空间期间，气体环境可能发生变化时，应进行气体监测，如焊接作业、钻孔作业、清淤作业等。

（4）气体监测宜优先选择连续监测方式。

（5）若采用间断性监测，间隔不应超过2h。

（6）连续监测仪器应安装在工作位置附近，且便于监护人、作业人员看见或听见。

（7）检测应由经过培训合格的人员进行。检测仪器应在校验有效期内。

（8）取样应有代表性，应特别注重人员可能工作的区域。

（9）取样点应包括受限空间的顶端、中部和底部。

（10）取样时应停止任何气体吹扫。

（11）测试次序为氧含量、易燃易爆气体、有毒有害气体。

注：千万不要凭感觉判断封闭场所内部是否安全。

受限空间内外的氧浓度应一致。若不一致，在授权进入受限空间之前，应确定偏差的原因。氧浓度应保持在 19.5% ~ 23.5%；受限空间内有毒、有害物质浓度不得超过国家（或所在地）规定的"车间空气中有毒物质的最高允许浓度"的指标。如有一项不合格，应不得进入或立即停止作业。

（四）人员防护

（1）在对受限空间进行初次气体检测或不确定空间内有毒有害气体浓度的情况下，进入者必须佩戴正压呼吸器或长管式呼吸器。

（2）进入受限空间作业应指定专人监护，不得在无监护人的情况下作业；监护人员必须每 2min 拖动救生绳一次，询问进入者身体情况，出现异常应立即将进入人员拖出，严禁无防护进入抢救。

（3）进入期间的通风不能代替进入之前的吹扫工作；可自然通风，必要时应采取强制通风，严禁向受限空间通纯氧；强制通风设备应持续、有效工作，一旦设备出现异常，应立即停止作业。

（4）受限空间内的温度应控制在不会对人员产生危害。

（5）足够的照明，照明灯具应符合防爆要求。

（6）特别注意工作面（包括残留物、工作物料或设备）和到达工作面的路径，并制定预防坠落或滑跌的安全措施。

（7）受限空间内阻碍人员移动，对作业人员造成危害，影响救援的设备（如搅拌器），应采取固定措施，必要时应移出。

（8）必要且合适的个人防护装备。

（五）紧急救援

（1）紧急情况下，按以下的优先顺序采取救援：

①进入者采取自救；

②救援者应在空间外部对进入者进行施救；

③救援者进入受限空间对进入者进行救援。

（2）应制定书面救援预案，每年开展模拟救援演习，所有相关人员都应熟悉救援预案。

（3）获得授权的作业人员均应佩戴安全带、救生索。

五、培训要求

员工应通过各种方式学习掌握进入有限空间作业的相关要求及规范，做到：

（1）评估进入之前和进入期间潜在的危害程度；

（2）制定措施消除、控制或隔离进入之前和进入期间的危害；

（3）在进入之前和进入期间检测受限空间中的气体环境；

（4）保持安全进入的条件；

（5）预测在受限空间里的活动以及可能产生的危害；

（6）预测空间外活动对受限空间内条件的潜在影响；

（7）正确使用个人防护装备。

第五节　高　处　作　业

钻井施工作业员工多处在高处作业范畴，如在钻台、二层平台等处作业等，均属于高处作业。每年我们都能听到从钻台或二层平台坠落的事故案例，伤亡是惨重的。高处作业时如果没有适当的防护措施和设备，容易发生高空坠落，造成人员伤亡。据不完全统计，70%的伤害与摔落及落物有关，其中23%是因为高处作业时坠落（图5-1）。因此，做好高处作业的安全防护工作及安全管理、安全监护工作极为重要。

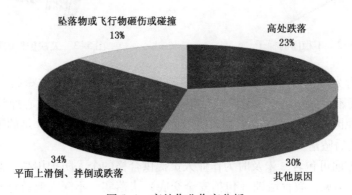

图5-1　高处作业伤害分析

一、概述

（一）基本概念

GB/T 3608—2008《高处作业分级》规定："凡在坠落高度基准面2m以上（含2m）有可能坠落的高处进行的作业称为高处作业。"所谓坠落高度基准面是指可能坠落范围内最低处的水平面。

坠落高度与可能造成伤亡的关系：

（1）2m 时 50% 受伤；

（2）4m 时 100% 受伤，甚至死亡；

（3）12m 时 50% 死亡；

（4）15m 及以上时 100% 死亡。

延伸的讲，高处作业场所还包括坡度大于 45° 的工作地段，工作地点下方有坑、井、沟时，下面有转动机械或有伤人危险的地方等。

（二）高处作业的危险隐患

（1）发生地点主要是临边地带、作业平台、高空吊篮、脚手架及梯子（图5-2、图5-3）。

图 5-2　不稳固的梯子　　　　　　　图 5-3　欠缺护栏的楼边

（2）人的行为可包括高处作业人员未佩戴（或不规范佩戴）安全带、使用不规范的操作平台、使用不可靠立足点、冒险或认识不到危险的存在及身体或心理状况不健康。

（3）事故原因可包含没有或不正确使用个人防护用品，借助、立足的工具、设备不稳固、被外力冲击后坠落及立足不稳等。

（4）管理方面可包含：未及时为作业人员提供合格的个人防护用品，监督管理不到位或对危险源视而不见，教育培训（包括安全交底）未落实、不深入或教育效果不佳及未明示现场危险。

（三）高处作业的类型

高处作业主要包括以下几种类型：

（1）临边作业：是指施工现场中，工作面边沿无围护设施或围护设施高度低于 80cm 时的高处作业。

（2）洞口作业：是指孔、洞口旁边的高处作业，包括施工现场及通道旁深度在 2m 及 2m 以上的桩孔、沟槽与管道孔洞等边沿作业。

（3）攀登作业：是指借助建筑结构或脚手架上的登高设施或采用梯子或其他登高设施在攀登条件下进行的高处作业。

（4）悬空作业：是指在周边临空状态下进行的高处作业。其特点是在操作者无立足点或无牢靠立足点条件下进行的高处作业。

（5）交叉作业：是指在施工现场的上下不同层次，于空间贯通状态下同时进行的高处作业。

（6）钻井现场常见跌落危害的作业：

①钻井架拆装，如井架安装工的工作及整体起放井架时的场地组装等。

②钻井二层平台作业，如起下钻作业等。

③野营房顶和设备上的作业，如营房电力、通信线路搭设工作。

④临边作业，如在大门坡道口推拉钻具工作。

⑤搭棚作业，如冬季机泵房搭建工作。

（四）高处作业的级别

（1）高处作业高度为 2～5m 时，称为一级高处作业。

（2）高处作业高度为 5～15m 时，称为二级高处作业。

（3）高处作业高度为 15～30m 时，称为三级高处作业。

（4）高处作业高度为 30m 以上时，称为特级高处作业。

二、只做与所受培训水平相当的工作

高处作业是一项需要身体健康、精力集中、动作灵活、经过专门技能训练的人参加的特殊作业。如果不重视高处作业的安全要求、不重视必要的防护措施，或者在未采取任何安全措施的不坚固的结构上作业，或在高处作业时用力不当、重心失稳等，都能导致高处坠落事故的发生。所以说高处作业的特殊工种作业人员危险性都比较大，对此类人员必须通过培训和考试，取得特殊工种作业人员操作证后才能上岗作业，并定期进行培训及进行安全知识更新教育。如果未取得相应的高处作业培训合格证书，严禁冒险作业及服从违章指挥。

为保证高处作业安全，其作业人员应具有消除坠落隐患、防止发生坠落事故，并能消除或降低坠落发生后的伤害，以及自觉落实坠落预防措施和控制方法等能力。

（一）高处作业人员的基本要求

（1）高处作业人员必须年满 18 岁，经体检合格。凡不适于高处作业人员，如患有恐高症、贫血病、严重关节炎、精神病、癫痫病、高血压、心脏病等疾病的人不准参加高处作业。工作人员饮酒、精神不振时禁止登高作业。患有高度近视眼病的人员也不宜从事高处作业。

（2）酒后或服用嗜睡、兴奋等药物的人员不得从事高处作业，因为这些物品会使判断力与平衡能力下降，以及产生幻觉。

（3）作业人员应掌握高处作业的操作技能，并需经培训合格。

（4）作业人员应熟悉掌握本工种专业技术及规程。

（5）高空作业人员的衣着要灵便，但决不可赤膊裸身。脚下要穿软底防滑鞋，决不能穿着拖鞋、硬底鞋和带钉易滑鞋。操作时要严格遵守各项安全操作规程和劳动纪律，坚持"不伤害他人、不伤害自己、不被他人伤害"的原则，确保生产安全进行。

（二）对高处作业人员进行培训

由现场安全人员为所有进行高处作业的人员提供培训。培训内容应包括：

（1）高处坠落可造成人身伤害的严重性和事故案例；

（2）识别高处坠落危害的方法和防范措施；

（3）检查和使用防护装备的方法；

（4）高处作业方案交底；

（5）高处作业安全管理标准；

（6）救援和急救措施。

登高前，施工负责人应对全体人员进行现场安全教育。

总之，高处作业是一项风险较大的作业，在施工现场，只做与所受培训水平相当的工作，才能提高效益，安全生产。

三、职责——谨防高处坠物和跌落

（一）高处作业人员职责

1. 作业人员的职责

（1）持有经审批有效的高处作业许可证进行高处作业。

（2）作业前，充分了解作业的内容、地点、时间、要求，熟知作业过程中的危害因素及相应的对策处理措施，严格按照许可证规定的要求进行作业。

（3）对违反本标准强令作业、安全措施不落实的，作业人员有权拒绝作业。

（4）作业过程中如发现情况异常或感到不适等情况，应发出信号，并迅速撤离现场。

2. 监护人的职责

（1）监护人应熟悉作业区域的环境、工艺情况，有判断和处理异常情况的能力，懂急救知识。

（2）监护人必须核实安全措施落实情况，并随时进行监督检查，发现落实不够或安全措施不完善时，有权提出暂不进行作业。

（3）监护人应配备必要的救护用具，严禁离岗，不得做与监护无关的工作。

（4）认真检查高处作业使用的安全防护用品、器具并符合安全标准，监督施工作业人员正确使用。

（5）作业过程中及时制止高处作业人员的违章行为。

（二）高空作业的管理要求

1. 基本要求

（1）坠落防护应通过采取消除坠落危害、坠落预防和坠落控制等措施来实现。坠落防护措施的优先选择顺序如下：

①尽量选择在地面作业，避免高处作业；

②设置固定的楼梯、护栏、屏障和限制系统;

③使用工作平台,如脚手架或带升降的工作平台等;

④使用边缘限位安全绳,以避免作业人员的身体靠近高处作业的边缘;

⑤使用坠落保护装备,如配备缓冲装置的全身式安全带和安全绳。

如果以上防护措施无法实施,不得进行高处作业。

(2)高处作业实行作业许可,应进行工作前安全分析,并办理高处作业许可证。对于频繁的高处作业活动,如起下钻钻台与二层平台作业等,进行了风险识别和控制,并有操作规程或方案,可不办理高处作业许可证。

(3)企业可以结合实际,对高处作业进行分级管理。

(4)作业者应是适合高处作业的人员。

2. 消除坠落危害

(1)在作业项目的设计和计划阶段,应评估工作场所和作业过程高处坠落的可能性,制定设计方案,选择安全可靠的工程技术措施和作业方式,避免高处作业。

(2)在设计阶段应考虑减少或消除攀爬临时梯子的风险,确定提供永久性楼梯和护栏。在安装永久性护栏系统时,应尽可能在地面进行。

(3)在与承包商签订合同时,凡涉及高处作业,尤其是屋顶作业、大型设备的施工、架设钢结构等作业,应制订坠落保护计划。

(4)项目设计人员应能够识别坠落危害,熟悉坠落预防技术、坠落保护设备的结构和操作规程。安全专业人员应在项目规划的早期阶段,推荐合适的坠落保护措施与设备。

3. 坠落预防

(1)如果不能完全消除坠落危害,应通过改善工作场所的作业环境来预防坠落,如安装楼梯、护栏、屏障、行程限制系统、逃生装置等。

(2)应避免临边作业,尽可能在地面预制好装设缆绳、护栏等设施的固定点,避免在高处作业。如必须进行临边作业时,必须采取可靠的防护措施(图5-4)。

(3)应预先评估,在合适位置预制锚固点、吊绳及安全带的固定点。

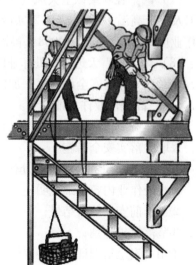

(4)尽可能采用脚手架、操作平台和升降机等作为安全作业平台。高空电缆桥架作业(安装和放线)应设置作业平台。

(5)禁止在不牢固的结构物(如石棉瓦、木板条等)上作业,禁止在平台、孔洞边缘、通道或安全网内休息。楼板上的孔洞应设盖板或围栏。禁止在屋架、桁架的上弦、支撑、檩条、挑架、挑梁、砌体、不固定的构件上行走或作业。

图5-4 临边作业时采取的防护措施

（6）梯子使用前应检查结构是否牢固，踏步间距不得大于300mm；人字梯应有坚固的铰链和限制跨度的拉链，禁止踏在梯子顶端工作。用靠梯时，脚距梯子顶端不得少于四步，用人字梯时不得少于两步。靠梯的高度如超过6m，应在中间设支撑加固。

（7）在平滑面上使用的梯子，应采取端部套、绑防滑胶皮等措施，直梯应放置稳定，与地面夹角以60°~70°为宜。在容易滑偏的构件上靠梯时，梯子上端应用绳绑在上方牢固构件上。禁止在吊架上架设梯子。

4. 坠落控制

如不能完全消除和预防坠落危害，应评估工作场所和作业过程的坠落危害，选择安装使用坠落保护设备，如安全带、安全绳、缓冲器、抓绳器、吊绳、锚固点、安全网等。具体坠落保护设备使用要求见"四、高处作业设备（升降机、防坠落系统）"。

5. 其他安全要求

（1）作业人员应系好安全带，戴好安全帽，衣着灵便，禁止穿带钉易滑的鞋。

（2）高处作业应使用符合标准规范的吊架、梯子、脚手板、防护围栏和挡脚板等。作业前作业人员应仔细检查作业平台是否坚固、牢靠。

（3）高处作业应与架空电线保持安全距离，夜间高处作业应有充足的照明。

（4）高处作业禁止投掷工具、材料和杂物等，工具应有防掉绳，并放入工具袋。所用材料应堆放平稳，作业点下方应设安全警戒区，应有明显警戒标志，并设专人监护。

（5）禁止上下垂直进行高处作业，如需分层进行作业，中间应有隔离措施。30m以上的高处作业与地面联系应设有相应的通信装置。

（6）同一架梯子只允许一个人在上面工作，不准带人移动梯子。外用电梯、罐笼应有可靠的安全装置。作业人员应沿着通道、梯子上下，禁止沿着绳索、立杆或栏杆攀爬。

（7）严禁在6级以上大风（风速10.8m/s）和雷电、暴雨、大雾等气象条件下，以及40℃及以上高温，-20℃及以下寒冷环境下从事高空作业。在30~40℃的高温环境下的高空作业应按GB/T 4200—2008《高温作业分级》的要求轮换作业。

（8）雨天和雪天进行高处作业时，采取防滑、防寒和防冻措施。暴风雪、台风、暴雨后，应对高处作业安全设施逐一加以检查。

（三）高处作业许可证

高处作业前，必须办理"高处作业许可证"，严格履行审批手续，专人负责、专人监护，采取并落实安全措施。

（1）作业负责人应办理高处作业许可证，办理前应准备如下相关资料：

①高处作业内容详细说明；

②工作前安全分析结果；

③坠落保护计划；

④相关安全培训证明和会议记录；

⑤其他。

（2）高处作业许可证的有效期限一般不超过一个班次。如果在书面审查和现场核查过程中，经确认需要更多的时间进行作业，应根据作业性质、作业风险、作业时间，经相关各方协商一致确定作业许可证的延期次数。超过延期次数的，重新办理高处作业许可证。

（3）高处作业许可证的审批延期、关闭及分发按照 Q/SY 1240—2009《作业许可管理规范》执行。

（4）当发生下列任何一种情况时，现场监护人员应及时取消作业，终止相关作业许可证，并通知批准人，若要继续作业应重新办理许可证。

①作业环境和条件发生变化；

②作业内容发生改变；

③高处作业与作业计划的要求发生重大偏离；

④发现有可能造成人身伤害的违章行为；

⑤现场作业人员发现重大安全隐患；

⑥事故状态下。

（四）高空作业前的准备

（1）高空作业前应有合格的脚手架、吊架、靠梯、跳板、栏杆，距高空工作地点垂直下方4m内应设置安全网等防护设施。工作前要认真检查安全设施是否牢固、好用。发现问题，应及时妥善处理。

（2）安全专业人员参与工作安全分析，制定详细的高处作业方案（包括救援、急救方案），并推荐合适的坠落保护措施和设备。

（3）尽可能采用脚手架、操作平台和升降机等作为作业安全平台。

（4）在搭设脚手架、钢结构的同时应设置楼梯、扶手和救生索。

（五）防止物体打击

（1）高空作业所使用的工具应用强度足够的细麻绳系住，以防操作时不慎脱手失落伤人、损物。操作结束或暂时不用时，必须放入工具袋内或工具箱内，不得随意乱放。

（2）不准上下投掷材料、工具等物件。

（3）尽量避免上下垂直作业。分层作业时，应设置隔离设施。

四、高处作业设备（升降机、防坠落系统）

（一）升降机使用安全要求

液压提升机（升降机）是专为石油钻机向钻台运送物品的提升设备，具有结构紧凑、起升力大、运行平稳等优点。

1. 操作注意事项

（1）开机前一定要将油箱空气滤清器盖松开（即逆时针旋紧），否则空气不能进入油箱，会引起泵吸空损坏泵，仅在运输和放平时，此盖顺时针旋紧以免漏油。

（2）提篮在最低和最高位置放入重物时，应打开横杆，以切断电源，装完后应将横杆放下，挑起行程开关后运行。

（3）提篮内按钮仅供维修和紧急状态时使用。

（4）应由一人操作，禁止多人同时操作。

（5）使用完后应停放在最低处，严禁随意停放高空。

（6）严禁超载。

2. 维护保养安全要求

（1）钢丝绳：要保持钢丝绳良好润滑状况；防止钢丝绳损伤、腐蚀；经常检查钢丝绳是否断丝，若发现一个节距中的断丝数超过6根时，应予以更换。

（2）滑轮：滑轮不得有损伤钢丝绳的缺陷，滑轮内轴承应每月加注润滑油一次；滑轮轮槽不均匀磨损3mm以上时，应予以更换。

（3）上下导轨架：不得在上下导轨架上拆除构件；应采取有效措施防止导轨腐蚀；如上下导轨发生严重腐蚀、裂纹等不能修复时，应予以报废。

（4）提篮：定期检查各部位是否有裂纹、变形，及时修复；每月两次对各滚轮加注润滑油；严禁抛砸提篮底部和护网，保持提篮清洁和良好的防滑性能。

（5）液压系统：定期查看各接头处是否漏油，有渗漏时应及时更换O形圈；定期检查液压油是否变质，一般一年更换一次；定期清洗回油滤油网（清洗时应先放油）。

（二）个人坠落保护装备

1. 使用个人坠落保护装备前的注意事项

个人坠落保护的装备包括锚固点、连接装置、全身式安全带、生命线、抓绳器、减速装置、定位系索或其组合（图5-5）。在使用这些装备之前，应注意以下问题：

图5-5　个人坠落保护装备

（1）使用人员已接受培训，能够识别坠落隐患并正确使用个人坠落防护装备。

（2）装备的所有组件应与制造商的说明书一致。

（3）锚固点和连接技术检验合格。

（4）在每次使用前必须对个人坠落防护装备所有附件进行检查。

（5）已经消除工作面的不稳定和人员的晃动带来的坠落隐患。

（6）已经考虑在坠落过程中防止撞上低层的表面或物体的措施。

（7）高处作业人员必须系好安全带，戴好安全帽，衣着要灵便，禁止穿带钉易滑的鞋，安全带的各种部件不得任意拆除。安全带和安全帽应符合国家标准。

（8）安全带使用时必须挂在施工作业处上方的牢固构件上，不得系挂在有尖锐棱角的部位。安全带系挂点下方应有足够的净空。

（9）安全带应高挂（系）低用，不得采用低于肩部水平的系挂方法。

（10）严禁用绳子捆在腰部代替安全带或仅在腰部系扎一字形安全带。

（11）所有的设备，包括安全带、系索、安全帽、救生索等，不得存在如焊接损坏、化学腐蚀、机械损伤等状况。

2. 锚固点要求

（1）必须独立于其他任何用来支持或悬挂工作台的固定点。

（2）在经过培训的人员监督下进行设计、安装和使用。

（3）每增加一个连接到该点的人，则该点的承受拉力必须增加至少2268kg。

（4）全身安全带的所有锚固点应超过肩部高度，自动收缩式生命线系统的锚固点应超过头顶高度。

（5）必须对作为锚固点的管道、梁柱等进行评估。

3. 救生索使用要求

（1）使用自动收缩式救生索时，监护人员和使用者必须确认。

（2）使用者经过训练，能够正确使用自动收缩式救生索。

（3）自动收缩式救生索与正确配置的坠落防护装置联合使用。

（4）自动收缩式救生索一次只能一人使用。

（5）自动收缩式救生索应直接连接到安全带的背部D形环上，严禁与缓冲系索一起使用或与其连接。

（6）在屋顶、脚手架、储罐、塔、容器、人孔等处作业时，应考虑使用自动收缩式救生索。

（7）在攀登垂直固定梯子、移动式梯子及升降平台等设施时，也应考虑使用自动收缩式救生索。

（8）救生索必须由经过培训的人员或在其监督下进行安装和使用。

（9）救生索的连接点必须采取双卡扣。

4. 安全带的正确使用

（1）安全带每年要进行一次载荷试验。必须使用具有合格标记的安全带。

（2）使用前，应详细检查有无破裂和损伤，不得凑合使用。

（3）使用安全带时，必须拴在施工人员上方的牢固构件上，不要拴在施工人员的下方和有尖锐棱角的部位，安全带拴挂点下方应有足够的净空，以免坠落撞伤身体。

第六节　提升及吊装

一、概述

在钻井现场经常采用气动绞车、液压升降机及导链葫芦等起重设备进行设备、材料的提升与吊装工作，操作时稍有疏忽，极易发生伤害事故。

提升与吊装伤害是指各种提升与吊装作业中发生的挤压、坠落、物体打击和触电。提升与吊装作业潜在的、最常见的危险性是物体打击。提升与吊装设备在检查、检修过程中，存在着触电、高处坠落、机械伤害等危险性，汽车吊在行驶过程中存在着引发交通事故的潜在危险性。

（一）提升及吊装机械的类型

（1）轻小型设备，如千斤顶、倒链葫芦等。

（2）中型设备，如液压升降机、气动或液压绞车等。

（3）大型设备，如游动滑车等。

（4）移动设备，如汽车吊车、叉车等。

（二）提升及吊装事故类型

（1）失落事故：在提升及吊装作业中，吊载、吊具等重物从空中坠落所造成的人身伤亡和设备毁坏的事故。

（2）挤伤事故：在提升及吊装作业中，作业人员被挤压在两个物体之间，造成的挤伤、压伤、击伤等人身伤亡事故。

（3）坠落事故：从事提升及吊装作业的人员从起重机机体上高空处发生坠落造成的伤亡事故。

（4）触电事故：从事提升及吊装作业的人员，遭受电击所发生的伤亡事故。

（5）机毁事故：起重机机体因失去整体稳定性而发生倾翻，造成起重机机体严重损坏以及人员伤亡的事故。

（6）其他事故：包括误操作事故、起重机之间的相互碰撞事故、安全装置失效事故、野蛮操作事故、偶然事故等。

（三）提升及吊装事故常见原因

（1）提升及吊装设备质量不好，强度不够。

（2）没有保险装置和联锁装置，或者这些装置失灵。

（3）没有防护装置或防护装置损坏。

（4）过道、扶梯、驾驶室和着陆台安装不合理。

（5）操纵时违反技术操作规程和安全技术规程。

（6）对起重机及其辅助设备的使用状况缺乏认真检查等。

（四）提升及吊装作业要求

1. 提升及吊装机械使用的基本要求

提升及吊装机械使用的基本要求参见第七章。

2. 提升及吊装作业人员的要求

在提升及吊装作业过程中，要严格按照 GB 6067—1985《起重作业安全操作规程》的规定，起重机司机、司索、指挥人员要各司其职，相互配合，共同完成起重吊运的工作。

3. 提升及吊装作业前的检查内容

（1）作业单位 HSE 管理人员对从事指挥和操作的人员进行资格确认。

（2）对提升及吊装机械和吊具进行安全检查确认，确保符合安全技术要求。

（3）对安全措施落实情况进行确认。

（4）对吊装区域内的安全状况进行检查。

（5）检查吊钩、钢丝绳、环形链、滑轮组、卷筒、减速器等易损零部件的安全技术状况。

（6）检查电气装置、液压装置、离合器、制动器、限位器、防碰撞装置、警报器等操纵装置和安全装置是否符合使用安全技术条件，并进行无负荷运载试验。

（7）检查地面附着物情况、提升及吊装机械与地面的固定或垫木的设置情况，划定危险区域并设置警示标志。

（8）检查确认提升及吊装机械作业时或在作业点静置时各部位活动空间范围内没有在用的电线、电缆和其他障碍物。

（9）核实天气情况。

4. 提升及吊装作业安全措施

（1）大型起重作业前，必须召开参与作业人员的大会，进行起重方案和安全措施的交底，明确起重作业点指挥人和现场安全监护人，并要求佩戴有明显的标志。起重作业方案应包括作业时间、岗位人员分工、岗位职责、搬迁路线、现场指挥人、安全监护人和安全防护措施等内容。

（2）由具备起重资质的人员指挥吊车作业。钻井队起重指挥人应由副司钻及以上人员担任，保证一个作业点（吊车）配一名起重指挥人和一名安全监护人。

（3）加强与起重作业外来协作人员的沟通联系，及时进行安全告知。告知内容应包括起重指挥人、安全监护人及相应标志、质量超过 10t 吊物的名称及注意事项、主要危险因素及安全措施等内容。

（4）作业人员应清楚安全措施和指挥信号。指挥信号应符合 GB 5082—1985《起重吊运指挥信号》中的规定。起重指挥要站在起重操作者视线范围内。

（5）正常的钻井施工作业中，使用气动绞车吊运钻具或物件时，应明确当班司钻为现场指挥人，值班干部为安全监护人，负责现场的起重作业。

（6）起吊重物时，绳套应挂在重物吊装点上的专用吊耳上。并清理好起重物的吊耳，绳套不易挂时，不准使用撬棍和其他长形物品别或用脚蹬手扶绳套起吊。

（7）在起吊半径范围外，不允许用吊车斜吊或拖拉重物，不允许进行起吊重物上存放固定不牢其他物体的操作。

（8）遇6级以上大风或大雪、大雨、大雾等恶劣天气时，不得从事露天起重作业。

（9）不能吊埋在地下或冻在冰里的物体。

（10）起吊绳索要采用正规插扣或用绳卡卡扣绳索，严禁使用系扣绳索起吊货物。吊装货物的绳具不能断丝、打结、变形。

（11）不允许起吊成串散件如螺扶、铁基础、短套管等。

（12）高处和地面在同一垂直面不允许进行交叉作业。

5. 提升及吊装作业后应做好的工作

（1）使用电气控制的提升及机械，应将总电源开关断开。

（2）对在轨道上工作的起重机，应将起重机有效锚定。

（3）将吊索、吊具收回放置于规定的地方，并对其进行检查、维护、保养。

（4）对接替工作人员，应告知设备、设施存在的异常情况及尚未消除的故障。

（5）对提升及机械进行维护保养时，切断主电源并挂上标志牌或加锁。

（五）部分提升及吊装设备的安全操作

部分提升及吊装设备的安全操作要求参见第七章部分内容，移动式吊装设备操作要求参照 Q/SY 1248—2009《移动式起重机吊装作业安全管理规范》执行。本章仅介绍钻井现场常用的提升及吊装设备安全操作要求。

1. 操作气动、液动绞车的安全要求

（1）起重钢丝绳采用 ϕ15.9mm 钢丝绳，无扭压变形，无断丝和锈蚀；钩子与钢丝绳用3只与绳径相符的绳卡卡牢，卡距大于10cm；钩子保险销完好。

（2）绞车四角固定牢固；护罩齐全；气路畅通，阀门不漏气，刹车可靠；定滑轮完好、固定牢固。

（3）目视吊物，待绳套拴牢挂上吊钩后，右手合气动绞车进气手柄，左手握刹车手柄，将其吊起至合适位置，下放就位。

（4）防止过卷。

2. 操作倒链的安全要求

（1）使用倒链必须按制造厂铭牌规定选用，严禁超载并应按下列规定操作：

①加于小链的拉力必须在铭牌规定范围之内，不得超出。

②链条葫芦不得超负荷使用，起重能力在5t以下的允许一人拉链，起重能力在5t以上的允许两人拉链，不得随意增加人数猛拉，操作时，人不得站在链条葫芦的正下方。

③拉力要力求均匀，不得突然猛拉。

（2）对选用的倒链，在使用前必须进行检查，以保证安全使用，检查内容如下：

①各部件是否齐全，有无损坏、变形、裂纹。

②所有转动部分是否润滑良好，转动灵活。

③大、小链条是否有扭绞（即"拧劲"）现象。

④小链是否有滑链（跑链）现象。

对上述检查内容如发现问题应及时处理，否则不得使用。如发现传动部分有破损、断裂现象，链条有裂纹，小链有跑链现象，不得使用。吊钩、链轮、倒卡等有变形时，以及链条直径磨损量达15%时，严禁使用。

（3）使用时应先反拉细链条，使粗链条倒松，以便有足够的超重距离，然后慢慢拉紧，等链条吃劲后，再检查倒链各部分有无变化，安装得是否稳妥，链条有无自松现象，确认各部分良好后方可继续工作。

（4）小链拉动方向应力求保持在链盘平面内，以防小链发生卡链掉链（链条脱槽）现象。

（5）如用两个以上倒链起吊同一物体时，应同步起升，并应随时调整各倒链的均衡受力，以免个别倒链因受力过大而损坏。

（6）倒链在受力状态而停止作业时，应把小链缠绕在大链或其他物体上，以防"跑链"。

（7）所有转动部分应避免泥沙等物进入，以免损坏机件。

3. 操作千斤顶的安全要求

千斤顶是提升及修理工作中最常用的工具之一，结构小巧，使用方便。但如使用不当会造成重物塌落而砸伤人体的事故。安全使用要求见第一章。

4. 操作钻井提升系统的安全要求

为了实现送钻、起下钻、下套管等作业内容，钻机必须具备一套提升系统。提升系统由绞车、井架、游动系统（钢丝绳、天车、游车及大钩）等组成。

（1）绞车使用安全技术要求。

①下钻时，为节约时间，合理利用绞车功率。根据大钩负荷，选择合理的起升速度和挡位。

②链条是绞车的主要传动件，更换链条时应整盘更换。

③摘换挡位，挂合总离合器时，动作要平稳，禁止猛烈撞击。

④司钻短暂离开刹把或司钻操作房时，必须将"绞车刹车"刹死或将"常闭刹车"刹死，以防溜车；司钻长时间离开刹把时，必须将刹把机械固定或留专人看守。

⑤下钻完毕后，禁止用水或油浇淋刹车鼓，以免造成刹车鼓龟裂或刹车失灵，应空转活动15~30min自然降温。

⑥开钻、起下钻及甩钻杆前应采用试提方式检查防碰天车位置是否合适、动作是否灵活。接班时，司钻应用手碰防碰杆检查防碰天车一次，保证其灵活好用。

⑦绞车使用中，护罩必须安装齐全牢固，禁止在运转过程中从事加注润滑油等进入绞车内部或靠近运转部位的作业。

⑧调节刹带时，应卸去大钩负荷。

⑨起下钻前及交接班时应检查大绳磨损及死活绳头固定情况。

（2）井架的使用安全技术要求。

除了对井架要定期检测以外，井架的使用安全技术要求主要有：

①合理使用井架，做好对井架的保养维护，保持井架完好。地面强度不够时，要采取防止基础下沉、倾斜的维护措施，如打注水泥基墩。

②上下绞车、转盘、变组等主要大设备时，必须由钻井队干部负责指挥，力求达到平稳施工。

③钻井队要定期、定人、定部位对井架进行检查和维护。

④禁止现场割、焊、拆、换井架的横梁、拉筋等。

⑤下套管之前应对井架进行全面检查、整改，钻具要分立两边，尽可能使井架受力平衡。要封闭好指梁，防止大绳进入和钻具倒出。下完套管后，若发现井架无安全保障，应立即将套管坐在转盘上，停止活动套管。

⑥在风力超过8级时，不要把钻具全部起出，已起出的也要下入部分钻具，把井架垂直拉紧，以保持井架的稳定性。

⑦不准将立管硬挂在井架横拉筋上。立管必须上吊下垫，用立管固定胶块卡牢、卡紧。

⑧在处理卡钻等井下事故前，必须仔细检查死绳固定器、井架及大绳的磨损、死活绳头的固定情况。处理事故如卡钻时，不准进行超负荷提拉。

⑨禁止用大钩侧拉井架外的物体，如用大钩提拉滑道等。不可将钳尾绳等固定在井架上，否则很容易拉坏井架。禁止侧拉井架对中心。

（3）钢丝绳的使用安全技术要求。

①待用的钢丝绳必须缠绕在滚筒上。抽出时必须绷紧，避免打结。扭曲、弯曲的钢丝绳应用人力拉直，禁止用锤子或其他工具敲击。处理钢丝绳弯曲、打扭时，小心弹着、夹伤手脚。

②大绳使用时，勿使钢丝绳与井架任何部位相摩擦。

③切割钢丝绳时，应先用细软铁丝绑好两端，再用气割或剁绳器切断。

④卡绳卡时，两绳卡之间的距离应不小于绳径的6倍。特殊绳头卡固，可根据情况调节距离。卡向正确，"U"形环应卡在绳头侧，压板卡在主绳侧。

⑤绞车大绳每周检查一次润滑状态，如浸油麻芯被挤出时，应立即换用新的钢丝绳。

⑥大绳在绞车滚筒上必须排列整齐（最好使用钢丝绳排绳器）。

⑦大绳加载操作要平稳柔和，以减少钢丝绳所受的冲击载荷。

⑧倒大绳时，应使新绳从滚筒上旋转抽出，不允许钢丝绳打扭。

⑨每次起下钻前，应检查大绳的断丝、磨损及死活绳头固定情况。

（4）天车的使用安全技术要求。

在天车工作前，必须有专人检查天车轮的灵活性。各滑轮的转动应灵活，无阻滞现象。当转动一个滑轮时，其相邻滑轮不应随着转动。所有连接必须固定牢靠，不得有松动现象。各滑轮轴承应定期逐个注满润滑脂。天车轴及天车台底座应固定牢固；护罩和防跳杆应齐全完好，固定牢固。当出现顿钻或钻具上顶等事故时，应仔细检查钢丝绳是否跳槽。滑轮轮槽严重磨损或偏磨时，应视情况换位使用或更换滑轮。轴承温度过高、发出噪声及滑轮不稳和抖动时，应及时采取降温措施和更换润滑脂或更换磨损的轴承。滑轮有裂痕或轮缘缺损时，禁止继续使用，应及时更换。

（5）游车的使用安全技术要求。

在游车工作前，应检查各滑轮是否转动灵活及各连接部件是否牢固。在工作时，因为每个滑轮转动圈数不一，滑轮应定期"调头"使用，以使滑轮的磨损情况趋于平衡。每周应将游车竖放到钻台上仔细保养一次。保养时应检查下列内容：各条油道是否畅通；钢丝绳是否偏磨护罩；各固定螺栓有无松动；焊接钢板的焊缝有无裂纹等。各轴承应每周注润滑脂一次，挤注润滑脂时至少量油脂挤出轴承外面为止。冬季，在寒冷地区，应使用防冻润滑脂。搬运游车时，应用吊车吊挂上横梁顶部的游车提环，不允许放在地面拖拉。

（6）大钩的使用安全技术要求。

①使用前，应检查钩身制动装置、钩口安全锁紧装置、吊环耳闭锁装置的灵活可靠性。

②使用前应检查钩身来回摆动及大钩提环摆动的灵活性。

③大钩在承受较大冲击载荷（如碰撞、顿钻等）后，应及时检查主要受力部位（吊环、钩身、钩口、吊环耳）受损情况，无异常损坏方可继续使用。

④定期检查主要受力部位的磨损情况。

⑤大钩的主要受力部位不得在现场进行气割或焊接。

⑥对大钩的轴承、衬套等部件用20#机油润滑。一般连续使用4个月应更换一次机油。

⑦吊环耳挂吊环处、主钩挂水龙头处应定期涂黄油润滑。

⑧开始提升时要平稳操作，以免大钩弹簧受力过猛而折断。

⑨大钩提环凹槽内放水孔应保持通畅，并要求涂黄油，防止锈蚀。

二、人员提升

海上钻井作业允许使用"载人网篮"进行人员提升。但是在陆上钻井作业，国际通用要求均不允许使用吊装设备进行人员提升。我国的 SY 5974—2007《钻井井场、设备、作业安全技术规程》明确规定："不应用电（液、气）动绞车和起重机等起重设备吊人和超载荷工作。"因此，在钻井现场，绝对不允许使用吊装物品、材料的设备提升人员。

（一）设备和工具检查

每次使用前检查载人绞车：

（1）是否有裂缝和切口；

（2）安全带是否褪色；

（3）纤维绳是否会被锐边刮坏；

（4）钢丝绳是否有刮痕、裂痕和腐蚀；

（5）安全钩是否开合自如；

（6）清洁安全带；

（7）平刷子和中性皂水清洗纺织材料，用 50℃ 以下的清水洗净并干燥；

（8）清洁钢丝绳并润滑。

注：如果发现可能成为安全隐患的问题，应更换设备。安全带每 6 个月进行抗拉测试。

（二）准备工作

为了确定人员提升过程中的风险，应先进行安全作业分析，包括：

（1）保持适当的视野；

（2）信号员经过培训；

（3）检查提升设备，包括钢丝绳、连接处、安全带、绞车和其他组件；

（4）不同作业中应考虑不同的提升要求；

（5）天气情况；

（6）井况。

考虑同时实施的其他作业，是否会影响绞车载人或受到绞车载人作业的影响。应考虑的内容包括：

（1）载人绞车提升过程中，应停用转盘、水龙头、顶驱等钻台设备；

（2）应通知钻台上及载人绞车下方作业的其他人员撤出该区域，应设置警示牌或设置隔离带。

（三）HSE 提示和预防措施

井架上使用载人绞车作业时，应停用钻台绞车。

1. 绞车工

（1）由监督（平台经理）指定。

（2）使用前目视检查设备。

（3）使用统一的信号。

（4）作业过程中不能离开绞车。

（5）如果没有信号员，要一直保持视线接触。

（6）警告现场人员正在进行作业。

2. 钢篮内人员

（1）使用前目视检查设备。

（2）使用统一的信号。

（3）清除吊篮沿线的障碍。

（四）操作安全要求

1. 气动绞车

气动绞车绞起时，应注意以下规则：

（1）为了能控制滚筒的缠绕和提升载荷，绞车工应站在绞车后面；

（2）绞车工应确保钢丝绳正确地缠绕在滚筒上；

（3）收滚筒钢丝绳时，绝不能用手排钢丝绳，否则很容易将手带进滚筒；

（4）绞车工应随时注意绞车上的情况，切记钢丝绳很容易缠住其他设备。

2. 载人绞车

使用载人绞车时，应遵循下列规定：

（1）在不操作其他设备时，允许使用载人绞车。

（2）只使用符合要求的钢质吊篮或类似装备。

（3）钢质吊篮有 4 个悬挂点和至少 1m 高的护栏。

（4）钢质吊篮应标定限载人数。

（5）篮内人员和绞车工确保信息畅通，最好使用无线电联系。如不能使用无线电联络方式，应用信号员。

（6）篮内人员负责作业。

（五）关闭

（1）安全带应存放在干燥、遮光、空气流通的房间内。

（2）纤维绳不得暴晒。

（3）安全带和绳子应悬挂保存，不能放在地上。

三、危险设备、材料吊装

在施工作业中，我们常常需要吊装超长、超大的物件，如套管、钻铤、大型钻机部件等，以及提升盛有易燃易爆或有害液体的材料，如燃油罐、烧碱桶等。对于这些危险性极高的提升及吊装作业来讲，我们不能采用吊装普通物件的办法来操作，而是应该对这些危险进行辨识，并制定相应的安全防护措施来避免意外事故的发生。

（一）危险设备的提升与吊装

钻井泵、循环罐、钻机绞车、钻井架及变速箱等均属于超重及大件物体，提升与吊装时需要给予足够的关注。

（1）起重吊装作业前进行安全技术交底，内容包括吊装工艺、物件质量及注意事项。

（2）不吊质量不明的重大构件设备，严禁超起重设备额定负荷提升物品。

（3）吊索选择与使用应符合安全要求，具体见第七章。

（4）作业面平整坚实，吊车要打好千斤盘，场地松软或被吊货物较重时，千斤盘要加垫基础。

（5）超重货物要用两台以上吊车配合起吊。

（6）大件设备要解体吊装，不可解体的要制定防范措施。

（7）不允许抓住起吊绳索扶正设备，应采用远距离拉绳的方式扶正，吊装用拉绳应使用直径不小于 16mm 的棕绳，长度不得短于 3m；如果用撑竿，撑杆应使用直径不小于 30mm 的硬质木棍，长度不得短于 1.5m；如果使用钩子，钩子应使用直径不小于 16mm 的钢筋弯制而成，长度不得短于 1.5m，钩头半径和开口不大于 40mm，手持端应为直径 120mm 的焊接环。

（8）不准斜拉、斜吊。重物启动上升时应逐渐动作缓慢进行，不得突然起吊形成超载。

（9）多机共同工作，必须随时掌握各起重机起升的同步性，单机负荷不得超过该机额定起重量的80%。

（10）起重机首次起吊或吊物质量变换后首次起吊时，应先将重物吊离地面200~300mm后停住，检查起重机的工作状态，在确认起重机稳定、制动可靠、重物吊挂平衡牢固后，方可继续起升。

（11）吊装（运）无固定吊点的物件是起重作业中经常遇到的情况，其重心所在往往是不清楚的。这时如果被吊装物件的重心偏于一端或一侧，又必须平稳吊装时，所用的绳扣必然是有长有短，其短绳通常称为载重绳，长绳称为辅助绳（图5-6）。

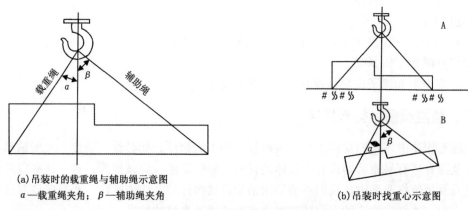

(a)吊装时的载重绳与辅助绳示意图
α—载重绳夹角；β—辅助绳夹角

(b)吊装时找重心示意图

图5-6　吊装（运）无固定吊点的物件

如果知道机器重心的位置，便可以根据载重绳的长度和夹角及辅助绳的夹角，用载重绳的长度乘上比值计算出辅助绳的长度，再进行吊装。如果不知重心所在，那么就必须首先利用试吊的方法找出重心所在（图5-6），再根据试吊时所测得的载重绳夹角和辅助绳夹角，对照比值求出辅助绳的长度，即可平稳吊装。

（二）危险材料的提升与吊装

1. 管材的吊装。在井场所接触的管材主要是钻杆、钻铤、套管和油管。由于管材的吊装也是日常钻井工作必不可少的部分，而且管材极易滚动，并无吊耳等设施，因此，应特别注意管材的吊装。

①使用吊车吊装管材，首先必须有符合要求的绳套。吊装管材应使用两根绳套。每根绳套的一端为套环，挂在吊车的吊钩上；另一端为绳套吊钩，绳套吊钩的强度要与其钢丝绳的强度相同。绳套总长7~9m。绳套的套环及吊钩必须完好，要选择足够强度的绳索，吊装前要对绳套进行检查。

这类绳套吊装管材时有两种方法。

一种方法是多根管子由绳套捆绑在一起进行吊装。采取这种方法时，首先必须保证绳套容易穿、挂和摘。各管子的两端尽量整齐，以保证各管子的重心处在同一平面。各绳套要距管子中心有一定的距离，两根绳套距管子的中心距离相等。绳套穿过这些管子，绳套吊钩钩住钢丝绳。开始起吊时要慢，绳套绷紧时，仍然要保持两根绳套叉开相等的距离。

另一种方法是用这两根绳套吊装一根管子，用绳套的钩子钩挂在管子的两端。采用这种方法时，管子的内螺纹必须戴好护丝或绳套钩子装有橡胶套，以防损坏螺纹，两端分别挂好钩子。起吊前，在管子的两端应分别有人扶住钩子的上方，以使绳套绷紧后钩子挂住，防止"脱钩"或绳套甩开。

吊装管材时，要注意防止其摆动。由人直接扶管子时，管子吊起不要过高，工作区地面应平整，扶管子的人要注意避开障碍物。管子若必须吊起较高时，管子的两端要各绑上一根麻绳或类似的软绳（或一端绑两根），分别由人拉住这两根绳子来稳定管子。吊车的扒杆要伸得足够长，以防管子摆动碰到扒杆或吊车操作室。管子下放，管子完全平稳后再去摘绳套。

②使用钻台上的电动或气动绞车、猫头或大钩往钻台上吊各种管子时，绳套要在管子内螺纹接头处捆绑牢靠。钻铤要上紧提升短节或上紧安全卡瓦再捆绑绳套。最好的方法是使用单根提升吊卡。各种管子都必须上好外螺纹接头护丝，人要避开大门跑道及其周围。

③任何人任何时候都不得试图由人来抬钻杆等较重的管子。

④在大门跑道上滚钻铤或较大尺寸套管时，要有足够的人手，以免控制不住。滚管子时，人不要站在管子接头上或接头之间。另外，还要特别小心管子的层间垫板或垫棒的翻转。

（2）吊装、搬运盛放液体的容器时，容器内应无液体、无残余物。如吊装钻井液循环罐时，应将罐内的钻井液排除掉；否则，在吊装过程中，罐内的钻井液会引起循环罐晃动。而且，装了钻井液的循环罐质量很大，这就大大增加了吊装的危险性，极易导致事故发生。

（3）吊装钻井液处理剂、有害液体、易燃易爆物品时，应进行小高度、短行程试吊。

①燃料油的提升及吊装，如柴油、汽油等。如果物体是易燃易爆的物料，若吊索吊具意外断裂、吊钩损坏或违反操作规程等发生吊物坠落，除有可能直接伤人外，还会将盛装易燃易爆的物件包装损坏，介质流散出来，造成污染，甚至会发生火灾、爆炸等事故。因此，应提前将盛装容器密闭，并检查吊索是否安全。在吊装燃料油时，应四角吊装，并进行小高度、短行程试吊正常后再匀速起吊。吊装过程中，应慢速移动油罐，轻起轻放。

②桶装钻井液处理剂等有害液体的提升及吊装。如烧碱、活性剂等有毒、腐蚀性强的危险材料，一旦在吊装过程中发生物件包装损坏，介质泄漏出来，将会造成腐蚀、中毒等伤害。

因此，在吊装前应了解桶装物品的性质与危害，检查外包装是否完好。如果该材料桶有起吊吊耳，应对称吊挂，平衡吊装，不允许单吊一侧造成倾斜；如果该材料桶无起吊吊耳，绝对不允许采用捆绑式吊装，防止造成材料桶变形、破损。建议采用吊装篮或吊装箱的方式转运桶装有害液体。

③氧气瓶、乙炔瓶等危险物品不允许采用捆绑式或成串吊装，建议采用吊装篮或吊装

箱的方式，并做好防止氧气瓶、乙炔瓶滚动的安全措施后再进行吊装。

（4）坚持做到"十不吊"，即：

①超过额定负荷不吊；

②指挥信号不明、质量不明不吊；

③吊索和附件捆绑不牢、不符合安全要求不吊；

④吊车吊重物直接进行加工的不吊；

⑤歪拉、斜吊不吊；

⑥工件上站人或工件上浮放、有活动物不吊；

⑦氧气瓶、乙炔发生器等危险物品无安全措施不吊；

⑧带棱角、刃口物件未垫好（防止钢丝绳磨断）不吊；

⑨埋在地下的物件不拔、不吊；

⑩非起重指挥人员指挥时不吊。

第六章 防火安全措施

第一节 防火安全概述、预防及检查

火灾是指可燃物质在时间或空间上失去控制的燃烧所造成的灾害。发生火灾的主要原因有三个方面：一是人为的不安全行为（含故意放火或过失引燃火）；二是物质的不安全状态；三是施工和实验中工艺技术上的缺陷。而人的不安全行为是最主要的因素。

火和其他物质同样具有两重性：火的利用造就了今天人类社会的文明发展和幸福生活；火一旦失控，超出有效范围的燃烧，带给人类的是破坏、是灾难、是死亡。

火灾造成的主要危害：缺氧、火焰或热效应、烟雾、气体燃烧物和建筑物的结构损坏。火灾危害是除了战争、瘟疫、地震和水涝等自然灾害中危害比较严重的灾害，它造成的生命财产损失难以估计和无法挽回，它的破坏力非常大。是世界各国人民所面临的一个共同的灾难性问题。因此，加强对火的控制与管理，有效地预防火灾的发生，对油田安全生产有重要意义。

一、火三角

（一）燃烧的条件

火三角（图6-1），包括可燃物、助燃物、着火源（亦称温度达到着火点），是燃烧的三要素，这三个条件必须同时具备，它们是燃烧和火灾发生的必要条件。

防止火灾，就是要设法消除发生火灾的条件。做好辅助工作，如及时处理杂物、油布等消除火灾形成的条件，也就可以有效地控制火灾。

图6-1 火三角

1. 可燃物

凡能与空气中的氧或其他氧化剂起剧烈反应的物质称为可燃物。简单地说，就是可以燃烧的物质。如木材、纸张、汽油、柴油、酒精、氢气、乙炔、金属钠、镁等。

2. 助燃物

凡能帮助和支持燃烧的物质都称为助燃物。如空气、氯、溴、氯酸钾、高锰酸钾、过氧化钠等。

3. 着火源

凡能引起可燃物质燃烧的热能源都称着火源。火源的能量必须超过其燃烧的最低温度

（燃点）才能点燃可燃物。如纸张燃点为130℃，松木燃点为250℃。最常见的有明火焰、赤热体、火星和电火花等。明火焰是比较强的热源。它可以点燃任何可燃物质，其温度为700～2000℃，高于可燃物的自燃点。

在整个防火过程中，重要的是设法杜绝人为因素（失误）造成的火灾，最大限度地减少自然火灾。预防措施是以防止燃烧的三个要素相互结合在一起为目的。一般防火原则是控制可燃物、助燃物和着火源。

在某些情况下，虽然具备了燃烧的三个条件，也不一定能发生燃烧。这就需要可燃物要与助燃物存在一定数量的比例（表6-1），否则就不会使燃烧继续下去。

要发生燃烧，着火源还要有足够的温度；要发生燃烧，还必须使三者相互作用，否则燃烧也不能发生。

表6-1　某些物质燃烧的最低含氧量

物质名称	含氧量,%	物质名称	含氧量,%
氢　气	5.9	汽　油	14.4
乙　炔	3.7	煤　油	15.0
丙　酮	13.0	碎橡胶堆	12.0
乙　醇	15.0	蜡　烛	16.0

（二）完全燃烧和不完全燃烧

物质燃烧可分为完全燃烧和不完全燃烧。凡是物质燃烧后产生不能继续燃烧的新物质，就称为完全燃烧；凡是物质燃烧后，产生还能继续燃烧的新物质，就称为不完全燃烧。

物质燃烧后产生的新物质称为燃烧产物。其中，散布于空气中能被人们看到的云雾状燃烧产物，称为烟雾。物质完全燃烧后的产物称为完全燃烧产物。物质不完全燃烧所生成的新物质称为不完全燃烧产物。燃烧产物对火灾扑救工作有很大影响。

燃烧产物对灭火工作具有以下有利影响：

第一，大量生成完全燃烧产物，可以阻止燃烧的进行。如完全燃烧后生成的水蒸气和二氧化碳能够稀释燃烧区的含氧量，从而中断一般物质的燃烧。

第二，可以根据烟雾的特征和流动方向来识别燃烧物质、判断火源位置和火势蔓延方向。表6-2为几种可燃物质的烟雾特征。

燃烧产物对灭火工作具有以下不利影响：

第一，妨碍灭火人员的行动。烟雾弥漫使火场中能见度降低，看不清方向，不便于抢救人员和物资，影响灭火。

第二，威胁人员安全。许多物质燃烧时能释放出有毒气体，一氧化碳就是火场上较为常见的有毒气体，它无臭、无味、无色，不易察觉，易使人中毒。

第三，造成火势蔓延。受热的燃烧产物、受热气体的对流和热辐射，都会使火势蔓延。

表6-2 几种可燃物质的烟雾特征

可燃物质	烟 雾 特 征		
	颜 色	臭	味
磷	白 色	大蒜臭	—
硫 磺	—	硫 臭	酸 味
橡 胶	棕黑色	硫 臭	酸 味
硝基化合物	棕黄色	刺激臭	酸 味
石油产品	黑 色	石油臭	稍有酸味
木 材	灰黑色	树脂臭	稍有酸味
棉和麻	黑褐色	烧纸臭	稍有酸味
丝	—	烧毛皮臭	—

（三）燃烧类型

燃烧有许多种类型，这里只介绍闪燃、着火、自燃和爆炸四种类型。

1. 闪燃

在一定温度下，易燃或可燃液体（包括能蒸发蒸气的固体，如石蜡、樟脑、萘等）产生的蒸气与空气混合后，达到一定浓度时遇火源产生一闪即灭的现象，这种燃烧现象就称为闪燃。闪点是规定试验条件下，施用某种点火源造成液体汽化而着火的最低温度（校正至标准大气压101.3kPa）（表6-3）。液体的闪点越低，危险性越大，它是评定液体火灾危险性的主要依据。

表6-3 几种液体的闪点

液体名称	闪点,℃
汽 油	−58 ~ 10
乙 醇	14
柴 油	50 ~ 90

2. 着火

可燃物质在空气中受着火源的作用而发生持续燃烧的现象称为着火。物质着火需要一定温度。可燃物开始持续燃烧所需要的最低温度，称为燃点，又称着火点（表6-4）。可燃物的燃点越低，越容易起火。根据可燃物质的燃点高低，可以鉴别其火灾危险程度，以便在防火和灭火工作中采取相应措施。

表6-4　几种可燃物质的燃点

物质名称	燃点,℃	物质名称	燃点,℃
黄　磷	34～60	布　匹	200
松节油	53	硫	207
橡　胶	120	松　木	250
纸　张	130	胶　布	325
漆　布	165	涤纶纤维	390
蜡　烛	190	棉　花	210

3. 自燃

可燃物在空气中没有外来火源的作用，靠自热和外热而发生的燃烧现象称为自燃。根据热的来源不同，可分为本身自燃和受热自燃。本身自燃，指由于物质内部自行发热而发生的燃烧现象；受热自燃，指物质被加热到一定温度时发生的燃烧现象。使可燃物发生自燃的最低温度，称为自燃点。物质的自燃点越低，发生火灾的危险性越大。表6-5为几种可燃物质的自燃点。

表6-5　几种可燃物质的自燃点

物质名称	自燃点,℃	物质名称	自燃点,℃
汽　油	255～530	木　材	400～500
柴　油	350～380	褐　煤	250～450
松　香	240	腈纶纤维	435

4. 爆炸

爆炸是指物质自一种状态迅速转变为另一种状态，并在瞬间以机械功的形式放出巨大能量，或是气体、蒸气在瞬间发生剧烈膨胀等现象。常见的爆炸有物理性爆炸和化学性爆炸。

物理性爆炸主要是由于气体或蒸气迅速膨胀，压力急剧增加，并大大超过容器所能承受的极限压力，而造成容器爆裂。化学性爆炸是爆炸性物质本身发生了化学变化，产生出大量的气体和很高的温度而发生爆炸。

可燃气体和液体蒸气与空气的混合物必须在一定的浓度范围内，遇着火源才能发生爆炸。这个遇着火源能够发生爆炸的浓度范围，称为爆炸浓度极限。其最高浓度为爆炸上限，最低浓度为爆炸下限。可燃液体在一定温度下，由于蒸发而形成的蒸气浓度等于爆炸浓度极限时，其温度称为爆炸温度极限。几种可燃液体的蒸气爆炸浓度极限与爆炸温度极限见表6-6。

表 6-6　几种可燃液体的蒸气爆炸浓度极限与爆炸温度极限

液体名称	爆炸浓度极限,%		爆炸温度极限,℃	
	下限	上限	下限	上限
乙醇	4.3	19	11	40
甲苯	1.4	6.7	5.5	31
车用汽油	1.7	7.2	−38	−8
乙醚	1.9	48	−43	13

火灾爆炸的主要原因有以下几个方面：

（1）制度不健全或不执行。

（2）违反安全操作规程。

（3）思想麻痹，用火不慎。

（4）缺乏防火防爆技术知识。

（5）缺乏检查和维修保养。

（6）工艺设计和技术缺陷。

（7）设备缺陷。

（8）化学危险品处理不当。

（9）玩火和放火。

二、易燃及可燃物品储存

储存，是指产品在离开生产领域而尚未进入消费领域之前，在流通过程中形成的一种停留。易燃及可燃物品的储存方式，根据物质的理化性质和储存量的大小分为整装储存和散装储存两类。对储存量比较小的一般宜盛装于小型容器或包件中积存，称为整装储存，如各种袋装、桶装、箱装或钢瓶、玻璃瓶盛装的物品等；对储存量特别大的宜散装储存，如石油、液化石油气、煤气等多是散装储存。根据物品的性质、设备、环境等，散装储存有多种储存方式。如液化石油气有储罐储存、地层储存和固态储存三种，其中储罐储存还可分为常温压力储存、低温常压储存、洞室储存、水封石洞储存、水下储存和地下盐岩储存五种方式。

易燃及可燃物品的整装储存，往往存放的品种多，性质危险而复杂，比较难以管理。而散装储存量比较大，设备多，技术条件复杂，一旦发生事故难以施救。故无论何种储存方式，都潜在有很大的火灾危险。

（一）易燃及可燃物品储存发生火灾的主要原因

（1）着火源控制不严。

（2）性质相互抵触的物品混存。

（3）产品变质。

（4）养护管理不善。

（5）包装损坏或不符合要求。

（6）违反操作规程。

（7）建筑不符合存放要求。

（8）雷击。

（9）着火扑救不当。

（二）井场易燃及可燃物品储存要求

（1）安全储存和放置可燃和易燃物以及防止垃圾堆积，对于防火很重要。

（2）在有失火危险的作业区或其附近禁止吸烟。在这类区域内，应当张贴醒目的警示语"严禁烟火"或采取相应的措施。

（3）未经批准，不宜在禁止吸烟区域内存放火源。

（4）明火或其他可能的火源，宜放在离井口和易燃液体储存区有一定安全距离的指定区域内。

（5）可燃物（如带油的抹布和废料等）宜存放在带盖的金属容器内，且应盖严。

（6）不应用可燃气或液化石油气来驱动喷枪或气动工具。

（7）宜使用金属或其他导电材料制作的容器来处理、储存或运输可燃液体。用塑料容器处理易燃液体容易聚集静电，进而可能发生危险。用于这种场合的塑料容器上的金属零件要接到充液接头上。如果使用塑料容器，在向容器内灌入易燃液体之前，建议先将导电的充液接头或接地的杆插入容器。

三、着火源

足以把可燃物的部分或全部加热到发生燃烧所需要的温度和热量的能源称为着火源。着火源可分为直接火源和间接火源两大类。

（一）直接火源

（1）明火：如生产、生活用的炉火、灯火、焊接火、火柴、打火机的火焰，香烟头火，烟囱火星，撞击、摩擦产生的火星，烧红的电热丝、铁块，以及各种家用电热器、燃气取暖器等。

（2）电火花：如电器开关、电动机、变压器等电器设备产生的电火花，还有静电火花，这些火花能引起易燃气体和质地疏松、纤细的可燃物起火。

（3）雷电火：瞬时的高压放电，能引起任何可燃物质燃烧。

（二）间接火源

1. 加热自燃起火

加热自燃起火是由于外部热源的作用，把可燃物质加热到起火的温度而起火。加热自燃起火的情况常见的有：

（1）可燃物质接触被加热的物体表面，如可燃的粉尘、纤维聚集在蒸气管道上；棉布、纸张靠近灯泡；木板、木器靠近火炉烟道等，时间长了被烤热起火。

（2）各种电气设备，由于超负荷、短路、接触不良等，导致电流骤增、短路发热而起火。

（3）由于摩擦的作用，如轴承的轴箱缺乏润滑油、发热起火。

（4）辐射作用。如把衣服挂在高温火炉的附近起火；用纸做灯罩起火等。

（5）聚焦作用。如玻璃瓶、平面玻璃的气泡，老花眼镜，以及斜放的镀锌铁皮、铝板等，由于日光的聚焦和反射作用，使被照射的可燃物质起火。

（6）化学反应放热的作用。如生石灰遇水即大量放热，使靠近的可燃物质起火。

（7）对某些物质施加压力，产生很大的热量，也会导致可燃物质起火。如空气压缩到一定程度，产生高温可引起柴油燃烧。

2. 本身自燃起火

这是指在既无明火又无外来热源的情况下，物质本身自行发热，燃烧起火。能自燃的物质，也有两类：

（1）本身具有自燃起火的物质，如煤、原棉、植物油、木屑、金属屑和抛光灰等。

（2）与其他物质接触时自燃起火的物质，如钾、钠、钙等金属物质与水接触；可燃物质与氧化剂、过氧化物接触，如木屑、棉花、松节油、石油产品、酒精、醚、丙酮、甘油等有机物与硝酸等强酸接触时。

四、火灾分类

因为着火的方式及燃料不同，根据国际标准化组织所采用对火的分类和方法，火灾可以分为四大类。

（一）A 类火灾

固体材料着火：固体材料主要是有机物所造成的着火，形成火苗及灰烬，例如，木块、纸及煤炭。燃烧特点是不仅表面燃烧，且深入物体的内部。

此类着火可以用水来灭火。

（二）B 类火灾

液体或液化固体着火：液体或液化的固体形成的着火。燃烧特点是只在液体表面燃烧且有爆炸危险。其种类可以进一步划分为以下两类。

（1）溶于水的液体着火：由可溶于水的液体引起的着火，如甲醇。

此类着火可以用二氧化碳、干粉、水及可蒸发气体来灭火。

（2）不溶于水的液体着火：由不溶于水的液体引起的着火，例如，石油、油。

此类着火可以用泡沫、二氧化碳、干粉、水及可蒸发气体来灭火。

（三）C 类火灾

气体或液化气泄漏着火：由管道、容器破坏而溢出、溅出、泄出的气体、液化气等引起的着火，如甲烷或丁烷。燃烧特点是猛烈，蔓延速度快，有爆炸危险。

此类着火可以用泡沫或干粉灭火，并且用水对相关容器进行冷却。

（四）D 类火灾

金属粉尘燃爆着火：因金属引起的火灾，如铝或镁。燃烧特点是遇水燃烧，温度高，火焰小有爆炸危险。

此类着火可以用含有石墨粉或石粉的特殊的干粉灭火器（如7510干粉灭火器），不能使用其他类型的灭火器。

另外，电源或设备着火，可以用二氧化碳、石灰、干粉或者蒸发液体作灭火介质，但不能用水。电是起火的原因，但不是一类火灾。因此，电气着火从传统的着火分类中取消了。

我们要熟悉构成火灾的燃料源的场所。应正确考虑设备的存放区、各种油料的存放位置和方法以及电气设备的位置等。一般来说，井队人员聚集的地方，值班房、更衣房、办公室以及住宅区，常常较容易引起火灾。

我们要熟悉钻机周围所有灭火设备的摆放位置，知道哪类火灾采取什么灭火方法和使用什么灭火器。这需要平时的锻炼和学习。发生火灾时，如果所采取的灭火方法错了或灭火器用错了，会使灾情更加严重。

五、灭火方法及灭火器类型

用扑灭或去除起火的三个要素中的一项办法，可以将火扑灭。断绝燃料，如切断油流、隔断油流；遮盖火源，使氧气不能到达可燃物；用水来冷却，消灭火源。在化学燃烧过程中，干扰燃烧的过程也可起到灭火的作用。钻井施工应该有防火计划，并且做定期演习。

（一）灭火的基本方法

根据物质燃烧原理，灭火的基本方法就是破坏燃烧必须具备的基本条件和燃烧的反应过程所采取的一些措施。具体有如下几种方法。

1. 冷却灭火法

每一种可燃物都有它自己的燃点，如松木在250℃以上，纸张在130℃以上才能着火，温度达不到燃点它是不会燃烧的。

冷却灭火法，就是根据可燃物质发生燃烧时必须达到一定的温度这个条件，将灭火剂直接喷洒在燃烧着火的物体上，使可燃物质的温度降低到燃点以下，从而使燃烧停止。

用水进行冷却灭火是扑救火灾的常用方法。因为水的吸热能力大，与燃烧物质接触后，能吸取大量的热，使可燃物质的温度迅速下降。而且水受热后又能蒸发产生气体，产生的蒸汽能阻止空气中的氧气与可燃物接触，并冲淡燃烧区氧含量。对于房屋、家具、木柴、纸张等可燃物质，都可以用水来冷却灭火。除了用水冷却灭火外，二氧化碳的冷却灭火效果也很好。二氧化碳灭火器喷出-78℃的雪花状二氧化碳，在迅速气化时吸取大量的热，从而降低燃烧区的温度，使燃烧终止。

在火场上，除了用冷却法直接灭火外，还用它冷却尚未燃烧的可燃物，以防达到燃点而燃烧。特别是石油化工生产企业的火灾，主要作用就是降低毗邻部位的塔、罐及其他设备受火灾的辐射热，防止它们受热变形或发生爆炸。

2. 隔离灭火法

隔离灭火法，是根据发生燃烧必须具备可燃物质这个条件，将燃烧物体与附近的可燃物隔离或疏散开，使燃烧停止。

这种方法，也是扑救火灾时较为常用的一种方法，适用于扑救各种固体、液体和气体的火灾。

采用隔离灭火的方法很多，现列举如下：

（1）将火源附近的可燃、易燃易爆和助燃物质从燃烧区转移到安全地点；

（2）关闭阀门，阻止可燃气体、液体流入燃烧区；

（3）排除生产装置、容器内的可燃气体或液体；

（4）阻拦流散易燃、可燃液体或扩散的可燃气体；

（5）及时拆除与着火地点相连接的可燃建筑物，造成阻止火势蔓延的空间地带；

（6）封闭建筑物的孔洞，如门窗、楼板洞等，防止火焰和热气流从孔洞蔓延引着可燃物。

3. 窒息灭火法

任何燃烧物质得不到氧气的供应，就会窒息而灭。窒息灭火法，就是根据可燃物质发生燃烧时需要充足的空气（氧）这个条件，采取适当措施来防止空气流入燃烧区，或者用惰性气体稀释空气中氧的含量，使燃烧物质缺乏或断绝氧气而熄灭。

这种灭火方法，适用于扑救封闭的房间和生产设备装置内的火灾。

在火场上运用窒息法扑救火灾时，可以采用湿棉被、石棉布、湿帆布等不燃或难燃物质覆盖燃烧物或封闭孔洞；用水蒸气、惰性气体充入燃烧区域内；利用建筑物上原有的门、窗以及生产储运设备上的部件，封闭燃烧区，阻止新鲜空气流入；在扑救钾、钠、镁粉等化学品时，用干沙或干粉灭火剂埋压（严禁用水扑救，此类物质与水反应强烈，易产生爆炸），都是使燃烧物断绝氧气而窒息的灭火方法。此外，在无法采取其他扑救方法而条件又允许的情况下，可采取用水淹的方法进行扑救。

采取窒息灭火法，必须注意以下几个问题：

（1）燃烧的部位较小，容易堵塞封闭，在燃烧区域内没有氧化剂时，才可采取这种方法灭火。

（2）在采取用水淹没或灌注的方法灭火时，必须考虑到火场物质被水浸泡后不致产生不良后果。

（3）采取窒息灭火法后，必须确认火已熄灭时，方可打开孔洞进行检查，严防盲目地打开封闭的房间或生产装置，使新鲜空气流入，造成复燃或爆炸。

（4）采用惰性气体灭火时，一定要保证充入燃烧区域内的惰性气体气量充分，以迅速降低空气中氧的含量，使燃烧物彻底熄灭。

4. 抑制灭火法

抑制灭火法，就是使灭火剂参与燃烧的链式反应（即在瞬间进行的循环连续反应），使燃烧过程中产生的游离基（游离基是化合物或单质分子中的共价键在外界，如光、热的影响下分裂而成的含有不成对价电子的原子或原子团）消失，形成稳定分子或低活性的游离基，从而使燃烧反应停止。

采用抑制法灭火，可使用干粉灭火剂。灭火时，一定要将足够数量的灭火剂准确无误地喷射在燃烧区内，使灭火剂参与并中断燃烧反应，否则，将起不到抑制燃烧反应的作用，达不到灭火的目的。同时，要采取冷却降温措施，以防燃烧物质复燃。

在灭火中，应根据燃烧物质的性质、燃烧特点和具体情况，以及消防技术装备的性能有效地选择不同的灭火方法。有些火场，可以几种灭火方法并用，这就要求把握进攻时机，搞好配合，充分发挥各种灭火剂的效能，才能迅速地扑灭火灾，减少损失。

（二）灭火器类型

1. 手提式灭火器

目前，在我国普遍使用的手提式灭火器主要有水基灭火器、干粉灭火器、泡沫灭火器、二氧化碳灭火器等。主要用于施救初期的小型火灾。

（1）水基灭火器。

手提式水基灭火器内装有预混型高效水系灭火剂，以氮气为驱动力，具有无毒无害、对环境无任何污染、开启灵活、操作简便、灭火效果好、适用范围广等特点。灭火剂经灭火器的雾化喷嘴喷射出细水雾进行灭火。手提式水基灭火器采用的高效水系列灭火剂，在扑灭油类火灾时，泡沫会迅速释放出一种水膜在燃烧的油面上形成阻隔水膜层，并和泡沫层将整个油面封闭，阻隔水膜层和泡沫层具有自愈合的奇特性能，即使水膜和泡沫层遭到破坏，水膜也会快速愈合，防止复燃。灭火效率明显提高，电绝缘性能显著增强，可迅速扑灭固体可燃物火（A 类火）、油类火（B 类火）及 36kV 高压电器火等初起火灾。已成为替代卤代烃灭火器的主要产品。

图 6-2　水基灭火器

手提式水基灭火器如图 6-2 所示。技术性能见表 6-7。特点如下：

①结构设计简单，首先拔掉保险销，然后按下压把开关，就可以向各个方向喷射灭火剂，甚至还可以倒置。

②操作灵活，可以连续式或间歇式向火源喷射。并向火源边缘左右扫射，快速向前推进，要防止回火复燃。如遇零星小火可点射灭火。

③使用方便，无复杂程序。

检查内容：充装压力应在规定范围之内。检查时，总质量不得减少10%，检查喷嘴是否被堵塞。如果灭火器有明显锈蚀，应进行水压试验，达不到耐压强度要求的，应予报废。

（2）干粉灭火器。

干粉灭火器是一种轻便、高效灭火器，它用高压二氧化碳气体驱动干粉喷射灭火。

干粉灭火器适用于扑救易燃、可燃液体、气体及电气火灾，也适用于扑救化学物品及各种可燃物质所引起的火灾。它具有灭火效率高、应用范围广、操作方便、无毒无腐蚀性等优点。

表6-7　水基灭火器技术性能

项目指标 型号规格	MSJ490简易式灭火器	MSQZ3手提式灭火器	MSQZ6手提式灭火器
灭火剂充装量，L	0.49	0.15~3	0.30~6
驱动气体压力，MPa	0.8~1.0（空气）	1.2（氮气）	1.2（氮气）
有效喷射时间，s	≥5.0	≥15.0	≥30.0
有效喷射距离，m	≥3.0	≥4.0	≥6.0
喷射滞后时间，s	≤2.0	≤3.0	≤3.0
喷射剩余率，%	≤10	≤8.0	≤8.0
爆破压力，MPa	≥1.8	≥5.5	≥5.5
灭1000V以下E类火灾导电电流，mA	≤0.5mA		
使用温度，℃	5~55		
灭火级别　A类	一般固体火	1A	≥1A
灭火级别　B类	≥1B	≥6B	≥12B

干粉灭火器结构如图6-3所示。技术性能见表6-8。

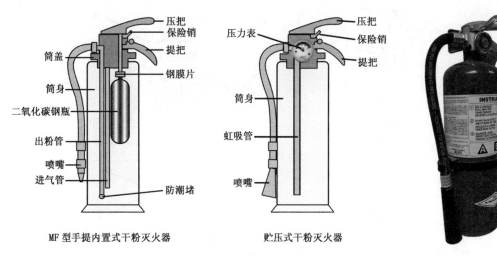

MF型手提内置式干粉灭火器　　　贮压式干粉灭火器

图6-3　干粉灭火器结构图

表6-8　MF型手提式干粉灭火器技术性能

型号	装粉量 kg	喷粉时间（常温下），s	喷射距离 m	灭火参考面积，m²	适应温度 ℃	二氧化碳充气量，g	绝缘性 kV	外形尺寸①
MF1	1	≤8	≥2	0.8	−10 ~ 45	25	10	92mm×302mm
MF2	2	≤11	3 ~ 4	1.2	−10 ~ 45	50	10	112mm×345mm
MF3	4	≤14	4 ~ 5	1.8	−10 ~ 45	100	10	230mm×140mm×450mm
MF4	8	≤20	≥5	2.5	−10 ~ 45	200	10	284mm×171mm×563mm

①长×宽×高或直径×高。

干粉灭火器在使用时，先拔下保险插销，握住喷嘴，将喷嘴对准火焰根部，按下压把，在驱动气体作用下，干粉即可喷出。此时，摆动灭火器喷嘴，使粉雾横扫火焰区，由近而远向前推进即可灭火。

灭火时，如有多种明火，可移动位置作点射施救。灭火时还应注意飞扬的粉尘，若条件许可应在上风处施放。

长期存放的干粉灭火器在使用前，颠倒或摇晃几次以防干粉潮结。

在一般情况下，干粉灭火器可以保存5 ~ 6年，但每年必须检查一次。检查干粉的潮湿度，干粉受潮结块不能使用。当钢瓶总质量减少10%时，应立即充气。平时应放置在便于取用和通风、阴凉、干燥的地方。

（3）泡沫灭火器。

通常配置的灭火器多为化学泡沫灭火器，适用于扑救初起或燃烧面积不大的B类火。但对水溶性易燃、可燃液体的灭火效果不好。不能扑救电气火灾和金属火灾。泡沫灭火器主要由筒身、瓶胆、筒盖、提环等组成。灭火器结构如图6-4所示。

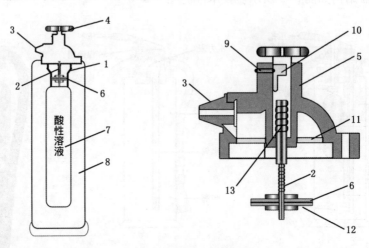

图6-4　泡沫灭火器结构图

1—瓶盖；2—压紧弹簧；3—喷嘴；4—手轮；5—筒盖；6—瓶夹圈；7—瓶胆；
8—筒身；9—螺钉；10—控制轴；11—滤网；12—密封橡皮；13—顶开弹簧

外筒盛有碱性溶液（如碳酸氢钠和泡沫剂的水溶液），内筒盛的是酸性溶液（如硫酸铝水溶液）。使用时，逆时针旋转手轮到位，并将灭火器倒置，上下颠倒几次，使筒内的酸性与碱性溶液充分混合，然后将喷嘴对准火源喷射，其射程为 8～10m，持续时间为60s。喷射时，应注意尽可能不打破已形成的覆盖层，以防发生复燃。平时，灭火器存放处所的环境温度应为-8～45℃，喷嘴要保持通畅。灭火器每半年应检查一次，每年换一次药。技术性能见表6-9。

表6-9　MP型手提式灭泡沫火器技术性能

| 型号 | 药液总量 L | 喷射时间 s | 射程，m | | 筒身耐压试验压力 MPa | 质量，kg | | 外形尺寸[①] mm×mm×mm | 发泡倍数 | 泡沫持久性 |
			集中中点	最远远点		装药液	不装药			
MP8	8.3	60	8	10	2.5	12.6	4.1	174×163×545	8	30mm 内泡沫消失量不超过50%
MP10	9.55	60	8	10	2.5	14.45	4.1	173×199×586	8	30min 内泡沫消失量不超过50%

①长×宽×高。

（4）二氧化碳灭火器。

二氧化碳灭火器是把加压成液态的二氧化碳储存在钢瓶内。适用于扑救贵重仪器、档案资料、600V 之下的电器及油类火灾。

手提式二氧化碳灭火器由瓶体、喷射装置和开关装置等组成。灭火器结构如图6-5 所示。技术性能见表6-10。

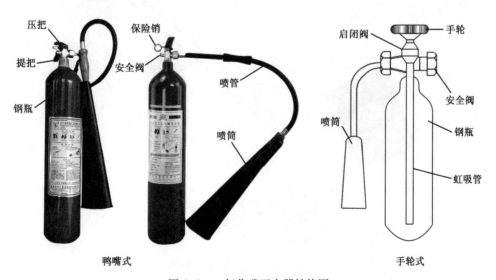

鸭嘴式　　　　　　　　　　　　　　手轮式

图6-5　二氧化碳灭火器结构图

表6-10 二氧化碳灭火器技术性能

型号	二氧化碳灌装量，kg	灌装系数 kg/L	喷射时间 s	射程，m	CO_2 纯度 %	形 式	外形尺寸[①] mm×mm×mm
MT2	1.85～2.1	0.72	≤20	1.20～1.40	≥96	手轮式	102×180×565
MT3	2.85～3.1		≤30	1.80～2.00	≥96		141×180×650
MT25	4.8～5.1	0.72	≤45	2.00～2.20	≥96	鸭嘴式	152×275×625
MT27	6.8～7		≤45	2.20～2.50	≥96		152×275×795

①长×宽×高。

使用灭火器时，手必须握住喷筒隔热把手部分，否则喷出的低温二氧化碳会冻伤人体。喷射时，人应站在上风处，使二氧化碳射向火焰根部，并从火灾蔓延最危险的一边开始，再逐渐移动。喷射距离应与灭火器射程基本相符。

二氧化碳灭火器每年检查一次，总质量不得减少10%，存放的环境温度不宜超过42℃。

2. 可携式泡沫装置和推车式灭火器

（1）可携式泡沫装置。

可携式泡沫装置包括一只能与消防水带连接于消防总管的吸入式空气泡沫管枪和一只至少能装20L泡沫液的可携式容器和一只备用容器。泡沫管枪每分钟至少应能产生 $1.5m^3$ 的泡沫。结构如图6-6所示。

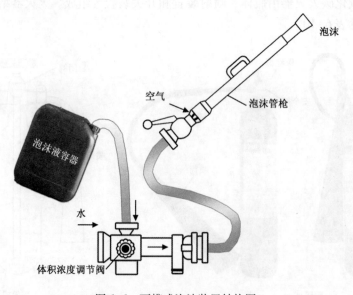

图6-6 可携式泡沫装置结构图

（2）推车式灭火器。

推车式灭火器为大型灭火器。大型灭火器因钢瓶大而重，一个人无法搬动，因此在钢瓶下方设有轮子，上方设有推车扶手，一个人便能推动。常见的有二氧化碳大型干粉灭火器、贮压式大型干粉灭火器、外置式大型干粉灭火器（图6-7）。

（a）二氧化碳大型干粉灭火器　　（b）贮压式大型干粉灭火器　　（c）外置式大型干粉灭火器

图6-7　大型干粉灭火器

第二节　员工职责

火灾和爆炸事故严重威胁着油气生产单位员工的生命财产安全，干扰着油气生产的正常运行。加强消防知识教育，增强对油气生产火灾危害性的认识，提高预防和扑救初起火灾的能力势在必行。员工应能够迅速报告各种火灾和火灾险情，掌握火场逃生方法，熟悉现场消防知识并正确使用灭火器。

一、迅速报告各种火灾和火灾险情

（一）火灾监测方法

（1）热监测：用金属熔化（熔断丝探测器）或者固体、液体及气体膨胀（热膨胀探测器）为原理的传感装置。

（2）辐射监测：用光电栅探测因着火而产生的红外线辐射。

（3）烟气监测：应用离子辐射、光及光电传感来探测。

（4）可燃气体监测：测量空气中可燃气体的浓度，并与参考值相比较。

（二）火灾报警装置

火灾报警装置要发出独特的音响，使作业场所所有位置都能听到，而且所有的人都能懂得音响的含义。

（1）报警装置可以是人工的，也可以是自动的。

（2）火灾监测及报警方法：用热、火焰、烟气或可燃气体传感装置来实现火灾监测及报警，例如，热传感器、辐射传感器、烟气传感器等。

发声警报器　　　　　火警电话
Fire Alarm　　　　　Fire Telephone

图6-8　火灾报警消防安全标志

（3）火灾报警消防安全标志如图6-8所示。

（三）钻井现场火灾报警

1. 报警程序

（1）钻井现场最早发现火情的人应高声呼救，并迅速赶赴报警点发出火灾警报。立即通知应急指挥小组。

（2）值班干部立即报告公司调度室和公司应急指挥小组。必要时，通知当地政府、公安、消防、医疗等部门。

2. 报警内容

（1）事故井井号、地理位置。

（2）事故井井身结构及发生时间、原因。

（3）发生火灾的类型、程度如何。

（4）现场气象。

（5）人员伤亡情况。

（6）配备的消防器材情况。

（7）其他救援要求。

二、熟悉现场消防

（一）钻井安全防火

在钻井过程中，一旦发生井喷和油气泄漏，遇到明火将造成严重的火灾事故。因此，应做好钻井防火工作。

（1）防止井喷：

①每口井在钻井前，必须完成地质设计和钻井工程设计，以便钻井人员能够准确掌握油、气、水层情况；

②在关井作业中，必须严格执行钻井高压油、气层各项技术措施；

③在油、气井测试过程中，必须严格执行测试油、气井的各项技术措施；

④工人每次换班（每月或每口井），要进行一次防喷演习和消防演习。

（2）禁止在有油气显示的井口附近半径15m范围内使用电、气焊及明火，如确需使用，应办理审批手续。

（3）钻台处的油污和可燃物要及时清除干净。

（4）在天然气外泄时，不得在钻台使用铁器打击工具。如工作需要，应使用铜质榔头或在被打击的物体上垫上厚木板，防止打击出火花。

（5）在天然气外泄时，严禁在钻井工作区使用闪光灯照相。

（6）在钻台上不应穿有铁钉、铁掌的鞋，夹在鞋底缝中的沙石要及时清除，以防摩擦和撞击而产生火花。

(二) 消防"五熟悉"

(1) 井场重点部位的名称、数量、位置。

(2) 熟悉井场的总平面布局，毗邻部位情况，出入口重点部位的设施（消火栓、灭火设施、火灾报警点等）。

(3) 熟悉井场通向消防水源的道路，给水管网的形式、管径和消火栓的位置、编号、水压、流量，以及可供灭火使用的其他各种水源的数量、位置和供水能力（有条件时）。

(4) 熟悉井场其他方面的火灾危险性：

①主要材料的种类、数量、性质及其火灾危险性；

②重要设备和贵重仪器的位置、数量、代号；

③易燃、易爆、腐蚀、有毒、放射性等危险品的位置、数量；

④会议室、人员集中场所的情况；

⑤重要的档案资料，重点保护物品的位置、数量。

(5) 熟悉井场的灭火措施：

①可能出现的起火和燃烧范围，火势可能蔓延的方向和途径，以及可能使用的固定、半固定式灭火设备和其他消防器材；

②需要破拆的部位和方法；

③可利用的水源、灭火剂、防护器材和供水方法；

④救人、灭火、保护或疏散重要物资的具体措施和注意事项；

⑤义务消防人数和装备情况；

⑥根据假设起火部位的火势蔓延特点，对毗邻部位应采取的保护措施等。

⑦灭火设备（器材）消防安全标志（图6-9）。

灭火设备或报警装置的方向

图6-9　灭火设备（器材）消防安全标志

三、安全出口通道无障碍

当火灾发生时，产生逃离的急迫愿望是一种本能而自然的反应。掌握有关应该采取的行动信息和逃生方法，一旦发生火灾时，保证人员采取最好的反应是十分重要的。员工应了解出口地点和位置，使不希望出现的和明显错误的行为降到最低。

应当保障疏散通道、安全出口畅通，并设置符合国家规定的消防安全疏散指示标志和应急照明设施（图6-10）。

禁 止 阻 塞　　　　禁 止 锁 闭　　　　禁止乱动消防器材

图6-10　安全出口通道消防安全标志

四、禁止乱动灭火器、灭火设施

灭火器及其他消防设备、器材等设施是火灾现场最直接的灭火工具，正确掌握和使用消防器材对扑灭初期火灾、减少火灾中人员伤亡、财产损失将起到无可替代的作用。因此，在钻井作业现场，应加强对灭火器及其他消防设施的管理，确保在发生火情时有效使用。

（一）灭火器管理的基本要求

（1）必须将灭火器定位放置并且容易识别，以便迅速取到，并用标签注明类型、使用方法和充灌日期。

（2）只有经核准的灭火器才能安装（包含四氯化碳或氯溴甲烷等灭火器现已淘汰）。

（3）除使用期间外，必须将灭火器装满灭火材料，保持良好状态，放置在指定位置。灭火器应放置稳固，悬挂牢靠，其铭牌必须朝外。

（4）灭火器不应放置在潮湿或强腐蚀性及超出温度范围的地点。如必须放置时，应有相应的保护措施。

（5）消防器材由专人挂牌管理，定期维护保养，不应挪作他用。员工不要玩弄灭火器等消防器材，不得乱动或非紧急情况下使用存放的灭火器。

（6）消防器材摆放处，应保持通道畅通，取用方便。通往灭火器的通道不应堆放物品和设备。

（二）灭火器的选择

人们面对初起的火情，不能盲目地使用灭火器，要根据燃烧物质种类、性质有选择性地使用灭火器灭火。选择灭火器应考虑下列因素：

（1）灭火器配置场所的火灾种类。

①扑救固体物质初起火灾（A 类火灾），可选择水型灭火器、泡沫灭火器、磷酸铵盐干粉灭火器、卤代烷灭火器。

②扑救液体火灾和可熔化的固体物质火灾（B 类火灾），可选择泡沫灭火器（化学泡沫灭火器只限于扑灭非极性溶剂）、干粉灭火器、卤代烷灭火器、二氧化碳灭火器。

③扑救气体火灾（C 类火灾），可选择干粉灭火器、卤代烷灭火器、二氧化碳灭火器等。

④扑救金属火灾（D 类火灾），可选择粉状石墨灭火器，也可用干砂或铸铁屑代替。

⑤扑救带电物体火灾（E 类火灾），可选择干粉灭火器、卤代烷灭火器、二氧化碳灭火器等。带电火灾包括家用电器、电子元件、电气设备（计算机、复印机、打印机、传真机、发电机、电动机、变压器等精密实验仪器）以及电线电缆等燃烧时仍带电的火灾。而顶挂、壁挂的日常照明灯具及起火后可自行切断电源的设备所发生的火灾则不应列入带电火灾范围。

⑥扑救档案文献资料和重要图书、珍藏绘画火灾，必须选择卤代烷灭火器等专用灭火器。否则，火灾虽然扑灭，但是需要保存的东西也成了废物，失去了应有的价值。

（2）灭火器有效射程。

（3）对保护物品的污染程度。

（4）设置点的环境温度。

（5）使用灭火器的人员素质。

五、只有经培训和授权，才能使用灭火器

在面临火灾发生时的同等条件下，谁掌握灭火的主动权、谁会正确使用相关的灭火器，谁就能把灾情减少到最低程度。不正确地使用操作灭火器等设施，有时会贻误灭火战机，且易造成自身的伤害。因此，要使消防器材不成为摆设品，关键时刻拎得起、喷得出，充分发挥消防器材的作用，就应该有的放矢地对员工进行各种灭火器的性能、使用方法、操作要领的培训。员工经培训合格后，才能使用灭火器。作为员工，我们应该了解不同类型灭火器的使用方法及日常维护知识。

（一）灭火器的安全使用

使用手提式灭火器灭火时，遵守以下安全使用规程。

（1）确保自身的安全：

①千万不要低估火势，或高估自身的能力；

②使用灭火器、向火靠近前，检查灭火器是否正常；

③靠近火苗时，保持警戒；

④确保安全撤离通道畅通。

（2）如果火灾由电引起，隔离电源。

（3）用适当的灭火器正确地将火熄灭。

①手提式灭火器操作要领如图 6-11 所示。

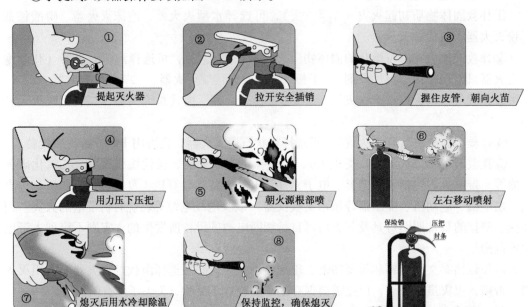

图 6-11　手提式灭火器操作要领

②推车式干粉灭火器操作要领如图 6-12 所示。

图 6-12　推车式灭火器操作要领

（二）灭火器的检查和维护

（1）定期检查灭火器，必须确保：

①灭火器在指定的位置；

②通道未被阻塞；

③灭火器上的封条或封铅是否原封未动；

④灭火器是满的（由称重或手提确定）；

⑤灭火器是否有明显物理损坏、腐蚀、泄漏或喷嘴堵塞；

⑥灭火器的压力表或指示器是否在正常范围内；

⑦灭火剂是否在有效期或质量保证期内；

⑧有轮子的灭火器的车轮、轮胎和车架是否有损。

（2）必须对灭火器进行每年一次的维修，维修一般包括对以下项目的彻底检验：

①机器零配件部分；

②灭火剂；

③喷射方式。

（三）灭火器报废

（1）进行水压试验检查时不合格（不允许补焊）。

（2）筒体严重锈蚀（漆皮大面积脱落，锈蚀面积不小于筒体总面积的⅓者）或连接部位、筒底严重锈蚀。

（3）内扣或接头没有（或未安装）卸气螺钉和固定螺钉。

（4）筒体严重变形。

（5）结构不合理（如筒体平底的）。

（6）没有生产厂家名称和出厂时间。

（7）未取得生产许可厂家生产（无证产品）。

（8）铅封和保险损坏。

六、察看所有注意事项和步骤

（一）防火检查

钻井作业现场应当每月或每口井进行一次防火检查，检查内容应当包括：

（1）火灾隐患的整改情况以及防范措施的落实情况。

（2）安全疏散通道、疏散指示标志、应急照明和安全出口情况。

（3）消防车通道、消防水源情况。

（4）灭火器材配置及有效情况。

（5）用火、用电有无违章情况。

（6）重点工种人员以及其他员工消防知识的掌握情况。

（7）消防安全重点部位的管理情况。

（8）易燃易爆危险物品和场所防火防爆措施的落实情况，以及其他重要物资的防火安全情况。

（9）消防值班、记录情况。

（10）防火巡查情况。

（11）消防安全标志的设置情况和完好、有效情况。

（12）其他需要检查的内容：防火检查应当填写检查记录。检查人员和被检查部门负责人应当在检查记录上签名。

（二）钻井现场灭火器材配备

SY 5974—2007《钻井井场、设备、作业安全技术规程》（节录）：

"井场应配备100L泡沫灭火器（或干粉灭火器）两个，8kg干粉灭火器十个，5kg二氧化碳灭火器两个，消防斧两把，防火锹六把，消防桶八只，防火砂4m³，20m长消防水龙带四根，φ19mm直流水枪两支。这些器材均应整齐、清洁摆放在消防房内。机房配备8kg二氧化碳灭火器三只，发电房配备8kg二氧化碳灭火器两只。在野营房区也应配备一定数量的消防器材。

（三）API标准关于防火安全要求

（1）安全储存和放置可燃和易燃物以及防止垃圾堆积，对于防火很重要。

（2）在有失火危险的作业区或其附近禁止吸烟。在这类区域内，应当张贴醒目的警语"严禁烟火"或采取相应的措施。

（3）应在指定的吸烟区内吸烟。

（4）允许吸烟的更衣室及其他房屋应当位于指定的吸烟安全区域内。

（5）火柴和所有吸烟用具宜留在指定的吸烟安全区域内。

（6）未经批准，不宜在禁止吸烟区域内存放火源。

（7）明火或其他可能的火源，宜放在离井口和易燃液体储存区有一定安全距离的指定点。

（8）应将设计上加装安全装置的加热器放在钻台、底座或圆井之上或附近。这些加热器的安全装置不应改动。

（9）油井附近的设备、圆井、钻台和场地要无油气聚集，以免引起或扩大火灾。

（10）可燃物（如带油的抹布和废料等）宜存放在带盖的金属容器内，且应盖严。

（11）不应用可燃气或液化石油气来驱动喷枪或气动工具。

（12）清洗剂的闪点不宜低于38℃。如有特殊需要，为了某种特殊目的可以使用闪点较低的清洗剂，但要有安全措施。

（13）宜使用金属或其他导电材料制作的容器来处理、储存或运输可燃液体。用塑料容器处理易燃液体容易聚集静电，进而可能发生危险。用于这种场合的塑料容器上的金属零件要接到充液接头上。如果使用塑料容器，在向容器内灌入易燃液体之前，建议先将导电的充液接头或接地的杆插入容器。

（14）不应随便搬动消防设备或移作他用，只有在不影响灭火效力的情况下，消防供水系统才可以用于冲洗或其他公用用途。

（15）灭火器和其他消防设备放置的地点应适当，取用方便，并用标签醒目地注明其类型和操作方法。

（16）消防设备应定期进行检查并保持可用状态，应保存最近一次的设备检查记录。

（17）在灭火器上加标签，并注明最近一次检查、维护保养或充灌的日期。

（18）井队人员应熟悉消防设备（包括钻井液枪、水龙带和灭火器）的位置，被选定人员应接受使用这些设备的培训。

（四）井场防火安全要求

（1）不许擅自动有明火，如需要动火必须按规定履行动火审批手续，制定相应的防火措施，并有专人监督执行。

（2）冬季施工使用锅炉时，锅炉房应设在距井口50m以外的上风处。

（3）在草原、苇塘、林区钻井时，井场周围打出宽度不少于8m的防火道。

（4）钻台、机、泵房无油污，钻台上下、井口周围禁止堆放易燃易爆物品及其他杂物。

（5）井场、住宅房屋内严禁吸烟，并张贴醒目的警语"严禁吸烟"。只许在指定的吸烟区吸烟，烟蒂及吸烟用具都应留在指定的吸烟区内。

（6）钻井队还应成立防火组织，明确职责，制定有针对性的应急措施，并经常进行预防性应急演练（培训）。

（7）应将设计上加装安全装置的加热器放在钻台、底座或圆井之上或附近。这些加热器的安全装置不应改动。

（8）不应随意搬动消防设备或移作他用，只有在不影响灭火效力的情况下，消防供水系统才可以用于冲洗或其他工作用途。

（9）在灭火器上加标签，并注明最近一次检查、维护保养或充满的日期、失效日期及检验人的名字。

（五）井场动火的安全要求

实施井场动火作业制度，是为了避免发生火灾、爆炸事故，确保员工生命和财产安全，保证钻井生产作业的顺利进行。在整个动火过程中，工程负责人负责现场的协调和管理，并监督动火措施的实施。

凡是没有办理动火手续和落实动火安全措施以及未设现场监督人的，一律不准进行动火作业。

油气井井喷情况下的动火，要由抢险制喷领导小组组织工程技术部门、安全检查部门、公安消防部门共同研究，制定严密的动火方案，统一指挥并严格执行有关规定。

1. 动火的等级划分

（1）处理井喷事故时现场急需的动火为一级动火。

（2）使用油基钻井液钻井发生油气侵或井涌条件下，距井口50m以内的动火以及油罐区内的动火为二级动火。

（3）钻井过程中，没有发生油气侵或井涌条件下的井口处动火为三级动火。

（4）除一、二、三级动火外，井场内的动火为四级动火。

2. 一级动火的安全要求

（1）动火前，由钻井公司经理填写"动火申请报告书"，按规定上报审批，批准后方可动火。

（2）动火前，局健康、安全与环境管理委员会负责组织安全和消防人员制定防火措施。

3. 二级动火的安全要求

（1）动火前，由平台经理填写"动火申请报告书"，按规定上报审批，批准后方可动火。

（2）由现场健康、安全与环境管理小组组织有关人员制定防火措施。

4. 三级动火的安全要求

动火前，现场健康、安全与环境管理员填写"动火申请报告书"，按规定上报审批，批准后，采取防火措施方可动火。

5. 四级动火的安全要求

健康、安全与环境管理监督组织人员对动火范围进行监护，并采取防火措施方可动火。

如果一至四级动火的安全要求规定与所在国、当地政府或甲方的规定不符时，按所在国、当地政府和甲方的有关规定执行。

6. 动火现场的监护

（1）"动火申请报告书"批准后，有关人员应到现场检查动火准备工作及动火措施的落实情况，并监督实施，确保安全施工。在发现施工或生产单位未按动火措施执行、施工安全得不到保证时，安全部门有权制止施工。

（2）实施工业动火时，生产单位和施工动火单位必须在动火现场，同时须安排有生产实践经验、了解生产工艺过程、责任心强、能正确处理异常情况的人员作为现场监护人。监护人对下述规定行使监护权。

①动火的容器、管线经吹扫、清洗、蒸煮后应无易燃物，对与动火部位相连的油气容器、管线应进行可靠的隔离、封堵或拆除处理。

②动火现场的容器内、管线内、室内、坑内的可燃气体浓度必须低于爆炸下限的25%。

③动火现场5m以内应做到无易燃物、无积水、无障碍物，便于在紧急情况下施工人员迅速撤离，非动火人员不准随意进入动火现场。

④动火现场应按动火措施要求，配备足够的消防车、消防设备和消防器材；动火完工后，监护人员对现场进行检查，确认无火种存在方可撤离。

⑤遇有5级以上大风（含5级）时不准动火，特殊情况可进行围隔作业并控制火花飞扬。

（六）钻井作业现场防火和营地火灾预防措施

1. 钻井作业现场防火措施

钻井作业现场的防火措施，要严格按照有关井场防爆、防火规范的要求，制定防范措施，防止火灾的发生。防火措施包括：

（1）严格按照要求配备灭火器材。灭火器应放在规定的地点，并用标签注明类型、使用方法和充灌日期，过期的灭火器应及时更换。

（2）井场照明一律采用防爆灯具和防爆开关，导线负荷要达到安全要求，各接线处要密封良好，导线和金属接触部位要用瓷瓶绝缘，探照灯必须专线控制，距离井口50m以外。

（3）井场内严禁烟火。井场入口、钻台、循环系统、油罐等禁火区必须挂禁火标志牌。

（4）柴油机排气管每10～15d清理一次，消除内部积炭，以防在气层钻进中排气时喷出火星。

（5）值班房、发电房、配电房、油罐距离井口不少于30m，发电房与油罐区距离不少于20m，井场与上级调度部门保持通畅的通信联络。

（6）钻台及机泵房无油污，钻台上下及井口周围禁止堆放易燃易爆物品及其他杂物。

（7）在高压油气层钻井作业中，井场不允许动用明火，特殊作业需要动火，必须严格执行工业动火管理规定。

2. 营地防火措施

营地的防火措施包括但不限于：

（1）按消防规定配备灭火器具，灭火器挂在随手可取的地方。

（2）营地所有照明、用电设备、电气线路应符合电气安装标准，营房必须安装过载、短路、触电保护装置和小于4Ω的接地装置。

（3）营房内严禁使用电炉和60W以上的灯泡，禁止存放和使用易燃易爆物品。

（4）将防火制度和应急措施贴在每幢营房内，以增强员工防火意识。

（5）对营地的消防设施、照明线路、灯具等用电设施进行定期检查，及时发现隐患及时整改。

七、参加现场防火演习

（一）灭火和应急疏散预案

钻井作业现场按照灭火和应急疏散预案，应当每月或每口井进行一次防火演练，并结合实际，不断完善预案。消防演练时，应当设置明显标识并事先告知演练范围内的人员。灭火和应急疏散预案应当包括下列内容：

（1）组织机构包括：灭火行动组、通信联络组、疏散引导组、安全防护救护组。

（2）报警和接警处置程序。

（3）应急疏散的组织程序和措施。

（4）扑救初起火灾的程序和措施。

（5）通信联络、安全防护救护的程序和措施。

（二）消防紧急演习

1. 准备工作

（1）警报器：用于发出火警紧急信号。

（2）广播喇叭：告知火灾区域。

（3）划定区域：指定火灾区域。

2. 演习步骤

（1）消防紧急演习信号发出后，所有人员（值班者除外），均应按消防部署 2min 内迅速携带其规定的消防器材，分别赶赴现场指定地点。

（2）各队长立即赶赴现场，听取平台经理命令，各队员在消防地点集合，听候调动，消防队下面的各组在各自岗位待命。

（3）警报发出后，5min 内应使消防泵出水，值班人员也应按命令行动，确保与外界联系通畅。

3. 要求

（1）指挥员指令应明确清晰。

（2）各小组成员服从指挥。

（3）灭火行动组：参加火灾扑救。

（4）通信联络组：迅速报告火警。

（5）疏散引导组：疏散引导其他人员撤离到安全区。

（6）安全防护救护组：现场安全防护，准备救护伤员。

（7）演习完毕，应将演习情况如实记入平台日志。

（三）着火时逃生的方法

1. 逃生手段

人们遭遇到火灾时，可以朝与火相反的方向逃生，不能把希望寄托在救火部门提供的救援设备上，逃生的措施要靠自己的事先准备（如熟悉安全出口方向、位置、通道）。

2. 逃生区域

（1）受保护区：风险已降至可以接受的最低程度的区域。

（2）未受保护区：人们从着火中逃出的区域，这个区域存在着某种风险。

（四）逃生方法的选择

1. 选择逃生方法依赖的因素

（1）使用者特点、人数、使用者的体力。

（2）撤离时间。

（3）人群的运动。

2. 逃生距离

逃生距离是防火安全中的技术名词，指在逃生时，从着火点到逃生措施中的受保护区或者最后出口之间的最大允许距离。这个距离必须受到限制，它是依建筑物火灾风险情况的不同而改变的。

3. 逃生的误区

（1）越亮越安全。

（2）人越多越安全。

（3）越隐蔽越安全。

（4）大声呼救安全。

4. 其他逃生方法

（1）钻台：利用滑道逃生（图6-13）。滑道使用时，斜率不超过1/10，要有扶手，斜面要均匀，表面不要太滑。

（2）井架二层台：利用井架逃生装置逃生（图6-14）。

图6-13 钻台逃生装置 　　　　　　　图6-14 井架逃生装置

（五）火场救人

在灭火中，积极抢救人命是首要任务。当有人受到火势威胁时，应将主要力量投入救人方面。

1. 火场救人的主要方面

（1）发生爆炸、塌落、毒气跑漏时，人员受到烟火和毒气等威胁。

（2）火场内的人员失去知觉，不能自行脱险。

（3）人员虽然未受到烟火的直接威胁，但处于惊慌失措的混乱状态，有造成人员伤亡的危险。

2. 火场寻人的方法

在火场寻人，主要是靠喊、听、摸、看等方法，要深入细致地进行搜寻和判断，做到迅速、准确、沉着冷静、注意安全。寻人时，要特别注意下列容易掩蔽的地点：

（1）通向出入口的通道、走廊及门窗口附近。

（2）操作岗位某些设备等掩蔽身体的附近。

（3）休息室内床上、床下。

（4）室内的墙角、门旁和柜橱以及桌子的下面等所有角落。

3. 火场救人的方法

（1）对神志清醒的人员可指定通道或由人员引导，让他们自行离开危险区。

（2）对在烟雾中迷失方向的人员要引导他们撤出，必要时派人护送。对处于惊慌失措或固执不走的人员，还要进行安定情绪或说服动员，必要时要采取强制措施。

（3）对于中毒人员的抢救，要根据科学的医务方法和要求，在做好自身防毒措施的前提下，实施抢救。

（4）对于被火烧、烟熏而失去知觉的人员要采取背、扛、抬、抱等办法救出火场。

（5）在通道被火势隔断或烧毁时，可以利用安全绳、消防梯或其他救助设备救人，要正确使用安全绳救人。

八、了解出口地点和位置

（1）井场逃生线路图。钻井施工现场应有火灾逃生线路图，员工熟悉发生火灾时逃生线路（详见第一章）。

（2）逃生出口消防安全标志如图6-15所示。

图6-15 逃生出口消防安全标志

九、其他程序和计划

（一）钻井现场火灾急救程序

施工区和营房区发生火情时：

（1）最早发现火情的人应高声呼救，并迅速赶赴报警点发出火灾警报。火灾急救小组突击队员穿戴好消防服赶赴出事现场，落实火灾地点及火灾大小，同时切断火区电源，在可能的情况下用灭火器扑救。

（2）火灾急救小组组长行使灭火组织指挥权。如果火势严峻，超出现场控制能力，应立即向"119"火警呼救并通报火势情况，同时通告甲方监督和油田应急领导小组。

（3）应急小组组长将突击队员按照梯队方式轮流替换灭火，救护车、医生待命，后勤人员准备灭火器材供应。当火势较大时，应采取控制或隔离措施等待专业消防队来灭火。

（4）第二梯队紧急疏散无关人员到安全地带，安排治安人员站岗，巡逻维护秩序，尤其阻止围观人群进入火场。

（5）当火势被扑灭后，全面检查火灾后损失情况，并采取补救和整改措施，领导小组验收合格后才可恢复生产。

（6）清理火灾现场，讨论安全经验教训并写出火灾报告。

（二）紧急情况岗位责任表（主表）和紧急撤离计划

1. 紧急情况岗位责任表（主表）

（1）消防组织负责：平台经理。

（2）灭火行动组（领导、大班、有关员工）：负责参加火灾扑救。

（3）通信联络组（话务员、技术员）：负责迅速报告火警。

（4）疏散引导组（管理员、材料员、成本员、有关员工）：负责疏散引导其他人员撤离到安全区。

（5）安全防护救护组（营地医生、炊事员、值班司机）：负责现场安全防护，准备救护伤员。

2. 紧急撤离计划

详见第十章。

第七章 材料装卸

第一节 机械设备

一、配合吊车、叉车(装载机)等机动设备作业及在其附近作业的基本要求

在起重设备工作过程中,指挥人员、配合挂吊索人员、附近作业的工作人员,必须密切注意起重设备和机动车辆的工作状况,为了防止起重臂或吊装货物突然下落和吊装货物摆动发生意外,所有人员严禁靠近。

(1)不准在装载物下站立、行走或工作。

吊车、装载机在起吊作业过程中,如果绳索不牢或超过其载荷绳索断开,或起重机件失灵突然下落,会造成人员伤害事故。因此,在起重设备工作过程中,人员必须远离起重臂下或旋转半径,空起重臂下也不准站人,一般起重臂上有明显标记。

(2)不准在装载物和固定物体之间逗留。

货物吊起后,由于没有固定必然会摆动,如果在吊起的重物与固定物体之间停留是非常危险的,容易造成挤伤人的事故。

(3)配合起吊工作人员不能与操作手失去联系。

在起重设备安全操作规程里面包括了必须有指挥人员进行指挥,而且在没有看到指挥人员手势之前不准起吊,这是因为起重机操作手对下面发生的情况不一定完全掌握,特别是吊起体积比较大的物体时,很难看到背向的情况,极易发生事故。因此,必须始终和操作人员保持联系,也必须在看到指挥起吊命令后方可起吊。

(4)避开各种绳索和索具。

在起吊作业中,大多为靠绳索和索具将吊钩与货物相连,同时需要人工来挂绳索,因此必须有人配合,配合人员挂好绳索后必须撤离,不准用手扶绳索起吊,以防绳索断开或脱开伤人。

(5)不准站(坐)在吊起的货物上。

配合人员必须远离装卸的货物,如果人员在上面,起重机失灵或者货物脱落,必然伤人。因此,配合起吊的人员不准和货物一起起吊。

(6)注意周围环境。

配合起吊人员和周围作业人员必须密切注意起吊和周围障碍,以防不测及时撤离,同时不要站在机动设备的盲点上。

（7）注意警报。

起吊周围作业人员要时刻注意险情，熟悉周围的环境和所有逃生通道，起吊是一项比较危险的作业，周围人员可能受到一定影响，但在进行其他作业时也必须注意起吊过程中的险情，如果示警应快速做出反应。

（8）了解近处输电线路的危险。

在靠近电线起吊作业时，要防止触电，按操作规程规定，起吊高度必须与线路保持一定的安全距离，指挥人员必须充分认识到危险，事先做好充分准备，并选择适当处加上警示标签，并提醒操作手安全操作。

（9）除非有驾驶执照并被授权，否则不得操作起重机或叉车。

起重操作手都要经过专门培训，如吊车、装载机必须持驾驶证和取得有效起吊操作合格证后才可操作起重设备吊装货物，我国起重操作人员培训都有专门培训机构进行培训，政府有明确规定。没经过培训的驾驶人员严禁操作起重设备，其他人员更不准操作起重设备，现场员工必须遵守规定，保证装卸货物和人员安全。

（10）随时注意使用标志。

标志是指起重高度安全标记，在靠近输电线路作业时，为防止触电和破坏线路，采用警示标志，提醒操作人员注意。

（11）使用前要检查吊索和索具。

钻井现场营房搬迁、设备搬迁、安装、更换，因其质量不同，起重吊索载荷识别非常重要，在每次起吊重物前，要根据要求检查并核对吊索和索具的载重极限及吊索损坏情况。

二、操作起重机、吊车、叉车的要求

（一）基本要求

（1）机械设备（如吊车、装载机）必须由经过培训并持有有效驾驶执照和起重设备操作有效证件的人员操作。

（2）指定的驾驶员（或操作员）要随时接受药物和酒精的测试。

（3）机械设备严禁随意改装，以免破坏其安全装置或增减载荷容量。

（4）吊车机况良好，指重表灵敏，有双向锁紧装置和有效的控制功能。

（5）吊车上设有负荷图牌，司机会应用。

（6）叉车（装载机）机况良好，报警器、闪灯灵敏。

（二）安全操作规程

（1）机械设备操作者和所有乘坐者必须系好安全带坐在指定的位子上。

（2）严禁用起重工具载人、用吊桶提升人。

（3）操作者不要将胳膊、腿（或身体的其他部位）靠近运动的物体（如吊杆、支架和提升设备）。

（4）必须遵守相关的交通规则，并根据现场情况控制速度。

（5）必须注意其他设备和人员。

（6）不允许在人员的上方吊起或移动货物，或允许其他人在提吊的货物下站立、行走或工作。

（7）严禁超过机械设备额定的载荷容量。

（8）操作吊车、叉车（装卸机）提升时，必须注意上方电线的最小接近距离：

①50kV 以下的电压，最小接近距离为 10ft（约 3m）；

②超过 50kV 以上的电压，在最小接近距离的基础上每增加 10kV 加 4in（约 10cm）。

（9）必须避免震动载荷（如突然停止或启动设备）。

（10）需要向后移动时，操作者必须小心，必要时请人协助。

（11）起重机、叉车（装载机）不能阻塞在紧急出口或消防设施处。

三、起重机的安全操作

（一）常规检查和维护

（1）使用前必须先对起重机进行检查。

（2）起重机在停靠或进行检查、维修、加油时，必须关掉发动机，置好刹车和取出钥匙。

（3）不要用手检查液压油是否泄漏。

（4）如果发现刹车不灵敏或出现机械、电路故障，燃料泄漏等情况，必须停止使用进行维修。

（5）在加油后，启动发动机前必须将溢出的油抹掉或让其完全挥发。

（6）必须将停在井场内的起重机上锁。

（7）起重机要停靠在清洁的环境中，并擦除油污和脏物。

（二）安全操作规程

（1）每天接班时，应对制动器、吊钩、钢丝绳和安全装置进行检查。发现不正常时，应在操作前排除。

（2）开车前，必须鸣号或示警。操作中接近人时，亦应给以断续喇叭声示警。

（3）只有在看见且明白手势信号之后才能起吊，操作应按指挥信号进行。对紧急停车信号，不论何人发出，都应立即执行。

（4）在作业期间，货物安全着地之前，不能再做其他工作，并要时刻注意工作状态。

（5）当起重机上或其周围确认无人时，才可以闭合主电源。当电源电路装置上加锁或有标牌时，应由有关人员除掉后才可闭合主电源。

（6）闭合主电源前，应使所有的控制器手柄置于零位。

（7）工作中突然断电时，应将所有的控制器手柄扳回零位，在重新工作前，检查起重机工作是否都正常。

（8）露天作业的起重机，当工作结束时，应将起重机锚定住，当风力大于 6 级时，应停止工作，并将起重机锚定住。

（9）进行维护保养时，应切断主电源并挂上标志牌或加锁。如存在未消除的故障，应通知接班司机。

（三）起重机司机起吊货物安全操作规程

（1）不许在起吊货物上载人。

（2）严禁在人员的头顶上空移动货物。

（3）必须有指挥者指挥起重机司机进行装卸，只有指挥者才能给起重机司机起吊手势或信号。

（4）指挥者应先检查绳索和吊钩的安全性后，才能向司机发出起吊信号。

（5）指挥者应处于起重机司机的视觉范围之内，只有看到指挥者手势或信号才能起吊。

（6）在缚紧吊索时，配合工作人员不能把手或手指放在吊索和起吊货物之间，否则不能起吊。

（7）起吊任何超过1000kg的货物及较长的货物（例如钻杆或套管组）都应有拉绳；从海上钻井平台装卸货物时，所有的货物都应有拉绳。

（8）装卸特别重的货物或货物的体积特别大时（如钢板），应考虑天气情况。

（9）在货物有可能坠落的危险区，必须设有明显的标志、路障或警示牌。

（10）清理卸载区的人员，严禁有人在起吊货物下或行走。

（11）慢慢起吊和移动货物，避免快速、急促地提升及上下震动货物。

（12）慢慢将起吊货物放下，保持平衡。

（13）当吊索、吊带或钢丝绳被压在货物下面时，不准用吊钩从载荷下面拉出吊索、钢丝绳。

四、叉车的安全操作

（一）基本要求

（1）叉车必须由持有有效驾驶执照或证件并经过适当培训的人员操作。

（2）叉车只能在其本身设计的环境和条件下操作。

（3）只有由生产厂商提供或批准的附加装置，才能使用。

（4）叉车严禁改装，以免使其安全装置出现故障或改变载荷容量。

（5）可移动的提升杆，必须固定在指定位置。

（6）严禁用叉车提升人，除非根据生产厂商建议和相关的安全规程而装配特殊的设备。

（7）内燃机叉车严禁在封闭区内超时作业，以防空气中的一氧化碳浓度超标。

（二）常规检查和维护

（1）每天使用前，必须对叉车进行检查，向主管部门报告叉车失灵情况。

（2）叉车停用，进行检查、维修或加油时，必须关掉发动机，置好刹车和取出钥匙。

（3）严禁用手检查液压油是否泄漏。

（4）如果发现刹车不灵敏或出现机械、电路故障，燃料泄漏的叉车，必须停止使用进行维修。

（5）在加油后，启动发动机前必须将溢出的油抹掉或让其完全挥发。

（6）不要将叉车停靠在紧急出口、消防通道或应急警示标志和类似的安全设施上。

（7）应将叉车和机械设备停放在清洁的环境中，擦除油污，保持清洁。

特别注意：安全防护装置已损坏的叉车，存在极大的安全隐患，应立即更换或送去维修。

（三）安全操作规程

（1）不允许其他人站在叉车上或骑跨铲叉。

（2）不要将胳膊、腿（或身体的其他部位）放在叉车的支杆或运动的链条附近。

（3）严禁超过叉车的额定载荷容量。

（4）搬运桶时，要用平板架、桶架、篮筐或桶的搬运附件，不能用叉子夹着桶搬运。

（5）严禁在人上方悬空作业，严禁其他人在抬升的叉车下站立、行走或作业。

（6）遵守相关的交通规程，注意其他走动的车辆和行人，根据场地情况控制车速。

（7）开动叉车前，必须确保运行的路线内无行人或物体。

（8）检查各方向的距离，尤其是头上方的距离。

（9）注意障碍物和可能发生的危险。

（10）叉车在升降的平台上作业时，必须格外注意。

（11）在需要倒车时，必须特别注意，必要时请人协助。

（12）装卸货物时，被装卸的货车要挂上刹车，车轮前后要放置制动的楔子，以防车子滑动。

（13）装载货物时，必须保持车叉正对物体，并尽可能调低车叉。

（14）启动前，必须确保货物都固定好，以免倾斜或坠落。

（15）必须尽可能低地运载货物，但要保持足够的车叉高度，防止与凹凸不平的地面接触。

（16）行驶过程中，不要抬升或降低货物。

（17）注意观察行驶方向，应避免突然刹车，以免将货物撒落。

（18）上坡或下坡时，应将货物向后摆放，提升车叉，看清路面，不允许在斜坡或梯面上转动。

（19）工作完成后，要保证：

①关闭电源和引擎，将控制手柄放在空挡上；

②铲叉降到最低位置，刹车处于制动状态；

③如果叉车停在斜坡上，车轮要用碾木顶住。

五、吊带、吊索和钢丝绳的安全使用

（一）基本要求

（1）使用新购置的吊具前应检查其合格证，并试吊，确认安全。核对起重机及所有吊具（吊带、吊索和钢丝绳）的载重极限，严谨超负荷使用吊具。

（2）作业时必须根据吊物的质量、体积、形状确认吊点并选用合适的吊具。

（3）每次使用前，必须检查吊索、吊带和钢丝绳是否损坏（如腐蚀、变形、断裂等）。损坏的吊索、吊带和钢丝绳，必须贴上标签，并立即更换，无标记的吊索具未经确认，不得使用。

（4）有下列情况的钢丝绳不能继续使用：钢丝绳直径减少7%～10%；在一个节距内的断丝数量超过总丝数的10%。

（5）导链有下列情况的应报废：有裂纹；塑性变形，伸长达原长度的5%；链环直径磨损达原直径的10%。

（6）吊具组合部件要求定期检查。

（7）不得采用锤击的方法纠正已扭曲的吊具。

（8）吊索具禁止抛掷。

（9）不要从重物下面拉拽或让重物在吊具上滚动。

（10）吊装方形、棱角构件时，必须加护铁，不得让吊索与构件棱角直接接触。

（11）吊装板材注意事项：吊装面积大于$6m^2$的钢板时，不得使用钢板卡，必须焊吊耳；制作吊耳所用板材厚度不得小于16mm；吊装长度大于6m的钢板必须使用吊装扁担；在吊装两块或两块以上的板材时，必须使用卡具或专用工具。

（12）禁止单根吊索吊装。

（13）在吊运构件时，构件严禁从其他工人头顶越过。

（二）吊索、吊带和钢丝绳的起重作业安全规程

（1）使用足够长的吊带、吊索和钢丝绳，避免在起吊过程中超载或变形。

（2）吊带、吊索和钢丝绳与水平方向要保持大于45°的角度，以减少索具的应力。

（3）吊索严禁用打结、螺栓或其他方法缩短长度。

（4）为避免切割或磨损，用衬垫保护吊索、吊带和钢丝绳。

（5）尽量固定起吊货物，使之具有足够的支撑，保持稳定。

（三）钢丝绳端部固定和连接的安全要求

（1）绳卡连接［图7-1（b）］：绳卡数量不应少于3个，具体数量可根据绳径由表7-1选取。同时应保证连接强度不得小于钢丝绳破断拉力的85%。绳卡压板应放在钢丝绳长头（承载绳）一边，绳卡间距不应小于钢丝绳直径的6倍。

表7-1 绳径与绳卡数量表

钢丝绳直径，mm	使用绳卡个数	绳卡间最小距离，mm
6	3	80
8	3	80
10	3	80
12	3	89
15	3	108

续表

钢丝绳直径，mm	使用绳卡个数	绳卡间最小距离，mm
20	4	127
22	4	140
25	5	165
28	5	184
32	6	203
40	7	241
45	8	250
50	8	250

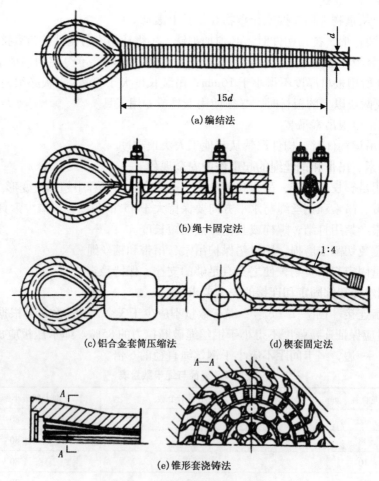

(a)编结法

(b)绳卡固定法

(c)铝合金套筒压缩法   (d)楔套固定法

(e)锥形套浇铸法

图7-1 钢丝绳绳尾端的固定

（2）编结法连接［图7-1（a）］：将钢丝绳套入心形垫环上，尾绳端各股分别编插于承载各股之间，每股穿插4~5次，然后末端用钢丝扎紧，编结长度不应小于钢丝绳直径的15倍，同时不得小于300mm。连接强度不得小于钢丝绳破断拉力的75%。

（3）楔块、楔套连接［图7-1（d）］：利用楔套能自动夹紧的作用来固定尾绳端，楔套应用钢材制造。连接强度不得小于钢丝绳破断拉力的75%。

（4）锥形套浇铸法连接［图7-1（e）］：将尾绳端钢丝拆散洗净，穿入锥形套筒中，把钢丝末端弯成钩状，然后灌满熔铅。这种方法操作复杂，仅用于大直径钢丝绳。连接强度应达到钢丝绳的破断拉力。

（5）铝合金套筒压缩法连接［图7-1（c）］：将尾绳端与承载绳一同套入一个长圆形铝合金套筒中，用压力机压紧即可。连接强度应达到钢丝绳的破断拉力。

（6）钢丝绳卡应把夹座扣在钢丝绳的工作段上，U形螺栓扣在钢丝绳的尾段上。钢丝绳卡不得在钢丝绳上交替布置。

（四）钢丝绳的报废标准

（1）钢丝绳的断丝数在一个捻节距内达到表7-2规定的数值，则应报废。钢丝绳的

图7-2　钢丝绳捻节距图

捻节距是指任意一条绳股环绕轴线一周的轴向距离（图7-2）。六股绳钢丝绳的捻节距就是在绳上任意一条母线上数6节（m—n）的间距。

表7-2　钢丝绳报废时的断丝数

钢丝绳	钢丝绳结构			
	绳6×19		绳6×37	
	一个捻节距中的断丝数		一个捻节距中的断丝数	
安全系数	交互捻	同向捻	交互捻	同向捻
<6	12	6	22	11
6~7	14	7	26	13
>7	16	8	30	15

亦可以理解为钢丝绳的断丝数在一个捻节距内断丝数达到总丝数的10%时，则应报废。如绳6×19＝114丝，当断丝数达12时丝即应报废更新；绳6×37＝222丝，当断丝数达22丝时即应报废更新。对于复合型钢丝绳中的钢丝，断丝的计算是：细丝一根算一丝，粗丝一根算1.7丝。

（2）钢丝径向磨损或腐蚀量超过原直径的40%时应报废。当不到40%时，应将表7-2中规定的断丝数按表7-3折减，并按折减后的断丝数报废。

（3）吊运炽热金属或危险品的钢丝绳，报废断丝数取一般起重机用钢丝绳报废标准的一半，其中包括钢丝表面磨损或腐蚀折减。

（4）钢丝绳直径减少达公称直径的7%时，则应报废。

（5）断股、芯子外露等严重变形的钢丝绳，则应报废。

表7-3　折减系数表

钢丝表面磨损或锈蚀量,%	10	15	20	25	30~40	>40
折减系数,%	85	75	70	60	50	0

第二节　人工物料搬运

任何用手或身体的力量传送或支撑重物，如提升、放下、搬运、推和拉等作业活动，即为人工搬运。人工搬运是日常生产作业和生活中最常见、最频繁的活动，如果采用不正确的方法搬运，容易导致伤害事故的发生。搬运过程中常出现下列伤害。

背部伤害：搬运过程中，姿势不当，背部高强度和重复性的张力容易造成背部肌肉劳损，更严重的可能导致脊椎受损变形。

腰部扭伤：在搬运时，腰部扭转、弯腰、过度伸展或用力过猛，容易造成腰部扭伤。因此，我们要掌握正确的人工搬运方法。

手部伤害：手的位置不正确，缺乏正确的手部保护，多人搬运的协调沟通不当等，容易造成手部被重物压伤、挤伤或夹伤。

物体打击：所搬运的重物滑落、倾倒，易对脚部或身体其他部位造成砸伤或打击伤害。滑倒、绊倒或摔倒：搬运路线上存在障碍物，地面湿滑或高低不平，容易造成滑倒、绊倒或摔倒。

其他伤害：搬运危险化学品或运转中的设备时发生事故，造成的中毒、机械伤害等。

正确的人工物料搬运方法除了可以减少伤痛外，还可以保持体能支出在合理的限度之内。所以物料搬运人员应掌握如何通过正确的动作进行搬运，以起到自我防护的作用。

一、个人搬运技术及背部保护

背部几乎参与人的每项运动。背部是多个部分组成的复杂的组合体。其中脊柱是人力搬运过程中受力最大的部分。

脊柱由26节脊椎骨组成，包括7节颈椎、12节胸椎、5节腰椎以及融合的骶椎及尾椎；有3个自然弯曲的柱体（图7-3）。脊柱提供物理强度，并保护脊髓。充满胶状物的垫子称作骨盘，它使脊骨分开，并缓冲压力。宽平的肌肉吸附在脊柱上。韧带和肌腱把各部分连接在一起。

人体的脊柱有4个生理弯曲，又称"生理曲度"，分别是颈曲、胸曲、腰曲和骶曲（图7-3）。从侧面看脊柱呈"S"形弯曲。脊柱的生理性弯曲可使脊柱产生弹性动作，以缓冲和分散在运动中对头和躯干产生的震动，故脊柱的弯曲具有生理性保护作用。人工搬运中的关键要点就是要保持身体的正常4个生理弯曲，而不产生其他的脊柱弯曲，尽量减

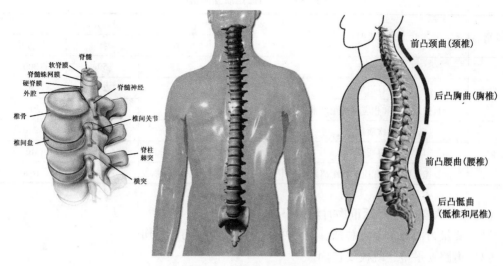

图7-3　人体脊柱结构示意图

少对脊柱的压力。

大部分背部受伤源于多个问题的结合，这些问题包括：

（1）不正确的搬运方法；

（2）脆弱的背部和腹部肌肉；

（3）超重和大肚子；

（4）身体状况或柔韧性不好；

（5）坐姿、站姿不正确。

通过下列几项，可防止大多数背部受伤：

（1）改善力量和健康；

（2）学会使用正确的身体姿势来搬运。

（一）安全搬起重物的要求

（1）采用安全的搬起姿势：使臀、膝弯曲，形成蹲姿。耳朵、肩和臀部近似形成一条直线。两脚与肩同宽，两脚向外分开。

（2）背部保持自然弯曲：背不要弯。

（3）用腿来进行起升。

（二）装卸、搬运作业中单人负重的最高限度

不同性别人员在不同搬运类型条件下的体力搬运质量限制见表7-4。

（1）男工单人负重一般不得超过80kg，单人负重50kg以上平均搬运距离不得超过70m，否则应有人接替。

（2）女工单人负重一般不得超过25kg。

表7-4 体力搬运质量限值

性别	搬运类型	单位	搬运方式		
			搬	扛	推或拉
男	单次质量	kg	15	50	300
	全日质量	t	18	20	30
	全日搬运质量和相应步行距离乘积	t·m	90	300	3000
女	单次质量	kg	10	20	200
	全日质量	t	8	10	16
	全日搬运质量和相应步行距离乘积	t·m	40	150	1600

（三）单人搬（扛）运重物时注意事项

（1）要量力而行，不可勉强，更不可逞强，以防压伤、扭伤。

（2）道路要平整，跳板要稳固。

（3）卸放精力要集中，物件要平稳。尤其多人同时在同一业点搬（扛）运同种物件时，严防伤人、伤己或被人伤。

（四）多人（三人以上）肩抬重物时注意事项

（1）被抬物的质量不得大于抬物人单人负重最高限度的总和。

（2）不得直接用肩扛抬。

（3）抬物用的绳索、杠棒必须有足够的强度。

（4）捆绑方法应正确，重心离地面应尽量低一些，以不妨碍行走为佳（一般离地300mm左右即可）。

（5）抬物人受力要均衡，吊物点不得超过两个，如图7-4所示。

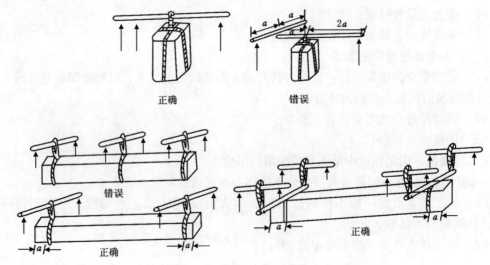

图7-4 多人（3人以上）肩抬重物受力示意图

（6）要统一口号指挥，统一步伐行走，统一抬起或放下。

（7）凡一件物品质量不超过140kg，可以两人伙抬；超过140kg时，可多人伙抬，不得伙扛。

（8）一般超过500kg时应采用机械搬运。

（9）女工两人伙抬不得超过50kg。

二、发生背部伤害的原因及背部伤害的防护

根据杠杆原理，当杠杆的两臂长度相等时，45kg对45kg就能平衡；而当人们弯腰或侧身拾取东西时，假如不弯曲膝盖，实际的杠杆臂长度之比大约是11:1或更多，如果抬起45kg重的物体，后背就要承受约520kgf的力。这些数据非常清楚地告诉人们，在搬运物体时，如果姿势不正确，物料质量会对脊柱产生巨大的压力，而脊柱一旦受伤就很难恢复，即使恢复后，也有可能会有椎间盘突出、骨质增生等病症，甚至一生都要忍受伤痛。

（一）搬运技术综述

无论是搬抬还是使用铁锹、扳手或打字机，若方法不当，都可能会造成背疼、关节或筋扭伤、肌肉拉伤或扭伤、抽筋等痛苦。

钻井工作人员应认识到，钻井工具各有其特殊功能。同样，人体的肌肉也有着自己的特殊功能。臂和腿的结实而滚圆的肌肉就是人用于搬抬的机体。

弯腰伏身去搬抬重物，再加上双脚站立不稳、地面不平或位置不好等其他因素，就会把过大的拉力作用到后背和腹部肌肉上，最终会直接导致肌肉扭伤或拉伤。

如果工人以正确的方法进行各种搬抬作业，大部分的躯体伤害就不会发生，尤其是扭伤和拉伤。实际观察到的正确搬抬方法是：搬抬开始时处于下蹲的位置，双脚略微分开，在重物的尺寸和形状允许的条件下，重物要尽量靠近搬抬者的身体；搬抬者的背要直，接着利用强壮、结实的腿部肌肉来搬抬重物并站起来。当搬起重物后需改变方向时，整个身体要跟着一起转动。

正确的搬抬方法有着极为重要的意义。理由很简单，这是由人体的结构所决定的。人体的机体没有打算让平坦、较弱的背部或腹部肌肉去承担一项不该它们承担的搬抬任务。

（二）选择搬运方法

1. 低于腰部的搬运（图7-5）

（1）靠近物体站好，保持开放的姿势。要确定脚步稳定，脚尖向外，脚跟着地。

（2）腹部肌肉绷紧。

（3）采用安全的搬起姿势。

（4）把重物拉近身体，这减少了背部的压力，紧紧抓住物体。

（5）用腿而不是背部来起升，保持脊柱自然弯曲。腿由蹲位站起，颈部、肩或腰不要弯曲。

（6）搬运时要保证可以看到前进的道路，小步慢慢走。不要用腰转动，移动脚步来转动。

（7）放下重物，面对选好的地方，用腿而不是背来缓慢放下重物。弯膝，使重物随身体下放。保持背部直立，不能随重物弯腰。

（8）手指不能放在底部，下放重物，放在平面上。如果要放在升高的平面上，把重物放在边缘，然后向后推。

图7-5 低于腰部的搬运方法

2. 放在高处的搬运

（1）使用凳子或梯子。

用脚尖站立，或者站在堆放的物体或椅子上，都是不安全的。决不能放在高于肩的地方。

（2）滑动物体靠近身体。要确定脚步稳定，手抓牢。

（3）用胳膊和腿来做所有动作。做任何举升动作时，要确定能安全举起重物，并有地方放下重物。

3. 超大尺寸或质量的重物的搬运（图 7-6）

（1）合伙工作：用两人抬。

（2）指定一人负责监督起升。

（3）同时抬起。

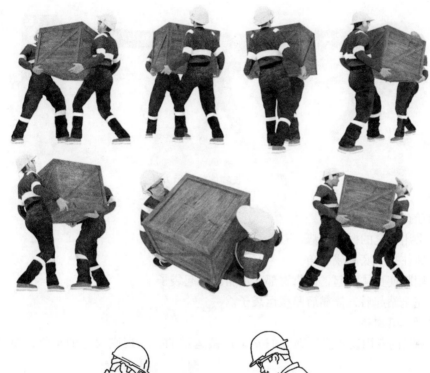

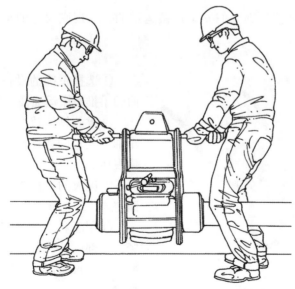

图 7-6　超大尺寸或质量的重物的搬运方法

（4）搬运时，重物要保持水平。

（5）一起平稳移动，同时放下。

4. 长物体的搬运（图7-7）

（1）搬运木材、管子和其他长的物体时，要放在肩上。

（2）要小心两端不能碰到其他人或物。

图7-7　长物体的搬运方法

5. 袋子的搬运

（1）采用安全的搬运姿势。

（2）抓住袋子底部或底角。

（3）用腿使身体站起，倚靠臀部，用胳膊提起袋子。

（4）完全站起后，倚靠肩膀搬运袋子。

6. 借助工具搬运

搬运材料的专用设备能帮助人们安全地搬运重的、不规则尺寸的重物，使搬运更容易。

（1）人力车辆搬运。

图7-8　利用手推车搬运

①选择正确的设备，例如用车体弯曲的手推车搬运油桶（图7-8）。

②重的物体放在下部，重物要高于车轴。较轻的物体放在上面，但不能挡住视线。

③庞大的、松散的或精致的物体要固定。

④用腿和上身向前推重物。用手抓紧，臀部向外，背部保持自然弯曲，膝部弯曲。推车时，手要保持在大腿与胸部之间。

⑤避免拉车，拉比推更容易造成拉

伤。

（2）使用动力设备。

①使用动力设备应注意的事项：

a. 只有经过培训和授权，才能使用动力设备。

b. 了解负载能力。

c. 身体各部分、头发和衣物不能接触到运动部件。

d. 不能乘坐在移动的设备上，或用车辆携带附加物。

②使用绳子、链子、带子、钩子和绞车应注意的事项：

a. 强度要与重物相匹配。

b. 使用前要检查是否有打结、缠绕、磨损或锋利棱角。

c. 按要求穿戴保护衣物和设备，保护眼睛、脚、头和手。

（三）正确搬运物体的方法

（1）先了解要搬运物体的情况（包括质量、体积和需要搬运的距离），决定是否需要他人帮助或使用工具。

（2）检查搬运区及沿途的情况：是否有绊脚的地方，是否有很滑的地方，是否有很窄的门或过道，是否有尖锐的地方（如墙角），是否有视线的盲点。

（3）提起物体时，先蹲下身体，一只脚靠近要搬运物体的一侧来保持身体的重心，另一只脚处在物体的邻边，尽量使物体和身体靠近；抓紧或抱住物体（要借助手掌，不要只用手指来抓物体）；保持后背直立（指头部和尾椎成直线，但不是指身体垂直地面），靠腿部力量来搬起物体。

（4）搬起物体行走时，身体不要扭转；转身时，应将整个身体一起转动。

（5）放下物体时，应该采用与搬起物体时类似的方法。

（6）几个人一起搬运重物时，每个人都应该事先掌握安全的搬运办法，并且听从某一个人的统一指挥。

附：深圳市豪威薄膜技术有限公司人力搬运操作规程（节选）

1. 人体负重极限

（1）女工及年龄 18 岁的男工，单人负重一般不得超过 25kg，两人抬运的总质量不得超过 50kg。

（2）男工单人负重最多不得超过 80kg，两人抬运，每人平均负重不得超过 70kg。

2. 搬运对象之前

（1）穿着适当的工作服，佩戴合适的个人防护器具如手套、安全鞋等。

（2）估计对象的质量及大小，如果太重或因对象的形状大小影响而没能握紧物时，应请其他人帮忙。

（3）检查对象是否有钉、尖片等物，以免造成损伤。

（4）应清楚搬运路线，尽量清除障碍物。

3. 搬运物件时

（1）准备搬运时，双脚分开，一脚应放置于对象侧；另一脚则放于对象之后，背脊必须保持垂直。

（2）将身体的质量集中到双脚，靠近对象，运用伸直双脚的力量将对象搬起，而不是用背的力量。

（3）应用手掌紧握对象，不可只用手指抓住对象，以免对象滑脱。

（4）当传送重物时，应移动双脚而不可扭转腰部。如果需要同时提起及传送对象时，应先将脚指向搬往的方向，然后才搬运。

（5）不要一下子将重物提至腰以上的高度，而应先将重物放于半腰高的工作台或适当的地方，纠正好手掌的位置，然后再提高。

4. 注意事项

（1）在工作平台、斜坡、楼梯及一些易失平衡的地方搬运对象，要特别小心，经门口运送重物时，应确保门口有足够的宽度，以防撞伤或擦伤手掌或手指。

（2）搬运较轻的对象时，不可掉以轻心，因为突然扭动腰部，亦会导致腰部损伤。

（3）当搬运较长的对象时，应将对象前部分稍提高，以免撞伤旁人。

（4）当传送对象与人时，应确定他已经握稳对象，才可以放手。

（5）如有需要，可以找人帮助，一起提举对象。

（6）当有两个或以上的人一同搬运对象时，应由一人指挥，以保证各人步伐统一以及同时提起及放下对象。

第八章 健康及现场急救

石油钻井作业分布广、战线长，施工现场地形地貌复杂多样，沙漠、平原、戈壁、丘陵、山地、高原、海上等。涉及的危害因素多，施工作业劳动强度大、风险高，各类事故频发，给作业人员健康安全带来了巨大的威胁。本章从实施现场急救的重要性着手，针对石油钻井现场常见的事故及造成的伤害进行分类归纳，并提供现场急救技术。

第一节 概　　述

健康是指生理、心理及社会适应能力都达到一种完美的状态，而不仅仅是没有疾病。

现场急救是指现场工作人员因意外事故或急症，在获得医疗救助之前，为防止病情恶化，在现场所采取的一系列急救措施。其目的是维持、抢救伤病员的生命，为医疗单位进一步抢救打下基础；改善病情，减轻病员痛苦；尽可能防治并发症和后遗症，降低致残率和死亡率。钻井施工作业现场伤害的类型（不限于）：

（1）流血不止；

（2）昏迷，呼吸暂停；

（3）溺水；

（4）烧烫伤；

（5）骨折固定；

（6）触电；

（7）严重创伤、休克；

（8）食物中毒；

（9）硫化氢中毒；

（10）急性传染病；

（11）动物、昆虫的咬伤、蜇伤；

（12）高温中暑；

（13）高寒冻伤；

（14）眼内异物；

（15）酸、碱和化学药品灼伤。

一、人员受到伤害时，求救并报告相关管理人员

一旦有人员受伤，应立即求救并向相关管理人员报告，执行现场急救应急程序。积极

采取紧急救助措施，确保伤员得到及时的救助。

（1）一旦发生人员受伤事故，伤者或目击者应立即大声疾呼"受伤了"同时赶赴报警点，发出急救信号，并通知井队医生和平台经理。

（2）医生和应急小组立即赶赴受伤现场，救护车司机应启动车辆做好护送准备。

（3）现场医生检查受伤情况并采取必要的救护，同时决定采取何种应急救护措施。填写好应急救护报告，由承包商代表将病情通报外方现场监督和总部应急小组。

（4）用电话、对讲机与医院联系，通报伤者情况、出事地点、时间，并让医院做好急救准备。

（5）救护车运送伤员途中要与急救小组时刻保持联系，随时报告伤者的病情和具体位置，急救小组也要及时向承包代表和外方监督汇报，同时应急小组还要向高一级医院联系，以便在当地医院无法处理时接收处理。

二、熟悉急救站位置、应急电话

在钻井现场与生活营区，雇员应熟悉现场急救站及附近急救中心的确切位置，知道在哪里可以找到急救电话与急救中心的电话号码。

一般现场的急救站与电话设在值班房，有时司钻房内也安装紧急通话系统，号码应及时更新，保证有效。若井队搬迁到新的区域，应指派专人与当地医院取得联系，了解医疗卫生条件及设施等情况，并将急救站位置、路线、电话公布于井场布告栏与值班房处。对于在有紧急情况发生时快速准确地获得急救很有帮助。

"110"：匪警电话。遇到紧急情况，如被盗窃、抢劫、打架时，拨打"110"，讲清楚自己发生了什么事情，准确报明事情的地点，请求警察帮忙。

"119"：火警电话。遇到着火的情况，首先要拨打"119"，讲明火灾发生情况如何，地点在哪里，不能夸大，也不能缩小事实，请消防队提供帮助。火警电话和报警电话都不能乱拨，否则要承担法律责任。

"120"：急救电话。遇到突发病，需要紧急送到医院，可以拨打"120"，讲明白病人发病的症状，如果知道病人得的是什么病，也要跟医院讲明，医院的急救车会以最快的速度前来提供帮助。

"999"：红十字会的急救电话，使用方法和"120"相同。

"122"：交通报警电话，遇到交通事故拨打"122"，讲明出事地点，交警会赶到出事地点处理问题。

如果是赴国外钻井施工，应在第一时间了解所在国家与地区的紧急电话与急救中心等信息。

三、掌握所培训的急救内容

（一）判断病情轻重的方法

判断病情轻重非常重要，如果不分病情轻重而盲目处理，有可能会出现危重病人因抢救不及时而导致病情恶化，甚至死亡。在一般现场急救中，应首先抢救危重病人，然后再处理较轻病人，为此必须迅速对病情做出判断。以下情况者属危重病人：

（1）神志：昏迷、精神萎靡者。

（2）呼吸：浅快、极度缓慢、不规则或停止。

（3）心率显著过速、过缓，心律不规则或心跳停止。

（4）血压：显著升高，或严重降低甚至测不出。

（5）瞳孔：散大或缩小，两侧不等大，对光反射迟钝或消失。

对上述情况的病人，必须迅速抢救，并密切观察呼吸、心跳和血压等生命体征的变化。

（二）现场急救一般应急技能

抢救生命、减少痛苦、预防并发症是急救的三项基本原则。用最快的速度、最短的时间对发生创伤的患者进行止血、包扎、复苏等抢救，以挽救病人的生命。妥善的急救处理，能预防和减少并发症，促使病人顺利治愈。

（1）先确定伤员有无进一步的危险。

（2）沉着、冷静、迅速地对危重病人给予优先紧急处理。

（3）对呼吸、心力衰竭或呼吸、心跳停止的病人，应清理呼吸道，立即实施心肺复苏术。

（4）控制出血。

（5）考虑有无中毒的可能。

（6）海难幸存下来的人员或者海上的急症患者，因海上特殊环境的影响，易出现激动、痛苦和惊恐的现象，要安慰伤病员，减轻伤病员的焦虑。

（7）预防及抗休克处理。

（8）搬运伤病员之前应将骨折及创伤部位予以相应处理。

（9）对神志不清的，疑有内伤或可能接受麻醉手术者，均不给予饮食。

（10）如必要时，尽快寻求援助或送往医疗部门。

四、做好本岗工作，准确作出反应

正确的现场急救处理，可以最大限度地挽救伤员生命，减少伤残和痛苦，为下一步救治奠定基础。因此，在保证维持伤病员生命的前提下就地抢救，分清主次、有条不紊地进行，切忌忙乱，以免延误丧失有利时机。切记：施救者一定要经过培训，并掌握必要的急救知识与技能。否则，误操作可能加剧伤员的病痛，甚至致残。

作为钻井施工作业人员，无论是谁，在接受培训时，必须准确掌握现场急救的基本技术及急症的现场处理原则。只有这样，当现场出现意外或伤害时，才能够做好本岗工作，准确、迅速作出反应。并用所掌握的知识和技能，及时抢救生命，减少伤员痛苦，预防伤情加重和并发症，正确而迅速地把伤病员转送到医院。

在发生伤害时，我们的任务是：

（1）镇定有序地指挥：一旦灾祸突然降临，不要惊慌失措，如果现场人员较多，要迅速分派人员对伤病员进行必要的处理以及呼叫医务人员来到现场。

（2）迅速排除致命和致伤因素：如搬开压在身上的重物，撤离中毒现场，清除伤病员口鼻内的泥沙、呕吐物、血块或其他异物，保持呼吸道通畅等。如果是触电意外，应立即切断电源。

（3）检查伤员的生命体征：检查呼吸、心跳、脉搏情况。如呼吸、心跳停止，应就地立刻实施心肺复苏术。

（4）止血：有创伤出血者，应迅速包扎止血，材料就地取材，可用加压包扎、上止血带或指压止血等。同时尽快送往医院。

（5）如有腹腔脏器脱出或颅脑组织膨出，可用干净毛巾、软布料或搪瓷碗等加以保护。

（6）有骨折者可用木板等临时固定。

（7）神志昏迷者，注意心跳、呼吸、两侧瞳孔大小。有舌后坠者，应将舌头拉出或用别针穿刺固定在口外，防止窒息。

（8）迅速而正确地转运：按不同的伤情和病情，按轻重缓急选择适当的工具进行转运。运送途中随时注意伤病员病情变化。

第二节　现场急救技术

基本现场急救技术主要包括创伤急救和基础生命救护。创伤急救包括止血、包扎、固定、搬运伤员及断肢保存等。基础生命救护是对发生心跳、呼吸骤停人员实施心肺复苏急救中的初始技术。主要包括开放气道、人工呼吸和胸外心脏按压术等。

一、创伤急救

（一）出血与止血

1. 出血

伤口大量出血，如不能及时进行止血处理，伤员随时都会有生命危险。一般外伤出血，可简单地分为动脉出血、静脉出血、毛细血管出血和混合出血四类。

（1）动脉出血。颜色鲜红，呈喷射状，有搏动，出血速度快，出血量大。

（2）静脉出血。颜色暗红，呈涌出状或缓缓外流，无搏动，出血速度不及动脉快，出血量也较多。

（3）毛细血管出血。颜色鲜红，呈渗出状，速度比较缓慢，出血量比较少。

（4）混合出血。一般在动、静脉出血时，混合性出血比较常见，且兼具上述三类单纯性出血的特点。止血时以动、静脉止血为主。

2. 止血

止血的方法有多种，这里介绍几种常用的止血方法。

（1）手压止血法。手压止血法通常是用手指或手掌，将中等或较大的血管靠近心端压迫于深部的骨头上，以此阻断血液的流通，起到止血的作用。此法止血只适用于应急状态下，短时间控制出血，应随时创造条件，采取其他止血方法。全身主要血管压迫点如图8-1所示。

①头顶部出血。头顶部一侧出血，可用食指或拇指压迫同侧耳前搏动点（颞浅动脉）止血，如图8-2（a）所示。

②颜面部出血。颜面部一侧出血，可用食指或拇指压迫同侧下颌骨下缘、一颌角前方约3cm的凹陷处。此处可触及一搏动点（面动脉），压迫此点可控制一侧颜面出血，如图8-2（b）所示。

③头面部出血。头面部一侧出血，可用拇指或其他四指压迫同侧气管外侧与胸锁乳突肌前缘中点之间搏动处（颈总动脉）控制出血，如图8-2（c）所示。

④肩腋部出血。可用拇指或食指压迫同侧锁骨上窝中部的搏动处（锁骨下动脉），将其压向深处的第一肋骨方向控制出血，如图8-3所示。

⑤前臂出血。可用拇指或其他四指压迫上臂内侧肱二头肌与肱骨之间的搏动点

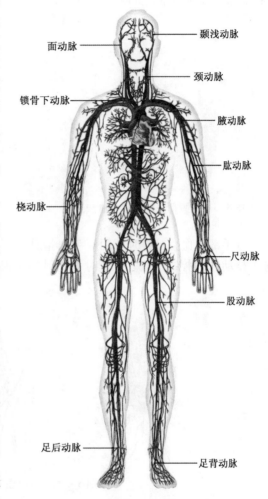

图8-1 全身主要血管压迫点

颞浅动脉
面动脉
颈动脉
锁骨下动脉
腋动脉
肱动脉
桡动脉
尺动脉
股动脉
足后动脉
足背动脉

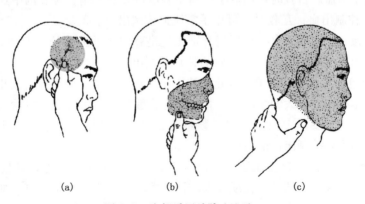

(a)　　　　(b)　　　　(c)

图8-2 头部手压动脉止血法

（肱动脉）控制出血，如图8-4所示。

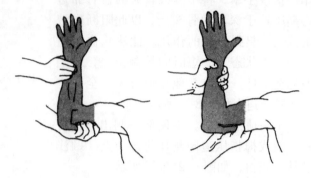

图8-3 肩腋部手压动脉止血法　　　　　图8-4 前臂出血手压动脉止血法

⑥手部出血。互救时可用双手拇指分别压迫手腕横纹稍上处的内、外搏动点（尺动脉、桡动脉）控制出血。自救时可用另一手拇指和食指分别压迫上述两点，如图8-5所示。

图8-5 手部出血手压动脉止血法

⑦大腿以下出血。自救时可用双手拇指重叠压迫大腿上端、腹股沟中点稍下方的搏动点（股动脉）控制出血；互救时，可用手掌压迫控制出血。

⑧足部出血。可用双手食指或拇指分别压迫足背中部近脚腕处的搏动点（胫前动脉）和足跟内侧与内踝之间的搏动点（胫后动脉）控制出血。

（2）压迫包扎止血法。压迫包扎止血法，主要用于静脉、毛细血管或小动脉出血，速度和出血量不是很快、很大的情况下。止血时先将敷料盖在伤口处，然后用三角巾或绷带适度加力包扎，松紧要适中，以免因过紧影响必要的血液循环，造成局部组织缺血性坏死；而过松又达不到控制出血的目的。

（3）止血带、就便材料止血法。止血带止血法主要用于暂不能用其他方法控制的出血，特别是对四肢较大的动脉出血或较大的混合性出血。此法有较好的止血效果。

①勒紧止血法。勒紧止血法是于伤口近心端，用止血带或绷带、三角巾、手帕、毛巾

等就便材料，勒紧控制出血。

②加垫屈肢止血法。加垫屈肢止血法是在肘窝或腘窝处，加上敷料或纸卷做垫，然后用止血带或绷带、三角巾加固勒紧控制出血，如图8-6所示。

③绞紧止血法。绞紧止血法是将三角巾折成带状，绕伤口近心端一周，两端向前拉紧，先打一活结，然后把绞棒插入外圈，提起绞紧后，将绞棒一端插入活结环内，再拉紧活结头与另一端打结固定绞棒，以此控制出血，如图8-7所示。

④应用止血带止血的注意事项：一是必须作出

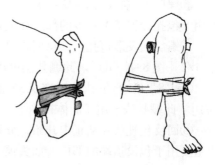

图8-6　加垫屈肢止血法

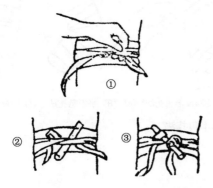

图8-7　绞紧止血法

显著标志，如挂上红、白、黄布条等标志，以引起救护人员的高度重视。二是止血带要每隔30min或1h松开一次，每次1~2min，避免止血时间过长而造成组织坏死。经观察如继续出血，应再次扎止血带或改用三角巾、绷带压迫包扎止血。三是止血带与皮肤之间要加垫无菌敷料或干净的毛巾、手帕等，不能直接扎在皮肤上。四是要确认止血效果。扎止血带松紧要适当，只要摸不到远端动脉搏动和出血停止即可。五是止血带应固定在伤口上部（近心端）。上臂中1/3的部位，不可扎止血带，以免压迫神经使手臂麻痹。

（二）伤口的包扎

包扎伤口的目的是保护伤口，减少伤口感染和帮助止血。一般常用的材料有绷带和三角巾。在没有绷带和三角巾的情况下，可临时选用洁净的毛巾、手巾、被单或衣物等代替。

1. 绷带包扎法

（1）基本包扎法。

①环形包扎法：环形缠绕，下一周将上一周完全遮盖［图8-8（a）］。此绷扎法可用于包扎额、腕、颈等处。

②蛇形包扎法：蛇形延伸，各周互不遮盖［图8-8（b）］。用于简单包扎固定。

③螺旋形包扎法：螺旋状缠绕，每周遮盖上周的 1/3 ~ 1/2 ［图 8-8（c）］。此绷扎法可用于包扎径围基本一致的部位如上臂、躯干、大腿等。

④螺旋回反形包扎法：每周均向下回折，逐周斜向上又反折向下时，遮盖其上周的 2/3 ~ 1/2 ［图 8-8（d）］。此绷扎法可用于包扎径围不一致的部位如前臂、小腿等处。

⑤ "8" 字形包扎法：交叉缠绕如 "8" 字，每周遮盖上周的 1/3 ~ 1/2 ［图 8-8（e）］。此绷扎法多用于肢体径围不一致的部位或屈曲的关节如包扎肩、髋等部位。

⑥回反包扎法：从正中开始，分别向两侧分散的一连串回反 ［图 8-8（f）］。此绷扎法主要用于包没顶端的部位，如头顶、手指、脚趾等处。

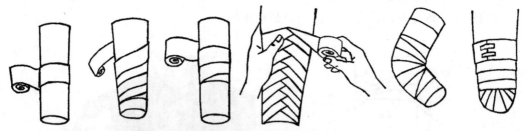

(a) 环形包扎法　(b) 蛇形包扎法　(c) 螺旋形包扎法　(d) 螺旋回反形包扎法　(e) "8" 字形包扎法　(f) 四反包扎法

图 8-8　六种基本包扎法

（2）身体各部的包扎法。

各种基本包扎法的运用（图 8-9）。

2. 三角巾包扎法

（1）头面部包扎法。

①头部包扎。用三角巾底边绕前额一周，使两底角在前额交叉打结固定，然后将三角巾顶角在枕后向上反折拉紧，再折入底边中固定，如图 8-10 所示。

②下颌颞部包扎。将三角巾由顶角，按三、四横指宽度折至底边，取 1/3 长处放于下颌前，长端经耳前拉到头顶，绕到对侧耳前，与另一端交叉，然后把两端分别绕经额部与枕部，在对侧打结固定，如图 8-11 所示。

③面部包扎。将三角巾顶角打一结，兜住下颌盖住面部，然后拉紧两底角，在枕后交叉后，绕到额前打结，固定之后，在眼、口、鼻处剪小洞，暴露出眼、口、鼻，如图 8-12 所示。单侧面部受伤，可将三角巾折成单燕尾巾，然后盖住伤处，打结固定，如图 8-13 所示。

（2）肩、胸（背）部包扎法。

①肩及上肩包扎。将三角巾上角朝上，放于伤侧肩上，两底角绕到健侧腋下打结，然后把顶角带经伤侧肩部反绕于背部与横带交叉打结固定，如图 8-14 所示。

②胸（背）部包扎。将三角巾横于胸（背）、顶角向上盖在伤处，两底角由胸拉到背后打结，顶角带经伤侧肩部绕到背部与底角余头打结固定，如图 8-15 所示。包扎背部时，三角巾横放于背部，到胸前打结固定。

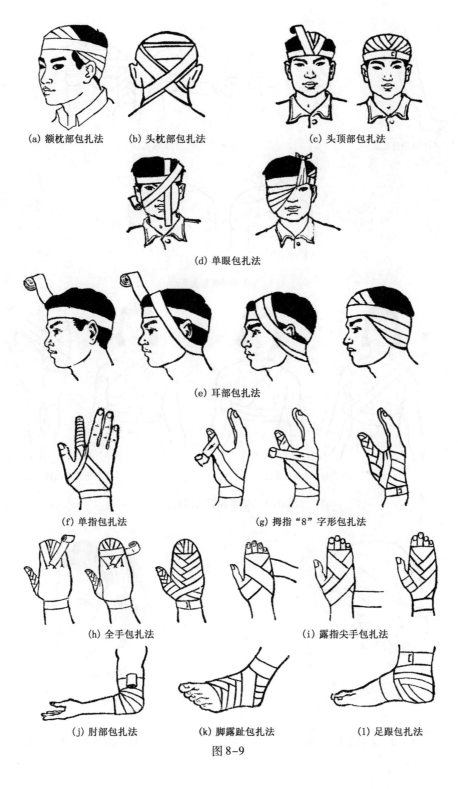

(a) 额枕部包扎法　　(b) 头枕部包扎法　　　　　(c) 头顶部包扎法

(d) 单眼包扎法

(e) 耳部包扎法

(f) 单指包扎法　　　　(g) 拇指"8"字形包扎法

(h) 全手包扎法　　　　　(i) 露指尖手包扎法

(j) 肘部包扎法　　(k) 脚露趾包扎法　　(1) 足跟包扎法

图 8-9

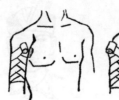

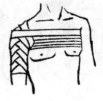

(m) 膝部包扎法　　　　　　　　　　(n) 肩部"8"字形包扎法

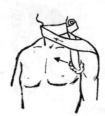
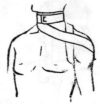

(o) 单绷腋部包扎法

(p) 单乳包扎法　　　　　　　　　　　(q) 单侧腹股沟部包扎法

图 8-9　身体各部的包扎法

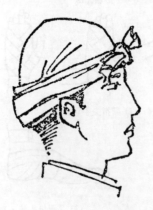

图 8-10　头部三角巾包扎　　　　　　　　图 8-11　颌颈部三角巾包扎

图 8-12 全面部包扎

图 8-13 单侧面部三角巾包扎

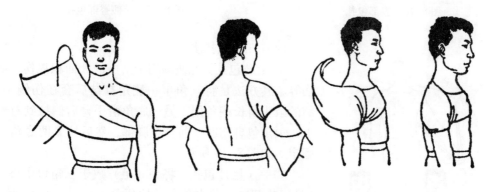

图 8-14 肩及上肩包扎

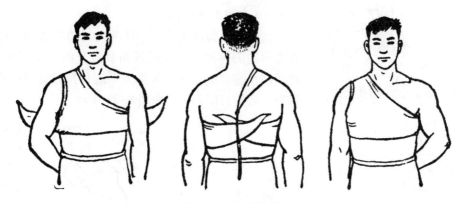

图 8-15 胸部包扎

（3）腹、臀部包扎法。

①腹部包扎。将三角巾顶角朝下，底边横放于脐部，拉紧底角至腰部打结，三角巾顶角经会阴至臀上，同底角余头打结，如图 8-16 所示。

中国大庆井控培训中心

②单侧臀部包扎。将三角巾先叠成燕尾巾，底边系带围腰打结，夹角对准大腿外侧中线，后角大于前角，前角压住后角，经会阴与后顶角打结固定，如图8-17所示。

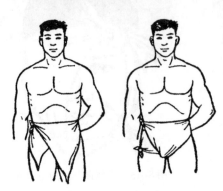

图8-16 腹部包扎

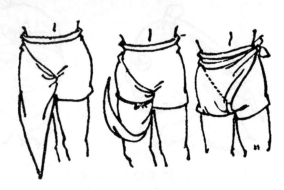

图8-17 单侧臀部包扎

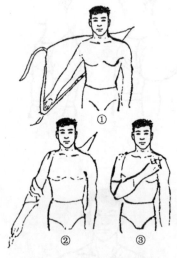

图8-18 三角巾包扎上肢

（4）四肢包扎法。

① 上肢包扎。此法多用于上肢的大面积损伤，如烧伤等。其方法是将三角巾一底角打结后套在伤侧手上，结的余头留长些备用。另一底角沿手臂后侧拉到对侧肩上，顶角包裹伤肢、前臂至胸部，然后拉紧两底角打结固定，如图8-18所示。

②手（足）包扎。将手（足）放于三角巾中央，手（足）指朝向三角巾顶角，拉顶角盖住手（足）背，两底角左右交叉，压住顶角，绕手（足）腕打结固定，如图8-19和图8-20所示。

③小腿及脚部包扎。脚趾朝向三角巾底边，把脚放在底角边的一侧，提拉起顶角和较长的一侧底角交叉，然后绕小腿打结，随后再把另一底角拉起折到脚背，绕脚腕与底边打结固定，如图8-21所示。

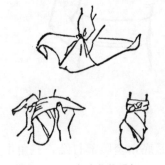

图8-19 三角巾包扎手部

图8-20 三角巾包扎足部

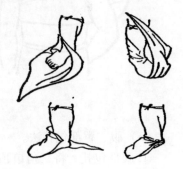

图8-21 三角巾包扎小腿和脚

④肘、膝包扎。根据受伤部位的大小，将三角巾折成适当的宽带，然后先把带的中段斜放于受伤部位，再取带两端分别压住上下两边，绕肢体一周打结，呈"8"字形。此法适用于四肢各部位受伤的包扎，如图8-22所示。

3. 就便材料包扎法

（1）头面部手帕包扎法。

将手帕三个角各打一个结，套在头面部，另一角系一小绳，根据受伤部位可适当移动，包扎额、眼、鼻等面部受伤部位，如图8-23所示。

（2）头部毛巾包扎法。

将毛巾横放于头顶上，向上叠一横指包额，拉紧两前角至枕后打结，然后再拉紧两后角至颌下打结，如图8-24所示。

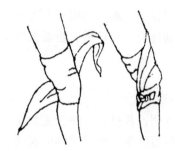 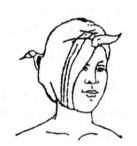 

图8-22 三角巾包扎肘、膝　　图8-23 头面部手帕包扎法　　图8-24 头部毛巾包扎法

（3）肩、臂部毛巾包扎法。

先将毛巾对折后，串上一长带，然后再把其固定在上臂根部。接着把上片毛巾的前角系一带，后角向前折成三角形，从肩部经胸前拉至对侧腋下，下片毛巾后角系一带，前角向后折成三角形，包肩经背部拉到对侧腋下与上片系带打结，如图8-25所示。

（4）胸、背部毛巾包扎法。

将毛巾对折，串上一长带，再把毛巾放于胸前，拉紧带子两端，绕于背后打结，然后把

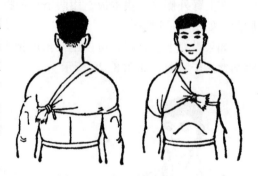

图8-25 肩及臂部毛巾包扎

毛巾拉成燕尾式，两燕尾角各系一带，绕过肩至背部与横带余结打结连接，如图8-26所示。背部包扎，只要按上述方法把毛巾移至背部，其他相同。

（三）骨折的固定

骨的完整性或连续性中断时称为骨折。对骨折进行临时固定，可以有效地防止骨折断端损伤血管、神经及重要器官，可减少伤员痛苦，也便于搬运伤员和进一步救治。

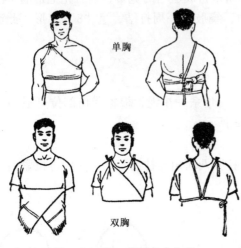

单胸

双胸

图8-26 胸、背部毛巾包扎

1. 骨折的表现

（1）局部表现。

①骨折的专有体征：主要有畸形。骨折段移位后，受伤体部位的形状改变；在肢体无关节的部位，骨折可有不正常的活动；骨折端互相摩擦时，可听到骨擦音或能感知有骨擦感。

②骨折的其他表现：主要有疼痛与压痛、局部肿胀与淤斑、肢体出现活动功能障碍等。

（2）全身表现。

多发性骨折、股骨骨折、骨盆骨折、脊柱骨折和严重的开放性骨折时，伤员多伴有广泛的软组织损伤、大量出血、剧烈疼痛或并发内脏损伤，而往往引起休克。对这种骨折首先要进行现场心肺复苏术。

2. 骨折的常用固定法

（1）前臂骨折固定法。

前臂骨折可用两块木板或木棒、竹片等，分别放于掌侧和背侧，若只有一块，先放于背侧，然后用三角巾或手帕、毛巾等，叠成带状绑扎固定，进而用三角巾或腰带将前臂吊于胸前，如图8-27所示。

（2）上臂骨折固定法。

在上臂外侧放一块木板，用两条布带将骨折上下端固定，将前臂用三角巾或腰带吊于胸前，如图8-28所示。

如果没有上述材料，可单用三角巾把上臂直接固定于胸部，然后再用三角巾或腰带，将前臂吊于胸前，如图8-29所示。

图8-27 前臂骨折木板固定法

图8-28 肱骨骨折木板固定法

图8-29 自体固定法

（3）大腿骨折固定法。

大腿骨折时，先将一块长度相当于从脚到腋下的木板或木棒、竹片等平放于伤肢外侧，并在关节及骨突出处加垫，然后用5～7条布带或就便材料将伤肢分段平均固定，若于健侧同时固定效果更佳，如图8-30所示。

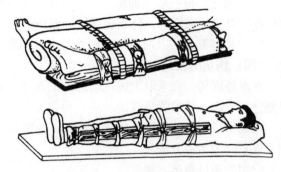

图8-30　大腿骨折固定法

（4）小腿骨折固定法。

小腿骨折时，将木板平放于伤肢外侧，如可能，内外各放一块更好，其长度应超出上下两个关节之间的距离，并在关节处加垫，然后用3～5条包扎带均匀固定，如图8-31所示。

（5）锁骨骨折固定法。

锁骨发生骨折时，先用毛巾或敷料垫于两腋前上方，再将三角巾折叠成带状，两端呈"8"字围绕双肩，拉紧三角巾的两头，在背后打结，尽量使双肩后张，如图8-32所示。

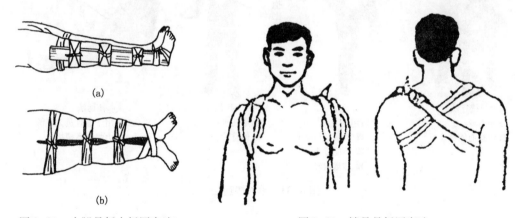

图8-31　小腿骨折木板固定法　　　　图8-32　锁骨骨折固定法

3. 骨折固定的注意事项

在对伤员进行骨折固定时，要注意以下几点：

（1）伤口有出血时，应先止血后包扎，然后再行固定；

（2）大腿和脊柱骨折应就地固定，不宜轻易搬动；

（3）固定要牢固，松紧要适宜，不但要固定骨折的两个近端，而且还要固定好骨折部位上下的两个关节；

（4）固定四肢时，应先固定好骨折部的长端，然后固定骨折部的下端；

（5）要仔细观察血液供应情况，如发现指（趾）苍白或青紫，应及时松开，另行固定；

（6）固定部位应适当加垫，不宜直接接触皮肤，特别是骨突出部位和关节处更应适量加棉花、衣物等柔软物，防止引起压迫损伤；

（7）离体断肢应及时包好，随伤员一起迅速送往医院实施断肢再植手术。

（四）伤员的搬运

在意外现场，除采取上述现场急救措施外，更重要的是要把伤员及时送往附近医院，以便进行更高一级的紧急救治。

现场伤员搬运的原则，应就地取材、因地制宜，视当时伤员受伤情况及就便搬运器材而采取不同的搬运方法。

常用的伤员搬运方法：

（1）单人搬运法有扶行法、背负法（有腰背部外伤禁用）、手抱法、拖运法等，如图8-33所示。

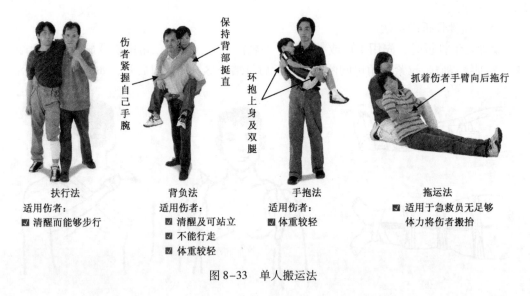

图8-33　单人搬运法

（2）双人搬运法包括双人扶腋法、前后扶持法、双手座法、四手座法等，如图8-34所示。

（3）器材搬运法有担架法、简易器材法等，如图8-35所示。

对疑有脊柱骨折的伤者，均应按脊柱骨折处理。脊柱受伤后，不要随意翻身、扭曲。在进行急救时，上述方法均不得使用。因为这些方法都将增加受伤脊柱的弯曲，使失去脊柱保护的脊髓受到挤压、伸拉的损伤，轻者造成截瘫，重者可因高位颈髓损伤呼吸功能丧失而立即死亡。

正确的搬运方法是：先将伤者双下肢伸直，上肢也要伸直放在身旁，硬木板放在伤者一侧，用于搬运伤者的必须为硬木板、门板或黑板，且不能覆盖棉被、海绵等柔软物品。至少3名救护人员水平托起伤者躯干，由一人指挥整体运动，用滚动法或平托法搬至用木板做成的担架上，然后背朝上腹卧加以绑扎固定于担架上，切忌弯曲和扭转，如图8-36

图 8-34　双人搬运法

图 8-35　担架搬运伤员法

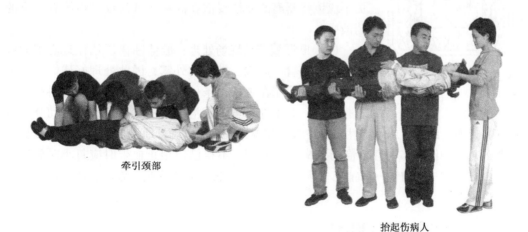

牵引颈部

抬起伤病人

图 8-36　脊柱骨折伤者的滚动及平托法搬运

所示。若疑颈椎骨折者，必须有一人专门托扶头部，形成牵引。对昏迷伤员，在搬运时要保持其呼吸道的畅通，避免因呼吸窒息而死亡。

（五）断肢保存

创伤的肢体断离，以往只能将断离部位弃去，把残端缝合，待创面愈合后，配上一个假肢，假肢毕竟不能代替真的肢体。随着显微外科技术的发展，断肢再植的成功率越来越高。断肢再植成功与否除了医院医疗技术条件的好坏外，重要的是断离的肢体在转送医院的途中是否进行了良好的保存，是否进行了有效正确的现场处理。

1. 断肢的分类

（1）完全断离：肢体完全断离，无任何组织相连。这类断离大都由切割性或撕裂性损伤所致。

（2）大部断离：肢体绝大部分已断离，断面有骨折或脱位，残留有活力的相连组织为总量的1/4或手指的皮肤不超过周径的1/8，主要血管断裂或血栓形成，远侧肢体无血循环或严重缺血，不接血管将引起肢体坏死者，称为大部断离。

2. 现场急救

当发现伤员的肢体受伤后，如为机器所卷起，应立即停止机器的转动，包括截断电流，停止马达等。如肢体尚在机器中卷着，最好拆开机器，取出肢体，不要来回转动机器以试图退出，因会加重损伤，使边缘零乱，挫伤严重，影响再植存活及功能恢复。

图8-37　断手的保存法

3. 断肢的保存

（1）离断肢体的保存（图8-37）：肢体离断后应立即用无菌敷料包好，装在塑料袋中，袋外周围放冰（但不可放在肢体上），随同病人一同转送至医院。放冰的目的是降低温度及防止细菌滋生，保证温度不高（2~4℃最好）便可，不要过低，以致结冰而将肢体冻坏。不要将断肢直接泡在水中，更不应该将断离的肢体浸泡在高渗、低渗或对组织有损害的药液中。

（2）断肢残端的现场处理：肢体断离后往往近心端的残端有骨、血管、肌肉、神经的外露，因此处理好残端也至关重要，断肢残端在现场无条件时，可直接用无菌敷料或棉垫直接包扎，有条件时可进行消毒清洗，对有搏动性动脉出血者则应将此血管结扎，或用弹性止血夹将动脉端夹住，切忌盲目地用血管钳乱夹，以免损伤邻近的重要神经，亦不宜不恰当地应用止血带。不得已应用止血带时应每小时放松一次。断肢再植的手术时限一般情况下应为6~8h。采取了干性冷藏措施的肢体可以适当放宽再植时限。

二、基础生命支持（BLS）

心跳、呼吸是人生命存在的指标。一旦心跳、呼吸停止，即宣告生命结束。呼吸、心搏骤停大多数是一时性的严重心律失常导致的，并非病变已发展到致命的程度。只要抢救及时有效，多数病人可以救活。

生存链（图8-38）：

（1）早期识别与呼叫。

（2）早期CPR：强调胸外心脏按压，对未经培训的普通目击者，鼓励急救人员电话指导下仅做胸外按压的CPR。

（3）早期除颤：如有指征应快速除颤。

（4）有效的高级生命支持（ALS）。

（5）完整的心搏骤停后处理。

图8-38　生存链示意图

（一）判断和开放气道

1. 判定伤员有无意识

（1）方法。轻轻摇动伤员肩部，高声喊叫伤员或直呼其姓名，对无反应者，立即用手指甲掐压人中、合谷穴5~10s。

（2）注意事项。摇动肩部不可用力过重，以防加重骨折损伤。压迫穴位时间不宜太长，应保持在10s左右。伤员一出现眼球活动、四肢活动及疼痛后应立即停止掐压穴位。

2. 判定伤员呼吸是否停止

（1）方法。判断伤员呼吸是否存在，要用耳贴近伤员口鼻，头部侧向伤员胸部，观察伤员胸部有无起伏；用手指或面部感觉伤员呼吸道有无气体排出；用耳听呼吸道有无气流通过的声音。

（2）注意事项。要使呼吸道保持开放位置，观察时间不应少于5s。无呼吸者应立刻进行人工呼吸。

3. 判定伤员心跳是否停止

（1）方法。判断伤员心跳是否停止，主要是触摸颈动脉。施救者一手放在伤员前额，使其头部保持后仰，另一手的食指、中指放在齐喉结水平，感知颈动脉有无搏动，如图8-39所示。

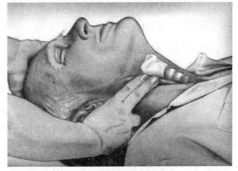

图8-39　触摸颈动脉

（2）注意事项。

① 触摸颈动脉不能用力过大，以免推移颈动脉，妨碍触及；

② 不要用拇指触摸，触摸时间一般不少于 5～10s。无心跳者应立刻实施胸外心脏按压术。一旦确认伤员心跳、呼吸停止应立即进行心肺复苏术。

4. 打开气道

（1）方法。

①仰头举颌法。一手置于前额使头部后仰，另一手的食指与中指举起下颌，如图8-40所示。

②仰头抬颈法。一手置于病人前额，并压住前额使头后仰，另一手将伤员颈部托起，如图8-41所示。

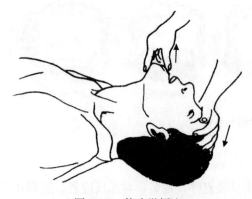

图8-40　仰头举颌法　　　　　　　　图8-41　仰头抬颈法

（2）注意事项。通畅呼吸道不要压迫病人颈前及颌下软组织，以防压迫气道；颈部上抬时不要过度伸展，有义齿托者应取出。仰头举颌法优于其他方法。

（二）人工呼吸

1. 口对口人工呼吸

（1）方法：

①人工呼吸首先要在呼吸道畅通的基础上进行；

②用按在前额一手的拇指与食指，捏闭伤员的鼻孔，同时打开伤员的口；

③抢救者深吸一口气后，张口贴紧伤员的嘴（要把伤员的嘴全部包住）；

④用力快速向伤员口内吹气，观察其胸部有无上抬；

⑤一次吹气完毕后，应立即与伤员口部脱离，轻轻抬起头部，面朝伤员胸部，吸入新鲜空气，准备下一次人工呼吸。同时松开捏鼻子的手，以使伤员呼吸，观察伤员胸部向下恢复原状，有无气流从伤员口鼻中排出，如图8-42所示。

（2）注意事项。在抢救开始后，首次人工呼吸应连续吹气两口，每次吹入气量为800～1200mL；不宜超过1200mL，以免造成胃扩张，同时要注意观察伤员胸部有无起伏，有起伏，人工呼吸有效；无起伏，人工呼吸无效。吹气时，不要按压胸部。

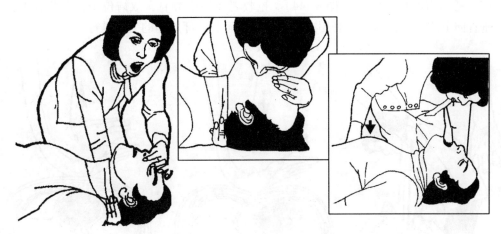

图 8-42　口对口人工呼吸

2. 口对鼻人工呼吸

当伤员牙关紧闭、不能张口、口腔有严重损伤时，可用口对鼻人工呼吸。

（1）口对鼻人工呼吸法：首先开放伤员气道，然后深吸气并用力向伤员鼻孔吹气，再打开伤员口部，以利于伤员呼气。

（2）观察及注意事项与口对口人工呼吸法相同。

（三）胸外心脏按压术

胸外心脏按压术是利用人体生理解剖特点来进行的。通过外界施加的压力，将心脏向后压于脊柱上，使心脏内血液被排出，按压放松时，胸廓因自然的弹性而扩张，胸内出现负压，大静脉血液被吸至心房内，如此反复进行，推动血液循环。

1. 胸外心脏按压术操作方法及要求

（1）伤员体位。伤员应仰卧于平整的硬表面上（硬板床或地面上）。

（2）快速确定按压部位。首先触及两侧肋弓交点，寻找胸骨下切迹，并以切迹作为定位标志，然后将食指及中指横放于胸骨下切迹上方，食指上方的胸骨正中部即为按压区。再以另一手掌根部紧贴食指上方，放在按压区。然后把定位手取下，重叠将掌根放于另一掌之上，两手手指交叉抬起，使手指脱离胸壁，如图 8-43 所示。

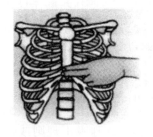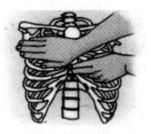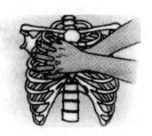

图 8-43　胸外心脏按压术

（3）抢救者的身体姿势（图8-44）。抢救者双肩应绷直，双肩位于伤员胸骨上方正中，垂直向下用力。按压时，利用上半身重力和肩、臂部肌肉的力量进行。

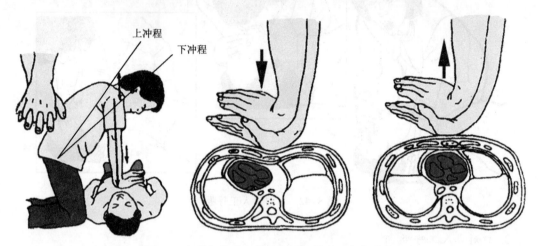

图8-44　进行胸外心脏按压时抢救者的身体姿势

（4）按压的用力方式。按压应平稳有规律地进行，不能采用冲击式的猛压。下压及向上放松时间应相等。按压至最低点处，应有一明显的停顿。用力要垂直，不要左右、前后摆动。放松时，定位的手掌根部不要离开胸骨定位点，应尽量放松，使胸骨不受任何压力。

（5）按压频率及深度。按压的频率，每分钟应保持至少100次。按压深度，成人至少5cm。

（6）按压的有效指标。挤压时能扪到大动脉的搏动；上肢收缩压为7.9kPa（60mmHg）；面色、口唇、指甲床及皮肤等色泽转红润；扩大的瞳孔再度缩小。在按压时，要不断检查有效指标，以判断按压的效果。

2. 胸外心脏按压常见的并发症及防治

（1）颈或脊柱损伤。开放气道时，对于疑有颈或脊柱损伤的伤员必须慎重进行，否则会加重其损伤程度。

（2）骨折及脏器破裂。按压时手指与手掌根同时贴在胸骨上，如用力过猛或按压用力不垂直，容易引起肋骨骨折、胸骨骨折；按压定位不正确，向下易使剑突受压折断而导致肝破裂，向两侧易使肋骨或肋软骨骨折，导致血气胸、肺挫伤等。应掌握正确的胸外按压位置并适当施力，按压应平稳、规律。按压与放松时间应相等，避免突发性动作。

（四）脑细胞对缺氧的反应及现场 CPR 步骤和方法

1. 脑细胞对缺氧的反应

脑细胞是中枢神经系统最主要的细胞，其耐缺氧性最差。在常温下，心跳停止3s病人即感头晕；10~20s即发生昏厥；30~40s出现瞳孔散大、抽搐、呼吸不规则或变慢，呈叹息样呼吸；60s可出现呼吸停止、大小便失禁症状；4~6min脑细胞发生不可逆转的损伤。

因此，心跳、呼吸骤停的病人，必须在停止 4~5min 内进行有效的 CPR。以便心跳、呼吸恢复后，神志意识也能得到恢复。复苏开始越早，成功率越高。临床实践证明，4min 内进行 CPR 者约有一半人被救活；4~6min 开始 CPR 者，约有 10% 可被救活；超过 6min 者存活率仅为 1%；而超过 10min 者存活率接近于 0。

由此可见，心跳、呼吸骤停对神经系统的影响最迅速，直接危害病人的生命。现场有效的 CPR 意味着时间就是生命。

2. 现场单人心肺复苏的抢救步骤

（1）判断病人有无意识。

（2）呼救。

（3）放置适宜体位，判断有无心跳。

（4）无心跳时，立即实施胸外心脏按压。

（5）开放气道，判断有无呼吸。

（6）无呼吸时，实施人工呼吸。

（7）每按压 30 次，做两次人工呼吸。

（8）开始 1min 后，检查一次脉搏、呼吸、瞳孔，以后每隔 4~5min 检查一次，检查时间不超过 5s，最好由协助者检查。

（9）如用担架搬运伤员，心肺复苏中断不能超过 5s。

3. 单人心肺复苏的时间要求

0~5s：判断意识。

5~10s：呼救和放好体位。

10~15s：判定脉搏。

15~20s：进行胸外心脏按压 30 次。

20~30s：开放气道，判定呼吸。

30~60s：口对口人工呼吸两次。以后连续反复进行。

4. 双人心肺复苏的抢救方法

双人抢救是指两人同时进行心肺复苏术，即一人进行心脏按压，另一人进行人工呼吸。

（1）两人协调配合，吹气必须在胸外按压松弛时间内完成。

（2）按压频率为 100 次/min。

（3）按压与呼吸比例为 30:2，即 30 次心脏胸外按压后进行两次人工呼吸。

（4）人工呼吸者除通畅呼吸道、吹气外，还应经常触摸动脉、观察瞳孔等，如图 8-45 所示。

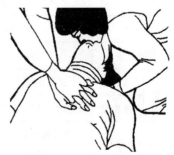

图 8-45　双人心肺复苏

5. 现场 CPR 的注意事项

（1）吹气不能与向下心脏胸外按压同时进行。

（2）数口诀速度要均匀，快慢要一致。

（3）人工呼吸者和心脏按压者可互换位置、互换操作，但中断时间不能超过 5s。

（4）第二抢救者到场后，应首先检查颈动脉搏动情况，然后再开始人工呼吸。如心脏按压有效，则应触及搏动；如不能触及搏动，应检查操作方法是否正确，必要时应增加按压深度或重新定位。

第三节　急症及意外伤害的现场急救

一、烧伤

（一）病因

烧伤是由高热的固体、液体、气体、火焰、电力或化学物质等接触到人体组织而引起的损伤。

（二）烧伤的伤情判断

烧伤的严重性与烧伤面积深度有密切关系。因此，正确估计烧伤面积和深度非常重要。这是救治伤员的主要依据。

1. 面积的计算

（1）手掌法：适用于小面积烧伤的估计，其方法简便迅速，以伤者本人手指并拢的手掌面积为全身 1% 来估计烧伤区域的面积。如病人背部或其他部位有本人两手掌大的面积烧伤，烧伤面积约为 2%。

（2）九分法：就是将全身分为 11 个 9，即头部和颈部一个 9%，两上肢各为一个 9%，两下肢的前面各为一个 9%，背面各为一个 9%，躯干的前面和背面各为两个 9%，以上合计为 99%，剩余的 1% 为外生殖器和会阴部。

2. 深度的估计

烧伤深度的估计，一般采用三度四分法，即Ⅰ度、浅Ⅱ度、深Ⅱ度、Ⅲ度（表 8-1）。

表 8-1　烧伤深度及特点列表

深度分类		损伤深度	外观	疼痛感觉
第Ⅰ度（红斑）		角质层、生发层健在	发红，无水泡，干燥	疼痛、感觉过敏
第Ⅱ度	浅Ⅱ度	达真皮浅层，部分生发层健在	水泡，基底部色红、湿润	疼痛、感觉过敏
	深Ⅱ度	达真皮深层，表皮附属器官残留存在	水泡，基底部色白、湿润	疼觉迟钝
第Ⅲ度（焦痂）		达皮肤全层，甚至包括皮下各层组织，直到肌肉骨骼	皮革样、苍白、炭化或焦黄干燥	感觉消失

（三）化学烧伤

1. 强酸类烧伤

强酸包括硫酸、盐酸、硝酸以及苯酚等。强酸接触皮肤后，因腐蚀性较强，引起局部疼痛，同时能够迅速引起组织蛋白凝固，故形成一层厚的干痂，但并不起水泡。烧伤严重程度与酸的种类、质量分数、接触时间及部位有关。

强酸烧伤后，在现场要及时用清水冲洗创面，冲洗时间不少于 15min，然后用弱碱溶液中和，常用的弱碱溶液为 3% ~ 5% 的碳酸氢钠溶液，然后再用大量清水冲洗。苯酚烧伤，因其不溶于水，可用酒精中和，去除残余的苯酚，然后再用清水冲洗，以防苯酚溶于酒精而被吸收中毒。

2. 强碱类烧伤

强碱包括氢氧化钠、氢氧化钾、氢氧化钙、氨水等，强碱类烧伤对组织破坏力较大，渗透力很强，并能吸收细胞内水分，溶解组织蛋白，使创面逐渐加深。

碱类烧伤在现场应立即用大量清水冲洗，然后可用弱酸溶液中和，常用的弱酸溶液有 1% 的硼酸、5% 的醋酸等溶液。弱酸溶液中和后，再用大量的清水冲洗。强碱烧伤创面容易继续深化，因此应充分估计深度。

（四）火焰烧伤

1. 力争减轻伤情

（1）自救互救，迅速灭火：在现场急救中首先设法扑灭受伤者身上的火焰，可用棉被、毛毯等覆盖灭火，也可就近用水浇灭，迅速脱去燃着的衣服、鞋袜。

（2）严禁奔跑喊叫，以免呼吸道烧伤。

（3）四肢烧伤，可立即将伤肢浸入冷水中，这样可以降低局部的温度，减轻烧伤的程度。

2. 急救治疗

（1）保护创面：对于受伤的肢体，衣服不容易脱去时，不能强行脱衣，以免把皮肤撕脱，应用剪刀把衣服剪掉，以清洁敷料或布类，简单地包裹创面，以免再污染损伤。不可在创面涂有色外用药（如紫药水）。

（2）镇静镇痛：口服止痛片 1 ~ 2 片。烧伤较重者可肌内注射哌啶 1 ~ 2mg/kg，如伴有颅外伤及有呼吸困难者禁用麻醉药品。

（3）如发现心跳、呼吸停止，应争分夺秒地进行胸外心脏按压和口对口人工呼吸等复苏处理。

（4）注意保温，减少各种刺激。对有口渴的病人，可口服烧伤饮料或含盐饮料，对伤情严重并发休克者应及早建立静脉通道，进行静脉补液。

二、电击伤

电击伤是指人体直接接触电源或雷击，电流通过人体造成的损伤。交流电比直流电的危险性大 3 倍。电压越高，电流越强，电流通过人体的时间越长，损伤也越重。重者心跳、呼吸停止而立即死亡。

（一）症状

（1）轻型：触电时病员感到一阵惊恐不安，脸色苍白或呆滞，接着由于精神过度紧张而出现心慌、气促，甚至昏厥，醒后常有疲乏、头晕、头痛等症状，一般很快恢复。

（2）重型：肌肉发生强直性收缩，因呼吸肌痉挛而发生尖叫。呼吸中枢受抑制或麻痹，可表现为呼吸浅而快或不规则，甚至呼吸停止。心率明显增速，心律不齐，而致心室颤动、血压下降、昏迷，很快死亡。

（3）局部烧伤：主要见于接触处和出口处。局部呈焦黄色，与正常组织分界清楚，少数人可见水疱，深层组织的破坏较皮肤创面广泛，以后可形成疤痕。损伤局部血管壁可致出血或营养障碍，如腋动脉、锁骨下动脉等血管出血有致命危险。

（二）现场急救

（1）立即使病人脱离电源：立即关闭电门、切断电源、用绝缘物品挑开电线等。

（2）脱离电源后，要立即检查心、肺。如呼吸、心跳无异常，仅有心慌、乏力、四肢发麻者可安静休息，以减轻心脏负担，加快恢复。

（3）如呼吸、心跳微弱或停止、瞳孔散大者，需立即做心肺复苏处理，至少坚持6～8h以上，直至复苏或尸斑出现才停止。

（4）心跳、呼吸恢复后，伴有休克者给予休克处理。

（5）局部烧伤创面及局部出血予以及时处理。

三、溺水

（一）症状

溺水时大量水分或泥沙、杂物等经口、鼻进入肺内，可造成呼吸道阻塞而窒息死亡；也可在溺水后，人体受强烈刺激，引起喉头痉挛，以致空气不能进入呼吸道，造成急性窒息，反射性地引起心搏骤停而死亡。

（二）溺水后应采取的急救措施

（1）迅速将患者营救出水，立即清除其口、鼻内的淤泥、杂草及呕吐物，有义齿者也应取出，以防坠入气管。有紧裹的内衣、胸罩、腰带应松解。开口有困难者，可先按捏两侧颊肌，然后再用力开启。

（2）根据具体情况进行倒水处理，利用头低脚高的体位将呼吸道及消化道内水倒出。最简单的方法是救护者一腿跪地，另一腿屈膝，将患者腹部横置于救护者屈膝的大腿上，将头部下垂，然后按压其背部，使呼吸道、消化道内的水倒出来。溺水者是否都需要倒水，应视具体情况而定。过分强调倒水而耽误进行人工呼吸，或为了尽快进行人工呼吸而不注意清除呼吸道内水分，都有一定的片面性。无呼吸道阻塞者，可不必倒水，纵使呼吸道有水阻塞，也应尽量缩短倒水时间，以能倒出口、咽及气管内的水分为度。

（3）人工呼吸与胸外心脏按压术，两者是溺水抢救工作中最重要的措施。如果患者呼吸停止，在保持呼吸道畅通的条件下，进行口对口人工呼吸最为有效。如果心跳也停止，则人工呼吸必须与胸外心脏按压同时进行。复苏后继续保暖，密切观察病情变化。

四、食物中毒

（一）病因

食物中毒即食物被细菌或细菌毒素污染，食入后引起的中毒性疾病。引起食物中毒常见的细菌以沙门菌最多，其次为葡萄球菌、嗜盐杆菌、肉毒杆菌。

沙门菌多存于水、乳、肉等食品中，生存期长达数月。导致食物中毒，多因食用了带菌的食物，或由于食品加工过程中被细菌污染且加热、灭菌不够彻底，细菌没能够完全杀死，食用时又被手或餐具污染。葡萄球菌的特点是耐热性强，加热时间短其毒素的致病作用仍存在。葡萄球菌多污染含有淀粉的食物（如米、面、剩饭），也可污染乳制品、肉鱼等食物。中毒原因是被污染的食品加温不够而食用。嗜盐杆菌多生存于海产品中，中毒原因多为生吃海蟹，或食物生熟交叉存放而污染，食后发生中毒。肉毒杆菌污染食物后，产生大量毒素，如加工不洁，人食入后即引起中毒。肉毒杆菌污染的食品常为肉类、鱼、水果、蔬菜、海产品、罐头等。

（二）临床表现

（1）沙门菌食物中毒，潜伏期为 4~24h。发病急，发热、腹痛、呕吐、腹泻，大便为水样，有恶臭，少数表现为脓血便。

（2）葡萄球菌食物中毒，潜伏期短，一般 2~3h 即有胃部不适，恶心，迅速出现剧烈呕吐，体温一般不高，恢复快。

（3）嗜盐杆菌食物中毒，潜伏期一般为 6~10h，起病突然，腹痛、腹泻、呕吐、失水畏寒及发热，腹痛剧烈，呈阵发性绞痛。

（4）肉毒杆菌食物中毒，潜伏期为 6~36h，以中枢神经系统症状为主，如眼肌和咽肌瘫痪、声音嘶哑、呼吸困难等。

（三）现场急救

尽快弄清病因，针对引起食物中毒的不同病原菌进行有效的治疗。

（1）去除毒物：早期进行洗胃或灌肠，将胃肠道毒物排出体外，以免毒物继续吸收。

（2）对剧烈腹痛者用颠茄酊或阿托品等解痉药，并注意保暖。

（3）补充液体，纠正脱水酸中毒。

（4）根据不同病原菌选择抗生素。

五、眼化学伤及烧伤

工农业生产中溅起的强酸、强碱、石灰、氨水或熔化的铁水、蒸气、火焰等，均可造成眼部损伤。化学伤的轻重程度与致伤物质的性质、浓度及组织接触的面积和时间，处理是否及时等因素有密切关系。碱性物质可与组织内的类脂质起皂化作用，使其极易向深部和周围组织渗透扩散，角膜缘血管网广泛血栓形成，加上活化胶原酶的作用，角膜常发生缺血性坏死和自溶现象，愈合困难，常致穿孔。酸性化学伤和热烧伤相似，仅使组织蛋白凝固变性，对眼球的损害尚比较局限，预后较好。但是浓度大的强酸，亦可造成严重的眼组织破坏。

（一）临床表现

轻者仅有眼疼、流泪，结膜充血、水肿，角膜上皮脱落等症状，重者结膜贫血、角膜呈灰白色、坏死的组织脱落，形成溃疡甚至穿孔。碱性物质容易渗入前房，引起剧烈的虹膜睫状体炎性反应，并可继发青光眼。

（二）急救与治疗

（1）热烧伤可不必冲洗，涂抗生素眼膏覆盖伤眼。如无感染，数日后即可愈合。

（2）化学伤的急救冲洗，应分秒必争，立即充分地冲洗对预后至关重要，可就地取材，用自来水、井水、河水冲洗均可。在化工现场应有急救设备，使伤员自己能及时冲洗，或将头部泡入水盆中，反复启闭眼睑，将眼洗净。然后再迅速送往医院，进一步以消毒的或中和药液充分冲洗。

（3）预防感染和睑球粘连，局部用大量抗生素眼膏，抗生素口服或肌注。每日换药时用玻璃棒分离粘连部分，直至愈合。近年有人用亲水接触镜以治疗角结膜化学伤与烧伤，收到良好效果，因其既能防止睑球粘连，又能覆盖保护角膜，以利创面愈合。同时，还可作为结膜囊内持续给药的工具。

（三）眼伤的预防

（1）加强宣传教育，在厂矿广泛宣传预防眼外伤的知识，使广大职工了解眼外伤的危害和预防为主的重要意义，特别是对青年工人要加强教育，严格遵守操作规程。

（2）加强和完善生产安全防护制度，对不同工种，应各有其具体的安全防护制度和操作规程，并应定期检查。

（3）改善劳动条件，装置安全设备，如防护屏、防护面罩、防护眼镜、隔离罩等，并注意照明、通风和防尘设备。电焊车间的墙壁，应涂吸收紫外线的涂料，如氧化锌、氯化铁等。化工车间应备急救中和药液以备急需。

六、骨折

（一）急救的目的

急救的目的在于用简单而有效的方法抢救生命、保护肢体，使病人能安全而迅速地转送到附近医院，以获得满意的治疗。

（二）急救方法

骨折急救包括一般处理、伤口包扎、妥善固定及迅速转运。

1. 一般处理

凡疑似骨折的病人均应按骨折处理。动作要谨慎、轻柔、稳妥。首先抢救生命，如病人处于休克状态，应以抗休克为主，注意保温。有条件时应及时输液、输血等。不必脱去闭合性骨折病人的衣服、鞋袜等，以免过多搬动肢体，增加疼痛。若患肢肿胀较重，可剪开衣袖或裤腿。对有颅脑复合伤而处于昏迷的病人，应注意保持呼吸道通畅，病人头偏向一侧，防止呕吐物吸入气管造成窒息，若呼吸道有异物时，应立即予以吸出。

2. 伤口包扎

绝大多数的伤口出血，用绷带压迫包扎后即可止血。包扎用的材料，可以是急救包的敷料，或用当时认为现场最清洁的布类包扎。若有大血管损伤，通过加压包扎不能止血者可应用止血带止血，要注意记录上止血带的时间。通过包扎可防止伤口再污染。

3. 妥善固定

妥善固定是骨折急救处理时最重要的一项措施，就是用妥善方法把骨折的肢体固定起来。闭合性骨折若畸形明显时，可用力牵引患肢，使之适当地复位，然后固定。急救固定的目的有：避免骨折端在搬运时移动而更多地损伤周围的软组织、血管、神经或内脏；骨折固定后可减轻疼痛，有利于防止休克，便于运输。

4. 迅速转运

病人经妥善固定后，应迅速送往有条件的医院作进一步治疗。在转运途中，护送人员要密切观察病情变化，及时调整外固定物的松紧度，观察伤肢远端血运情况。

七、颅脑损伤——颅内压增高

颅内压增高是颅脑损伤中常见的、继发的临床症状。一般说来，颅内压增高的速度和程度是与病情的严重程度相一致的。在颅内压增高初始时，常可通过代偿作用而取得一定程度的缓解。但是，一旦超出了代偿功能的范围，就会引起一系列的生理紊乱和病理改变，其所造成的后果，往往比原发病变更为严重，甚至危及生命。因此，对颅脑损伤程度、是否有颅内压增高，都须及时作出正确诊断并给予有效的紧急治疗。

（一）主要表现

（1）头痛：是颅内压增高最常见的症状，头痛程度随颅内压的增高呈进行性加重，用力咳嗽、弯腰或低头活动时常可使头痛加重。

（2）呕吐：常出现于头痛剧烈时，可伴有恶心，呕吐常呈喷射状。

（3）视神经盘水肿：是颅内压增高的重要客观体征，表现为视神经盘充血，边缘模糊不清，中央凹陷消失，视神经盘隆起，静脉淤血怒张，动脉曲张。

以上三者是颅内压增高的典型表现，称为颅内压增高三主征，但在颅内压增高的病例中这三主征各自出现的时间并不一致，可以是不完全的。因此应重视病史的采集及体格检查，特别是神经系统检查。在病情许可的条件下可拍摄 X 线片、CT 等辅助检查，找出引起颅内压增高的病因。

（二）急救处理

凡疑有颅内压增高的病人，应严密观察，注意病人的意识、瞳孔、血压、呼吸、脉搏和体温变化，以掌握病情发展的动态。不能进食的病人应予以补液。补液量以能维持出入液量平衡为度。对意识清的病人及咳痰困难者，要做气管切开术，并保持呼吸道通畅。对颅内高压明显者，可给予20％甘露醇快速静点，或吸入氧气有助于降低颅内压。

八、脊椎骨折

脊椎骨折和脱位比较常见，常合并有其他部位的损伤，伤情常较严重和复杂，甚至危及生命，必须注意积极预防和正确处理。

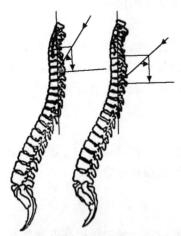

图 8-46　脊椎骨折与
暴力方向的关系

（一）病因

绝大多数是由间接暴力所致，如从高处坠落，头、肩或足、臀部着地，身体的重力遇到地面的阻挡，使身体猛烈屈曲，常致颈椎或胸、腰椎交界处椎骨骨折。弯腰工作时，重物落下打击头、肩或背部等，使脊柱急剧屈曲，也可产生同样的损伤。作用于脊柱的暴力，可分为垂直外力与水平外力。垂直外力越大越容易发生压缩性骨折，水平外力越大越容易发生脱位。少数是直接暴力所致，如车祸等。脊椎骨折与暴力方向的关系如图 8-46 所示。

（二）临床表现与诊断

（1）有外伤史：从高处坠落伤，重物打击头、肩或背部，车祸撞伤等。

（2）疼痛：在颈椎骨折时，病人有头部或颈部疼痛，颈部不能活动，病人常双手扶住头部。胸腰椎骨折时，病人有局部疼痛，腰背部肌肉紧张，不能站立，翻身困难，感觉腰部软弱无力，病人可有腹胀，局部压痛明显。

（3）畸形：脊柱骨折畸形常不明显，在胸腰段骨折，可有轻度的畸形、肿胀。

（4）脊椎损伤：若合并有脊髓损伤，在损伤平面以下感觉减退或消失，肌肉力量下降或完全丧失，自主排便功能障碍。

（5）在复合伤中，颅脑、胸、腹脏损伤和并休克的可能性最大。要先处理紧急情况，抢救生命。在处理过程中继续检查脊柱和肢体。注意避免只看到一处的明显损伤而忽视其他损伤。

（三）急救措施

对有外伤史，可疑脊柱骨折的病人，都要按脊柱骨折来对待。

1. 搬运

（1）搬运工具：用硬担架或木板、门板等。

（2）搬运方法：

①胸、腰椎骨折，先使伤者两下肢伸直，两上肢也伸直放于身体两侧。木板放在伤者一侧，两至三人扶伤者躺平，使成一整体滚动，移至木板上，注意不要使躯干扭转，或三人同时用手将伤者平直托至木板上（图 8-35、图 8-36）。如让病人仰卧位转送，则在胸、腰部垫一个高约 10cm 的小垫，以保持腰部的过伸位。禁用搂抱或一人抬头、一人抬足的方法。

②对于颈椎骨折，要有专人托扶头部，沿着纵轴向上略加牵引，使头、颈随躯干一同滚动。或由伤员自己双手托住头部，缓慢搬运移到木板上，严禁随便强行搬动头部。移到木板上后，用沙袋或折好的衣物放在颈部的两侧加以固定。

2. 其他急救

若有心跳、呼吸骤停者，进行心肺复苏。休克病人给予抗休克治疗，同时要保持呼吸道通畅，对其他部位的合并伤要同时给予急救。

九、胸部损伤

（一）主要表现

1. 休克

严重胸部损伤往往发生休克，其原因为大量失血以及胸膜和肺的损伤而引起的呼吸和循环功能紊乱，因心脏本身损伤或心包填塞所致心排出量下降亦可引起低血压。伤员表现为疲乏无力、出冷汗、面色苍白或发绀，脉速、血压下降和不同程度的呼吸困难。

2. 呼吸困难

胸部创伤伤员都有不同程度的呼吸困难。除因胸部创伤的剧烈疼痛对呼吸活动的抑制外，造成呼吸困难的原因还有：

（1）气胸及大量血胸所致肺萎陷；

（2）肺实质的损伤，如肺爆震伤或挫伤；

（3）血液、分泌物淤积或误吸引起呼吸道的阻塞及损害；

（4）浮动胸壁引起的反常呼吸运动影响呼吸功能；

（5）创伤后成人型呼吸窘迫综合征。

3. 咯血

邻近肺门的肺实质或较大的支气管有损伤，在伤后早期即出现咯血。

4. 皮下气肿

皮下气肿亦为胸部创伤常见的体征。皮下气肿本身并不重要，但却常见于张力性气胸。

5. 伤口及伤道检查

外观有无出口及入口和出口的大小等，可以推断伤情，估计可能损伤的组织和脏器。对已经急救封闭包扎处理的开放性气胸，应在做好初步外科处理准备时，方可打开敷料进行检查。

（二）急救措施

（1）呼吸道阻塞：气管内的分泌物或异物必须及时清除，否则可很快发生缺氧、肺不张和感染。若病人神志尚清楚，可协助咳嗽、咳痰或采用鼻导管吸引排除，严重时可行气管切开术。

（2）胸廓反常运动：急救时可用手压迫或用敷料加压，随后再行确定性处理。

（3）开放性气胸：立即用敷料密封包扎，在搬运途中密切注意敷料有无松动漏气。

（4）张力性气胸：穿刺减压，接闭式引流。

（5）大出血：积极补充血容量，给予输血并做好开胸止血手术准备。

（6）心包填塞：先行穿刺减压，有时抽出10～20mL积血即可挽救伤员生命或改善症状，为手术治疗创造机会。

（三）肋骨骨折

肋骨骨折可由直接暴力或间接暴力所造成。直接暴力引起的肋骨骨折，断端可陷入胸腔，损伤肋间血管、胸膜及肺等，而产生气胸、血胸或血气胸。间接暴力如胸部前后受挤压，多在肋骨中段折断，骨折的断端向外，肋骨骨折一般发生在4～7肋，1～3肋骨有锁骨及肩胛骨保护而不易伤折，8～10肋骨不与胸骨直接连接，有弹性缓冲，亦不易折断；11肋和12肋为浮肋，活动度较大，骨折更少见。但当外来暴力强大时，这些肋骨仍可引起骨折，此时应作全面系统检查，密切注意有无胸腹腔内脏器及大血管损伤。

1. 临床表现

（1）疼痛是肋骨骨折最显著的症状，疼痛随呼吸及咳嗽而加重，伤员因疼痛不敢深呼吸及咳嗽，易使分泌物潴留，加重呼吸困难。

（2）骨折处有明显压痛，有时可以触到骨折的断端或局部凹陷，或感到骨擦音，以手前后挤压胸廓，可引起骨折部剧痛。

（3）多发肋骨骨折的伤员可出现反常呼吸（吸气时损伤部位内陷，呼气时往外凸出）。呼吸困难、发绀，甚至休克。呼吸道分泌物增多，无力咳嗽，可出现痰鸣音。此类伤员在其早期或因体质肥胖，反常呼吸有时不明显，以后由于分泌物潴留等原因使呼吸吃力，反常呼吸才变得明显，应予以注意，防止延误。

（4）肋骨骨折的诊断并不困难，但应仔细全面检查，注意有无血胸、气胸，胸内脏器或身体其他部位的损伤。

2. 急救处理

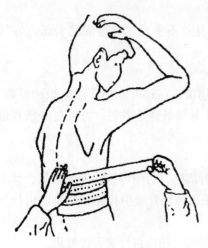

图8-47 胶布固定胸壁法

（1）单处肋骨骨折的急救。

治疗重点是止痛、固定和防治并发症。一般单根或2～3根肋骨单处骨折，尤其位于背侧者，在局部胸壁贴大号伤膏药或用胶布固定胸壁，可收到止痛、固定的效果。胶布固定胸壁的方法是：病人取坐位或侧卧位，伤侧胸壁剃毛，涂以苯甲酸酊，以增加胶布的黏性，减少皮肤刺激反应；上肢外展，手掌按在头顶；用宽约7～8cm的胶布条，于病人深呼气后屏气时，紧贴于胸壁，后端起自健侧脊柱旁，前端越过胸骨；从胸廓下缘开始，依次向上粘贴胶布条到腋窝下方，上下胶布重叠1/3宽度，成屋瓦状，胶布固定时间为2～3周，如图8-47所示。

（2）多根多处肋骨骨折有反常呼吸的急救处理。

对浮动性胸壁出现反常呼吸者必须紧急处理。

①保持呼吸道通畅，保证充分供氧，必要时可行气管内吸痰或气管切开术。

②止痛：充分止痛，对保持呼吸道畅通及预防肺功能不全有重要作用。

③尽快消除反常呼吸运动，纠正呼吸与循环功能紊乱。

④防治休克。

⑤防治感染，特别是肺部并发症的预防及处理。

胸壁反常呼吸运动的局部处理，可采用下列方式之一：

a. 包扎固定法：适用于现场、较小范围的胸壁软化，使用厚敷料加压盖于胸壁软化区，再粘贴胶布固定。

b. 牵引固定法：适用于大块胸壁软化或包扎固定不能奏效者。

c. 内固定法：适用于错位较大、病情严重的病人，切开胸壁，将肋骨两断端分别钻洞，贯穿不锈钢丝固定。

十、腹部损伤

（一）闭合性腹部损伤

闭合性腹部损伤诊断的关键在于确定有无内脏损伤。如果明确了只有腹壁损伤而无内脏损伤，在治疗上按一般软组织损伤处理。但如果有内脏损伤，则可因腹内大出血而致出血性休克或因空腔脏器破裂而引起严重腹膜炎，病情危急。因此，对腹部闭合性损伤尽早诊断、及时抢救治疗具有十分重要的意义。

1. 损伤原因

腹部闭合性损伤的原因多系腹部受到暴力所造成，如高处跌下，被骡马蹄伤、踩伤，被车辆撞伤或受塌方挤压伤等。损伤的严重程度常取决于引起损伤的外界暴力特征，如暴力大小、重力、硬度、速度、着力部位和作用方向以及直接或间接损伤方式等，都与损伤程度有密切关系。同时还受人体许多内在因素影响。

2. 诊断步骤

（1）首先要明确有无损伤：

①有早期休克现象，特别是失血性休克。

②有持续性剧烈腹痛、恶心呕吐等症状及腹膜炎体征。

③有移动性浊音或肝浊音界消失等表现。

④有呕血、便血和血尿。

⑤直肠指诊时在直肠前壁压痛、波动感或指套有血迹。

（2）确定为何种脏器损伤。

腹内脏器分为两大类：一类为实质性脏器，如肝、脾、肾、胰等；另一类为空腔脏器，如胃、肠、胆囊、膀胱等。实质性脏器损伤主要表现为内出血。空腔脏器损伤主要表现为腹膜炎。然后再根据受伤部位，固定压痛点以及进行其他检查，如肋骨骨折、隔下游离气体、血尿等可判定是何种脏器损伤。

3. 急救措施

（1）脱离致伤源。病人受伤后急救人员必须立即将病人脱离致伤源，如塌方、房屋倒塌时必须立即将病人救出，防止再次受伤。要将病人放在安全的地方平躺。冬季注意保暖，夏季防中暑。

（2）重点检查。病人脱离致伤源后，急救人员要全面重点检查病人。首先检查病人生命体征，有无昏迷，测呼吸、脉搏、血压。其次检查腹部有无压痛、压痛部位、有无移动性浊音、有无反跳痛。最后检查其他部位有无损伤。

（3）现场抢救。对昏迷病人，应将病人平卧头偏向一侧防止呕吐误吸，保持呼吸道通畅。对于休克病人应快速输入液体，补充血容量。对于腹内空腔脏器损伤病人在输液同时可应用抗生素。腹内脏器损伤病人特别是实质性脏器损伤病人，由于内出血，病人休克，血容量减少，病员往往感到强烈口渴，强烈要求饮水。此时急救人员应明确指出绝对禁食饮水，可快速输液纠正血容量不足。腹内脏器损伤病人腹痛明显，急救时禁止使用吗啡类止痛剂，因使用吗啡类止痛剂，病人疼痛虽暂时减轻，但掩盖了病情，后果严重。

（4）转送。在现场急救的同时，准备交通工具，及时将病人送往医院救治。由于现场条件有限，现场急救只是暂时的，为尽早得到合理治疗必须将病人送往医院。交通工具应以病员能平卧、安全平稳为宜。最好在现场急救的同时与附近医院联系，以便医院做好抢救准备工作，病员送到后能立即抢救。

（二）腹内各脏器损伤的急救

1. 脾破裂

（1）诊断要点。

脾破裂在腹腔脏器损伤中发生率高，多由左下胸或左上腹受到直接暴力作用。可合并肋骨骨折，左上腹痛，可放射左肩背痛，出血多时出现失血性休克。查左上腹压痛、反跳痛和腹肌紧张，叩击腹部有移动性浊音。伤后数小时血红细胞计数及血红蛋白值显著减少。腹腔穿刺可抽出不凝血。

（2）急救措施。

脾破裂主要为内出血，表现为出血性休克。急救时首先保持呼吸道通畅，有肋骨骨折合并有张力性气胸时，行肋间穿刺放出胸腔内张力（高压）气体，同时行负压引流。其次是快速输液或血代制品，纠正休克，有条件时备血输血。在急救的同时与医院联系，让院方做好输血准备。脾裂的治疗：破裂口小进行修补；严重脾破裂不易修补时，多采取脾切除术。

2. 肝破裂

（1）诊断要点。

肝破裂死亡率高，肝破裂出血的表现与脾破裂相似，但部位偏重于右上腹和右侧腹。肝胆管或胆囊破裂，胆汁漏入腹腔常加重休克。

（2）急救措施。

现场急救同脾破裂，快速补液输血抗休克治疗。院内急救是输血，待一般情况稍好转后及时手术。其次止血要彻底，创面血管、胆管要分别一一结扎。

3. 肾脏损伤

（1）诊断要点。

肾脏损伤早期由于腹膜后腹腔神经丛受到强烈刺激，导致血管张力降低，心搏血量减少而引起休克，随出血增加变为出血性休克。伤员有血尿、腰痛、腹痛、局部压痛、腹肌紧张、腹部包块、腹膜炎等体征，感染时合并高热。

（2）急救措施。

肾脏损伤为创伤性失血性休克，急救时同脾破裂，快速输液，同时准备输血。

（三）开放性腹部损伤

1. 诊断要点

腹部有伤口，腹与外界相通，腹腔内脏器损伤。如为实质性脏器损伤，出血凶猛，伤口流血多，病人很快发生失血性休克。空腔脏器损伤可有腹膜炎体征，肠内容物可从伤口流出，较大伤口腹内肠管大网膜等可从伤口脱出体外，较易诊断。

2. 急救措施

（1）伤后立即包扎伤口，脱出体外肠管、大网膜等覆盖大纱布，扣上碗或皮带圈加以包扎（图8-48）。如腹壁缺损较大，肠管大量脱出时可以还纳后包扎。

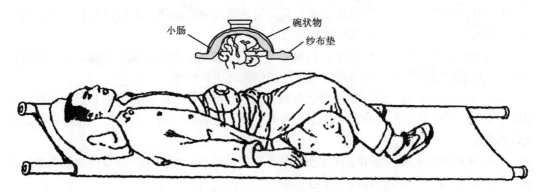

图8-48 腹腔脏器脱出的伤员在输送时的保护法

（2）对于合并腹内实质性脏器损伤病人，应立即输液，纠正休克，补充血容量，有条件时应输血。

（3）应用抗生素，因开放性腹部损伤，损伤时外界大量细菌已进入腹腔，加之病人创伤性休克，抵抗力降低，极易引起腹腔感染，早期应用抗生素极为重要。

（4）经现场急救后立即送往医院早期进行手术治疗。病人送到医院后，根据病人情况，急行术前准备，同时输血输液抗休克，争取伤后12h以内剖腹探查，对于腹内脏器损伤的处理与闭合性腹内脏器损伤的处理相同，术后应用有效的抗生素预防和控制感染。

十一、口腔颌面部损伤

口腔颌面部损伤时由于其解剖生理特点，常易出现窒息、出血、剧烈疼痛、休克和颅脑损伤等急危症候，严重威胁伤员的生命，必须首先进行及时有效的抢救。

（一）窒息

多见于外伤中血凝块，异物吸入或阻塞呼吸道而引起，也可由于骨折后组织移位，局部组织肿胀压迫呼吸道而引起。处理窒息病人首先要查明引起窒息的原因，采用相应而有效的措施，以解除窒息。

对于严重吸入性窒息的伤员，要立即进行气管切开，用塑料管插入气管导管内吸出血液、异物等，同时应采取正确的体位，如俯卧头侧位或侧卧位，以防止再度吸入。

对于阻塞性窒息，可将伤员头部偏向一侧，用手指或吸引器清除口腔及咽腔的异物；舌后坠者可用粗丝线贯穿舌前中部。将舌体拉出口外固定，并推移下颌骨向前；对于上颌骨骨折而致软腭下坠者，可用小夹板、筷子等通过两侧上颌磨牙，将上颌骨托起固定于头部的绷带上；对于咽部肿胀、喉头水肿所致的窒息应紧急气管切开以解除呼吸道阻塞。

（二）出血

头颈部血循环丰富，伤后出血较多，尤其是颈部大血管损伤，出血更易危及伤员的生命，应进行及时处理，一般常用以下止血方法有。

（1）指压止血：在紧急情况下，将出血部位的主要动脉的近心端用手指压迫于附近的骨骼上，以暂时减少失血，并争取时间进行其他彻底止血措施。

（2）加压包扎止血：适用于头皮、颜面渗血及小静脉出血，用消毒纱布覆盖创面，再用绷带加压包扎以达止血目的。若预先在伤面上撒上止血药物如云南白药、止血粉等，止血效果更佳。

（3）填塞加压止血：适用于深部伤口及鼻窦腔的出血，常用无菌纱布或油纱条加压填塞于鼻窦腔内，再用绷带在外面加压包扎止血。

（三）颅脑损伤

颅脑损伤的特点是伴有不同程度的昏迷过程，应密切注意昏迷时间的长短（脑震荡昏迷不超过半小时），有无中间清醒期（颅内出血昏迷有中间清醒期），以及有无神经功能障碍、瞳孔变化和肢体瘫痪等症状，来断定颅脑损伤的类型和程度。伤后应密切观察记录伤员呼吸、血压、脉搏、瞳孔、神志及反射的变化，并根据病情及时做好转送的准备。必要时可给予50%葡萄糖或20%甘露醇200mL静脉推注，以减轻脑水肿。但颅内出血者应慎用。伴有颅底骨折、脑脊液耳鼻漏者应严禁做耳鼻腔填塞，以免将感染带入颅内，同时应用抗生素预防感染。

（四）休克

休克的发生多因失血过多或疼痛而引起，因此伤后应及时止血，补充血容量（但应避免加重脑水肿），并注意保暖、止痛，可给予适当镇静止痛剂，但禁用吗啡以免抑制呼吸。

在休克期间应尽量避免过多地检查和搬动病人，待血压回升、休克解除后再作进一步处理。

十二、急性阑尾炎

（一）诊断要点

可有转移性右下腹痛，右下腹呈持续性疼痛，逐渐加重。右下腹压痛、反跳痛，腹肌紧张。体温轻度升高，白细胞计数升高。

（二）急救措施

急性期以平卧位为宜，并发腹膜炎者应采取半卧位。腹膜炎不重者可进半流质饮食，腹膜炎重者禁食。应用抗生素控制感染。

十三、急性机械性肠梗阻

（一）诊断要点

突然发生，可有腹外疝或手术史。疼痛为全腹性，呈阵发性绞痛，肠绞窄时可有持续性痛阵发性加重。查腹胀，可有肠型或肠蠕动等，肠鸣音亢进，有气过水声或金属音。肠绞窄时则有压痛、反跳痛，腹肌紧张，有时可触到肿块。其他有呕吐频繁，甚至吐粪样物，不排气、不排便。早期不发热，早期白细胞计数一般正常，晚期升高。X线腹透视有多个气液平面或扩大肠曲。

（二）急救措施

胃肠减压、置入胃管使胃肠排空，既能减轻腹胀，又便于用药。输液输血，纠正水、电解质的紊乱和酸中毒是治疗肠梗阻的又一个重要环节。应用抗生素预防和控制感染。疼痛明显时可用解痉药物，禁用吗啡类药物。进一步治疗，轻者可应用中药、针刺、按摩、颠簸疗法等非手术治疗。病情严重者可手术治疗。

十四、呼吸道异物

（一）诊断要点

任何病人，特别是年轻病人，无其他原因突然呼吸困难或停止、发绀、昏倒在地，应首先考虑气道阻塞。

（二）主要类型

部分气道阻塞：换气不良者鼓励其用力咳嗽，尽量不要干扰病人排除异物的企图。

完全气道阻塞：病人不能说话、呼吸，咳嗽，并用手指和其他四指捏住自己的颈部。

（三）现场急救

（1）手指清除法：打开口腔，压舌抬颌。另一手食指沿颊的内侧缓慢插入取出。

（2）海姆利希法：清醒病人取立位或坐位，抢救者紧靠其背部，一手握拳，置于其脐上腹部，快速向内向上猛压膈肌，迫使肺内残气冲出气道，反复6～10次；昏迷病人取仰卧位，抢救者骑跨在其下半身上，如图8-49所示。

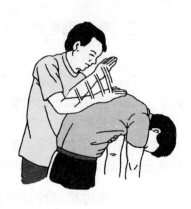

图 8-49　海姆利希法与背部叩击法

图 8-50　自救法

（3）背部叩击法：病人取立位或坐位，抢救者一手平放在其前胸部，使其处于前倾前曲位，另一手的手掌用力叩击两肩胛背区域，连续 4~5 次。

（4）自救法：病人在发生意外的 3s 内，迅速做出反应。可用自己的手或椅背、桌边顶住上腹部，快速而猛烈地挤压，快速向上冲击。重复上述动作，直至异物排出，如图 8-50 所示。

第四节　血源性病原体

本节提供关于血源性传染病的基本信息，包括疾病的传播和有效的预防措施。认识血源性传染病的潜在危害，对保护员工的健康安全非常重要。

一、定义

血源性病原体是指血液和体液含有传染性的病毒，如艾滋病病毒（HIV）、乙型肝炎病毒（HBV）、A 型肝炎病毒、B 型肝炎病毒、疟原虫或梅毒螺旋体。在作业场所，血源性病原体可能存在体液中，如唾液、精液、阴道分泌物、脑脊液、腋下分泌液、胸膜、腹膜、胎儿羊水或其他混有血液的体液。

二、预防措施

（一）避免与血液或体液接触

（1）使用乳胶手套或 CPR 隔层试剂盒，戴上口罩和安全眼镜。

①避免接触伤者的血液和其他体液。

②用 10％的氯漂白水溶液清洗小面积受血液（或其他体液）污染的皮肤表面。

③尽快用杀菌肥皂将手洗净。

（2）使用剃须刀、针或其他锋利物品时需小心。

①使用剃须刀时需小心，避免刮伤。不要共用电动剃须刀。

②使用针或其他锋利物品时应小心，防止被针、刀或其他锋利器械刺伤。

③不要用手去拣受污染的锋利物体，如玻璃碎片等，装卸刀片、针或其他锋利物体时，要小心。

（3）妥善处理现场被污染的急救材料。

①医疗废弃物如刀片和吸收材料都必须按照公司的特定计划进行处置。作为一般废弃物，废弃物的处置要求包括利用特殊的容器来收集可回收的针（刀片）等。

②装有废弃物的容器或包装袋上应贴上标准的"生物废弃物"标签和标志。

③将全部污染废弃物放进生物毒性废弃物专用袋，与直接监督者联系如何处置这些可能有生物毒性的废弃物。

（4）任何员工和承包商由于各种原因接触到可能携带病毒的血液或体液，则应立即采取下列措施：

①尽快用水清洗接触部位，如手、眼睛、伤口等；

②如果可能用消毒药水擦洗接触部位；

③脱掉任何可能接触的衣物或首饰；

④保持作业场所内所有设备、环境或工作表面在接触血液或其他可能传染的物质后，都清理和打扫干净，应尽最大努力保持作业场所的清洁卫生；

⑤任何第一个到达现场或独自急救处理人员伤害事故时，他们直接接触了血源或其他可能感染的物质（如果没有经过乙肝疫苗接种），必须在 24h 内，尽快开始系统地接种 B 型肝炎疫苗。

（5）污染的急救物品消毒、清洗和妥善处理。

①手套：在接触涉及血液或其他体液的事件之前，所有人员应带上一次性的手套。被体液污染的手套放入防漏袋中运走，并立即烧掉。

②针和锋利物品的处理：在清洗已用医疗器械时，医生应小心，以防止被针、刀或其他锋利器械和装置刺伤（针不能重复使用，必须丢掉或立即烧掉）。

③洗手：当手被血液和其他体液污染后，应立即将手洗干净。不论手套是否破损，在脱去手套后都应立即洗手。

（6）清洗、消毒和杀菌。

①环境消毒：有尘土环境的各种表面应利用合适的清洁剂和消毒剂清理。表面有地板、木器、救护车座位等。

②血液的清除和消毒：所有血液污迹或被血污染的流体应立即清除，可使用医疗机构许可的消毒液或 1∶100 的家用漂白粉的稀释液。首先清除可见污物，清除时使用一次性抹布或其他合适的方法以防直接接触血液，如有飞溅，应事先使用眼罩，并穿上能有效阻挡飞溅的不透气工作服或围裙。此时应使用合适的消毒剂消毒。脱手套后洗手，带尘的清洁用具应清洗消毒或放入合适的容器中处理。血液现场应用塑料袋盛装被污染的东西。

（二）立即报告所有风险

当现场人员工作或处理伤病时接触了传染血源时应采取以下措施：

（1）立即向直接监督人报告；

（2）当监督人员接到此类事故报告后，应及时地向公司的医疗协调员报告；

（3）对血液接触事件进行记录；

（4）任何有关血源性病原体的接触事故都应记录和存档；

（5）掌握相关信息。相关信息包括接触过程中的活动、保护装置的磨损度、所涉及的受伤人员、接触者的血型等。

第五节　健康与恶劣天气

气候因素与人类健康息息相关，随着全球气候变暖和极端天气的频发，气候对生态环境及人类生存的影响越发巨大，特别极端的异常气候现象，如干旱、洪涝、冻害、冰雹、沙尘暴、飓风等，往往造成严重的自然灾害，足以给人类社会造成毁灭。恶劣天气对人们的情绪和健康状况有一定的影响。人的健康和生命常常在严酷的气象条件下变得十分脆弱，能够触发犯罪、自杀，导致交通事故或各类机械事故的发生。

一、闪电

闪电是云与云之间、云与地之间或者云体内各部位之间的强烈放电现象（一般发生在积雨云中）。闪电的温度，从 17000℃ 至 28000℃ 不等，也就是等于太阳表面温度的 3～5 倍。闪电的极度高热使沿途空气剧烈膨胀。空气移动迅速，因此形成波浪并发出声音。闪电距离近，听到的就是尖锐的爆裂声；如果距离远，听到的则是隆隆声。

（一）闪电的危害

闪电对人类活动的影响很大，常常使人畜伤亡，摧毁建筑物、高压输电网、森林等造成灾害。飞机如果在雷雨云中飞行，闪电会使飞行员目眩眼花，无线电通信受到强烈干扰，电子仪失灵，甚至有时由于飞机排出的高压废气带电，使空气的电导率增大，导致飞机遭到电击。

（二）遇到闪电时应采取的措施

（1）除非绝对需要时，不要冒险外出，留在室内。

（2）屋内最安全的地方，是楼下最大一个房间的中央。

（3）不要靠近打开的门、窗、火炉、暖气片、金属管道、阴沟、插上电源的电气用具。

（4）在风暴期间不要打电话，不要使用插入式电气设备、电压刷或电动剃须刀等。

（5）不要去收晒衣绳上的衣服。不要处理打开的容器里的易燃材料。

（6）避开开阔的空地、金属丝栏杆金属晒衣绳、敞开的棚子以及任何突出地面的导电物体，放下所有的金属物件。

（7）当感觉到电荷时，即如果头发竖起或者皮肤颤动，则可能就受到电击了，要立刻倒在地上。受到雷击的人会严重休克，并且可能被烧伤，但是身上不带电，可以安全进行处理。

（三）户外防雷电的原则

（1）人体的位置尽量降低，以减少直接雷击的危险。

（2）人体与地面的接触部分如双脚要尽量靠近，与地面接触越小越好，以减少"跨步电压"。

（3）避开高大独立的物体，去除各种导电物体。

（4）汽车往往是极好的避雷设施，离开水或船，不要骑自行车。

（5）当在户外看见闪电后很快就听见雷声时，说明正处于近雷暴的危险环境，此时应停止行走，两脚并拢并立即下蹲，不要与人拉在一起，相互之间要保持一定的距离，避免在遭受直接雷击后传导给他人。在雷电交加时，感到皮肤麻痒、刺痛或头发竖起，是雷电将至的先兆，应立即躲避。躲避不及，要立即贴近地面。

（6）如果身处高大树木、孤立房屋等高大物体时，应马上离开。来不及离开时，则须与树干等保持 3m 距离，下蹲并双腿靠拢。身高在这些树木和岩石高度的 1/5～1/10 以下时，比较安全。不要让自己成为四周最高的物体。最好找些干燥的绝缘物放在地下，在上面采用下蹲的避雷姿势。水能导电，所以潮湿的物体并不绝缘。

（7）不要在山洞口、大石下或悬岩下躲避雷雨，因为这些地方会成为火花隙，电流从中通过时产生电弧可以伤人。但深邃的山洞很安全，应尽量往里面走。尽量躲到山洞深处，两脚也要并拢，身体也不可接触洞壁，同时也要把身上的带金属的物件，如手表、戒指、耳环、项链、金属框架的眼镜等金属物品摘下来，还有金属工具也要离开身体，把它们放到一边，手机、GPS 等要关机并去掉电池。

（8）远离铁栏及其他金属物体。并非直接的电击才足以致命。闪电击中导电体后，电能是在瞬间释放出来的，向两旁射出的电弧远达好几米。此外，炽热的电光使四周空气急剧膨胀，产生冲击波。这些冲击波发出的声音，就是雷声。若在近处听到，强大的声波可能震伤肺部，严重时可把人震死。

（9）雷雨时如果身在空旷的地方，应该双脚并拢马上蹲在地上，这样可减少遭雷击的危险。不要用手撑地，这样会扩大身体与地面接触的范围，增加遭雷击的危险。双手抱膝，胸口紧贴膝盖，尽量低头，因为头部最易遭雷击。千万不可躺下，这时虽然高度降低了，却增大了"跨步电压"的危险。

（10）应尽量回避未安装避雷设备的高大物体，如高塔、大吊车、开阔地的干草堆和帐篷等，也不要到山顶或山梁等制高点去。同时注意不要靠近避雷设备的任何部分。铁路、延伸很长的金属栏杆和其他庞大的金属物体等也应回避。

二、暴风

暴风、沙尘暴是特定自然环境条件下的产物，而且与人类活动有对应关系。人为过度放牧、滥伐森林植被、工矿交通建设尤其是人为过度垦荒破坏地面植被，扰动地面结构，形成大面积沙漠化土地，加速了沙尘暴的形成。出现暴风、沙尘暴天气时，狂风裹携沙石，凡是经过地区空气污浊，浮尘弥漫。

（一）对人类健康的危害

暴风、沙尘暴天气携带的大量沙尘蔽日遮光，造成太阳辐射减少，能见度恶劣，容易使人心情沉闷，工作、学习效率降低。沙尘暴引起的健康损害是多方面的，皮肤、眼、鼻、喉等直接接触部位的损害主要是刺激症状和过敏反应，而肺部表现则更为严重和广泛。

（二）对交通安全的影响

暴风、沙尘暴天气会造成飞机不能正常起飞或降落，使汽车、火车车厢玻璃破损、停运或脱轨。

（三）对农业的影响

严重时将导致大量牲畜死亡，刮走农田沃土、种子和幼苗。暴风、沙尘暴还会使地表层土壤风蚀、沙漠化加剧，覆盖在植物叶面上厚厚的沙尘，影响正常的光合作用，造成作物减产。

三、飓风、台风

飓风和台风同属热带气旋。在大西洋或东太平洋发生，中心风力达到 12 级或以上（即 32.7m/s 以上）的，称为飓风。在西太平洋上发生，达到同样强度的热带气旋，称为台风。飓风、台风是一种强烈而具有破坏力的热带风暴。

（一）飓风的危害

在北半球，飓风呈逆时针方向旋转，而在南半球则呈顺时针方向旋转。它一般伴随强风、暴雨，严重威胁人们生命财产安全，对于民生、农业、经济等造成极大的冲击，是一严重的自然灾害。影响范围甚至可能达到上千千米，破坏力往往超过地震。

（二）台风来前关注预警

防汛部门根据台风接近和影响程度，会及时发布不同的预警。若 24h 内影响本市，一般会发布蓝色或黄色预警。若 12h 内影响本市，会发布橙色预警。若 6h 内影响本市，发布的是红色预警。人们必须重视预警，迅速做好准备。

（三）刮台风时避免外出

应尽量在台风来袭前结束室外、野外活动，如果台风来袭时正在室外、野外活动，必须非常小心。步行时要弯腰慢步，尽可能抓住附近栏杆等固定物。过桥时若风力特大，须伏身爬行。

（四）注意防雷击

（1）躲避暴风雨的同时也要注意防雷击，不宜靠近铁塔、变压器、吊机、金属棚、铁栅栏、金属晒衣架，不要在大树底下以及铁路轨道附近停留。

（2）在台风去后，要远离落地电线，无论电线是否扯断，都不要靠近，更不要用湿竹竿、湿木杆去拨动电线。

四、龙卷风、旋风

龙卷风是一种强烈的、小范围的空气涡旋，是在极不稳定天气下由空气强烈对流运动而产生的，由雷暴云底伸展至地面的漏斗状云（龙卷）产生的强烈的旋风，是强对流天气系统里最严重的一种，风速可达 100~200m/s，最大 300m/s。一般伴有雷雨或冰雹。龙卷风在美国又称为旋风。

（一）龙卷风的特点

龙卷风不仅影响范围小，其生命史也很短，一般为几十分钟，小于数小时，很难捕捉到。正是由于这种时空特点，其造成的灾害区域像一个点拉出的线。龙卷风与台风相比，时间短、速度快、能量相对集中在很小区域，因此破坏性更大。据研究，形成龙卷风的时间只有 45min，龙卷风接地时间往往不足 10min，可以说是稍纵即逝。只有接地，龙卷风才可能形成灾害。因此，像预报台风、降水那样，提前数小时甚至提前几天来预报龙卷风几乎不可能。

（二）龙卷风的危害

龙卷风是一种破坏力最强的小尺度风暴。由于龙卷气流的旋转力很强，常能将地面上的水、尘土、泥沙等物夹带卷起。其破坏力范围很大，弱时仅能卷起稻草或衣物，强时可拔树毁屋，甚至把人、畜一并卷向空中。所以龙卷风影响范围虽小，但其造成的灾害常常很严重。

五、紫外线

紫外线是电磁波谱中波长为 0.01~0.40μm 辐射的总称。阳光中有大量的紫外线。紫外线对人类的生活和生物的生长有很大影响。

（一）对人体健康的有利作用

（1）紫外线具有抗佝偻病作用：人体皮肤和皮下组织中的 7-脱氢胆固醇，在紫外线的照射下，能形成维生素 D，而维生素 D 能促进钙的吸收和利用。因此婴幼儿多晒太阳可预防佝偻病。

（2）紫外线具有杀菌作用。紫外线可杀死空气中的细菌和物体表面的微生物，临床上利用此作用来进行医疗器械和病室的消毒。

（3）日光中的紫外线能提高中枢神经系统的紧张度，增强全身各器官的功能。久雨后晴天，寒冬清晨日出，使人觉得身体舒坦，精神振奋，这是由于紫外线的刺激，使神经系统的兴奋性增强。

（二）对人体健康的有害作用

（1）眼睛暴露于大量的紫外线照射可引起急性角膜结膜炎。如在阳光照射的冰雪环境下活动，眼睛如没有防护，会受到大量反射的紫外线照射，引起雪盲症。电焊作业时如不加以防护，可引起电光性眼炎。

（2）紫外线有致红斑作用，即在太阳紫外线的照射下，照射部位出现皮肤潮红，称为红斑作用，严重时有水疱和水肿。

（3）紫外线照射可引起皮肤色素沉着。

（4）长期过度的紫外线照射还可诱发皮肤癌。

（三）暴露于强紫外线中

（1）紫外线强烈作用于皮肤时，可发生光照性皮炎，皮肤上出现红斑、痒、水疱、水肿等；严重的还可引起皮肤癌。

（2）紫外线作用于中枢神经系统，可出现头痛、头晕、体温升高等症状。作用于眼部，可引起结膜炎、角膜炎，称为光照性眼炎，还有可能诱发白内障，在焊接过程中产生的紫外线会使焊工患上电光性眼炎（可以治愈）。

（3）长期暴露于强紫外线的辐射下，会导致细胞内的 DNA 改变，人体免疫系统的机能减退，人体抵抗疾病的能力下降。这将使许多发展中国家本来就不好的健康状况更加恶化，大量疾病的发病率和严重程度都会增加，尤其是麻疹、水痘、疱疹等病毒性疾病，疟疾等通过皮肤传染的寄生虫病，肺结核和麻风病等细菌感染以及真菌感染疾病等。

（四）紫外线防护

（1）远离强紫外线。当紫外线指数大于等于 10 时，应尽量避免外出，因为此时的紫外线辐射极具有伤害性。

（2）穿戴要讲究。外出时穿着可以防御紫外线的衣物，最好穿着浅色的棉、麻质地服装。选择宽檐帽，除了可以保护脸部外，还一并将耳朵和后面的脖子部位遮蔽。选择一款具有能防紫外线功能的墨镜。墨镜以中性玻璃、灰色镜片最佳，过深的墨镜反而容易让眼睛接受更多的紫外线。

（3）外出进行滑雪运动或在雪地里长时间停留时，最好还是戴上防护眼镜，以防止紫外线和雪地强白光对眼睛的刺激。

（4）正确使用防晒霜。出门前 10min 涂抹防晒霜，并达到每平方厘米 2mg 的涂抹量，效果最好。在阳光猛、暴晒时间长的日子里，每 2h 补擦一次防晒霜。即使做好了防晒措施，但如果阳光很强烈，夜里最好还要使用晒后护理品。

六、冰雪天气

冰雪天气对工业生产的影响是非常广泛的。低温可造成水管和输油管冻裂及其他冻害，影响工人的身体健康和生产效率。冰雪天气中作业，条件复杂、天气异常寒冷，能见度低，要预防机械和交通事故。雪天和冰冻环境下，出门、行路要特别当心。

（一）冰雪天气对安全行车的影响

冰雪道路的附着系数低，汽车易打滑，因此，必须掌握冰雪道路上的汽车行驶技术，避免发生交通事故。

（二）对人健康的影响

冰雪天气时，由于视线不清、路面湿滑，给出行带来很多安全隐患，极易发生交通和跌伤等事故。

（三）冰雪天气应对措施

（1）为把冰雪天气对钻井生产的影响降到最低，降雪前应及时启动冰雪天气生产组织应急预案，从生产组织、物资供应、道路安全等方面实施动态预警管理，确保冰雪天气中施工作业安全、平稳、有序运行。

（2）严格落实雪天搬迁作业安全操作规程，确保顺利开钻。

（3）驾驶员要保持车况良好，对车辆采取必要的防滑措施，严格执行交通规则，安全行驶，礼让三先，特别要注意避让行人。骑车人、行人要注意路面状况，谨慎小心，防止滑倒。一旦出现交通事故人员受伤事件，必须立即拨打"120"。

（4）冰雪天气，极易造成电力线路断路等事故，尽量避免外出，发现断线等情况后不要靠近，即通知电力部门进行处理。在使用取暖设备时，对长期停用的电气设备要请专业人员进行检查。

七、洪水

洪水是指由于大雨和大量融雪等原因使河流不同寻常地增大，超出水道的天然或人工限制界限的异常高水位流而形成的灾害。洪水灾害是对人类威胁较大的自然灾害，是我国的重大气象灾害之一，除沙漠、极端干旱地区和高寒地区外，我国大约2/3的国土面积都存在着不同程度和不同类型的洪水灾害。

（一）洪水灾害类型

（1）发生于江河的江河灾害。江河灾害的原因是降水。

（2）发生于海岸的海岸灾害。海岸灾害的原因主要是风。因风暴而引起涨潮巨浪，冲刷堤岸卷走泥沙，造成侵蚀海岸、堵塞填没江河口等现象。另外，地震带来的海啸也是海岸灾害的重要组成部分。

（二）紧急防护措施

（1）前期准备：路线选择很重要，根据洪水信息和所处位置选择撤离路线，提早撤离。

（2）食品备好：选择便于携带、可长期保存的食品，并准备足够的饮用水和其他生活必需品。

（3）漂浮器材：根据当地条件准备木排、气垫船、救生衣、木盆、塑料盆、大塑料等物品。

（4）财务保管：将不便携带的物品照相，进行防水处理后埋入地下或放在高处；票款珠宝等可缝入内衣随身携带。

（5）准备好医药、取火等物品，保存好各种尚能使用的通信设施。

（6）水灾过后应立即清除积水，预防发生各种疾病。

（三）洪水暴发时的自救方法

（1）当洪水来临时，无论遇到何种情形都不要慌，要学会发出求救信号，如晃动衣服或树枝，大声呼救等。

（2）发生水灾时，应坚定信心，迅速果断，切忌贪恋财产。要避开危险建筑和危险地段，随时随地注意观察险情。身边尽可能留有盆、木质品等助浮工具。

八、热应力

热应力是指由环境和人体自身因素产生的作用于人体的热量总和。随着热应力的升高，人体将产生一系列的生理反应，如心率加快、体温升高、表皮温度升高及汗液代谢量增大等。影响热应力的环境因素主要包括空气温度、空气湿度、空气流速、辐射热及微波，人体自身因素主要包括工作强度及着装。

根据环境温度与人体热平衡之间的关系，通常将35℃以上的生活、生产环境视为高温环境，相对湿度在60%以上的环境称为高湿环境。对高温高湿环境温湿度的调节、控制是一种热舒适性的要求，在某些特殊环境中，温湿度的控制关系到人员的工作效率和劳动安全。

热应力指标（HSI）是为保持人体热平衡所需要的蒸发散热量与环境容许的皮肤表面最大蒸发散热量之比，是衡量热环境对人体处于不同活动量时的热作用的指标。热应力指标用需要的蒸发散热量与容许最大蒸发散热量的比值乘以100%表示。其理论计算是假定人体受到热应力时，皮肤保持恒定温度35℃；所需要的蒸发散热量等于人体新陈代谢产热加上或减去辐射换热和对流换热；8h期间人的最大排汗能力接近于1L/h。当$HIS=0$时人体无热应变，$HIS>100$时体温开始上升。此指标对新陈代谢率的影响估计偏低，而对风的散热作用估计偏高。

随着社会文明的进步，劳动者的生产作业环境越来越受到重视，极端热环境对操作人员健康的直接危害及对作业安全的潜在威胁急需解决。热暴露下人体生理指标变化趋势、热暴露极限时长及对应的生理指标极限值是评价人体热暴露状态及人体热应力大小的主要因素。

研究表明，死亡具有季节性，天气的周期性变化是决定某些疾病发作季节性的基本因素，循环、呼吸系统疾病患者的死亡与温度变化的联系最强。人对气象条件的适应能力是有一定限度的。当冷、暖气象因素刺激通过皮肤传给下丘脑时，下丘脑就会支配脑垂体调节内分泌系统，以保持机体的热平衡。当遭遇到过热或过冷的刺激时，人体的热平衡调节机制就将被打乱，进而产生不适、疾病甚至死亡。这其中，冠心病、脑栓塞病人对温度调节能力和温度敏感性都很差，因其维持自身正常体温的能力降低，导致暴露于低温中的危险增加。每年死于热应力的人远远多于死于飓风和地震的人数之和（热衰竭、低温、冻伤等防护措施见第四章）。

第六节　健康与野生动物

野生动物是指生存于自然状态下，非人工驯养的各种哺乳动物、鸟类、爬行动物、两栖动物、鱼类、软体动物、昆虫及其他动物。钻井施工作业场所附近或路途中可能存在野生动物。它们有些是温和的，但有些对人类存在危险。

一、蛇

蛇是无足的爬虫类冷血动物的总称。身体细长，四肢退化，无足，无可活动的眼睑，无耳孔，无四肢，无前肢带，身体表面覆盖有鳞。部分有毒，但大多数无毒。

（一）蛇的规律

蛇是变温动物，其活动与外界气温有密切联系，气温达到18℃以上时才出来活动。在南方5—10月通常是蛇伤发病的高峰时期。特别是在闷热欲雨或雨后初晴时蛇经常出洞活动。洪水时将大范围的蛇洞淹没，也会造成陆地上无家可归的蛇增多。

蛇类的昼夜活动有一定规律，蛇种不同，活动规律也不同，有的蛇在白天活动，有的蛇白天晚上都有活动。蛇伤也主要集中发生在白天9~15时，晚上18~22时。

此外，蝮蛇（北方常见的蛇）对热源很敏感，有扑火习惯。

毒蛇怕人，受惊后会迅速逃跑，一般不会主动攻击人。大多由于人们没有发现它而过分逼近蛇体，或无意踩到毒蛇身体时，它才咬人。因此，在适于毒蛇活动的环境中行走时，提高警惕，并做适当的防护，许多蛇伤是可以避免的。

（二）蛇咬伤

蛇的种类很多，遍布全世界，热带最多，森林、山区、草地是蛇出没的地方。我国境内的毒蛇有蟒山烙铁头、五步蛇、竹叶青、眼镜蛇、蝮蛇和金环蛇等；无毒蛇有锦蛇、蟒蛇、大赤练蛇等。常见的为蝮蛇、眼镜蛇等毒蛇，热带还有响尾蛇，蛇行动敏捷，被蛇咬伤后应看看是什么蛇，如形状、颜色，尤其头部是三角形，颈很细，咬了以后皮肤上有两个毒牙痕迹的是毒蛇。非毒蛇，不必惊慌。

1. 判断是否为毒蛇

（1）蝮蛇：通身以棕褐色为主，头大，三角形，如图8-51所示。分布全国各地，甚至生活于海拔4000m的丽江雪山上。受惊时多逃跑，不主动袭击。症状发病凶，全身出血，伤口剧痛，组织坏死。

（2）尖吻蝮（五步蛇）：通身以棕褐色为主，头大，三角形，鼻子上翘（看上去像叼个烟头），如图8-52所示。性情凶狠，主动袭击，症状发病凶，全身出血，伤口剧痛，组织坏死。

（3）蝰蛇：通身以棕褐色为主，头三角形略长，如图8-53所示。受惊时，能长时间

图 8-51　蝮蛇

图 8-52　尖吻蝮（五步蛇）

图 8-53　蝰蛇

对峙。

毒蛇和无毒蛇的体征区别（图 8-54）有：毒蛇的头一般是三角形的；口内有毒牙，牙根部有毒腺，能分泌毒液；一般情况下尾很短，并突然变细。无毒蛇头部是椭圆形；口内无毒牙；尾部逐渐变细。虽可以这么判别，但也有例外，不可掉以轻心。

毒蛇咬伤通常见两个或一个或三个比较大而深的牙痕，无毒蛇咬伤常见四排细小牙痕（图 8-54）。

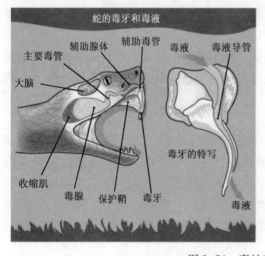

图 8-54　毒蛇和无毒蛇的区别

2. 毒蛇咬伤的中毒特征

蛇毒按其性质可分为神经毒、血循环毒、混合毒三大类。

（1）神经毒类：金环蛇、银环蛇、海蛇等主要含神经毒。中毒表现为损害神经系统。中毒过程的特点是，通常要经过一段潜伏期，一般约在咬伤后 1～4h 才出现全身中毒症状，但一旦发作，就急剧发展，并难以控制。严重者昏迷，呼吸停止，但此时心跳及血压尚好，若坚持人工呼吸，便有抢救希望。

（2）血循环毒类：蝰蛇、尖吻蝮、竹叶青等主要含血循环毒。中毒表现复杂，主要是损害血液循环系统。中毒特点是潜伏期短，病势发展快，局部坏死溃烂，伤口大量出血，甚至七窍流血。数小时之内送往就近医院，仍可以治愈。

（3）混合毒类：眼镜蛇、眼镜王蛇、蝮蛇等主要含混合毒。中毒表现既有神经毒，又有血循环毒。中毒特点主要是呼吸麻痹和循环衰竭，所以即使进行人工呼吸也难以抢救。其中以眼镜王蛇咬伤引起死亡的危险性较大，死亡大多发生在咬伤后几分钟到 2h 内。闽北有一个村，因为知道抓眼镜蛇能致富，全村男女都上山抓蛇，因此每年都有被眼镜王蛇咬死的人。被眼镜蛇咬伤若处理及时、救治得当，度过 48h 危险期，一般均能治愈。

3. 咬伤后的处理

毒蛇咬伤中毒发病急，致死率高，有的伤后 3h 就会危及生命。因此，对毒蛇咬伤者来说，争取时间就是争取生命。一旦确定是毒蛇咬伤，要采取紧急自救措施。

（1）在不能确定为何种蛇咬伤的情况下，不能以为无明显症状就判断是无毒蛇。在多数情况下伤口可能模糊不清，在分不清是有毒蛇还是无毒蛇咬伤的情况下，应按毒蛇咬伤处理。无毒蛇咬伤常见四排细小的牙痕，毒蛇咬伤通常见一个或两个或三个比较大而深的牙痕，有的毒蛇有两排毒牙。

（2）看伤口：毒蛇咬人有可能把牙断在肉里，把它拔出来。

（3）烧灼：被蛇咬伤后立即用火柴头 5～7 枝烧灼伤口，以破坏局部的蛇毒。

（4）冲洗：蛇毒在 1～3min 是不会蔓延的，这时挤出或冲洗蛇毒，可以有效排除大部分蛇毒。立即用过氧化氢或 0.1% 高锰酸钾、盐水或冷开水冲洗，最好将伤肢置于 4～7℃ 冰水中（冷水内放入冰块），在伤处周围放置碎冰维持 24h，亦可喷氯乙烷（降温时注意全身保暖）。切记：千万不要在伤口处涂酒精。

（5）扎结肢体：在近心端，用绑带像打绑腿一样螺旋形大面积紧缚肢体，延缓毒液蔓延。譬如脚踝被咬，就在膝盖下包扎。蛇毒是通过静脉传递的，静脉分布在人体表，用粗布条大面积压迫体表的静脉，可以有效防止蛇毒蔓延，同时又不会因为局部扎结过紧而阻断血液流通。这样可以尽可能阻止毒液的扩散，防止毒素进入淋巴系统。结扎之后，赶紧赴医治疗，急救处理结束后，一般不要超过 2h。没有绑带时，也可用绳子、布带、鞋带、稻草等，在伤口靠近心脏上端 5～10cm 处做环形结扎，不要太紧也不要太松。结扎要迅速，在咬伤后 2～5min 完成，此后每隔 15min 放松 1～2min，以免肢体因血液循环受阻而坏死。到邻近的医院注射抗毒血清后，可去掉结扎。

（6）扩创排毒：经过冲洗处理后，用消毒过的小刀划破两个牙痕间的皮肤，同时在伤口附近的皮肤上，用小刀挑破米粒大小数处，这样可使毒液外流。不断挤压伤口 20min。但被尖吻蝮蛇（五步蛇）和烙铁头蛇、蝰蛇咬伤，不要进行刀刺排毒，因为它们的蛇毒中有一种溶血酶，可以导致人大量出血不止，如果对伤口再做切开处理，只能加速人体失血。因为普通人无从分辨毒蛇，所以，治疗蛇伤时伤口切开的做法就不能予以推广。

（7）针刺或拔火罐：但对于血循环毒（如蝰蛇、烙铁头、竹叶青、五步蛇）蛇伤患者，不宜针刺或拔火罐，以免伤口流血不止。如伤口周围肿胀过甚时，可在肿胀处下端每隔 1 至 2 寸处，用消毒钝头粗针平刺直入 2cm；如手足部肿胀时，上肢者穿刺八邪穴（4个手指指缝之间），下肢者穿刺八风穴（4 个足趾趾缝之间），以排除毒液，加速退肿。针刺排毒。

（8）如引发脑卒中应积极治疗，同样在必要时应进行人工呼吸，时刻关注患者的呼吸情况。银环蛇、金环蛇咬伤后昏迷的重病人可进行人工呼吸维持。

（9）解毒药的应用：被毒蛇咬伤后应尽早用药，南通蛇药（季德蛇药）、上海蛇药、新鲜半边莲（蛇疗草）、内服半边莲，半边莲和雄黄一起捣烂，制成浆状外敷，每日换一次。别以为有药就没事了，药只能缓解，应尽快送医。

（10）做好这些后还要避免剧烈走动或活动，保持受伤部位下垂，相对固定。如条件许可应由他人运送。运送伤员到医院的路上，伤员尽量少活动，减少血液的循环，注意保暖。

（11）无毒蛇咬后无须特殊处理，只需对伤口清洗、止血，去医院注射破伤风针即可。

（三）防护措施

（1）除眼镜蛇外，蛇一般不会主动攻击人。人们没有发现它而过分逼近蛇体，或无意踩到蛇体时，它才咬人。如果遇到蛇，如果它不向你主动进攻，千万不要惊扰它，尤其不要振动地面，最好等它逃遁，或者等人来救援。

（2）夏天雨前、雨后、洪水过后的时间内要特别注意防蛇。

（3）夜间行路用明火照亮时，要防避毒蛇咬伤。

（4）穿高帮鞋（皮靴），穿长衣长裤，戴帽，扣紧衣领、袖口、裤口。

（5）尽量避免在草丛里行走或休息，如果迫不得已，也要注意不要打草惊蛇（有可能会引起眼镜蛇主动攻击人）。

（6）尽量避免抓着树枝借力，在伐取灌木、采摘水果前要小心观察，一些蛇类经常栖于树木之上。翻转石块或圆木以及掘坑挖洞时使用木棒，不可徒手进行这类活动。

（7）如果与毒蛇不期而遇，要保持镇定安静，不要突然移动，不要向其发起攻击。应远道绕行，若被蛇追逐时，应向山坡跑，或忽左忽右地转弯跑，切勿直跑或直向下坡跑。

（8）把手里的东西往它旁边扔过去，转移它注意力，或把衣服朝它扔过去蒙住它，然后跑开。

（9）如果迫不得已要杀死毒蛇，可取一根长棒，要具有良好的弹性，快速劈向其后脑门，因为那里是蛇的七寸，即心脏。

（10）警惕那种看上去已死的蛇，因为它们可能在窥视猎物而装死。

（11）如与一条蛇狭路相逢，则应该后退避让，给它逃跑的机会，它会乖乖那么做的。

二、昆虫

昆虫的种类和数量极多，分布很广，其中很多种类与人类有密切关系。对人类健康和国民经济有直接影响的重要害虫约有 1 万种。在热带，每年仍有成千上万的人死于由昆虫传播的疟疾、睡眠病及其他疾病。

（一）黄蜂

黄蜂又称为胡蜂、马蜂，是一种分布广泛、种类繁多、飞翔迅速的昆虫（图8-55）。属膜翅目胡蜂科，雌蜂尾端有长而粗的螫针与毒腺相通，在遇到攻击或不友善干扰时，会群起攻击，螫人后将毒液射入皮肤内，但螫针并不留在皮内。可以致人出现过敏反应和毒性反应，严重者可导致死亡。

图8-55　黄蜂

1. 毒性

黄蜂毒液的主要成分为组胺、五羟色胺、缓激肽、透明质酸酶等，毒液呈碱性，易被酸性溶液中和。毒液有致溶血、出血和神经毒作用，能损害心肌、肾小管和肾小球，尤易损害近曲肾小管，也可引起过敏反应。

2. 黄蜂螫伤表现

被少量的黄蜂螫后可有局部剧痛、灼热、红肿及水疱形成；如被群蜂螫伤，毒素吸收后，可出现头晕、畏寒、发热、烦躁不安、呼吸困难等症状。敏感体质的人被少量的黄蜂螫后也会出现全身性荨麻疹，口唇及眼睑水肿，恶心呕吐；严重者可出现休克、昏迷、呼吸肌麻痹，甚至死亡。

3. 急救方法

（1）立即利用拔火罐吸出蜂毒。

（2）用香皂水涂擦或冷茶水冲洗患处。

（3）伤口周围涂敷外用治疗药物，涂抹醋。

（4）取鲜马齿苋捣烂取汁一杯，用开水冲服，药渣则外敷伤处。

（5）紫花地丁、蒲公英、夏枯草，任选一种捣烂外敷。

（6）口服抗组胺药物（如氯苯那敏、赛跟定等）及激素等。

（7）对昏迷休克者，要注意保持呼吸道通畅，注射1‰肾上腺素或静脉推注激素（如地塞米松），并及时向医疗单位求助。

图 8-56　蜜蜂

（二）蜜蜂

1. 蜜蜂蜇伤机理和表现

蜂蜇中毒过敏属Ⅰ型变态反应，蜜蜂（图8-56）蜇伤后体内产生 IgE，当再次被蜇后，蜂毒作为变应原进入已致敏的机体内与肥大细胞及嗜碱性粒细胞膜上的 IgE 结合释放组胺、嗜酸性粒细胞趋化因子等介质，引起平滑肌痉挛、血管扩张，微血管通透性增强，组织水肿，出现哮喘、恶心呕吐、腹痛、腹泻、荨麻疹、血压下降，甚至过敏性休克。

2. 急救方法

（1）立即拔出毒刺，利用拔火罐吸出蜂毒。

（2）涂以弱碱性药液如5%碳酸氢钠或肥皂水。

（3）伤口周围涂敷季德胜蛇药片。

（4）适当给予抗过敏治疗，轻者可口服或肌注苯海拉明、口服氯苯那敏等抗过敏药物，重者予0.1%肾上腺素0.5~1mL皮下注射或肌注。

（5）对较为严重患者，尤其是头颈部蜇伤者，应密切观察神志，监测脉搏、血压，以便及时发现休克、喉头水肿。

（6）应尽快到医院就诊，防止过敏性休克导致意外发生。

（三）蚊子

吸血的雌蚊是登革热、疟疾、黄热病、丝虫病、日本脑炎等其他病原体的中间寄主。除南极洲外，各大陆皆有蚊子的分布（图8-57）。蚊子的唾液中有一种具有舒张血管和抗凝血作用的物质，它使血液更容易汇流到被叮咬处。被蚊子叮咬后，被叮咬者的皮肤常出现起包和发痒症状。

1. 对人类的危害

蚊子主要的危害是传播疾病。蚊子传播的疾病达80多种。在地球上，再没有哪种动物比蚊子对人类有更大的危害。

（1）疟疾是由疟蚊传染的。疟疾给人类造成的损失是相当大的，病人身体衰弱，工作效率低，严重时还会丧失生命。当疟蚊吸食疟疾病人的血液时，也把其中的疟原虫（疟疾的病原体）吸进体内。它们再咬人时，疟原虫又从蚊子的口中注入被咬者的

图 8-57　蚊子

体内了。据不完全统计，1929 年的 1 年内，全世界因患疟疾致死的约 200 万人。

（2）流行性乙型脑炎（这是一种由滤过性病毒引起的急性传染病），传染这种病的蚊子称为库蚊。这种病又称为日本乙型脑炎，一般都称为大脑炎。患者有发烧、头疼、呕吐、抽风、昏睡、昏迷等现象。治疗上没有特效药品，所以病死率相当高。库蚊还传播丝虫病（象皮肿）。

（3）伊蚊主要传播流行性乙型脑炎和登革热。

2. 预防措施

（1）消灭蚊子是保证人类健康、避免疾病传播的关键。

（2）注射疫苗的同时，必须大力进行灭蚊，消灭传播者。

（3）咬伤引起的皮炎，痒得厉害，使用激素类软膏较好（地塞米松软膏、复松霜等），目前建议最好使用纯中药药膏（如苗草止痒膏等），仅需在伤处涂抹，很快止痒。若无效，且越来越重，应去医师处治疗。若虫刺伤，不论在何处，有皮肤明显肿胀，用软膏无效，应去医院皮肤科诊治。

三、蜘蛛

蜘蛛（图8-58）的种类繁多，分布较广，适应性强，它能生活或结网在土表、土中、树上、草间、石下、洞穴、水边、低洼地、灌木丛、苔藓中、房屋内外，或栖息在淡水中（如水蛛）、海岸湖泊带（如湖蛛）。

图8-58 蜘蛛

（1）黑寡妇蛛是一种毒性很强的蜘蛛，它的毒汁来自上颚内的毒腺。当它猎捕人畜时，立即跃起扑上去螫伤受骗者，这时蜘蛛体内毒腺分泌出一种神经性毒蛋白的液体，使受害者的运动神经中枢发生麻痹而死亡。它十分凶猛厉害，在拉丁美洲节肢动物中堪称一霸。

（2）红蜘蛛又名火龙虫，在枣树上为害的红蜘蛛，主要是棉红蜘蛛和苜蓿红蜘蛛。红蜘蛛危害叶片，吸食叶绿素颗粒和细胞液，抑制光合作用，减少营养积累，严重时使叶片枯黄，造成提早落叶、落果，影响产量。红蜘蛛的寄主，主要有棉花、小麦、豆类、玉米、谷子、芝麻、瓜类、茄子、枣、桑、桃、向日葵和杂草中的夏至草与小旋花等。

图8-59 蝎子

（3）毒蜘蛛口腔内均有坚硬的结构，为螯肢，即上颚，内有毒腺。当它遭到惊动时，立即扑上去螫伤来犯者，被螫时有剧烈疼痛感，之后受害者的运动神经中枢发生麻痹。严重的会死亡。

四、蝎子

（一）习性

蝎子（图8-59）喜欢在潮湿的场地活动，在干燥的窝穴内栖息。胆小易惊，畏强光，昼伏夜出。喜群居，多在固定的窝穴内结伴定居。夜间外出寻食。视力很差。

（二）蝎子蜇伤

被蝎子蜇伤后，局部灼痛，红肿麻木、出血；严重的则会出现全身中毒症状。

（三）应急处理

（1）对于一般的蝎子蜇伤，可立即拔出毒刺，局部冷敷，然后将季德胜蛇药片研碎，用冷开水调成糊状，敷于创口周围，应露出创口。也可选用：①明矾，研细末，用米醋调敷；②雄黄、明矾等份，研细末，用茶水调敷；③板蓝根、马齿苋、薄荷叶捣烂外敷。

（2）严重的蝎子蜇伤，应尽快送医院救治；儿童被刺，也应及时送医院救治。

图 8-60 鳄鱼

五、危险野生动物

（一）鳄鱼

鳄鱼（图 8-60）是脊椎类两栖动物，属爬虫类。淡水鳄生活在江河湖沼之中，咸水鳄主要集中在温湿的海滨，它一般身长 4～5m，头部扁平，有个很长的吻，全身长满角质鳞片，长长的尾巴呈侧扁形，四肢短，前肢 5 趾，后肢 4 趾，趾间有蹼，与恐龙相似。

1. 危险性

每年有千余人死于鳄鱼口中。大部分鳄鱼都是不友善的。无论哪种鳄鱼，都具有很大危险性（图 8-61）。如果被鳄鱼咬住，大概也死定了。

如在陆上遇到敌害或猎捕食物时，它能纵跳抓扑，纵扑不到时，它那巨大的尾巴还可以猛烈横扫，是个很难对付的爬虫类之王。它的遗憾之处是虽长有看似尖锐锋利的牙齿，但却是槽生齿，这种牙齿脱落下来后能够很快重新长出，可惜它不能撕咬和咀嚼食物。这就使它那坚强长大的双颌功能大减，既然不能

图 8-61 鳄鱼具有攻击性

撕咬和咀嚼，使其只能像钳子一样把食物"夹住"然后囫囵吞咬下去。所以当鳄鱼扑到较大的陆生动物时，它不能把它们咬死，而是把它们拖入水中淹死；相反，当鳄鱼扑到较大水生动物时，又把它们抛上陆地，使猎物因缺氧而死。当遇到大块食物不能吞咽时，鳄鱼往往用大嘴"夹"着食物在石头或树干上猛烈摔打，直至把它摔软或摔碎后再张口吞下，如还不行，它干脆把猎物丢在一旁，任其自然腐烂，等烂到可以吞食了再吞下去。

2. 如何防止伤害

（1）尽量远离可能存在鳄鱼的区域。

（2）在井场周围建立有效的防护措施。

（3）要是不小心被鳄鱼咬到了，可以狠狠地戳它的眼球，则它会放你走。

（二）驼鹿

驼鹿（图8-62）是典型的亚寒带针叶林动物，主要栖息于原始针叶林和针阔混交林中，从不远离森林，但也随着季节的变化而有所不同。驼鹿最喜欢吃植物的嫩枝条。无固定住所，夜晚或黄昏觅食。听觉和嗅觉灵敏。活动能力很强，可以在池塘、湖沼中跋涉、潜水、觅食，行动轻快敏捷，可以一次游泳20多千米，并且能潜入5.5m深的水下去觅食水生植物。能快速地奔跑，时速可达55km以上。

图8-62　驼鹿

驼鹿在自然界的天敌主要是狼和棕熊，尤其是刚生育的雌兽和出生不久的幼崽常遭受它们的袭击。健壮的成体十分有力，有时甚至能击败熊、狼等体型较大的食肉兽类。驼鹿哺育后代的过程很艰难。小驼鹿出生后会遇到各种危险。随着驼鹿栖息地的缩小，它们开始闯入郊区，进入城镇，那里同样危机四伏。驼鹿走到公路上非常危险，对身边呼啸而过的汽车，驼鹿似乎熟视无睹。

因此，在驼鹿出没的地区驾车时，要十分小心它们。另外，驼鹿虽然是很优雅的动物，但有时也很危险，它们有时能杀死一头公熊。

（三）熊

熊（图8-63），属于食肉目，熊科的杂食性大型哺乳类动物，以肉食为主，从寒带到热带都有分布。每年的春秋两季，在冬眠之前和苏醒之后的一段时间里，常常会发生熊伤人的事故，几乎每年都有人丧命在熊爪之下。熊性情温和，不主动攻击人或动物，也愿意避免冲突，但当它们认为必须保卫自己或自己的幼崽、食物或地盘时，也会变成非常危险而可怕的野兽。

防熊术的要点：

（1）人并不是熊的食物，熊也不喜欢见人。当在有熊出没的地方行走时，要不时地大声说话，或者唱歌，这相当于跟熊打招呼，告诉它你来了，这样熊听到你的声音就会远离你，否则你的突然出现可能使熊受到惊吓而发怒。如果会吹口哨更好，因为口哨会传得比

图 8-63　棕熊

较远。

（2）如果与熊不期而遇，要立即原地站住，然后在最短的时间内分析形势并做出判断。第一种可能是你与熊之间有足够的空间，熊并不因你的出现而有任何激烈反应，你只需默默地走开就行了，走的时候眼睛要随时看着熊。第二种可能是你侵入了熊的地盘特别是有熊宝宝的熊妈妈的地盘，熊会因为你的侵犯而对你发动防御性攻击。第三种可能是熊跟踪你并对你发动非防御性攻击。

（3）当你判断熊正在对你发动防御性攻击时，你不能跑，也不得有任何的防守动作，诸如拳打脚踢之类的，你这些动作根本挡不住熊，只会更激怒它。正确的反应是举起双手，慢慢地回退，同时用镇定的声音跟熊说话，告诉它你是无意走进它的地盘的，你这就离开，让它别生气。即使熊气势汹汹地扑过来，通常都会在离你一两米的距离停下来，你只要继续慢慢后退直至退出熊的视线之外。当然这说起来容易，做起来还是比较难的。

（4）如果做防御性攻击的熊不停下来，你就要趴到地上装死，注意是趴而不是躺。趴到地上，把脸藏起来，双手十指相扣护住后脖子。通常熊会闻闻你就走开。如果熊开始吃你，那这就已经不是防御性攻击而属于非防御性攻击了。

（5）熊喷只能在万不得已时最后使用，因为那东西并不能百分之百阻止熊的攻击，有时反倒会更激怒熊。

（6）如果你被熊恶意跟踪并主动攻击（非防御性攻击），那你遇到的就是所谓的人熊了，这种熊对人是真正的危险分子。如果你遇到的是这种情况，那就只能听天由命了。

（四）美洲狮

美洲狮（图 8-64）又称美洲金猫，大小和花豹相仿，但外观上没有花纹且头骨较小。美洲狮是一种凶猛的食肉猛兽，主要以野生动物兔、羊、鹿为食，在饥饿时也会盗食家畜家禽。如果美洲狮捕捉的猎物比较多，它们就会把剩余的食物藏在树上，等以后回来再吃。

美洲狮是最大的猫亚科动物，是除狮子以外唯一单色的大型猫科动物，体色从灰色到红棕色都有，热带地区的更倾向于红色，北方地区的多为灰色。腹部和口鼻部白色，眼内侧和鼻梁骨两侧有明显的泪槽。

美洲狮有又粗又长的四肢和粗长的尾巴，后腿比前腿长，这使它们能轻松地跳跃并掌握平衡，美洲狮能越过 14m 宽的山涧。美洲狮有宽大而强有力的爪，有利于攀岩、爬树和捕猎。

图 8-64　美洲狮

美洲狮生活于森林、丛林、丘陵、草原、半沙漠和高山等多种生境，可以适应多种气候。美洲狮是一种喜欢在隐蔽、安宁的环境中生活的动物。

美洲狮通常隐秘地、静悄悄地逼近猎物，等到猎物刚明白过来时，已经遭到了这些大家伙的致命一击。相当多的人在树林里遭受到美洲狮的袭击。

如今人类的活动区域越来越大，于是近年来也出现过几起美洲狮伤人事件。不过美洲狮生性害羞，除非被人类逼得走投无路，否则它们见到人类还是先闪开。

（五）狼

狼（图 8-65），食肉目犬科犬属的一种。外形和狼狗相似，但吻略尖长，口稍宽阔，耳竖立不曲。尾挺直状下垂；毛色棕灰。栖息范围广，适应性强，凡山地、林区、草原、荒漠、半沙漠以至冻原均有狼群生存。

狼既耐热，又不畏严寒。夜间活动。嗅觉敏锐，听觉良好。性残忍而机警，极善奔

图 8-65　狼

中国大庆井控培训中心

跑，常采用穷追方式获得猎物。杂食性，主要以鹿类、羚羊、兔等为食，有时亦吃昆虫、野果或盗食猪、羊等。能耐饥，亦可盛饱。

狼是群居性极高的物种。一群狼的数量大约为 5~12 只，在冬天寒冷的时候最多可达 40 只左右。野生的狼一般可以活 12~16 年。奔跑速度极快，时速可达 55km 左右，持久性也很好。它们有能力以速度 10km/h 长时间奔跑，并能以高达近 65km/h 速度追猎冲刺。如果是长跑，它的速度会超过猎豹。智能颇高，可以气味、叫声沟通。

野生动物可以帮助植物花粉和种子的传播，维持生态系统的营养循环及生态系统的健康。我们必须要保护野生动物，同时为了避免传染野生动物疾病，请不要捕捉、饲养和食用野生动物。如果遇到猛兽，就要采取措施。比如遇到狼就可以点火，但请注意：万万不可伤害猛兽，否则被伤害的猛兽会更加凶猛。

六、狂暴的动物

图 8-66　疯狗

钻井现场和生活区内，人们常见的狂暴动物是犬。一般情况下，人类饲养的犬比较温顺，但当它们兴奋、害怕、疼痛或是受到刺激的时候，它被激怒，有时会攻击人，这将变得十分危险，甚至会发生咬伤人的危险事件，尤其是"疯狗"（图 8-66）。

在一些城市，藏獒、比特斗牛梗、阿根廷杜高犬、巴西非勒犬、日本土佐犬、中亚牧羊犬、川东猎犬、苏俄牧羊犬、德国牧羊犬、牛头梗、英国马士提夫犬、意大利卡斯罗犬、大丹犬、俄罗斯高加索犬、意大利纽波利顿犬、美国斯塔福犬、阿富汗猎犬、波音达猎犬、魏玛犬、雪达犬、寻血猎犬、巴仙吉犬、英国斗牛犬、秋田犬、纽芬兰犬、贝林斯梗、凯利蓝梗、中华田园犬（土狗）等被定位为"危险犬"。

（1）预防：不要接近陌生的狗，无论它看起来多么温和、多么友好。对于生病的、正在睡觉的、正在吃东西或者正在照料小狗的狗妈妈，千万不要去打扰它们。

（2）被咬伤后的救治措施：如果伤口流血很严重，用手按压出血的区域 5min，直到流血减少，立即给医生打电话。如果此时伤口已经不流血，用清水和肥皂把伤口冲洗干净，不要包扎伤口。

特别警告：被犬咬很可能是在和犬打闹的过程中，但是你并没有意识到犬已经被激怒了。

（3）狂犬病现状：被犬咬伤或抓伤后，有理由相信自己可能被感染上狂犬病。狂犬病是一种由滤过性毒菌引起的潜伏性致命的传染病，会通过动物的唾液传播给人。幸运的是，现在已经极少有人因为狂犬病而丧命了。除了犬以外，浣熊、猫、臭鼬、草原狼和狐狸都是狂犬病毒最常见的携带者。有时，也会在马、牛或是羊群中发现狂犬病。人类感染后的症状有高烧、吞咽困难、兴奋、麻木、刺痛、流口水和痉挛等，通常情况下，死亡就会随后而至。

如果你已经清洗过伤口，就应该立即：

①给医院或者急救中心打电话，并且简明扼要地描述病情，以便医院可以做好救治的准备，可能会注射狂犬疫苗。及时快速的治疗可以有效地预防这种疾病。

②打电话给当地的动物管理中心请求帮助。如果有可能，动物应该实行检疫，患有狂犬病的动物应隔离。

（4）如何识别疯狗：疯狗精神沉郁，畏光喜暗，反应迟钝，不听主人呼唤，不愿接触人，食欲反常，喜咬吃异物，吞咽伸颈困难，唾液增多，后驱无力，瞳孔散大。此阶段为前驱期，时间一般为 1～2d。前驱期后即进入兴奋期，表现为狂暴不安，主动攻击人和其他动物，意识紊乱，喉肌麻痹。狂暴之后出现沉郁，表现为疲劳不爱动，体力稍有恢复后，稍有外界刺激又可起立疯狂，眼睛斜视，自咬四肢及后躯。该犬一旦走出家门，不认家，四处游荡，叫声嘶哑，下颌麻痹，流涎。此种病犬对人及其他牲畜危害很大。一旦发现应立即通知有关部门处死。

第九章 钻井、平台环境

第一节 钻井现场、平台进入步骤

在钻井施工作业过程中，每一个员工对井场、平台环境的了解程度，以及对进入钻台注意事项及操作要求的掌握程度，直接影响自身与他人的安全。对于外来的有关人员，在允许进入现场的情况下，也必须对现场环境有足够的了解才能允许进入。如果一部钻机在施工作业过程中发生事故，当人员撤离到安全区后，首先要做的事情是清点人数，那么必须知道现场有哪些人员，掌握现场人员动态，特别是对外来人员就更要了解，不管是什么样的人，职位高低，包括上岗员工，只要允许进入现场，就必须履行一定的手续，采取必要的措施，方可进入施工现场，否则无法掌握现场人员数量。作为钻井现场 HSE 监督有履行职责的权力，必须对进入现场人员进行必要的引导。进入现场的人员为保证自身的安全，也有责任配合其工作。

另外，钻井施工为野外作业，远离基地，受自然条件及其他不利因素的影响，容易发生各种人身伤害以及感染疾病，因此，所有钻井员工必须清楚自身安全责任，遵守一切施工安全规定及生活保健要求，了解井场方位，带足生活用品，保证住井期间需要。

（1）大平台上行动要小心（踩稳并保持平衡）。

①工作人员在钻台上行动时，不能佩戴会被钩住、挂住造成工伤的首饰或其他装饰品。

②应使用适宜自己工作类型的工具及防护设备。

③作业中防滑倒或摔倒，身体某部位撞到铁器上受伤。

④在工区行走及活动时，要小心留意，防止滑倒或跌落。

⑤如果天气或其他条件造成危险情况，或是原来情况恶化时，则更要格外小心。

⑥人员爬到水龙头、防喷器等设备上作业，梯子搭得稳固并防止脚踩空从高处坠落。

⑦钻台作业时，司钻离开刹把时要拴牢保险链条，避免误动气动开关刹把反弹伤人。

⑧井口操作时要站稳、扶稳，防止起下钻时猛提猛放及操作不熟练时，或钻台上下配合失调，钻具摆动幅度大伤人。

⑨任何时候，人员要站在安全位置，尤其是使用大钳时，人员不得跨越钳尾绳，以防止钳尾绳伤人。

（2）保证一只手是空的，用来扶稳栏杆。

为了防止人员意外坠落，钻台、钻井液循环罐上的梯子都安装有扶手栏杆，平台四周都设有护栏，这是一项重要的安全措施。

①在上下各平台时必须把好栏杆。最好是双手扶稳扶栏。如果携带物品，不可双手搬运物品，最起码也要有一只手是空的，这样可以扶栏杆。具体要求见第一章安全总则中的楼梯/扶手安全要求。

②当在平台上临边作业时，如在坡道口进行甩钻具作业，不要双手推拉钻具或吊具，要保证一只手抓稳栏杆。

③上井架作业必须系安全带，且安全带固定牢靠。二层台作业时，一定要检查护栏是否固定，作业中靠稳栏杆，防止滑倒及高空坠落。

（3）携带物品可求助他人或分几次进行。

①不要独自提举或移动自身体力不能胜任的重物，必要时，携带物品可要求别人帮助或分几次进行。

②人抬肩扛钻头、接头等重物时，避免因用力不当或配合不好，重物压伤或砸伤人。

③不要让搬运的物体挡住视线，清楚所要走的路径。

④不要站在椅子或箱子上去取放在头顶上方的物体，必要时使用梯子。

⑤不要弯腰或用背起升。

⑥不要搬运时转腰。

⑦不要试图抓住下落的重物。

⑧不要拉重物。

（4）管理人员应到检查站做好登记。

在井场入口处设有大门与 HSE 监督室，进入现场前需要履行必要的手续。为了保证钻井施工安全及工作的相对稳定，确保外来人员进入井场能够得到安全保障，钻井井场一般实行封闭管理。钻井现场、平台进入步骤的一般要求如下：

①所有人员在进入井场前应到 HSE 检查站做好登记，负责人签字后方可进入。

②员工上岗及外来人员在进入现场之前，钻井现场 HSE 监督要进行引导。首先要进行安全讲话，包括行走路线、安全区域、平台环境、进入平台注意事项，并根据当时风向指定紧急集合点等。

③所有入厂人员必须穿戴好劳动防护用品，如穿戴安全帽、手套、工服、工鞋等。

④将所携带的火种交与 HSE 监督临时保管。

⑤进入现场的员工必须熟悉自己的安全手册，并一贯积极地关注自己的安全计划。

第二节　掌握相关信息做好住井准备

一、做好住井准备工作

钻井施工为野外作业，员工需长时间住井，因此，应有充分的准备。钻井承包商要为员工提供舒适的工作和生活条件，如住宿与餐饮条件等，基本可以满足员工住井要求。但员工在上井之前也应有充分的思想准备和物质准备，把住井期间的所需物品携带齐全，以保持身心健康。

二、带足个人用品

（1）野外施工，交通多有不便，或受天气、航班、政局、接替人员不及时等因素影响，住井有可能延期。因此，要考虑到这些计划外的影响，多做些准备，如个人常用消耗品要准备充足，以防因住井延期带来不便。

（2）根据自己的身体状况或季节条件准备好常用药物，如治疗感冒、消化道系统疾病的药物等。

（3）带足个人换洗及保暖衣物，当衣服脏时可更换清洗，并且当温度变化时，可及时更换衣物。

三、了解特殊地点的方位

对于新员工来说，到一个钻井队工作，所处的位置可能是一个比较陌生的地方，对所钻井型、所用设备等各方面的情况不了解，这就大大增加了发生事故的可能性。因此，员工首先要对钻井环境进行全面的了解，掌握井场的危险源、设备的危险点，然后才能进行操作，也只有这样才能躲避风险，安全施工。

（1）掌握钻井队所处的地点和交通路线，要有必要的交通路线图。

（2）掌握应急设施与紧急电话的位置。

（3）掌握营区布置及营区逃生路线图。

（4）掌握井场大小、井场设施的布局、进入井场的路线、井场的安全区域、井场的逃生路线等信息。

（5）掌握风向识别方法及风向标的位置。

（6）对钻井设备、设施不懂的，要及时询问。

四、工作的协同一致

协同工作是人类社会解决各种复杂问题，或完成各种大规模任务的一种重要和有效的工作方式，它通过一个团队中的多名成员的共同努力和合作而最终完成任务。

一个工人也许是拉钻杆的能手或电气焊最熟练。但是如果他不配合，不能与班组其他人协同努力而使整个组织工作顺利进行，那么他个人的价值就大大地降低了。从安全的角度看，工作的协同一致也是十分重要的，工作中要注意下列问题：

（1）每个井队成员都要充分理解现有工作或任务的目的，全体成员的工作都是为了这个共同的目的。

（2）在某项工作开始以前班组成员要在一起充分讨论进行这项工作的计划，取得一致意见。

（3）在开始工作以前要对所有参与该项工作而又不熟悉其工作方法的人进行全面解释

和说明。

（4）两人或两人以上搬运同一重物时，抬起和下放的信号、步调要一致。

（5）任何人观察到不正常的或危险的现象时，都要向司钻及班组其他人员说明。

（6）单独工作时应将自己的工作地点告知他人，并对可能遇到的危险尽力设法采取预防措施。

（7）员工的首要责任是安全地完成自己的工作职责，防止自己或同伴受伤。充分的休息、锻炼好身体和良好的饮食可以增进健康，并能提高防止意外伤害事故发生的警觉性。

（8）当看到工作伙伴需要帮助时，理应及时给予帮助。

（9）对工艺要全面了解，哪些岗位会影响到自己的岗位，自己的岗位会对哪个岗位造成影响，有变化及时通知。

井队人与人之间、管理人员与工人之间的团结、工作和生活的相互关心十分重要，相互间的理解、支持和帮助是能够协同一致的根本。

在井队里，班组与班组间的协同一致也十分重要，队长要做好协调工作。司钻与司钻要相互尊重和团结，班组间的配合主要依靠司钻间的配合和努力以及各班组成员的支持。井队交接班出现"扯皮"现象是不正常的。在工作中除理解外，还要注意，自己该做的、能做的绝不留给下一班去做。接班的班组除认真进行交接班检查外，对于上一班因特殊情况有些工作没法完成，也不要求全责备。对上一班剩下来的工作，我们多干一点又有何妨？一个集体的存在，靠的就是团结。只要团结，谁多干点或少干点是不会斤斤计较的。管理工作及制度的完善也有利于班组间的相互配合。

（一）案例

某钻井公司钻井队在起钻过程中，钻工周某将钻具推到钻杆盒，下放时钻具摆动，司钻张某瞭望不够，钻杆立柱压向周某左脚面，在压向的瞬间，周某将左脚抽出，右手被钻具夹住，导致周某右手大拇指、食指、中指骨折。

事故原因分析：

（1）司钻观察瞭望不够，没有观察好井口操作人员情况，下放速度快。

（2）个人安全防护意识差。

（3）岗位之间配合不好。

（二）预防措施

（1）提高全体员工的安全意识，创建安全的工作场所，完善安全标准和工作条件。

（2）强化安全行为，对安全行为和不安全行为进行观察、沟通和干预，纠正不安全行为，参与安全管理，确保控制措施有效落实。

（3）全体员工掌握不安全行为的后果及更安全的作业方法，养成良好习惯。

（4）事先或定期对某项工作任务进行风险评估，引导员工讨论工作地点的其他安全问题及合理化建议。

（5）已经有标准操作程序的工作。

①作业前应同参与此项工作的每个人进行有效的沟通。

②让更多一线员工真正参与安全管理。

③员工可以直接和直观地了解与自身工作有关的危害和防范措施。

④制定操作性较强的作业指南或方案。

⑤提高班前会的效果（培训工具）。

⑥养成思考如何安全工作的习惯。

（6）加强员工安全培训教育。

第十章　应急反应

钻井施工是野外作业，流动性大，地理环境、地下条件复杂，因而施工作业潜在的危险性也大，各种突发事故随时都有可能发生。因此，制定应急措施，进行严格的训练，提高快速反应能力，对各类突发事件做出快速反应。对于阻止事态的蔓延和扩大，保护生态环境，保证员工的健康、生命和财产的安全，将各种损失降到最低限度等都具有十分重要的意义。

因此，必须建立应急反应体系，制订应急计划，用以应对紧急情况。

钻井施工可能发生事故的原因有以下几个方面：

（1）健康、安全与环境管理体系存在着某些不完善之处。

（2）员工不了解健康、安全与环境管理体系的要求。

（3）员工了解健康、安全与环境管理的要求但并没有按要求操作。

（4）意外事件的发生。

第一节　钻井作业 HSE 应急计划

根据钻井作业工艺的特点，应急可分为五大类：

（1）钻井作业的突发事件：井喷、井喷失控、火灾、爆炸等。

（2）人身伤害事故：烧伤、机械伤害、物体撞击、高空坠落、触电、交通事故、落水。

（3）急性中毒：H_2S、CO 及饮食。

（4）有害物质泄漏：油料、燃料及其他有害物质泄漏。

（5）自然灾害：山洪、强台风、暴风雨（雪）、沙尘暴、雷击、山体滑坡、地震。

钻井作业 HSE 应急计划是作业项目最重要的文件之一，通常包括在 HSE 作业计划书内，具有很强的针对性。应急计划是根据项目调查、风险识别，对在整个钻井作业施工过程中有可能发生的应急事件，制定出详细周密的应急预案，有效地控制和降低突发事件带来的危害和影响。

制订应急计划的目的：

（1）在遇到突发事件时，采取有效的应急措施，使钻井活动过程中的人、财、物得到充分保护。

（2）控制事故的升级，最大限度地减少损失。

（3）保护作业范围内的自然环境。

（4）预测各种活动过程中所存在的风险、隐患，制定出相应的应急程序和控制措施，并指导员工运用，提高应变能力。

一、应急计划

应急计划包括：该项目组织结构图、应急小组、现场调查报告、汇报程序、相关人员和机构的联系电话、井场逃生路线图、简易交通图以及针对不同情况而编写的各种应急程序。

（1）应急反应工作的组织和职责。

（2）参与应急工作的人员。

（3）环境调查报告。

（4）应急器材、设备的准备。

（5）应急实施程序。

（6）现场培训及模拟演习计划。

（7）紧急情况报告程序联络人员的联络方法。

（8）应急抢险的防护设备、设施布置图。

（9）现场及营区逃生路线图。

（10）简易交通图等。

二、临时雇员

临时雇员是指被雇用的编制以外的临时工作人员。入场前要进行简短的 HSE 培训，例如入场须知，告知井场可能发生的事故。熟悉井场应急设施如消防设施配置图，井场内存放的易燃易爆、腐蚀、有毒、放射性等危险品的位置，熟悉井场逃生路线图，一旦接到报警，按规定的方向行进，速到紧急集合点待命以便清点人数。井场管理人员认真做好属地管理，对临时雇员实施全程安全监管。

第二节　报　警

一、类型

（一）火灾及爆炸

（1）最早发现火情的人应高声示警，并迅速赶赴报警点发出火灾警报。

（2）火灾应急抢险队员立即赶赴火灾现场，由现场应急小组负责人根据火情拨打"119"火警电话，并说明火情类型、行车路线，同时通知甲方监督。

（3）断开着火区电源，实施灭火。

（4）救护人员准备急救用具待命，无关人员疏散到安全地带。

（5）若火势严重超出现场的控制能力，应向上级汇报，同时采取控制和隔离的方法等候专业消防队员来救火，并安排人员到岔路口指引消防车的行车路线。

（6）火被扑灭后清理现场，写出火灾事故和险情处理报告。

火灾及爆炸应急程序如图 10-1 所示，火灾及爆炸应急抢险程序如图 10-2 所示。

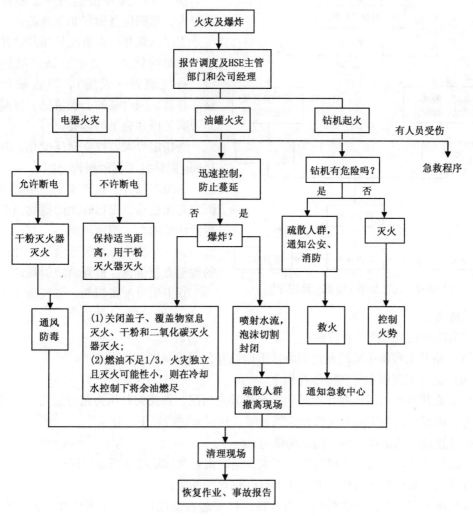

图 10-1　火灾及爆炸应急程序图

（二）井涌、井喷

（1）目击者一旦发现井涌、井喷险情，应立即报告当班司钻，发出信号。报警信号为一长鸣笛，长鸣笛时间在 15s 以上。各岗位听到报警信号后迅速赶赴各岗位指定地点，听从司钻统一指挥。迅速按规定程序控制井口，同时场地工立即报告钻井工程师和应急小组，全队处于紧急状态。

（2）听到报警信号或报告后，应急小组应立即赶赴现场落实关井情况，研究处理措施，营区其他人员迅速到集合点待命。应急小组长将情况通报外方监督和油田应急小组。

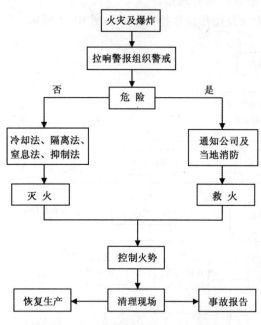

图 10-2　火灾及爆炸应急抢险程序图

（3）根据求得的压力，由钻井工程师确定压井钻井液密度和压井方法。

（4）平台经理根据钻井工程师的技术要求，组织监督做好如下准备：

①组织钻井液人员配足压井钻井液。

②组织钻井人员检查钻井液循环系统、排气装置（设施），回收钻井液线路、容器，两台泵的上水情况、保险阀等是否满足压井施工的需要；

③指定专人监视立套压变化，并每隔 15min 向钻井工程师报告一次；

④组织钻井工检查 4 条放喷管线，看固定有无松动，出口有无障碍物，有无在附近活动的人，测定风向；

⑤安全员检查氧气呼吸器，并把能用的搬至方便位置，检查消防器具；

⑥卫生员准备担架、氧气袋、急救箱到井场待命；

⑦全队其他员工到井场待命。

（5）钻井工程师在情况允许的条件下向钻井公司或调度室汇报。

（6）钻井工程师主持实施压井作业。

（7）在压井准备或压井作业过程中出现异常情况，致使关井压力超过最大允许关井压力值时，则根据已测定的风向选择管线放喷，这时须进行以下程序：

①停止动力机工作，停止向井场供电；

②组织非当班人员在各路口设立警戒，同时由近及远地疏散当地居民；

③当班人员卡牢方钻杆死卡，并用⅞in 钢丝绳绷紧；

④当班人员接好消防水管线正对井口，接好通向防喷四通的注水管线（注意带单向阀）。

（8）含硫气田应在井场入口处安置 H_2S 检测设施。

（9）落实充足的供水源。

（10）向上级调度室汇报，请示上级救援。

井喷、井涌应急程序如图 10-3 所示。

井喷失控及着火应急程序如图 10-4 所示。

（三）H_2S

（1）一旦 H_2S 探测仪或录井仪器发出报警，立即通知司钻，并发出 H_2S 警报信号（鸣喇叭或电铃）。

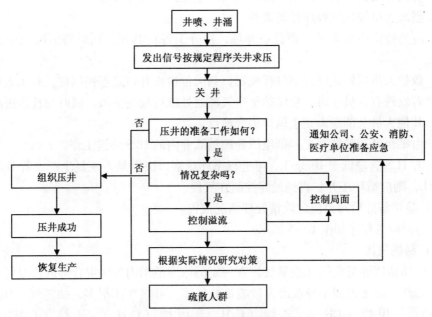

图 10-3 井喷、井涌应急程序图

（如井喷、井涌过程中发现有 H_2S 气体，则启动 H_2S 应急程序）

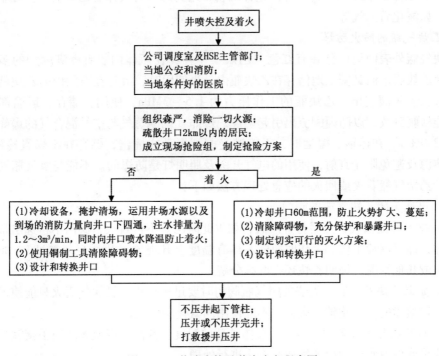

图 10-4 井喷失控及着火应急程序图

（2）听到警报信号后立即戴上防毒面具或正压式空气呼吸器。

（3）当班人员按规定程序控制关井。

（4）应急抢险小组人员立即赶赴井场，按分工各行其职，同时将情况向甲方监督通报。

（5）救护人员戴好正压式空气呼吸器，到岗位检查井口是否控制住，有无人员中毒。

（6）若发现有人员中毒，立即抬至空气流通处施行现场急救，同时与挂钩医院联系。

（7）其他人员全部撤离到上风口集合地点。

（8）由平台经理和钻井工程师组织处理消除井内的 H_2S 外逸工作。

（9）若 H_2S 含量低于 $10mg/L$，可进行循环观察，决定是否恢复生产，若 H_2S 含量高于 $10mg/L$，则应循环压井，直到最终控制住气侵。

（10）险情解除后写出应急险情处理情况报告。

H_2S 防护应急程序如图 10-5 所示。

（四）易燃气体

可燃气体指能够与空气（或氧气）在一定的浓度范围内均匀混合形成预混气，遇到火源会发生爆炸，燃烧过程中释放出大量能量的气体。可燃气体很多，如氢气（H_2）、一氧化碳（CO）、甲烷（CH_4）、乙烷（C_2H_6）、丙烷（C_3H_8）、丁烷（C_4H_{10}）、乙烯（C_2H_4）、丙烯（C_3H_6）、丁烯（C_4H_8）、乙炔（C_2H_2）、丙炔（C_3H_4）、丁炔（C_4H_6）、硫化氢（H_2S）、磷化氢（PH_3）等。钻井现场常用到的可燃气体有乙炔及一些可燃气体的混合物，如液化石油气等。

1. 乙炔气瓶的防火防爆

乙炔气瓶外表面呈白色并有红色"乙炔"字样，在瓶体内装有浸满丙酮的多孔性填料，能使乙炔稳定而又安全地储存在乙炔瓶内。当使用时，溶解在丙酮内的乙炔就分离出来，通过乙炔瓶阀流出。乙炔瓶的工作压力为 $1.5\sim3MPa$，使用、储存、运输都只能直立，不能横躺卧放，以防丙酮流出引起燃烧、爆炸（丙酮蒸气与空气混合气的爆炸极限为 $1.3\%\sim2.9\%$），在运输、搬运时，不能遭受剧烈振动或撞击，储存在干燥且冷的地方，要远离热源及避免阳光直射，使用的电气开关及照明灯是防爆的。不能与氧气瓶同车运输和储存。乙炔气瓶着火或回火的应急处理方法如下：

（1）迅速关闭乙炔气瓶的阀门。

（2）拧下连接仪表，然后打开瓶阀，如果此时乙炔不再着火，阀门不再逸出带烟或有异味气体，即可继续工作。工作时瓶壁不得有温度上升现象（用手反复测试），如果发现重新着火或其他情况，说明乙炔还在继续分解。

（3）如果乙炔着火后，无法关闭气瓶阀门时要迅速灭火。乙炔气灭火只能使用干粉式灭火器和带喷嘴的二氧化碳灭火器，不准使用四氯化碳灭火。

（4）对乙炔开始分解的气瓶，如瓶体外部的温度已升高，以至无法用手接触时，不得搬动，应采取用凉水连续冷却气瓶的方法进行处理。

（5）待火焰扑灭后，手可以接触瓶体时，应立即将正在分解的气瓶运到室外。如不能

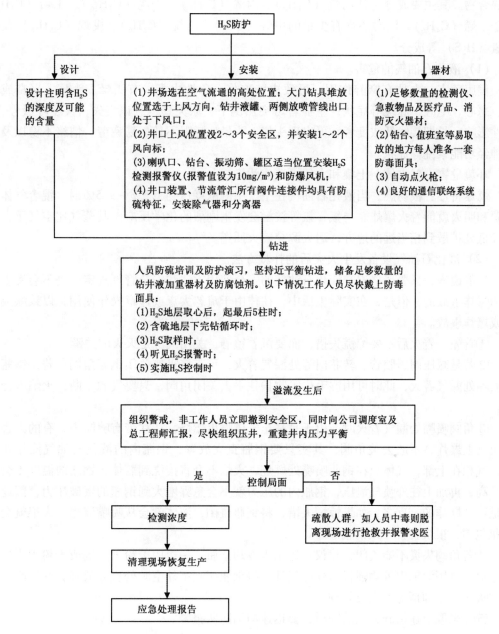

图 10-5 H₂S 防护应急程序图

将气瓶运到室外，而气瓶内未用完的气体仍在外逸，则应尽快清除周围火源（如火炉、烟火等）并打开门窗通风，防止室内发生爆炸。

2. 液化石油气的防火防爆

液化石油气是从石油的开采、裂解、炼制等生产过程中得到的副产品，是碳氢化合物的混合物。其主要成分包括丙烷（C_3H_8）、丙烯（C_3H_6）、丁烷（C_4H_{10}）、丁烯（C_4H_8）和丁二烯（C_4H_6），同时还含有少量的甲烷（CH_4）、乙烷（C_2H_6）、戊烷（C_5H_{12}）及硫化氢（H_2S）等成分。

（1）液化石油气的危害。

健康危害：本品有麻醉作用，可致皮肤冻伤。急性中毒：有头晕、头痛、兴奋或嗜睡、恶心、呕吐、脉缓等症状；重症者可突然倒下，尿失禁，意识丧失，甚至呼吸停止。慢性影响：长期接触低浓度者，可出现头痛、头晕、睡眠不佳、易疲劳、情绪不稳以及自主神经功能紊乱等症状。

环境危害：对水体、土壤和大气可造成污染。

燃爆特性：极易燃，当液化石油气在空气中的浓度达到 1.5% ~9.5% 时，混合气体遇热源和明火就能着火爆炸。与氟、氯等接触会发生剧烈的化学反应。其蒸气比空气重，能在较低处扩散到相当远的地方，遇火源会着火回燃。

（2）液化石油气设备发生火灾后的扑救方法。

一般说来，只要严格遵守液化石油气的安全使用方法和安全管理规定，是不会发生火灾和爆炸事故的，但是，在实际生活中，往往由于疏忽大意或违章操作使用，以致酿成火灾或爆炸事故。

①首先，着火后不要惊慌失措，而要沉着镇静，关闭气源是灭火的关键。

②若是减压阀、胶管、转芯门等处漏气着火，可直接迅速关闭钢瓶角阀；若是钢瓶角阀喷嘴处漏气着火，此时可用湿毛巾等物护住手去关闭角阀，只要气源一断，火焰就会熄灭。

③角阀喷嘴处漏气着火时，由于是高压气体喷出燃烧，往往带有啸叫声，有的人害怕钢瓶马上爆炸，不敢去关角阀，其实只要钢瓶直立放置，钢瓶内的液化石油气液相在下部，气相在上部，气体只在钢瓶喷嘴处燃烧，火焰不会直接烧到瓶体，钢瓶的温度不会很快升高，再加上往外喷气泄压，钢瓶内的压力就不会急骤增大到钢瓶的爆破压力，因此钢瓶是不会爆炸的。反之，如果惊慌失措，将钢瓶碰倒，液体就会从喷嘴流出，火焰就会将钢瓶包围，很快就会导致钢瓶爆炸。

④若角阀失灵不能关闭，建议一边用水冷却钢瓶，一边用干粉灭火剂或干粉灭火器将火熄灭，再用湿毛巾等物强行堵住漏气处，将钢瓶挪到室外空旷处直立放稳，并切断周围一切火源，立即请专业人员处理。

⑤在采取上述措施灭火的同时，要迅速向消防队报警。

（五）落水

落水后，落水者要大声呼叫。发现和救起溺水者后，应当立即开展现场急救工作，急救程序如下：

（1）判断溺水者有无意识。溺水者对轻拍、重唤无反应，表明其已丧失意识，急救人员应当立即在原地高声呼救。若有他人，先拨打急救电话，后参与现场抢救。

（2）急救体位。溺水者仰卧在坚硬平面上，如木板床上、地板上或背部垫上木板。

（3）打开气道。抢救者应将溺水者衣领扣、领带、围巾等解开，同时迅速清除溺水者口鼻中的污泥、土块、痰、涕、呕吐物等，以利呼吸道畅通。

①仰头举颌法：打开气道要在 3～5s 完成，而且在心肺复苏过程中，自始至终要保持气道畅通。

②腹部冲击法：适用于成人或儿童进行气道异物的排除。

对于意识清醒的异物阻塞气道的溺水者，可采用立位或坐位腹部冲击法来排除异物；对于意识不清的异物阻塞气道的溺水者，应采用卧位腹部冲击法。另外，如果抢救者身体矮小，不能环抱住清醒溺水者的腰部时，也可采用此法。

③控水法。控水是将溺水者呼吸道以及消化道里的水排出，并保持呼吸道畅通，以便进行人工呼吸，利于溺水者恢复呼吸或者心脏复苏。千万不要因控水时间延长，延误了抢救的时机。控水有腿上、背上和抱腹等方法。

（4）人工呼吸和胸外心脏按压。在保持气道畅通的情况下，抢救者用脸贴近溺水者的口鼻，采取"一看、二听、三感觉"的方法，必须判断溺水者有无自主呼吸。要求：判断有无呼吸要在 3～5s 完成。若无呼吸，应立即做人工呼吸。

触摸颈动脉来判断有无心跳。触摸颈动脉时间不少于 5～10s。若无心跳，应立即做胸外心脏按压。

若呼吸和心跳都停止，人工呼吸和胸外心脏按压应同时进行。

（5）应用有关急救药物。

（6）酌情转院。

（六）弃井

（1）发出声音警报。

（2）防护钻机的重要人员戴上防毒面具。

（3）通知非必要人员暂时撤离到安全地带。

（4）停止作业，关井。

（5）撤离所有非必要人员。

（6）准备进行在紧急情况下的弃井。

（七）解除警报

应急警报解除的前提是危险完全消除，生命和财产完全脱离危险，应急行动已经没有必要，才可以解除应急状态。险情单位应急状态解除指令由第一责任人发出，发出指令后方可解除。

应急警报解除程序（火灾、硫化氢、井控）：

（1）现场 HSE 小组确认隐患完全消除。

（2）报告上级 HSE 小组。

（3）上级 HSE 小组下达解除指令。

（4）现场 HSE 小组第一责任人向现场当班司钻下达警报解除指令。

（5）当班司钻发出解除警报信号。

（6）恢复生产。

二、采取行动

（一）清楚应急设备及人员聚集区的位置

应急演练是应急计划能够得到有效实施的前提。任何应急计划均需要采取实际行动，进行定期的实地演练，而不应只停留在纸面上、口头上和会议上。通过应急演练，使员工了解应急计划、应急程序的具体内容，清楚应急设备、紧急通告和人员聚集区的位置，掌握必要的应急技能，以确保在发生紧急情况时能够有效控制险情，减少伤害。

员工在应急行动中至少要掌握以下内容和技能：

（1）分工及职责。所有员工都应熟悉自己及工作配合人员在应急行动中的分工和职责。

（2）逃生路线图。突发重大事故、事件后，由于处在弱势地位，员工除了抢救身边的伤者这个首要任务外，最重要的任务不是救灾抢险，而是逃生。这就要求事先应熟知现场逃生路线，所以每个员工一定要利用各种安全活动之机，首先学习掌握逃生路线；应急演习的重要任务也是熟悉这条逃生路线。

（3）人员聚集区（紧急集合地点）位置。紧急集合地点是逃生路线的终点。它的重要作用体现在：紧急疏散后，集中到此地，便于应急指挥部门点名，核实员工人数，如有缺员，立即寻救。

（4）应急设备的位置与使用方法。发生突发事件后，要尽快并有效地使用应急设施，这是减小险情与伤害影响的必要条件。因此，应了解紧急报警系统，如手摇报警器、消防器材、正压式空气呼吸器、防毒面具、急救箱及（卫星）电话等设备的位置，并能够正确使用它们。

（5）常用的急救方法。在专业医生到达之前，现场人员应尽可能地为伤病者提供帮助，而这些帮助必须符合正确的操作方法。因此，掌握触电、机械外伤、烧烫伤、中暑、中毒等常见的急救方法是非常必要的。

（二）清楚应急联系信息的位置

发生突发事件后，作为第一发现人，首先要发出警报并向直接领导汇报，因此，必须清楚不同紧急情况下的应急联系信息的位置、警报方式、信息传递途径等。

人们要随时留意井场营地门口公告牌及餐厅会议室公告牌上的禁忌通告信息，以了解现场工作所存在的危险性。

第十一章　钻井现场环境保护

第一节　概　　述

随着石油工业的发展，由钻井带来的污染问题也越来越受到人们的重视。石油钻井作业是整个油气田勘探开发系统工程中的一个子工程，与系统中其他各项工程相比，外排废物中的各种有害成分含量变化较大，且受地点、钻井液使用情况、钻井生产过程中其他外排物等因素影响较大。而且，在钻井过程中产生废水、废渣、废气、噪声污染，因其不在人口集中的城市，更是环境保护中的薄弱环节。

油气勘探过程中，钻井可能形成的污染主要有以下几种形式：

（1）废水（污水）对环境的污染。钻井中循环用水，清洁设备、工具用水，发电机冷却用水，生活用水汇积形成钻井污水。其成分包括各种化学物质，对周围环境造成污染。

（2）钻井液污染。钻井施工过程中循环、压井液材料，含有大量的碱、盐、酸类化学物质。当钻井施工完成后，处理不当会对周围环境造成污染。

（3）废渣的污染。钻井废渣主要有钻井岩屑、井下作业施工所产生的工业废渣、井喷事故处理产生的废渣、生活固体垃圾等。钻井过程中的废渣，现场基本无法达标处理，是主要的环境污染源。

（4）废气污染。钻井过程中的废气主要有两类：一是大功率柴油机排放的废气；二是钻井井喷引起的天然气中含硫物质或油气放喷燃烧后的废气污染。

（5）噪声污染。钻井过程中的噪声主要是大功率柴油机噪声、井喷噪声、放喷噪声等。一般均超过规定的噪声标准而对环境造成污染。

（6）钻井中油、气泄漏（事故），硫化氢及伴生盐水对环境的污染。

一、修建井场时的一般要求

（1）选择井场位置及专用公路时，要最大限度地保存原有树木、灌木、农作物、草原，避免不必要的砍伐和毁坏。

（2）保护用地和井场院周围的树木、花草及其他有生命的植物免受破坏。

（3）选择井场要尽可能避开人口稠密的城镇、学校、医疗区及食品企业。若不能满足上述要求时，可采用钻定向井或丛式井的方法。

（4）如果可能的话，把耕地300mm地表土移开，另处堆积存放，用原木碎石建筑井场和道路，待完井复耕时放回原处。

（5）修筑井场和道路应防止原有的排水道被堵塞，井场四周及道路两旁应根据地形开挖合适的雨水排水沟，绝对不能与作业场内的污水沟相连通。

（6）修筑污水处理系统，包括钻屑池 ｛深度≥2.5m，容积≥〔0.3（m^2/m）×井深（m）〕｝、污水池 ｛深度≥2.0m，容积≥〔0.8~1.0（m^3/m）×井深（m）〕｝、污水沟及污水处理设备等。

（7）必要时用不渗透的材料给污水池或污水沟加衬，使污水沟和污水池能防渗漏和垮塌。

（8）提供合适的储存池或储罐，可选用钻井废水处理装置处理废水。

（9）提供合适的垃圾处理，垃圾燃烧池（2m×2m×2m）或联系工区附近垃圾场；原油燃烧池，容积100m^3；粪便积存化粪池，容积为100m^3并加盖；生活污水池，容积为100m^3。

（10）所有地面水（下雨或冲洗）应沿着井场和营区排放，不让水进入井场，从而使井场免受水涝之害。

（11）把雪清除到一个在融雪期后排走雪水的地方，使地面免受损坏。

（12）落在井场和营区的所有雨水排到大水池，以便于进入当地的地表水系统。

二、钻井施工期间的环境管理要求

（1）钻井材料和油料要集中管理，减少散失或漏失，对被污染的土壤应及时妥善处理。

（2）所有燃料、油、润滑剂、钻井液处理剂、水泥和水泥添加剂都要放在合适的罐中或包装箱和材料房内。

（3）毒性化学处理剂应当贴有醒目的标记。

（4）备用钻井液可以存放在钻井液储备罐内（一般有120~200m^3储备罐）。

（5）钻机废料如用过的机油、废油、润滑油等，应存放在合适的容器中，回收再利用。

（6）所有钻井液化学处理剂和材料，应由专人负责严格管理，防止破损和由于下雨而流失。有毒化学处理剂除必须设明显标志外，还要建立收发登记制度。

（7）凡是井场不用的钻井液，二、三次开钻替换的废钻井液，必须妥善储存，防止流失造成污染。

（8）井场使用的油料要建立保管制度，经常检查储油容器及其管线、阀门的工作状况，防止油料漏失而污染环境。

（9）设备更换的废机油和清洗用废油，应集中回收储存，严禁就地倾倒。

（10）井场和井场用地应保持无废料和杂物。所有废物、杂物和垃圾应放在合适的容器中，以便最终做适当的处理。

（11）所有暂时不用的设备应当存放起来并保持整洁。

（12）必要时对井场用地应做常规检查和维护，以控制尘土和控制排水。

（13）任何溅出物都要立即收拾，并清理干净。

（14）积存的废物要从井场运走，送到经过批准的其他地方处理。

（15）剩下或多余的物品要送回供应站。

（16）多余的混合水或水泥浆应排放到污水池内。

（17）所有钻井液化学处理剂和材料都应保持整洁和堆放整齐，并且置于容易送至钻井液配制漏斗工作台的位置。

三、井内流体的处理和利用

（1）测试时产出的油收到罐内。

（2）用罐车把油从井场拉到当地炼油厂加工，或送到一个经过批准的场所处理掉。

（3）测试时产生的气体在燃烧池内点燃烧掉。

（4）测试时产生的水收到罐内，把油从水上撇去，化验达到排放标准后将水排放到土地里。

（5）所有收集和输送油、气、水的管线在使用前都要做压力试验，减少外溢的危险。

（6）任何外溢的油、气、水都要收集起来，并立即清理干净。

（7）要适当筑堤和开沟，以便收集井场上溢出的任何钻井液和化学处理剂，首先应考虑避免溢出。

（8）任何溢出的钻井液都应用沟或其他方式回收到钻井液池中。

（9）在规定允许的情况下，通过把相同的钻井液泵入两层套管环形空间的方式来处理过量的钻井液。

四、完井后的环境管理

完井后的井场，由原施工单位移交有关单位管理，井场的环境必须达到接受单位的要求。移交前，应采取以下环境保护措施。

（一）井场的清理

（1）施工完成后，做到井场整洁、无杂物，地表土无污染。

（2）完井后，钻机设备撤离现场或清洁整齐地堆放到井场一边或其他允许的场地。

（3）井场和井场用地内的任何垃圾、废油或其他废料都应清理干净。

（4）大、小鼠洞裸眼应合适地充填或填塞，圆井应充填或有合适的盖子。

（5）燃烧坑和钻井液池应完全填平，表面覆盖300mm厚的净土。

（6）拆除木板路，搬走井场上留下的一切东西。

（7）复耕时，农田应恢复，以便准备立即种植，包括整平、松土、排水、灌溉、施肥。

（二）废屑、废液的清理

钻井作业完成后，可根据地区、周围环境的要求和实际情况来处理钻井液池里的废屑和废液。可按下列方法之一或几种合并起来进行，但不限于此。

（1）条件许可时，可把钻井液泵入井内的表层套管与中层套管或生产套管间的环形空间里。

（2）用适当的回填方式把钻井液埋于某个地面窄沟中。

（3）把钻井液洒到指定区域的地面上，待其晾干后犁掉或耙起埋入地里。

（4）钻井液不适合于在地面处理时，应运到合适的场地进行处理。

（5）可让钻井液在池中蒸发，池子干后应适当回填和修复，不渗透的池子衬料应取出。

（6）完井时可把钻屑和钻井液等埋在钻井液池内，用至少300mm厚的净土盖上。然而，废油、化学处理剂等具有污染和毒害的物质不能埋在钻井液池内，要运到其他地方进行加工处理。

五、营地环境保护

（一）营地保护

（1）在保证需要的条件下，应利用自然的或原有的开辟地来设置营地以减少对环境的影响，营房周围挖一条宽300mm、深300mm的隔离沟，并用铁丝网将井场和营房围住。

（2）保持营地内的清洁，不准乱扔废物。

（3）处理废物时应避免污染地表水和地下水。

（4）在工作中和工作后，不能留有任何能产生危险的废料。为安全起见，不鼓励当地人到井场或营区来收垃圾和废料。

（二）淡水保护

（1）地下淡水层的保护应当遵照施工所在国和当地政府的法令和规定。

（2）应筑堤和开沟以防止场地周围表层淡水源被污染。

（3）如果钻井作业时使用淡水塘或湖水，要把泵和发动机置于合适的位置上并安装好，以防止漏油污染水源。

（4）绝不能让钻井液里的盐或微咸水流到邻近的地里、进入溪流或渗入浅层淡水砂层。

（5）供钻井作业用的水井应加栏杆和井盖以防止污染，这些水井报废时应回填或封闭。

（三）空气质量管理

（1）钻进中发现地层有可燃气体或有害气体产出时，应立即采取有效措施防止气涌井喷，并把可能产出的气体引入燃烧装置烧掉。

（2）燃烧装置应设置在钻机主导风向的下风侧，离钻机应有一安全距离。

（3）所有燃烧火炬及排气作业应遵守施工所在国和当地政府的法律和规定。

（4）可能造成严重烟雾或有刺激臭味的材料不应燃烧处理。

（5）应当根据要求在有控制的条件下燃烧，指定专人负责监视火情，使其置于控制之下，直到燃烧完毕为止。

（6）凡燃烧时会进出微粒造成污染的东西，或燃烧时间长，会对人、动植物和财产构成损害的东西，都不准燃烧处理。

（7）如果井场靠近城市、村镇、人口稠密区建筑物，燃烧装置点火时应特别小心，要考虑当时的风向和其他因素，并经过演习，指定专人监视火情。

（8）对产生颗粒性粉尘污染的作业，如注水泥、配制加重钻井液等，应采用密闭下料系统，防止粉尘污染井场环境。

（四）环境卫生

（1）在野外施工现场不准乱扔废物，乱倒废油、废液。

（2）应提供浴室和水冲式厕所，现场的使用人员应保持其清洁和卫生。

（3）在边远地区打井时，应配备处理饮用水、处理污水以及烧尽废料的特殊设备。

（4）所有垃圾都应收集并暂时放在合适的容器中等候处理。可按下列方法之一进行处理，但不限于此。

①运送到经过批准的垃圾集中场所；

②在井场处理池内烧掉或填埋，并用土掩盖。

（5）在处理垃圾时避免招惹蝇、鼠。

（五）野生动物保护

（1）减少施工对当地野生动植物的影响。

（2）不允许破坏动物巢穴、捕猎和有意骚扰野生动物。

（3）只有当野生动物威胁到人的生命安全且所有威吓方法均无效时，方可将其杀死。

（4）禁止从当地猎户手中购买猎获的野生动物。

（5）在可能情况下，要装上适当的保护设施，如用栅栏或其他方法，以防止野生动物或其他动物进入钻井液池或其他危险区域。

六、部分国家关于钻井现场环境保护的规定

（一）美国钻井现场环境保护的做法

美国有关钻井现场环境保护的法规有《资源保护与回收条例》（RCRA）及《职业安全与健康标准》（OSHA）。国际石油公司在钻井市场合同书中，多数采用美国环境保护法律和法规。

美国钻井现场环境保护的做法：井场周围的灌木在钻井作业时，一律用塑料膜罩起来，以防发动机排烟造成污染。地表生植层30cm厚泥土，用推土机堆积井场一角（加拿大在大港项目中，表土层按15cm上下两层分别堆积），其目的是土地复耕时返回。

表土推开后用碎石铺垫井场和道路，厚度50cm，碎石层铺平压实，钻机基础采用方木（3000m钻机），正常钻井作业工业废水，一律回收储存，用罐车运出由污水处理厂处理，钻屑用翻斗车运往工厂烘干装袋，投入废矿坑或空投公海（但需环保部门认可），钻井作业完井后搬出设备、基础以及碎石，原地灌水检验油污，水面油膜收集测量，标准是$3mg/m^2$。不达标准由承包商治理，达标后把生植层表土返回整平，适当施肥达到恢复耕种水平。

中国大庆井控培训中心

美国、加拿大对钻井井身结构设计的套管层系，各州有不同规定，导管深度、技术套管下深、尾管悬挂部位水泥密封状态等，一律由环保机构控制（加拿大由节能局控制），对于地质报废井封井的方法，也有统一规定，有打水泥塞或桥塞式封堵器两种方法。用水泥塞封井要注四个水泥塞，即：钻探目的层中点上下各50m，技术套管鞋上下各50m，在表层套管鞋（射开技术套管）上下各50m，井口割掉套管头向下注50m水泥塞。

（二）其他国家钻井现场废物处理

苏丹：采取平地深埋方法，废钻井液池深度6m，完井后所剩钻井液及钻屑统统深埋，钻前工程由甲方设计和选择钻前工程公司施工，在开钻前施工完毕，甲方按设计规格和质量验收。印度尼西亚也是如此。

泰国：钻井液废弃物通过振动筛的一次净化，残留物甲方雇用民工背走转移，烘干铺垫道路，或投入低洼处。

中东国家：埃及、沙特阿拉伯、也门、卡塔尔等国家，由于气候特别干燥，气温高达40~50℃，采取污水蒸发，废渣填埋方式。

委内瑞拉：地理、气候条件十分优越，环境优美，环境保护十分严格，钻井液两次过筛残留物转移排放，甚至生活污水和冲水马桶污水分别积存和排放，其费用由甲方支付。

意大利：钻井液中污染物的有害成分，必须提炼分离出来后排放，据考察，意大利钻井现场的污水处理设备规模超过钻井装备规模。

第二节　废弃物管理

钻井生产过程中及完井后产生的大量废弃钻井液、岩屑堆置在井场，对环境造成重大的潜在危害和风险。目前，多数陆上钻井废弃钻井液和岩屑堆置在钻井现场，这一处置方法严重制约了油田环境保护工作的开展，已成为当前油田急需解决的重大环保问题之一。

一、废弃物类型

通常情况下，石油钻井作业过程中产生的废弃物以废弃钻井液和钻井废水居多，遇有特殊作业可能产生少量的有毒废弃流体，如有机烃、酸液、高盐流体等。由于这部分废弃流体在废弃物总量中仅占很少部分，一般不大于5%，现场大多将其排往废钻井液储池，部分有特殊环保要求的井场将这类废弃流体运往指定地点进行处理。

（一）废弃钻井液

1. 废弃钻井液的成分

钻井液是石油和天然气钻井过程中必不可少的物质，为达到安全、快速钻井的目的，使用了各种类型的钻井液添加剂，而且随着钻井深度的增加和难度的加大，钻井液中加入的化学添加剂的种类和数量也将越来越多，使得其废弃物的成分也变得越来越复杂，危害也将越来越大。废弃钻井液从其组成来看，主要有黏土、钻屑、加重材料、化学添加剂、无机盐、油的多相稳定悬浮液，有较高的pH值。导致环境污染的有害成分为油类、盐类、杀菌剂、某些化学添加剂、重金属（如汞、铜、铬、镉、锌及铅等）、高分子有机化合物生物降解产生的低分子有机化合物和碱性物质。

2. 废弃钻井液对环境的影响

废弃钻井液对环境造成的影响主要表现在：

（1）对地表水和地下水资源的污染；

（2）导致土壤的板结（主要是盐、碱和岩盐地层的影响），对植物生长不利，甚至无法生长，致使土壤无法返耕，造成土壤的浪费；

（3）各种重金属滞留于土壤，会影响植物的生长和微生物的繁殖，同时因植物吸收而富集，危害到人畜的健康；

（4）对水生动物和飞禽的影响（化学添加剂和生物降解后的某些产物）。

研究证实，钻井液中的铬、铅、砷、镉、苯、氯化物及其他成分对人的健康和环境的损害最大，如聚合物会使废钻井液的化学需氧量（COD）增加、重金属离子铬为致癌物质等。

对部分废弃钻井液的调查分析表明，污染指标（总铬、六价铬、总汞、总砷、总镉、总铅、COD、石油类、pH 值）中多数高于国家标准规定的污染物排放限度。根据国家环保局规定，废弃钻井液中的铬、汞、砷等重金属为第一类污染物，它们能够对环境、动植物以及人类直接产生不良影响。特别是废弃钻井液中含有大量的铬，其六价铬比三价铬毒性高 100 倍，并且易被人体吸附和蓄积。漂浮在水体表面的油直接影响空气与水体界面氧的交换，分散在水中的油被微生物氧化分解消耗水中的氧，致使水质恶化。

（二）钻井废水

1. 钻井废水的来源

钻井污水是在钻井施工过程产生的，由钻井冲洗水、振动筛冲洗水、钻台和钻具机械设备清洗水、废弃钻井液池的清液、柴油机排出的冷却水及井场生活水组成。钻井污水的主要污染物是石油类、钻井液添加剂（如铁铬盐、褐煤、磺化酚醛）、硫化物、酚、悬浮物等。

2. 防止水污染措施

（1）钻进中遇有浅层淡水或含水带，下套管时应注水泥封固。防止地下水层被地层其他流体及钻井液污染。

（2）井场周围应与毗邻的农田隔开，不让井场内的污水、污油、钻井液等流入田间或进入溪流，以防场外表层淡水源被污染。

（3）采用气冲洗钻台、钻具，最大限度地减少污水量。若用水冲洗钻台、钻具、清洗设备的废水已被油品、钻井液污染，不得直接排出井场，应引入污水储存池，经净化处理后，可再供冲洗钻台或配制钻井液用。

（4）动力设备、水刹车等冷却水，要循环使用，节约用水。不能循环使用的，要避免被油品或钻井液污染。

（5）不得用渗井排放有毒污水，以免污染浅层地下水。

（6）加强对生活垃圾的管理，对排出的废水必须进行达标排放处理。

（7）经治理后的钻井污水必须达到（GB 8978—1996）《污水综合排放标准》一级标准，否则，不予排放或回注。

（三）其他废弃物

其他废弃物包括钻井工程施工产生的废弃管材、钻杆、套管、零部件、废容器、废塑料、废水泥、废电池、包装袋、办公垃圾和生活垃圾等。

（1）施工现场的工业垃圾分类存放，能够回收利用的回收再利用，不能回收利用的，集中存放至指定位置。

（2）施工现场产生生活垃圾，排放到指定地点，场所搬迁后进行填埋。

（3）其他办公类固体废物，分类收集、储存，统一回收处理。

（4）对于自己无法处理的危险固体废弃物，先自行妥善存放，寻找委托其他有资质的单位处理。

（5）运输固体废物或液体废弃物的运输方，必须采取防扬散、防流失、防渗漏或其他防治污染环境的措施。

二、废弃物的正确保存方法

过去数十年来，石油天然气界采取各种措施尽量将钻井产生的废弃物降至最低限度，以便更好地保护环境和公共安全。钻井作业者采用有利于环境的三级废弃物处理方法来处理钻井废弃物。

（一）尽量减少废弃物

在一个环境敏感地区勘探开发石油，如何把钻井废弃物对环境的影响降到最低限度呢？

作业者应尽可能地调整钻井过程或置换适当的钻井液，使钻井过程产生的废物最少。这样既为作业者减少污物处理成本，又更有利于环保。

钻井废弃物减量方法一般包括定向井、小井眼井、使用少量钻井液的钻井技术、使用对环境影响小的钻井液和添加剂（合成基钻井液、新型钻井液体系）以及改变加重剂。

（1）钻井液转化水泥浆技术：充分利用了"两废"资源——工业废料高炉水淬矿渣和废弃钻井液，并在钻井液功能上转化出水泥浆功能。它是在原有钻井液基础上添加不多的水淬高炉矿渣或其他可水化材料，基本上不影响钻井液的滤失性、润滑性、流变性、携岩能力及密度等性能。它不仅能大幅降低固井成本，还为减少废弃钻井液的污染提供了全新思路。

（2）套管钻井技术：作为一种正在发展中的新技术，套管钻井可同时进行钻进、下套管和评价井作业。套管钻井的优点是：钻机和作业效率高，事故少，省去划眼与倒划眼，燃料消耗低，减小了狗腿和井斜。通过缩小井眼直径可减少钻井液和注水泥的数量和费用，可使钻井时间缩短32%。

（3）提高钻井液固相控制系统的处理效率：钻井液固相控制系统包括振动筛、除砂器、除泥器以及离心机，使用高效振动筛以及高速离心机可大大提高钻井液中固相物质的去除率，从经济角度分析，提高固体控制系统效率，可减少钻井液稀释和废弃钻井液处理所用的资金。现场测定表明：若固相控制系统的处理效率从 0 提高到 5%，则含量 4% 的低密度固体可减少 83%，从而减少钻井废弃物的量。

（4）使用少量钻井液的技术：在选定的地层中，可以使用空气或其他气体通过钻井系统循环作为钻井液来进行钻井。气体钻井不需要和传统钻井一样的地面大储存池。因而，这种钻井技术可以在环境敏感地区使用。

（5）使用环境影响低的钻井液和添加剂：钻井废弃物对环境的危害性大小主要取决于所用的钻井液及其添加剂的类型。因此，积极开发并尽量选用低污染或无污染钻井液及添加剂，是从根本上治理钻井液污染的首要措施。这主要包括甲酸盐基钻井液完井液体系、聚丙烯乙二醇体系、新型 DAP 聚合物钻井液、甘油聚合物钻井液、MCAT 阳离子聚合物水基钻井液、酯基钻井液体系等。上述钻井液体系的毒性较低，容易自然降解，适用于环境敏感地区。

（6）改变加重剂：使用环境友好型的产品替代钻井液中的关键组分能够减少潜在的有害物质对于环境的负荷。例如，使用钛铁矿粉代替重晶石粉作钻井液加重剂，可以减小对环境的影响，以满足未来更高的环保要求。

（二）将已经降至最低限度的钻井废弃物尽可能地循环再利用

钻井废弃物再回收和再利用包括重复利用钻井液、道路撒播、岩屑用于建筑目的的重新使用、岩屑湿地恢复、含油岩屑作为燃料使用。将用过的油基钻井液和水基钻井液循环再利用，应尽可能回收给供应商或保存，最大限度地减少钻井废弃物的排放量。

当井与井之间的距离比较近时，可将上一口井完井后经过处理的钻井液用于下一口井的钻井生产。这种方法可减少废钻井液外排，降低钻井液使用成本。该法常用于进行规模开采的油田中，井位比较分散的油田不能采用。处理后的岩屑可用于填充材料、垃圾填埋场日常的覆盖材料、混凝土、砖或石板制造的填充料或骨料，岩屑也可现场利用制作建筑材料，也可运送到储存场另作他用。

（三）以合法的方式处理不能再循环利用的钻井废弃物

如果钻井现场产生的废弃钻井液和岩屑没有回收利用的价值，那么可以采取最后无害化的方法进行处置，主要技术方法如下：现场填埋（循环池、垃圾填埋场）、陆地应用（陆地耕种和陆地撒播）、生物修复（堆肥、生物反应器、蚯蚓养殖或培植）、排海、商业设施集中处置、钻井液回注安全地层、盐洞、热处理、焚烧（油基钻井液）、热解吸作用（含油钻井液或油基钻井液）等处置方法。但在处置之前，必须将所有废弃物放入指定容器内，不能有泄漏、渗透及抛撒现象。

（1）一般废弃物储存，应符合下列规定：

①储存地点、容器、设施保持清洁完整；

②不得有废弃物飞扬、逸散、渗出、污染地面或散发恶臭。

（2）资源垃圾回收储存场所，除应符合前条规定外，并应符合下列规定：

①储存容器、设施依所存放的资源垃圾种类分别储存，并以中文标示；

②将完成分类的资源垃圾置于分区储存格；

③储存区应采取必要措施，以防止完成打包的资源垃圾发生掉落、倒塌或崩塌等。

（3）一般废弃物的储存设施，应符合下列规定：

①设置有防止地面水、雨水及地下水流入、渗透的设备或措施；

②由储存设施产生的废液、废气、恶臭等，应设置收集或防止其污染地面水体、地下水体、空气、土壤的设备或措施。

（4）资源垃圾回收储存场所的储存设施，除应符合前条规定外，并应符合下列规定：

①回收的废照明光源应储存于具有足以防止非意外破损的坚固分区储存设施或容器；

②设置计量设备，并每日按资源垃圾类别分别记录质量，记录应保存一年，以供查核；

③资源垃圾如有可能飞散，则需设置围墙或其他防风、挡风设施；

④设置必要的消防设施。

（5）一般废弃物的储存容器置于户外者，其设施应符合下列规定：

①不泄漏污水；

②不发生腐败臭味；

③可防止雨水渗入；

④可防止猫狗觅食的设备或措施；

⑤可配合一般废弃物的清除作业；

⑥其他经主管机关或执行机关规定者。

（6）危险废弃物储存。

油漆溶剂、螺纹脂、螺纹清洗剂和电池等危害物品应分类收集、标注、处理和废弃，并应保管储存在固定区域或密封容器内，不应与其他物品混合。

①危险废弃物储存设施都必须按 GB 15562《环境保护图形标志》的规定设置警示标志。

②危险废弃物的储存设施周围应设置围墙或其他防护栅栏。

③危险废弃物的储存设施应配备通信设备、照明设施、安全防护服装及工具，并设有应急防护设施。

（7）易燃废弃物储存。

①易燃废弃物（如油漆和废有机溶剂）必须放进指定的易燃废弃物垃圾桶。

②易燃废弃物容器在每次交班前必须倒空。

③用过的废油必须放进专门的废油桶里，并根据相关法规进行处置。

（8）规定的生物毒害废弃物必须根据相关法规要求进行处置。

（9）含石棉的废弃物必须按相关法规要求进行处置。

（10）装载液体、半固体危险废物的容器内须留有足够空间，容器顶部与液体表面之间保留 100mL 以上的空间。

（四）雇员职责

环境保护是油气作业者的责任，防止废弃物造成的环境污染则是钻井作业人员应尽的义务。作为钻井现场环境保护工作的落实者，应履行以下职责：

（1）应了解作为石油工业主体的油气田勘探开发过程所产生的废弃物对环境的影响程度。了解钻井废水和废弃钻井液等排放物的各种组分在生物圈内运移时会产生不同的效应。

（2）应了解环境保护法令及废弃物处理规定。

（3）要具备必要的环境保护意识，自觉保护环境，尽可能减少污染，及时用新的技术和方法代替过时的、陈旧的技术和方法是提高钻井现场环保管理水平的技术保证。

（4）正确处理生产与环保、经济效益与社会效益的关系，像关心生产一样关心现场环保工作，像抓生产一样抓好现场环保工作。

（5）严格按照环保与废弃物处理要求进行作业，做到分类存放、安全处理，不随意排放，尽可能减少污染，减少治理赔付损失。

①业主（甲方）、钻井承包商和服务人员应共同负责对井场用料的清理和废弃，业主（甲方）对清理现场负有最终责任。处理的材料包括化学品、建筑材料、配电盘和其他废弃物等。

②盛装化学剂的桶或袋上应标记化学剂的成分、安全使用及运输注意事项。未用化学剂应返回到供应商或交回保存。

③未用完的化学剂应保存到原容器，包装密封完好以防止泄漏，以便下次继续使用。

④盛装原材料的空桶或容器应按规定进行处理和废弃，也可返回给供应商或送到有关专业公司进行清洗处理。

⑤废弃钻井液、钻井岩屑应按照当地政府的规定进行处理和废弃，某些特殊类型的钻井液也可运输到其他井场再次使用。危险化学品运输与控制应按照国务院令第591号《危险化学品安全管理条例》执行。

⑥钻井液池液体和固体应处理回收；同时，应在规定的时间内封闭钻井液池，并且所有处理应符合当地政府规定。土地使用者宜参与现场处理，根据需要可对钻井液池液体和固相淤泥取样，制作备忘录。

⑦可采取多种方法对钻井液池的液体进行处理，包括环空注入法、自然蒸发或设施蒸发、掩埋、地面洒播或许可性排放。钻井液池的固相，常规的处理方法是掩埋或填沟、地面洒播、生物法补救、固化、水浆注入及在指定工厂进行处理。

⑧完井作业结束后，放喷池及燃烧池应采用土壤回填。回填前，宜对放喷池和燃烧池进行排水处理。

⑨井场垃圾和钻井岩屑应进行适当处理，直至清除干净。

⑩井场钻井液池和放喷池的位置、大小、用途和内容都应在业主（甲方）的钻井井史上予以记录。

第三节　泄漏、外溢与释放

由于钻井废弃物的非故意泄漏、外溢及无控制释放所导致的环境污染事故时有发生，钻井现场的环境保护工作效果很难得到保证。比如井喷时天然气、原油或硫化氢等有毒有害气体的释放会对环境及人体健康造成危害；雨季时，井场积水、钻井液池、沉砂池和污水池很容易发生外溢，致使污水污染草原、农田或水体。因此，在污染事件发生后要及时反应，迅速报告，并尽快采取有效措施进行处理，努力将污染降到最低。

一、应急反应及报告

（一）应急反应

突发环境事件应急响应坚持基层单位为主的原则，各单位根据分工与职责分别负责突发环境事件应急处置工作。

其中钻井队在环境事件发生后，要及时上报环境保护管理部门，如公司安全质量环保部，采取应急措施，防止污染进一步扩大，具体措施为下：启动应急预案；停止排放污染物的生产活动；采取有效措施，防止污染物扩散；把相关情况通报给可能受到污染危害和损害的单位及相关方。

按照突发环境事件的类别和特点，根据实地情况，采取但不限于以下相应的处置措施。

1. 突发水环境污染事件的处理

（1）采取有效措施，尽快切断污染源。

（2）迅速了解事发地，以及下游一定范围的地表及地下水文条件、重要保护目标及其分布等情况。

（3）迅速布点监测，在第一时间确定污染物的种类和浓度，出具监测数据；测量水体流速，估算污染物转移、扩散速率。

（4）针对特征污染物质，采取有效措施使之被有效拦截、吸收、稀释、分解，降低水环境中污染物质的浓度。

（5）严防饮水中毒事件的发生，做好对中毒人员的救治工作。

（6）对污染状况进行跟踪调查，根据监测数据和其他有关数据编制分析图表，预测污染迁移强度、速度和影响范围，及时调整对策。

2. 突发有毒气体扩散事件的处理

（1）采取有效措施，尽快切断污染源。

（2）迅速了解事发地地形地貌、气象条件、重要保护目标及其分布等情况。

（3）迅速布点监测，确定污染物的种类、浓度，以及现场空气动力学数据（气温、气压、风向、风力、大气稳定度等），采取有效措施保护敏感环境目标。

（4）做好可能受污染人群的疏散及毒气中毒人员的救治工作。

（5）对污染状况进行跟踪监测，预测污染扩散强度、速度和影响范围，及时调整对策。参见"井喷失控事故应急预案"。

3. 溢油与钻井液外溢事件的处理

（1）采取有效措施，立即切断溢油源。

（2）采取围、堵等措施控制影响范围。

（3）采用机械回收等方法，将溢油最大限度地回收。

（4）对少量确实无法回收的油，采用投加降烃菌等方法，降低残油的污染程度。投加降烃菌后应按照降烃菌的使用方法打好围堰，并正确维护。

（5）评估对生态保护目标的破坏程度，形成报告。

4. 危险化学品及废弃化学品污染事件的处理

（1）采取有效措施，尽快切断污染源。

（2）迅速了解事发地地形地貌、气象条件、地表及地下水文条件、重要保护目标及其分布等情况，采取措施尽力保护重要目标不受污染。

（3）若污染物质污染了水体，则实时监测水体中污染物质的浓度，预测污染物质的迁移转化规律，及时采取相应措施，严防发生饮水中毒事件。

（4）实时监测大气中剧毒物质的浓度，并预测污染物的迁移扩散及转化规律，及时采取相应措施。

（5）对土壤中的污染物质进行消毒、洗消、清运，最大限度地消除危害。

（6）做好可能受污染人群的疏散及中毒人员的救治工作。

5. 安全防护

（1）应急人员的安全防护。

现场处置人员应根据不同类型环境事件的特点，配备相应的专业防护装备，采取安全防护措施，严格执行应急人员出入事发现场程序。

（2）受灾群众的安全防护。

现场应急救援指挥部负责组织群众的安全防护工作，主要工作内容如下：

①根据突发环境事件的性质、特点，告知群众应采取的安全防护措施；

②根据事发时当地的气象、地理环境、人员密集度等，确定群众疏散的方式，指定有关部门组织群众安全疏散撤离；

③在事发地安全边界以外，设立紧急避难场所。

二、员工角色与职责

（一）报告程序

发生污染事故后，事故单位主要负责人应当按照本单位应急预案程序，立即组织人员进行处置、救援，并立即上报公司应急值班室，由公司应急值班室报告公司突发环境事件应急办公室。公司突发环境事件应急办公室接到有关特别重大环境事件信息后，及时向公司突发环境事件应急领导小组报告，经领导小组同意后，启动并实施公司突发环境事件应急预案。

（二）报告内容

突发环境事件的报告分为初报、续报和处理结果报告三类：初报从发现事件后起 1h 内上报；续报在查清有关基本情况后随时上报；处理结果报告在事件处理完毕后立即上报。

（1）初报：初报可用电话直接报告，主要内容包括环境事件的类型、发生时间、地点、污染源、主要污染物质、人员受害情况、事件潜在的危害程度、转化方式趋向等初步情况。

（2）续报：续报可通过网络或书面报告，在初报的基础上报告有关确切数据，事件发生的原因、过程、进展情况及采取的应急措施等基本情况。

（3）处理结果报告：处理结果报告采用书面报告，处理结果报告是在初报和续报的基础上，报告处理事件的措施、过程和结果，事件潜在或间接的危害、社会影响、处理后的遗留问题，参加处理工作的有关部门和工作内容，出具有关危害与损失的证明文件等详细情况。

①污染事故发生时间、地点、类型及地理环境。

②有毒有害气体的浓度及风力风向、周围环境和居民状况。

③施工队伍情况。

④钻井基础数据（井型、设计井深、钻达井深、钻达层位、钻井液性能、防喷器型号等）。

⑤井控事故程度。

⑥存在的困难和需求。

第四节　危险废物处置及应急反应标准

一、概述

（一）危险废物的概念

世界卫生组织的定义是："危险废物是一种具有物理、化学或生物特性的废物，需要特殊的管理与处置过程，以免引起健康危害或产生其他有害环境的作用"。

图11-1　危险废物警示标志

我国在《中华人民共和国固体废物污染环境防治法》中将危险废物规定为："列入国家危险废物名录或者根据国家规定的危险废物鉴别标准和鉴别方法认定的具有危险特性的废物"。危险废物是指在操作、储存、运输、处理和处置不当时会对人体健康或环境带来重大威胁的废物。其标志如图11-1所示。

具有下列情形之一的固体废物和液态废物，列入《国家危险废物名录》：

（1）具有腐蚀性、毒性、易燃性、反应性或者感染性等一种或者几种危险特性的；

（2）不排除具有危险特性，可能对环境或者人体健康造成有害影响，需要按照危险废物进行管理的。

（二）危险废物的危害性

由于危险废物的危害性较一般固体废物更大，且具有污染后果难以预测和处置技术难度大等特点，因此一直是世界各国固体废物管理的重点和难点。

（1）危险废物具有多种危害特性，主要表现如下：

①与环境安全有关的危害性质：腐蚀性、爆炸性、易燃性、反应性。

②与人体健康有关的危害性质：致癌性、致畸变性、突变性、传染性、刺激性、毒性（急性毒性、浸出毒性、其他毒性）、放射性。

（2）危险废物对环境的危害是多方面的，主要通过下述途径对水体、大气和土壤造成污染。

①对水体的污染：

a. 废物随天然降水径流流入江河湖海，污染地表水；

b. 废物中的有害物质随渗沥水渗入土壤，使地下水污染；

c. 较小颗粒随风飘迁，落入地面水，使其污染；

d. 将危险废物直接排入江河湖海，使之造成更大的污染。

②对大气的污染：

a. 废物本身蒸发、升华及有机废物被微生物分解而释放出有害气体污染大气；

b. 废物中的细颗粒、粉末随风飘移，扩散到空气中，造成大气的粉尘污染；

c. 在废物运输、储存、利用、处理、处置过程中，产生有害气体和粉尘；

d. 气态废物直接排放到大气中。

③对土壤的污染：

a. 有害废物的粉尘，颗粒随风飘落在土壤表面，而后进入土壤中污染土壤；

b. 液体、半固体（污泥）有害废物在存放过程中或抛弃后撒漏地面，渗入土壤；

c. 废物中的有害物质随渗沥水渗入土壤；

d. 废物直接掩埋在地下，有害成分混入土壤中污染土壤。

尽管从数量上讲，危险废物产生量仅占固体废物的3%左右。但由于危险废物的种类繁多，成分复杂，并具有毒害性、爆炸性、易燃性、腐蚀性、化学反应性、传染性、放射性等一种或几种以上的危害特性，且这种危害具有长期性、潜伏性和滞后性，如果对危险废物的处理不当，则会因为其在自然界不能被降解或具有很高的稳定性，能被生物富集、能致命，或因累积引起有害的影响等原因对人体和环境构成很大威胁。一旦其危害性质爆发出来，产生的灾难性后果将不堪设想，因此，在管理中必须给予高度的重视。

二、只有经过适当培训的员工才能进行危险废物的释放和外溢

（一）通过培训应掌握的知识与技能

为了有效地防治危险废物对环境的污染，必须对直接从事危险废物的产生、收集、储

运管理的人员进行专门培训。这种培训采用理论知识与操作技能密切结合的模块式结构，重点加强技能培训，注重代表性、针对性、实用性和先进性。通过培训，使危险废物管理与处理人员了解危险废物管理的基本知识和相关法律法规；掌握危险废物的收集和储运；掌握应急处理技能与急救常识；具备危险废物处理应具备的独立工作能力。

培训内容包括但不限于：

（1）环境保护法律法规、标准及危险废物规范化管理相关法律法规；

（2）危险废物的分类与识别；

（3）危险废物管理的基本程序；

（4）危险废物污染防治的原则；

（5）危险废物的处理和储运知识；

（6）危险废物的个人防护知识；

（7）应急预案的内容及异常紧急情况的处理与急救技能；

（8）应急演练。

（二）只做胜任的工作

危险废物产生、运输、储存、处理、处置、利用等环节如果管理不慎，均会造成环境污染与人员健康伤害。因此，必须在接受培训的基础上进行工作。

（1）要会保护自己与同事，防止受到危险废物的伤害；

（2）要会正确处理危险废物，防止危险废物的非控制泄漏、外溢与释放；

（3）必须懂得在发生紧急情况与危险时如何应急响应、汇报与处置。

总之，必须胜任工作，否则会造成自身的健康损害，造成危险废物的非控制泄漏、外溢与释放，进而导致环境事件的发生。

三、危险废物处置

（一）处置方法

危险废物种类多，成分复杂，具有感染性、毒性、腐蚀性、易燃易爆性等，管理不当，极易造成较大的环境风险。因此，产生的危险废物必须得到妥善处理。

（1）施工现场必须设置危险废物存放柜（箱、架），并设有明显的警示标志，存放地点在室内时，要做到安全、牢固、远离火源、水源。

（2）直接盛装危险废物的容器必须满足以下要求：

①容器的材质必须与危险废物相容（不互相反应）；

②容器要满足相应的强度和防护要求；

③容器必须完好无损，封口严紧，防止在搬动和运输过程中泄漏、遗撒；

④每个盛装危险废物的容器上都必须粘贴明显的标签（或原有的，或贴上新的标签，注明所盛物质的中文名称及危险性质），标签不能有任何涂改的痕迹；

⑤凡盛装液体危险废物的容器都必须留有适量的空间，不能装得太满。

（3）临时存储危险废物必须做到：

①按类分别存放，不相容的物质应分开存放，以防发生危险；

②易碎包装物及容器容量小于 2L 的直接包装物应按性质不同分别固定在木箱或牢固的纸箱中，并加装填充物，防止碰撞、挤压，以保证安全存放；

③直接盛装危险废物的容器在存储过程中应避免倾斜、倒置及叠加码放；

④危险废物存储时间不宜超过一口井的周期或 6 个月，存量不宜过多。

（4）所产生的危险废物，要随时产生随时收集到满足规定的盛装容器中，并适时存储到危险废物存放柜中分类统计。

（5）处置工作程序。

①危险废物分类分批按时送交到指定地点，交由国家批准的相关单位进行安全处置。

②送交危险废物时，必须再一次检查，直接盛装容器和二次包装是否满足本规定的各项要求，发现问题及时整改。

危险废物处置方法很多，下面只介绍常见的危险废物处置方法。

a. 危险废物焚烧：焚烧可实现危险废物的减量化和无害化，并可回收利用其余热。焚烧处置适用于不宜回收利用其有用组分、具有一定热值的危险废物。易爆废物不宜进行焚烧处置。焚烧设施的建设、运营和污染控制管理应遵循《危险废物焚烧污染控制标准》及其他有关规定。

b. 废电池处置：国家和地方各级政府通过制定技术、经济政策淘汰含汞、镉的电池。生产企业必须按期淘汰含汞、镉电池。

含汞、镉的电池，城市生活垃圾处理单位应建立分类收集、储存、处理设施，对废电池进行有效的管理。

提倡废电池的分类收集，避免含汞、镉废电池混入生活垃圾焚烧设施。

废铅酸电池必须进行回收利用，不得用其他办法进行处置，其收集、运输环节必须纳入危险废物管理。鼓励发展年处理规模在 2×10^4 t 以上的废铅酸电池回收利用，淘汰小型的再生铅企业，鼓励采用湿法再生铅生产工艺。

c. 废矿物油处置：鼓励建立废矿物油收集体系，禁止将废矿物油任意抛洒、掩埋或倒入下水道以及用作建筑脱模油，禁止使用硫酸—白土法再生废矿物油。

废矿物油的管理应遵循《废润滑油回收与再生利用技术导则》等有关规定，鼓励采用无酸废油再生技术，采用新的油水分离设施或活性酶对废油进行回收利用，鼓励重点城市建设区域性的废矿物油回收设施。

d. 废日光灯管处置：各级政府通过制定技术、经济政策调整产品结构，淘汰高污染日光灯管，鼓励建立废日光灯管的收集体系和资金机制。

鼓励重点城市建设区域性的废日光灯管回收处理设施，为该区域的废日光灯管的回收处理提供服务。

（二）危险废物污染环境的防治

（1）积极通过采用清洁生产的工艺技术与设备、改善管理、综合利用等措施，减少或避免危险废物的产生，以减轻或消除危险废物对环境的危害。

（2）产生危险废物的单位不得向外环境排放危险废物，不得将危险废物交由资质审查不合格或未经资质审查的单位进行处理，禁止随意倾倒、堆放、抛撒危险废物。

（3）产生危险废物的单位，必须按照危险废物特性分类收集、储存、运输、处置危险废物。禁止混合收集、储存、运输、处置不相容而未经安全性处置的危险废物，禁止将危险废物混入非危险废物中储存。

（4）收集、储存、运输、处置危险废物的场所、设施、设备和容器、包装物及其他物品转作他用时，必须经过消除污染的处理，方可使用。

（5）运输危险废物，必须采取防止污染环境的措施。禁止将危险废物与人员在同一运输工具上载运。

（6）禁止无经营许可证或者超越经营许可证核定的范围从事危险废物收集、储存、利用和处置活动。

（7）危险废物产生、运输、储存、处理、处置、利用单位应制定危险废物环境污染事故应急预案，并定期演练。

（8）危险废物的接受单位应当按照国家关于该类危险废物利用、处置的标准和方式利用、处置危险废物，危险废物移出地和接受地环境保护部门应当加强对危险废物转移、利用和处置活动的监管。

（9）发生危险废物污染事故的，必须立即采取措施控制、减轻、消除对环境污染的危害，通报可能受到污染危害的单位和居民，并立即逐级上报。

四、应急反应标准

《中华人民共和国固体废物污染环境防治法》要求"产生、收集、储存、运输、利用、处置危险废物的单位，应当制定意外事故的防范措施和应急预案"。

因此，从钻井队到作业公司及承包商都应建立与编制相应的危险废物泄漏、外溢及释放的应急反应标准和预案，并保证这些标准和预案能够得到相关人员与部门的响应。具体内容如下：

（1）应急响应程序——事故发现及报警（发现紧急状态时）。

明确发现事故时，应当采取的措施及有关报警、求援、报程序、方式、时限要求、内容等。明确哪些状态下应当报告外部应急/救援力量并请求支援，哪些状态下应当向邻近单位及人员报警和通知。

（2）应急响应程序——事故控制（紧急状态控制阶段）。

明确发生事故后，各应急机构应当采取的具体行动措施。包括响应分级、警戒治安、应急监测、现场处置等。

（3）应急响应程序——后续事项（紧急状态控制后阶段）。

明确事故得到控制后的工作内容。如组织进行后期污染监测和治理；确保不在被影响的区域进行任何与泄漏材料性质不相容的废物处理储存或处置活动，确保所有应急设备进行清洁处理并且恢复原有功能后方可恢复生产等安全措施。

（4）人员安全救护。

明确紧急状态下，对伤员现场急救、安全转送、人员撤离以及危害区域内人员防护等方案。撤离方案应明确什么状态下建议撤离。

（5）应急装备。

列明应急装备、设施和器材清单，包括种类、名称、数量、存放位置、规格、性能、用途和用法等信息。

（6）应急预防和保障措施。

（7）事故报告。

规定向政府部门或其他外部门报告事故的时限、程序、方式和内容等。一般应当在发生事故后立即以电话或其他形式报告，在发生事故后 5~15d 以书面方式报告，事故处理完毕后应及时书面报告处理结果。

（8）事故的新闻发布。

（9）应急预案实施和生效时间。

第十二章　挖掘工作安全——挖沟及支撑

（学员自学内容）

　　钻井作业涉及很多挖掘工作，如钻井液沉砂坑、地面钻井液循环沟的挖掘等。这些沟或坑比它们看上去更危险，一旦坍塌，塌落的泥土重力比人们想象的威力要大得多。由于施工者觉得他们能挖长而深的孔洞，围绕孔洞的泥土也不会移动坍塌，结果是全世界每年都有数千起挖沟塌方事故发生。每年有数千人死于可预防的壕沟塌方事故，昂贵的机器设备随同掩埋和损坏。而且，由于挖破地下设施而造成的社会影响与经济损失也是巨大的。

　　为了确保挖掘沟或坑工作期间人员安全、防止损坏地下设施，必须知道挖掘工作所存在的危险及应该采取的控制方法和预防措施。

第一节　挖掘工作的相关概念

一、挖掘

图 12-1　挖掘工作的相关概念

　　挖掘工作是指在生产、作业区域使用人工或推土机、挖掘机等施工机械，通过移除泥土形成沟、槽、坑或凹地的，挖土、打桩、地锚入土深度在 0.5m，在墙壁开槽打眼，并因此造成某些部分失去支撑的工作。此范围包含在设施的侧面、墙壁或表面进行开凿或在地面进行填土或平整场地等作业。挖掘工作的相关概念如图 12-1 所示。

二、沟槽

　　长窄形且深度大于宽度的凹地，通常沟槽的宽度不大于 5m，一般用来埋设地下管线、导管、电缆或无地下室的建筑物地脚。

三、坑

坑的宽度和长度尺寸相差不多，其深度不等，但通常小于最小的边长。坑一般用来埋设地下罐和跨度较大的基础。

四、地下设施

地下设施包括但不限于油气生产设施、公用工程（污水、通信、燃料、电、水和其他产品的管线）、隧道、地下室、基础以及其他在挖掘坑或沟期间可能碰到的地下装置或设备。

五、支撑（支撑系统）

支撑（支撑系统）指支撑坑壁并用来防止塌方的金属液压件、机械或木料支撑系统之类的结构物，如图 12-2 所示。

图 12-2　挖掘支撑系统

六、挡土板

挡土板指用来保持土壤位置的支撑系统的构件，该构件同时也受支撑系统其他构件的支撑。

防止工人和设备被塌方掩埋的最简单的方法是采用支撑和防护屏。还有证据表明，采用支撑比传统的把壕沟壁铲成斜坡或砌成台阶的方法节省开支，而且便于更高效地进行安装工作。采用支撑，一般需要的挖方量小（可使挖方量减少⅔），真正省时、省力、省设备。

七、斜坡

斜坡是指使沟、槽侧面与垂直面形成一定角度，防止沟槽侧壁坍塌的斜面。

第二节　挖掘工作监管要求

挖掘工作应该是在有效管理与监管下进行，而不是施工者凭借经验进行的盲目施工。挖掘工作每一阶段都应有相关人员按照管理要求与原则进行管理和监督。挖掘工作的具体管理流程如图 12-3 所示。

一、管理人员职责

（1）现场监督人员：熟悉作业区域的环境、

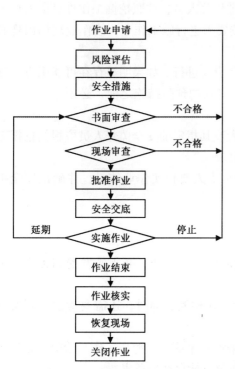

图 12-3　挖掘工作管理流程图

工艺情况；能处理异常情况，进行现场急救；及时核实安全措施落实情况，进行监督检查，发现安全措施不完善，暂停作业；制止作业人员的违章行为。

（2）施工单位现场作业负责人：提出挖掘作业申请，办理作业许可证；落实挖掘作业安全措施；组织实施挖掘作业；对作业人员进行相关技能培训；对挖掘作业安全负责。

（3）技术负责人：了解施工现场的基本状况，识别可能存在的各种风险；制定施工方案，选择和实施保护措施；采取纠正措施，消除隐患及危害；对挖掘作业现场安全技术措施有效性负责。

（4）生产单位现场负责人：向施工单位提供现场相关信息和特殊要求；核实安全措施，提供挖掘作业安全的必要条件；批准或取消挖掘作业许可证；对挖掘作业现场安全管理负责。

二、监管要求

（1）在挖掘前，生产单位的现场负责人应适当标识开挖面下管线等设施的位置、形式及深度，同时在现场开挖表面标明许可的开挖区域。

（2）挖掘工作开始前，施工单位现场负责人必须组织进行一次危险评估，并起草一份工作说明或计划。所制定的工作说明及计划必须包含安全要求。同时，生产单位应监督、指导施工单位培训其员工掌握与施工相关的安全要求，确认施工人员完全了解许可证的要求。

（3）在挖掘期间，生产单位和施工单位应安排相关人员，按照挖掘工作许可证的相关内容，对施工作业进行现场监督。在施工单位未按要求进行施工作业，或作业现场出现其他异常情况时，现场监督有权要求立即停止作业。

（4）沟和坑的日常检查由施工单位现场作业负责人进行。如果明显存在可能塌方、滑坡或隐蔽设施与工作计划发生偏差的迹象，在采取必要的预防措施之前，必须停止所有工作，并立即启动应急预案，组织救助。

（5）挖掘过程中，施工单位或生产单位负责人或其指定的安全监督人员应根据挖掘工作安全检查清单每班进行一次检查，并做好检查记录。

（6）在挖掘作业后生产单位与施工单位现场负责人要核实作业结果，并确认安全护栏、警示带等设施的建立情况。

三、监管原则

（1）地面挖掘深度超过0.5m，在墙壁开槽打眼的挖掘工作，必须签发挖掘工作许可证和安全工作许可证。

（2）如果坑的深度等于或大于1.2m，要进行气体检测，同时，还需要考虑是否实行受限空间安全管理。

（3）保证监督挖掘工作的人员拥有最新的隐蔽设施平面图，挖掘工作开始前，必须确认地下电缆、管网等设施及危险物品的位置、走向及可能存在的危害。

（4）挖掘支撑与防护设施应齐全，在坑、沟槽内作业应正确穿戴安全帽、防护鞋、手套等个人防护装备。

（5）挖掘时是否关闭电源由生产单位现场负责人决定。如果决定不关闭电源，必须在挖掘工作许可证上注明以下事项：

①机具接地措施；

②作业人员绝缘防护措施；

③手工挖掘及如何处置障碍物。

第三节 现场工人的职责及任务

一切的挖掘工作均由现场作业工人负责完成。挖掘实施者有责任确保挖掘的安全，为此必须做到以下几点：

（1）所有的现场工人均应具有适合的资质与经验，以确保能够胜任挖掘工作；

（2）挖掘前按时参加相关技能培训与安全会议。通过培训应准确掌握地下情况与安全风险，完全了解施工相关的安全要求；

（3）应该知道土壤的类型及其特性，即沙型、黏土型、稳定的岩石型等。如果是在国外钻井施工，也要了解美国国家标准局所使用的土质分级标准的含义，土质分级如下：

①稳性岩：可供垂直开挖，坑壁垂直且在暴露状态下保持不发生形变的天然固体矿物质。

② A 型土质：指其抗压强度在 $1.5t/ft^2$ 或 $1.5t/ft^2$ 以上黏性土质，如黏土、粉质黏土、砂质黏土、粉质亚砂黏土、亚砂土、泥灰石和硬土层（如果该类型的土因震动或破坏而发生龟裂，则不能视为 A 类土质）。

③ B 类土质：指其抗压强度高于 $0.5t/ft^2$ 但低于 $1.5t/ft^2$ 且黏性比 A 类土质要低的黏土，如角砾或者碎岩、粉土、粉质亚砂土、亚砂土、不稳定的干岩，部分坡积物质并且被破坏了的 A 类土质但又不是 C 类土质。

④ C 类土质：抗压强度在 $0.5t/ft^2$ 或以下，黏度最低的土质，如砾石、砂、壤质砂土、渗出土或渗湿土、不稳定的层状的暗礁。

（4）掌握手工与机械挖掘的操作技能，并熟练使用必要的设备，例如挡土板、支撑件、防护物等。

（5）工作时能够正确穿戴个人保护用品，使其发挥最佳保护作用。

（6）严格执行监督指令，无论多忙，切勿尝试和猜测在哪里挖掘是安全的。

（7）发生危险不盲从、不慌乱，根据事先制定的应急预案采取正确的行动。并注意，在保护自己的同时，也要照顾到一同工作的同事安全。

（8）掌握有限空间作业安全要求及有害气体的防护技能。

一个合格的挖掘实施者，除了必须具备上述能力外，还能够指出已存在和可预见的危险、周围土质类型，以及不卫生的或对人员有危险的工作条件，并且获得授权可以即刻采取整改措施把它排除。该人员有权利和责任来修改支撑方法或者施工方法，以提供更大的安全保证。如果有发生塌陷或滑坡的明显迹象（如积水或渗漏），挖掘工作应全部停止，直到采取了必要措施以保障人员的安全。

第四节 挖掘工作实践

钻井井场常见的挖掘作业有钻井液坑挖掘、排污沟渠挖掘、井口圆井挖掘等。挖掘的工具主要是锹、镐（如排污沟渠挖掘）和挖掘机（如钻井液坑挖掘与井口圆井挖掘）。

正式的挖掘工作程序一般包括以下几步：

（1）挖掘施工前检查。

①检查周围情况，看是否有隐蔽设施的明显标志。

②确定是否需要临时支撑。如需要，应确认能够使用到的必要的设备，例如挡土板、支撑件、防护物等。

③确定人员、设备和车辆如何进入坑内。

④确认挖掘工作不影响附近脚手架固定或结构物基础。

⑤在挖掘开始之前，确定附近结构物是否需要临时支撑。必要时由专业人员对其基础进行评价并提供建议（深度不小于3m的坑通常需要安装临时支撑）。

⑥确定在何处及如何堆放挖出物和回填物。

⑦鉴定任何可能存在污染的土壤，并确定如何按环境管理的要求处理被污染的土壤。

（2）召开作业前安全会议。安全监督或指定的负责人应主持该会议。

（3）在任何挖掘工作开始之前确定地下设施的位置，如下水道、电话线、燃料管、电缆、管道或其他地下设施，如果有可能，在动工前应事先与地下设施管理部门取得联系，通知他们已拟定的挖掘工作，市政或者其他管理机构可能会要求出示挖掘许可证。

（4）在检查土质情况后，监督或指定的负责人应落实是否用下述方法加固坑壁：

①用支撑加固；

②铲斜坡或台阶；

③其他类似的方法。

应按表12-1中的数据进行铲斜坡或者台阶工作。如果坑深大于20ft（610cm），其斜坡和台阶的设计应请注册的专业工程师来做。

表12-1 挖掘数据表

土质和岩石类型	挖掘最大允许坡度 小于20ft深度（水平距离/垂直距离）
稳性岩石	垂直（90°）
A类土质	3/4：1（53°）
B类土质	1：1（45°）
C类土质	(1~1/2)：1（34°）
混合土质	(1~1/2)：1（34°）

（5）超过 4ft（1.2m）深的挖掘作业要求按"进入有限空间"作业规定进行下列检查：

①个人劳保用品，如手套、工鞋或防护装备。

②防水措施。

③大气状况（出现可燃、有毒气体或者缺氧）。

④梯子、台阶或梯级的位置离挖掘者的横向距离不得超过 25ft（762.5cm）。

（6）为防止挖掘出的泥土或其他物质或设备落入或滚入挖掘的坑道而造成隐患，堆放的地方从坑道边缘起应至少有 2ft 的距离，如果挖掘地点附近结构（建筑、墙壁或其他结构）的稳定性受到威胁，应采取措施将其支撑固定。

（7）如果有发生塌陷或滑坡的明显迹象（如积水或渗漏），挖掘工作应全部停止，直到采取了必要措施以保障人员的安全。

（8）用护栏或路障保护坑道上面的人员安全。

（9）进入深部洞底的人员应戴上带安全绳的吊带，并有人监护和接应。

（10）当用动力机具进行挖掘时，洞内或沟里一律不能留人。

第五节　关于挖掘工作的危险

每年成百上千的人死于挖掘坑中，有上万人在挖掘坑中受伤。大多数伤害是由于地面以下的危险所造成的。如瞬间的坍塌、地下隐藏的设施与物质的释放等。另外，还可能挖破电缆、自来水管线、供热管网、其他设施基础等，造成公共设施损坏，影响他人的生产与生活。

无论是在井场进行挖掘，还是安装围栏的支柱、进行营地的园林美化工程或兴建平台，均必须清楚知道地底埋有什么设施、有什么危险后才可动工挖开地面，切勿盲目挖掘。无论正在进行哪一项建造工程，均有责任索取地面以下的情况，了解地面以下的危险，以确保地下设施、员工及其他人的安全。

一、地面以下危险的界定

挖掘作业者应该了解挖掘作业可能存在的危险，一般的危险源包括：

（1）土壤不稳定。如湿与松的沙土等，坑或沟的斜坡、支撑或台阶类型错误。因此，需要确定土壤类型，并根据土壤类型，确定防止塌方的安全防护措施。

（2）地下隐藏的设施与物质。

①地下隐藏的设施包括天然气管道、输油管线、通信线路、供电线路等生产设施，以及下水道、电话线、电缆、饮用水管、供热管网等生活设施。挖掘前应了解这些设施的位置、形式、深度、使用情况及危险程度。

②地下隐藏的有害物质包括有毒有害气体，如硫化氢、甲烷、二氧化碳、一氧化碳等，以及处理不及时的渗透地下水，挖掘前应了解这些物质的类型、浓度及埋藏深度。

特别注意：在曾经发生过战争的地区，地下可能还会存有未爆炸的炸弹、地雷等爆炸物，其引信已经处于敏感状态，一旦触碰，有可能爆炸。

因此，挖掘前，施工单位及生产单位的现场负责人须共同负责确认所有开挖表面下的设施。挖掘区域附近的隐蔽设施和深度必须在许可证上标明。

（3）相邻结构与设施。挖掘作业有可能破坏作业区域附近的地下相邻结构与设施，造成相邻结构与设施的倒塌。

这些相邻结构与设施一般有电线杆、脚手架及建筑物的基础或地基等，这些构件一旦距离挖掘面很近，将导致被挖的一面失去支撑而倒向挖掘区域。因此，在挖掘前要确认这些构件的地基大小，并确定挖掘安全距离，或对相邻结构与设施采取必要的固定方式来增加施工的安全性。

如果挖掘作业危及邻近的房屋、墙壁、道路或其他结构物，应当使用支撑系统或其他保护措施，如支撑、加固或托换基础来确保这些结构物的稳固性，并保护员工免受伤害。不得在邻近建筑物基础的水平面下或挡土墙的底脚下进行挖掘，除非在稳固的岩层上挖掘或已经采取了下列预防措施：

①提供诸如托换基础的支撑系统；

②建筑物距挖掘处有足够的距离；

③挖掘工作不会对员工造成伤害。

除了地面以下的危险外，还应注意掘出材料的安全处理。如挖掘出的土壤等废料区不够大、离作业面距离不够远等都会对施工者的安全造成威胁。同时，如果附近有大件或重型设备在坑洞边缘工作时，人员切不可留在坑内。

二、查询地下设施信息

为了挖掘工作的安全，应确保所得到的地下情况信息是最新的，这些信息必须向施工区域的生产方（甲方）索取。如果该区域是市政管理区域，就应该咨询相应市政管理部门。

在一些国家，根据安全条例的规定，必须在展开挖掘工程之前的至少三个工作日，致电公共设施管理部门或公用设施公司查询，如挖掘之前拨打相关电话号码求助。通知他们已拟定的挖掘工作方案与计划，他们将为您提供数据，帮助确定地下设施的位置。

如果工程延期，并在收到地下设施资料后的十个工作日内仍未开始挖掘工作，便必须在开工之前，须再向有关部门查证地下设施信息的更新情况。

第六节　避免挖掘工作危险性的方法

挖掘施工时，为确保施工安全，必须按安全技术交底要求进行挖掘作业。具体应遵守以下原则：

（1）如果挖掘深度超过6m，要由专业工程师设计指导。

（2）必须用手工工具（例如，铲子、锹、尖铲、镐只能用来开挖表面）来确认 1.2m 以内的任何地下设施的正确位置和深度。在油气生产防爆区域挖掘时，必须使用防爆工具。

（3）所有暴露后的地下设施都必须尽快予以确认，不能辨识时，应立即停止作业，并报告挖掘工作许可证审批单位，待现场确认并采取相应的安全保护措施后，方可重新作业。

（4）挖出物或其他物料至少应距坑、沟边沿 1m，高度不得超过 1.5m，坡度不大于 45°。必要时使用有效的阻挡物或其他限制设备防止挖出物或其他物料落入坑内。

（5）除坚硬的岩石外，不允许在任何基础或挡土墙的地基面以下挖掘，除非从下方进行支撑加固墙体，并采取其他可靠预防措施来确保邻近墙体的稳定性。

（6）雷雨天气应停止挖掘作业，雨后复工时，应检查受雨水影响的挖掘现场，监督排水设备的正确使用，检查土壁稳定和支撑牢固情况；发现问题，要及时采取措施，防止骤然崩坍。如果有积水或正在积水，不得进行挖掘作业，应采用导流渠、构筑堤防或其他适当的措施，防止地表水或地下水进入挖掘处，并采取适当的措施排水。挖水坑必须使用防护板或防水沉箱。

（7）在坑、沟的上方或附近放置或操作挖掘机械、起重机、卡车、物料或其他重物时，要根据需要，在坑沿安装板桩并加以支撑和固定，以便承受叠加负荷产生的额外压力。挖水坑使用抽水机时，抽水机的位置应距坑边 2m 以外。

（8）在邻近坑沿处使用或允许使用移动式设备时，必须安装牢固的阻止标志或障碍物。坑的附近不应有斜坡。在斜坡地段挖沟、挖坑时，先清除斜坡上面容易滚下的土和石等物，挖出的土和石块等应放在下坡的一面，沟内、坑内有人工作时，禁止有人在上坡行走或做其他工作。

（9）存在可燃气体时，必须提供充分的通风或者消除火源。

（10）所有在坑、沟内工作的人员都必须穿戴必要的个人保护用品。

（11）已开挖的区域应设置围栏和警示标志，在人员密集区和生产区域内，如果坑、沟在夜间敞开，必须安装专用的警示灯。其他地区设置警戒线等设施。

（12）车辆必须保持离坑道 3m 的距离（为支撑车辆提供特别装置情况的除外），必要时采用醒目的围栏设施。

（13）如果需要或者允许人员、设备跨越坑、沟，必须提供带扶手的通道或桥梁。

（14）在深度不小于 1.2m 的坑内，水平最大间距不小于 7m 的任何坑、沟内，必须提供两个方向的逃生通道，对于不具备设置逃生通道的作业场所，应设置逃生梯等逃生装置，并安排专人监护作业。

（15）坑、槽、井、沟边坡和固壁支撑应随时检查，如发现边坡有裂缝、疏松或支撑有折断、走位等异常危险征兆，应立即停止作业，并对异常情况采取有效的措施。

（16）挖掘作业涉及阻断道路时，应设置明显的警示和禁行标志，对于确需通行车辆的道路，应铺设临时通行设施，限制通行车辆吨位，并安排专人指挥车辆通行。

（17）挖掘应自上而下进行，不准采取挖地脚的方法进行，禁止采用掏挖的方法。挖出的土方不得堵塞下水道、窨井以及作业现场的逃生应急通道和消防通道。

（18）所有人员不准在坑、槽、井、沟内休息。若存在多人同时作业或上下交叉作业时，应保证作业人员之间具有足够的安全间距，挖沟时施工人员最少应保持 $3 \sim 5m$ 的距离，以防止工具伤人。坑底面积不够 $1.5m^2$ 时，禁止两人同时在坑内工作。沟槽深度超过 $1m$ 时，不得一人单独工作。

（19）防护板的安装、修理和拆除均应由熟练人员操作，坑上应有人监护。固壁支撑的拆除应自下而上进行。更换支撑时，应先装新的，后拆旧的。

（20）在有潜在危险的设备周围工作时，要决定是否需要安装检测设备或指派专人监视挖掘工作。

（21）采用动力机具挖掘时，必须确认机具的活动范围内没有障碍物，如架空线路、管架等。并且洞内或沟里一律不能留人。

第七节　个人保护设备的使用

在坑、沟内工作的人员保护设备包括安全帽、防护鞋、戴有护边的护目镜、手套、防水服、雨鞋、适当的防坠装置及防爆手电筒等。必要时，应配备安全绳、安全带及正压式空气呼吸器。除此之外，建议在受限空间内还应当配备以下装备。

（1）初次进入坑、沟内，为了确认坑、沟内条件对人员是安全合格的，进入人员应当配备：一部本质安全型对讲机；能够监测氧气百分比，爆炸下限百分比及有毒物质的气体监测器；一件紧急逃生用氧气袋或自供氧式呼吸器；一个防毒面具及合适的滤桶。

（2）对于在已经过测试对工人是安全的有限空间内工作的人员，宜配备：一部本质安全型的对讲机（每队一部）；能够监测氧气百分比、爆炸下限百分比及有毒物质的气体监测器（每队一部）；防毒面具及合适的滤桶。

（3）对于大罐入口处的待命人员应配备：空气呼吸器或空气呼吸站；随时可用的急救设备；足够数量的逃生用氧气袋。

一、个人保护用品

作业时，为防止伤害事件的发生，作业者必须穿戴齐全个人保护用品。

（1）安全帽：在挖掘施工作业中，作业者的肢体姿势会频繁发生变化，同时，在作业空间较小的情况下，头部就会经常触及坑壁。而且，由于上方可能会有坠落物滚落，也会造成头部伤害。因此，挖掘时，安全帽是安全保护人体头部的必备品。安全帽使用时应按照个人的头部调整松紧程度，且必须系好下颌带，才能正常发挥安全帽的防护作用。

（2）防护鞋、靴：防护鞋、靴的主要功能是可以防坠落物砸伤脚面、脚趾，要求抗冲击性好，强度高、质量小，防滑耐磨，防穿刺。而且，由于挖掘作业环境多是地面积水、钻井液和油污的作业场所，从健康角度考虑，也必须穿好防护鞋、靴。

（3）护目镜：防打击的护目镜能防止挖掘作业时砂屑、灰尘等飞溅物对眼部的伤害。

（4）防护手套：防护手套必须在使用前认真检查是否有破损、裂缝，戴各种手套时，注意不要让手腕裸露出来，以防在作业时坚硬的岩屑或其他有害物溅入袖内造成伤害。

（5）安全带：当坑深超过 2m 以上须系安全带。使用时应将安全带系在腰部，要经常检查安全带缝制部分和挂钩部分，发现断裂或磨损，要及时修理或更换。进入深部洞底的人员应戴上带安全绳的吊带，并有人监护和接应。

关于个人保护用品的使用方法与要求，请参考第二章内容。

二、个人保护器材与设备

当进入可能缺氧及产生危险性气体的施工区域挖掘时，必须佩戴正压式空气呼吸器等个人保护器材与设备。而且，如果施工区域有可能产生有害气体泄漏，作为救护设备，也应准备适用的个人保护器材与设备。

根据各种物质的性质和有害气体浓度大小及使用地点，选择不同类型的防护器材，有效地进行个人防护。

（一）适用范围

（1）在高浓度气体和缺氧情况下进行事故抢救时，应使用正压式空气呼吸器。

（2）在移动性不大或毒区范围较小的场合进入密闭空间，如在地沟、污水井进行检修和清洗工作时，应使用长管式防毒面具。长管式防毒面具也适用于任何种类、任何浓度下有毒气体及窒息性气体。

（3）在低浓度情况下操作、取样，可使用过滤式防毒面具，但严禁用于窒息性气体。

（4）在极低浓度的有机蒸气环境下，可使用防毒口罩。

（二）空气呼吸器

空气呼吸器是一种自给开放式呼吸保护器具，供使用人员呼吸器官免受浓烟、毒气、刺激性气体或缺氧伤害的保护装备。具体使用方法及注意事项等要求参考说明书。

（三）呼吸空气压缩机

呼吸空气压缩机的特点：高质量，所泵出的气体全部符合 DIN 3188 标准；设计紧凑，体积小，质量小，噪声低，操作简单，维护方便；独特的活性炭吸附，油气分离尘埃滤清器保证产出的气体纯净安全，完全符合人体呼吸的卫生标准；带有过压保护，安全性能好，是有毒场所从事危险作业的工作人员有效保证生命安全的必备设备。

（四）空气呼吸站

它主要由气瓶组、空气压缩机、减压阀、拖车、软管、分配器、面罩、调节器等组成，如图 12-4 所示。

（五）长管式防毒面具使用规则

（1）长管式防毒面具分为自然通风式与强制通风式，自然通风式长度为 20m 以下，强制通风式长度为 20m 以上。

（2）使用长管式面具前必须进行气密检查，方法是戴上面罩，用手卡住进气口做深呼

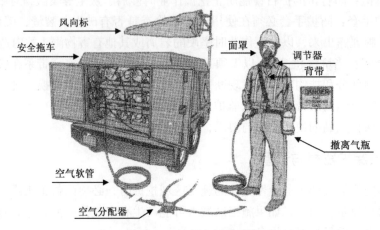

图 12-4　挖掘空气呼吸站

吸，吸不进气时说明气密，方可使用。

（3）使用时应看准风向，将吸气口置于工作地点的上风处，离地面最小 5cm，并注意上风向有无排料、放空等情况。

（4）使用时应仔细检查单向阀门是否灵活好用，无问题时才可戴面罩进行工作。

（5）使用长管式面具要有专人监护，监护人必须认真负责、坚守岗位，确保软管畅通无阻；被监护人要听从监护人的指挥，严禁在毒区脱下面罩。

（6）戴长管式面具进入密闭设备工作，监护人和被监护人之间须事先规定好联络讯号。

（7）必须通过学习掌握此种面具使用方法的人才能使用。

（六）过滤式防毒面具使用规则

（1）过滤式防毒面具使用范围，空气中有毒气体浓度不得超过 2%，空气中氧含量不得低于 19.5%，惰性气体环境中禁用。

（2）使用当中闻出所预防物质的气味时，应迅速撤离毒区，进行检查，更换滤毒罐。

（3）嗅觉不灵敏的人不宜使用过滤式面具。

（七）便携式氧气百分比含量分析仪

便携式氧气分析仪可以检测氧气浓度，适用于大多数有限空间内氧气含量检测。便携式氧气分析仪可选配 0～25%，0～50% 和 0～95% 任意一个测量量程。

第八节　危险空气有限空间工作程序

在深度超过 1.2m 的挖掘现场可能存在危险性气体，应进行气体检测。在填埋区域，危险化学品生产、储存区域等可能产生危险性气体的施工区域挖掘时，也应对作业环境进行气体检测，并采取相关措施，如使用呼吸器、通风设备和防爆工具等。最后应决定是否需要执行"进入有限空间"的相关安全管理规定。

当作业区被识别为有限空间时，应启动"危险空气"有限空间工作程序。

（1）对挖掘区域内的危害进行识别，判别是否有以下危害：

①是否存在窒息性气体；

②是否存在可燃性气体；

③是否存在有毒性气体；

④是否缺氧。

最初进入检查必须由合格人员承担，以确认作业对工人是安全的。在初次进入检查期间，合格人员应当遵照以下要求：

①穿戴适宜的个人防护装备；

②对作业区域进行不同位置、不同标高的连续取样，以测定氧气的百分比、爆炸下限百分比及有毒物质；

③目测检查是否有可能产生爆炸性的气体，导致氧气缺乏或使工人暴露在有毒物质中的残余物或材料。

（2）对识别确认后的挖掘区域进行标识，悬挂"未经许可，禁止人员进入"标示牌，并告知相关员工。

（3）采取相应安全控制措施。

①一切气瓶、电源应放在有限空间外面。

②与周围环境和能源的隔离（水、电、蒸汽、物料管道、机械等能源的隔离）。

③做好相应的挂牌上锁工作，并通告相关员工。

④对禁闭空间进行清扫、冲洗和通风，以控制和消除危害。

（4）确保有必要的通风、照明、适当的个人防护用品，以及相应的应急反应措施和设备，以便进入人员能够安全地离开。

（5）最初的检查表明坑、沟空间内条件对人员是安全的以后，应当召开安全会议。与会人员包括所有要进入有限空间的人员、待命人员及监督工作的合格人员。在安全会上对于下述的各项内容应当予以说明：

①有限空间内将要进行的工作类型；

②进入的潜在危险；

③个人防护使用的装备；

④有限空间的物理形状；

⑤有限空间内大气条件的监测；

⑥急救程序，包括紧急情况时的外出路线、方法和信号。

（6）在确认符合安全要求后，需要进入作业前，应先填写进入有限空间许可证，在符合进入许可规定的前提下，方允许进入作业。

（7）在进入期间，所有的人员应当意识到工作程序可能会影响到有限空间的空气状况。例如，在进入期间，不允许任何有毒或可燃物质（如清洁溶剂），在事先没有征得合格人员同意的情况下带入挖掘作业区域。

（8）在进入期间，必须连续地监测空气中的爆炸下限百分比、氧气的百分比和可疑的有毒物质，如 H_2S。监测结果必须表明作业区域对工人是安全的。如有危险，应立即撤离。

另外，周期性的测试应由合格人员来进行，在最初的 4h 内至少每 1h 一次，之后每班一次，这包括每个工作日的开始。

（9）正常作业时，作业区空间外至少要有一名监护人员，发现重大安全隐患时应立即中止作业活动。

第九节　紧急情况及禁止进入程序

挖掘存在诸多危险源，随时有可能发生危险，这就要求人们在紧急情况下能进行正确的处理，应保证能迅速做出响应，以确保作业者的安全，最大限度地减少可能产生的事故后果。总之，只有一个原则：当发生紧急与危险情况时，应立即停止挖掘作业。

一、土方挖掘施工中可能会发生的紧急情况

（1）中毒或窒息、流沙、透水、坍塌、触电、高处坠落、物体打击等造成的人员伤害。

（2）支护结构在施工中或在使用过程中边坡可能产生坍塌、失稳及人员高处坠落，基坑支护施工及土方施工时机械作业造成的人员伤害等。

（3）边坡在外力荷载作用下滑坡倒塌。

（4）可燃气体管线泄漏、供水管破坏、电缆挖破与场地扬尘对环境的影响等。

二、预防

（1）挖掘施工中，如土方坍塌、透水、中毒或窒息、触电、高处坠落、物体打击等危险源，要严密监控，重点防范。

（2）如遇边坡不稳、有坍塌危险征兆时，应立即撤离现场，对事故现场进行监控作业。

（3）挖掘前，应对施工现场地下管线、人防及附近的地面裂缝等情况进行监测，并做好标记，随时观测。

（4）对坡顶沉降、支护桩顶倾斜、坑底面的隆起进行不间断监护。

（5）采用机械挖掘时，对支撑、立柱、井点管、围护墙和工程桩进行监控。

三、发生紧急突发事件时的处理措施

（1）作业中发现土壁有裂纹或局部塌方等危险情况，要撤离危险区域并报告施工现场负责人。

（2）当发现缺氧或检测仪器出现报警时，必须立即停止危险作业，作业点人员应迅速离开作业现场。如果作业场所的缺氧危险可能影响附近作业场所人员的安全时，应及时通知这些作业场所的有关人员。

（3）在个人保护用品及器材等作业条件发生变化，并有可能危及作业人员安全时，必须立即撤出；若需要继续作业，必须重新办理作业审批手续。

（4）发生中毒、窒息的紧急情况时，抢救人员必须佩戴氧气呼吸器进入作业空间，并至少留一人在外做监护和联络工作。

（5）发生机械伤人、坠土伤人、高处坠落或触电情况时，应尽快救助伤员，并对安全状况因素进行分析，排除危险源后恢复生产。

（6）发生坍塌事故时：

①监护人员、安全员或第一目击者应立即大声呼叫，由监督员或施工负责人利用电话、对讲机等通信工具向上级报告"在哪里"、"什么事"、"具体情况"，简单明了地重复两次，尤其要说明坍塌时是否造成人员受伤或掩埋。

②现场监督利用扩音器指挥坑内所有作业人员避开坑边坡坍塌侧迅速撤离，停止所有作业活动，并组织人员对坍塌区域进行封闭隔离，禁止无关人员进入。

③组织现场所有挖掘机集中，组织人员做好抢救加固准备。如有人员受伤，粗略估计伤害程度，并与医院联系急救医生，救护车开至工地现场随时准备抢救。

④将坑塌方部位上方附近15m范围内所有机械、物资搬离。由技术人员制定边坡加固方案，由专业队伍实施加固，防止边坡不断失稳，造成救援人员二次伤害。

⑤边坡相对稳定后，组织工地所有可用挖掘机迅速清除人员掩埋处坍塌土方，在距人员掩埋处0.5m时停止挖掘机作业，迅速组织抢险队员用铁锹进行撮土挖掘，防止机械伤及被埋或被压人员，造成人员二次伤害。多台挖掘机共同挖掘出土时，应由专人指挥，防止交叉作业，发生二次机械伤害事故。

⑥当发现人身体躯干时，组织人员手与铁锹并用，先清除埋至胸口处土方，由现场医疗救护队或"120"急救中心医生用清水清洗伤者耳鼻和嘴巴处污泥，立即进行吸氧。挖出双臂后，由4名抢险队员架住双臂向上提拉，其余人继续掘取埋在下半身的土方。伤者被救出后，立即输液和吸氧，用"120"急救车送到医院，组织医务人员全力救治伤员。被埋伤者如不能及时呼吸，将造成脑瘫痪直至死亡，因此事故发生后以最快速度让伤者吸氧，在不具备吸氧条件时，应立即展开人工呼吸，是防止伤势恶化的重要措施。

（7）当挖掘工作造成天然气管道损坏致使气体泄漏时，应立即停止作业，移去全部点火物体，包括已点燃的香烟、手机，并断电和停止电气焊作业，人员全部撤离挖掘作业区，移到上风的地点。并立即联系消防与管道的管理部门，切勿自行维修。

（8）当挖掘工作损坏电缆等带电设施时，应立即停止作业，并立即请设施管理部门修理，切勿自行维修。如发生触电事故，应立即抢救伤员。

四、禁止进入程序

（1）严禁无关人员进入有限空间危险作业场所，并应在醒目处设置警示标志。

（2）挖掘作业现场应设置护栏、盖板和明显的警示标志。在人员密集场所或区域施工时，夜间应悬挂红灯警示。

（3）采用警示路障时，应将其安置在距开挖边缘至少1.5m之外。如果采用废石堆作为路障，其高度不得低于1m。在道路附近作业时应穿戴警示背心。

（4）当挖掘现场出现紧急情况时，应对危险源可能波及的区域进行封闭隔离，禁止无关人员进入。如果是可燃气体泄漏，必须通知紧急情况管理部门，必要时，应协助危险区域的居民疏散。

第十三章　深坑及池塘安全

（学员自学内容）

　　钻井施工作业多在杳无人烟的野外，自然地貌丰富多彩、千差万别，或在山区、或在平原、或在沙漠。由于自然环境的多样性与复杂性，井场周围常能看到池塘与深坑。这些凹地相对大的湖泊与峡谷来说，可能不被人们所重视，认为其危险性不大，但却常能听到池塘或深坑伤人事件。因此，井场周围的池塘或深坑应引起足够的重视。

第一节　类　　型

　　1. 深坑是指地面相对邻近的区域突然凹进的地方。一般常见的深坑有：
　　①地质坍塌造成的坑，如旧的采煤区常见的塌陷（图13-1）；
　　②地表喀斯特地貌的落水洞、干谷和盲谷等（图13-2）；

图 13-1　地质坍塌造成的坑　　　　　　　图 13-2　地表喀斯特地貌

　　③外力形成的坑，如小型的陨石坑等（图13-3）；

图 13-3　陨石坑

④人工挖掘的坑，如钻井现场的钻井液排污坑、立式砂泵坑及沉砂池等（图13-4）。

图13-4　钻井液排污坑

这些坑由于下雨、注入钻井液等原因，多存有积水或污泥。如果是干涸的深坑，有可能存在氧气不足等危害，而且深坑本身地质结构松散，极易继续坍塌造成掩埋事故。

（2）池塘是指比湖泊细小的水体。常见的池塘有：

①人工挖掘的，用于养殖、经营或观赏用途的池塘，如鱼塘、莲花塘、晒盐塘及风景池塘等（图13-5）。

图13-5　晒盐塘、水塘

②自然形成的小型水体，有时长满水草或芦苇。

人们常将池塘与湖泊或水泡子混淆。界定池塘和湖泊的方法颇有争议性。一般而言，池塘是细小得不需使用船只，可以让人在不被水全淹的情况下安全横过，或者水浅得阳光能够直达塘底。池塘通常是没有地面入水口的，是依靠天然的地下水源和雨水或人工的方法引水进池。因此，池塘这个封闭的生态系统跟湖泊有所不同。池水很多时候都是绿色的，因为里面有很多藻类。

第二节　安全要求

井场周围的池塘或深坑水质较好或存活鱼虾等，常被公休之余的钻井工人作为游泳或垂钓场所，或常认为它很浅、很安全，好奇而去探险。但这些池塘或深坑由于体积较小，无人管理，其深度、水质、生物类型等大多数处于未知，其危害性必须要得到重视。

为了避免意外人身伤害与保护自然环境，必须对井场周围池塘或深坑的安全性进行识别，建立警示标志，并将约束内容与安全须知通告给每一名员工。

安全性识别的具体目的：

（1）防止淹溺事故的发生。由于池塘或深坑深度先期未知，且水草茂盛、淤泥较多，常会缠绕或陷住游泳者造成溺水。

（2）防止有害动物的伤害。如水蛇、食人鱼及鳄鱼等，常常隐匿在池塘或深坑的深处。

（3）防止误食有毒有害的鱼虾造成中毒事故。如吃了有毒的河豚及被污染的鱼虾等，均会造成健康损害。而且在某些地域，误食含有血吸虫等寄生虫的鱼虾或螺类也会感染寄生虫。

（4）防止自然水体被污染。

总之，必须重视周围的池塘与深坑，时刻警惕隐藏着的危险。

第三节　在附近工作的安全防护

对于周围的池塘与深坑，每一名员工都要引起足够的重视，并采取有效的防护措施，确保在附近工作的安全。

（1）井队进驻前，井位勘察人员应对井场周围及搬家路线附近的深坑或池塘进行勘察，主要是其大小、位置、深度、生物等，初步识别危险状况，并向钻井施工负责人进行提示。

（2）钻井队安排安全员对全体施工人员进行安全教育，明确井场周围及搬家路线附近的深坑或池塘的危险性，并通告相应禁止规定，如"禁止员工私自下池塘游泳"等。

（3）钻井队组织人员对井场及来往营地路线附近的深坑或池塘建立警示标志与护栏（图13-6），夜晚用红色警示灯提示。

（4）如果井场附近有深坑或池塘，钻井队应准备救生圈、橡皮筏等救援设施，一旦发生危险时，可以发挥作用。

（5）禁止从深坑或池塘内抽取水当做生产、生活用水，在未进行专业监测前，绝对不允许饮用深坑或池塘内的水。

（6）禁止向深坑或池塘排放生产、生活污水及抛撒垃圾，主动保护周边环境。

图 13-6　深坑或池塘警示标志

参 考 文 献

[1] 董国永. 钻井作业 HSE 风险管理. 第一版. 北京：石油工业出版社, 2001.

[2] 彭力, 李发新. 职业安全卫生管理体系试行标准实施指南. 第一版. 北京：石油工业出版社, 2001.

[3] 彭力, 李发新. 环境管理体系标准实施指南. 北京：石油工业出版社, 2001.

[4] 刘宏. 职业安全健康管理体系实用指南. 北京：化学工业出版社, 2003.

[5] 李俊荣等. 石油作业安全环境与健康管理. 第一版. 山东：石油大学出版社, 2002.

[6] 魏少征. 安全卫生管理基础. 北京：化学工业出版社, 1997.

[7] 北京天地大方科技文化发展有限公司. 职业安全常识事事通. 北京：改革出版社, 1999.

[8] 北京达飞安全科技公司. 安全知识精选题库.

[9] 陆愈实. 企业安全管理实务. 人民日报出版社, 2001.

[10] 徐卫东. 现代职业健康安全管理技术. 北京：中国工大出版社, 2003.

[11] 张家志, 邢军. 职业卫生. 北京：中国劳动出版社, 2003.

[12] 李志宪. 安全知识问答. 北京：中国石化出版社, 2002.

[13] 闪淳昌. 安全工程师专业——安全生产法律基础与应用培训材料. 北京：海洋出版社, 2001.

[14] 《21 世纪安全生产教育丛书》编写组. 新工人入场安全教育读本. 北京：中国劳动社会保障出版社, 2000.

[15] 张成富. 企业员工安全知识读本劳务工版. 北京：中国社会出版社, 2000.

[16] 孙桂林, 任萍. 工业生产安全技术手册. 北京：中国劳动社会保障出版社, 2000.

[17] 余厚极. 起重吊装安全技术. 北京：中国建材工业出版社, 1999.

[18] 高永新. 起重作业. 北京：中国劳动出版社, 1993.

[19] 孙桂林. 起重安全. 北京：中国劳动出版社, 1990.

[20] 许连友. 起重工. 北京：中国劳动出版社, 1997.

[21] 孙桂林. 起重搬运安全技术. 北京：化学工业出版社, 1993.

[22] 丛慧珠. 色彩、标志、信号. 北京：化学工业出版社, 1996.

[23] 王德学. 危险化学品安全管理培训教程. 青岛市新闻出版局, 2002.

[24] 徐耀标等. 化学危险品消防与急救手册. 北京：化工工业出版社, 1994.

[25] 施卫祖. 危险化学品安全管理讲座. 北京：中国工人出版社, 2003.

[26] 闪淳昌. 作业场所化学品安全管理. 北京：中国石化出版社, 2000.

[27] 胡代舜. 触电防范及现场急救. 北京：中国电力出版社, 2001.

[28] 中国石油化工总公司安全监督局. 消防员必读. 北京：中国化工出版社, 1997.

[29] 李耀中. 噪声控制技术. 北京：化学工业出版社, 2001.

[30] 冷宝林. 环境保护基础. 北京：化学工业出版社, 2001.

[31] 《安全生产、劳动保护政策法规系列专辑》编委会. 道路交通运输安全生产专辑. 北京：中国劳动社会保障出版社, 2003.

[32] 闪淳昌. 交通安全生产法规读本. 北京：中国劳动社会保障出版社, 2001.

[33] 刘德辉. 危险预知与安全. 北京：中国物资出版社, 1998.

[34] 王登文, 周长江. 油田生产安全技术. 北京：中国化学出版社, 2003.

[35] 曲爱国, 郝宗平. 石油勘探开发安全知识. 中国石化出版社.

[36] 胜利石油管理局培训中心. 石油作业安全环境与健康管理. 山东：石油大学出版社, 2002.

[37] 罗远儒. 石油天然气工程境外作业人员 HSE 培训教程. 第一版. 北京：石油大学出版社，2009.

[38] 袁建强等. 钻井作业人员 HSE 培训教材. 第一版. 北京：中国石化出版社，2009.

[39] 何旭辉. 野外作业现场职业卫生及救护. 第一版. 北京：北京大学医学出版社，2009.